U1076885

“十二五”江苏省高等学校重点教材

现代控制工程基础

（第二版）

主　编　刘春生　吴庆宪

副主编　丁　勇　张绍杰

科学出版社

北　京

内 容 简 介

本书简要阐述了自动控制的基本理论与应用。全书共 9 章，前 8 章着重以现代控制工程为背景，介绍系统建模、时域分析法、根轨迹法、频域分析法、离散系统分析、状态空间分析以及非线性系统分析，各章均包含有 Matlab 应用技术实例以及与内容密切相关的多种形式的二维码。第 9 章内容借鉴了国际著名商学院的教育理念与方法，进行现代控制系统的案例分析，以强化学生对控制系统概念的理解，提高对控制系统的分析、设计能力，激发学生的创新理念。

本书为 2003 年国家精品课程“自动控制原理”主干教材，2008 年“自动控制系列课程”国家优秀教学团队精品教材，2013 年国家级精品资源共享课程“自动控制原理”主干教材，“十二五”江苏省高等学校重点教材。

本书可作为高等学校电气工程及其自动化、机械设计制造及其自动化、电子信息工程、测控技术及仪器、热能与动力工程、化工自动化、飞行器设计与制造等专业的教材，也可供相关工程技术人员参考。

图书在版编目(CIP)数据

现代控制工程基础 / 刘春生，吴庆宪主编．—2 版．—北京：科学出版社，2017.6

“十二五”江苏省高等学校重点教材(编号：2015-1-079)

ISBN 978-7-03-053288-6

Ⅰ．①现…　Ⅱ．①刘…　②吴…　Ⅲ．①现代控制理论－高等学校－教材　Ⅳ．①O231

中国版本图书馆 CIP 数据核字(2017)第 127317 号

责任编辑：余　江　张　帆 / 责任校对：郭瑞芝

责任印制：吴兆东 / 封面设计：迷底书装

科学出版社 出版

北京东黄城根北街 16 号

邮政编码：100717

http://www.sciencep.com

新科印刷有限公司 印刷

科学出版社发行　各地新华书店经销

*

2011 年 7 月第 一 版　开本：787×1092　1/16

2017 年 6 月第 二 版　印张：19 3/4

2021 年 7 月第六次印刷　字数：487 000

定价：69.00 元

(如有印装质量问题，我社负责调换)

前　言

随着生产的发展和科学技术的进步，自动控制技术已广泛地应用于工农业生产、交通运输和国防、宇航等领域，并成为当今备受重视的高技术之一。控制工程基础是研究各类控制系统共性的一门技术基础科学，具有科学方法论的鲜明特点，研究的问题带有普遍性，对工程实践具有重要的指导意义，能为培养学生运用控制原理的方法，分析和解决各种工程问题奠定扎实的理论基础。

本书以现代控制工程为背景，介绍系统建模、时域分析法、根轨迹法、频域分析法、离散系统分析、状态空间分析以及非线性系统分析。各章均包含有Matlab应用技术实例以及与内容密切相关的二维码视频(或文档)，以拓宽学生的知识面和提高学生的学习兴趣。第 9 章内容借鉴了国际著名商学院的教育理念，进行现代控制系统的案例分析，以强化学生对控制系统概念的理解，提高对控制系统的分析、设计能力，激发学生的创新理念。

本书编写组成员是 2003 年国家精品课程“自动控制原理”的主要建设者，是 2005 年国家教学成果二等奖的主要获奖人员，主编之一吴庆宪教授为2008 年“自动控制系列课程”国家优秀教学团队负责人，其他人员为教学团队主要建设者。由于作者长期工作在“控制系统工程”教学一线，教学经验丰富，对教材改革与人才培养的关系有着深刻的理解和全面的认识。全书的内容体现了作者多年的教学改革成果与理念，满足复合性人才培养的要求。

本书的创新点是紧密围绕学生、突出工程背景、形式多样创新，具体体现在以下方面：

(1) 强化工程背景，通过现代控制系统实例理解自动控制原理的概念、方法，而不拘泥于理论上过多的严格证明。

(2) 二维码技术拓展教材资源、丰富教材内容，利于强化自动控制原理的应用背景，提高学生对现代控制工程的学习兴趣。

(3) 借鉴了国际著名商学院的教育理念，以不同行业的典型系统为背景，增加了“现代控制系统案例分析”，以提高对控制系统分析、设计的能力以及诱发学生的创新理念。

(4) 教材既体现自动控制理论体系的完整性与系统性，也有其相对的独立性与模块化。教材章节的安排既体现了内容、形式的创新又考虑到教师的方便使用，讲课内容可自主“剪裁”，自主安排。

(5) 书后附有“中英文术语对照”，目的是使学生学完本课程后能掌握本专业的科技术语，为熟练地阅读控制类的科技文献打下良好基础。

本书由刘春生教授和吴庆宪教授主编，负责教材的架构设计。各章的编写分工如下：刘春生编写第 1、5、9 章，吴庆宪编写第 2、7 章，丁勇编写第 3、8 章、张绍杰编写第 4、6 章。全书由刘春生统稿与定稿。此外，对在本书编写过程中给予帮助的各位同仁表示诚挚的感谢。

由于作者水平有限，书中难免存在不妥之处，恳请广大读者不吝指正。

作　者
2017 年 3 月

目　录

第 1 章　控制系统一般概念

1.1　引　　言

在现代科学技术发展中，自动控制理论(automatic control theory)与自动控制系统起着越来越重要的作用。例如，人造卫星要在预定轨道上运行并完成特定的任务、导弹准确命中目标、雷达跟踪系统的准确定位、先进的战斗机超机动飞行以及格斗等都是以自动控制技术为前提的。人们熟悉的第二次世界大战中的地毯式轰炸：为了炸毁所选中的工业或军事目标，不加选择地在居住区投下无制导的炸弹。现在，这些已经被精确制导武器所取代，精确制导武器是相当准确的，能够一次只打击一个既定目标，而不损伤无辜，自动控制技术为这些武器系统提供了稳定性和准确性，并且当存在大的环境变化和系统不确定性时系统具有良好的跟踪性能。自动控制技术在宇宙飞船、导弹制导和机器人等领域中具有特别重要的作用，并已经成为现代制造业和工业过程中不可缺少的组成部分。例如，造纸厂中对纸张滚卷的恒张力控制、热轧厂中对金属薄板厚度的控制，特别是化学工业，要监控成千上万个传感信号和对成百上千个阀门、加热器、泵和其他执行器，并实现对压力、温度、流量等物理量的控制，从而保证产品质量。同样，通信系统、互联网以及智能交通系统、现代物流系统也离不开自动控制技术。

动画：导弹拦截

视频：亚马逊自动化仓储系统

视频：伐木机器人

自动控制技术的核心就是反馈(feedback)控制或闭环(closed loop)控制。图 1.1.1 是一个闭环速度控制系统，目的是使直流电动机速度 n 维持在 1000r/min(revolutions per minute)左右。

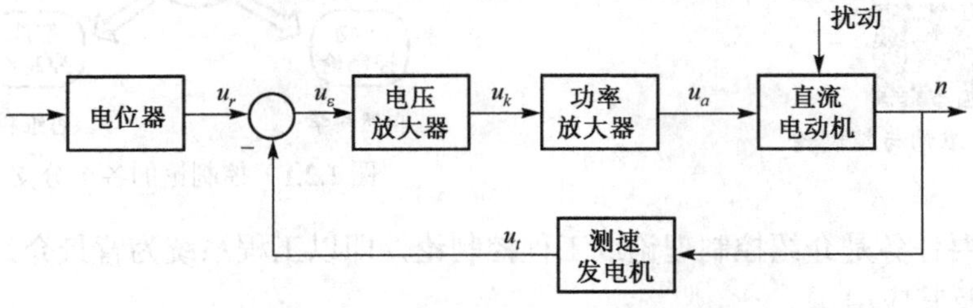

图 1.1.1　闭环速度控制系统

电位器的输出电压 u_r 是给定值，决定所期望转速值的大小，在本例中是 1000r/min。当外界扰动使得电动机的转速 n 升高时，测速发电机的输出电压 u_t 增大，从而导致电压放大器的输入电压 $u_\varepsilon(u_\varepsilon = u_r - u_t)$ 降低，放大器的输出电压 u_k 降低，并导致电动机两端的电压 u_a 降低，最终使得电动机的输出转速降低，维持在希望的转速值 1000r/min 左右。

从以上分析可以认识到，反馈的含义是将系统的输出经过测量、处理后再送回到系统的输入端，以使系统的输出进行再调整的过程。

除了工程系统以外，生物系统中的变量，如人体的血糖和血压受某些过程的影响，而这些过程都可以通过自动控制方法进行研究。同样，在经济系统中，大到宏观控制，小到商业经济管理系统中的变量，如受政府财政政策影响的失业和通货膨胀，亦可利用控制的思想来研究。

自动控制的这些应用对现代社会的生产力产生了巨大的影响。目前，自动控制理论还在继续发展，正向以控制论(cybernetics)、信息论(information theory)、系统论(systematology)和仿生学(bionics)为基础的智能控制(intelligent control)理论发展。

1.2 控制科学与控制论、系统论、信息论

图 1.1.1 所示的自动控制系统是由各环节、部件组成，按反馈原理进行控制的。反馈控制是一种最基本的控制方式，它要求根据误差信息 u_ε 通过一定的控制算法形成控制作用 u_k。在自动控制系统中包括多个环节：信息的量测(提取)、处理(加工和变换)和信息的传输(图中的箭头代表信息的传输方向或称信息流向)、存储及利用，并最终形成控制作用(也是一种信息)。因此可以看出，系统、信息和控制相互联系、密不可分。系统是信息和控制的载体，而信息反映系统的性能，控制则是实现预期性能的手段。

控制论、系统论和信息论为现代科学技术提供了全新的思维方式和科学方法论原则，它们对整个人类社会的进步起着巨大的作用。

然而，控制论不等同于控制理论(control theory)，但一般都认为，“控制论”的一个分支“工程控制论”就是“控制理论”。《工程控制论》是中国科学家钱学森1954 年所著的英文著作，后来被翻译成简体中文版。钱学森在《工程控制论》中首次把控制论推广到工程技术领域。

图 1.2.1 给出了控制论的各个分支。

阅读：三论创始人

阅读：维纳与控制论

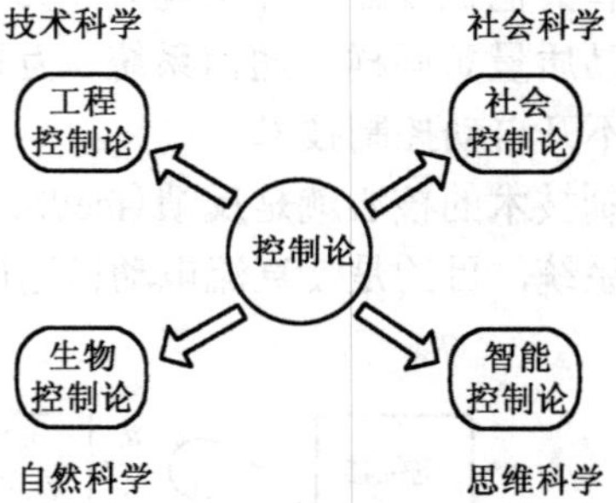

图 1.2.1 控制论的各个分支

本书的主要任务是介绍控制理论或工程控制论，即以工程系统为背景介绍自动控制的基本概念、设计及其应用。

1.3 自动控制的发展

人们普遍认为最早应用于工业过程的自动反馈控制器(controller)，是 James Watt 于 1876 年发明的离心飞球调速器，它被用来调节(adjust)蒸汽机的速度，如图 1.3.1 所示。图中的机械装置用来调节阀门，进而控制进入蒸汽机的蒸汽流量。调速器的飞球杆的长度设定驱动杆的转速，当转速超过设定转速时，飞球偏离原定轴线，重心上移，于是减小蒸汽阀门，又使转速回到设定转速。反之亦然。

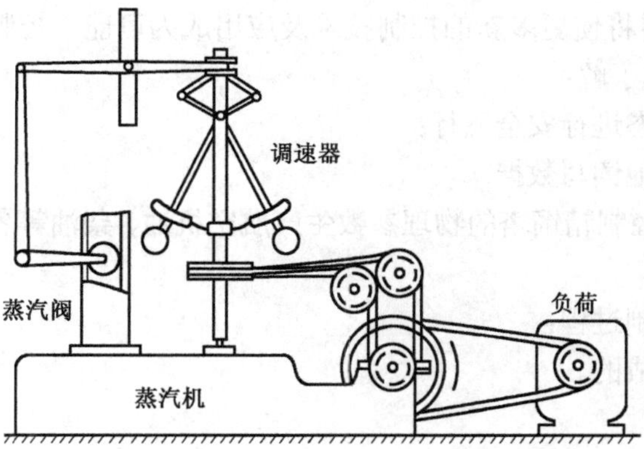

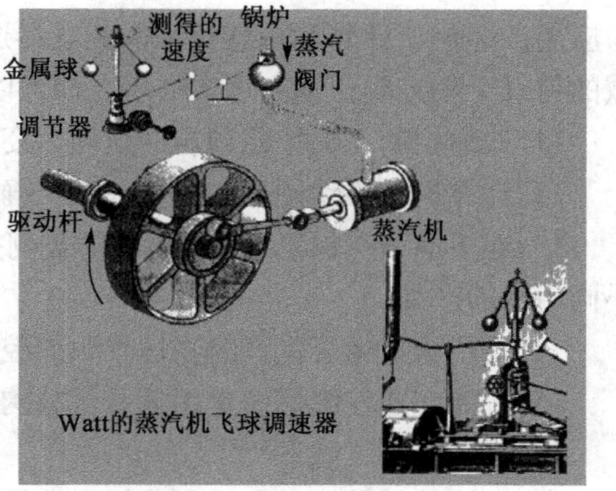

图 1.3.1　Watt 离心式调速器

第二次世界大战之前，控制理论与应用在美国和欧洲得到了较快发展。美国的 Bode、Nyquist 和 Black 等在贝尔电话实验室对电话系统和电子反馈放大器所做的研究，是促进反馈系统应用的主要动力，创立了频域稳定性判据的两种形式。第二次世界大战期间，控制理论与应用得到了巨大发展，大量运用反馈控制的方法设计和制造飞机自动驾驶仪、火炮定位系统、雷达天线控制系统以及其他军用系统。这些军用系统的复杂性以及对高性能的追求就导致更多研究者的关注和投入，因而逐渐使自动控制发展成一门工程科学。

随着人造卫星和空间飞行器的出现和网络时代的到来，自动控制技术又有了新的推动力，要求控制理论能够解决多输入多输出(multiple input multiple output，MIMO)、非线性(nonlinear)、时变(time-varying)、时滞(time delay)的被控对象。再加上现代数学和计算机的快速发展，因而促成了现代控制理论的产生，包括线性系统(linear system)分析、最优控制(optimal control)、自适应控制(adaptive control)、鲁棒控制(robust control)、智能控制(intelligent controls)以及近些年的网络控制(network control)等。

控制理论通常分为经典控制理论、现代控制理论和智能控制理论。经典控制理论以传递函数为基础，研究单输入-单输出(single input single output，SISO)、线性、时不变被控对象的控制器分析与设计。数学工具是常系数线性微分方程和复变函数。而现代控制理论是以状态方程为基础，研究多输入-多输出、非线性、时变被控对象的控制器分析与设计，数学工具是线性代数或矩阵论。智能控制理论以人工智能为基础，研究模糊性、不确定性以及无法用数学模型描述的复杂被控对象的控制器分析与设计。

当前，自动化所处的环境与以往大为不同。大型系统和网络的规模以及复杂程度已大大超出了传统控制的应用范围，发展为有着复杂的相互间联系和影响的物质与信息系统的庞大集合，如电力系统、城市交通系统、数字通信网、柔性制造系统、生态系统、水资源系统、社会经济系统等。这类系统的特点是规模庞大、结构复杂、地理位置分散，自动控制问题不再局限于研究一个被控对象以及单回路的控制，而是延伸至一个工段、一个车间、一个工厂、一个地区甚至更大的范围。物联网(internet of things)时代的到来，如同第一次工业革命中蒸汽机的发明和应用，将彻底改变一个时代的生产、生活方式，也将成为一个创新时代的起点和标杆。物联网是继计算机、互联网之后世界信息产业的第三次浪潮。工业自动化作为物联网的一部分，物联网技术的发展必定为规模庞大、结构复杂、地理位置分散的大系统控制提供了新的内涵与发展动力。

总之，控制领域历史悠久、成果丰硕、发展迅速，影响着商业、军事和科学技术的发展与应用。通信、计算和传感技术的相互渗透将使更多新的控制技术及应用成为可能，控制领域的前景无限光明。读完这本书后，你可以了解：

(1) 如何控制飞机按照预定的航向、姿态进行安全飞行；

(2) 计算机中移动硬盘如何被控制正确地读写数据；

(3) 地下原油在加工精炼过程中，如何控制精馏塔的物理参数生产航空机油、柴油等各种不同用途的产品；

(4) 显示器显像管生产线物理参数的控制过程；

(5) 智能交通控制系统是由哪些部分构成的。

你也能够：

(1) 对简单的被控对象进行建模与分析；

(2) 对简单的被控对象进行控制器设计；

(3) 参与大型自动化设备、过程、系统的开发和研制；

(4) 在工业、国防等领域，运用自动控制的科学方法论运筹帷幄，成为一个卓越的管理者与决策者。

来吧，让我们继续阅读本书的内容，品味自动控制的魅力！

1.4 自动控制系统分类和组成

1.4.1 自动控制的有关概念

控制：通过对系统输入的操作使得输出达到指定的目标。

自动控制：在无人直接参与的情况下，利用控制装置 (control device) 使被控对象 (controlled plant)、过程 (process) 自动地按预定规律变化的控制过程。

自动控制理论：研究自动控制系统组成、进行系统分析设计的一般性理论，是研究自动控制共同规律的科学。

自动控制系统：由控制装置和被控对象组成，它们以某种相互依赖的方式组合成为一个有机整体，并对被控对象输出的物理量(如玻璃窑炉控制系统中的温度、压力、液位)进行自动控制。

1.4.2 自动控制系统分类

根据控制方式分为开环控制系统、闭环控制 (反馈控制) 系统等。

根据系统的性质分为线性系统和非线性系统、连续 (continuous) 系统和离散 (discrete) 系统、定常 (time-invariant) 系统和时变系统、确定性 (certain) 系统和不确定性 (uncertain) 系统等。

根据被控制量变化规律分为恒值 (fixed set-point) 控制系统、随动 (servo) 系统和程序 (program) 控制系统等。

根据元件类型分为机械系统、电气系统、机电系统、液压系统、气动系统和生物系统等。

根据系统功用分为温度控制系统、压力控制系统和位置控制系统等。

1.4.3　开环控制系统与闭环控制系统

1. 开环控制系统(open-loop control system)

只有输入量对输出量的单向控制作用，而没有输出量或被控物理量对输入量的反向作用的系统，称为开环控制系统，如图 1.4.1 所示。

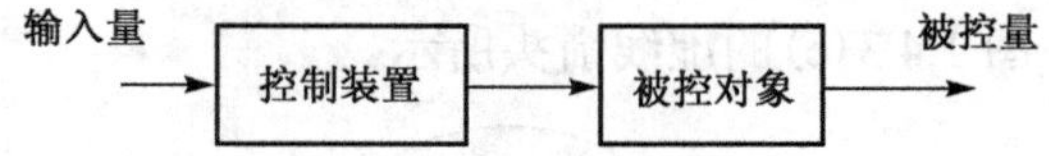

图 1.4.1　开环控制系统

开环控制系统的特点如下：

(1) 输出不影响输入，所以不需要对输出量进行测量，调试方便，易于实现；

(2) 结构简单，成本低廉，多用于系统结构参数稳定和扰动信号较弱的场合；

(3) 抗干扰能力差，控制精度不高。

目前比较常见的开环控制系统有自动洗衣机、自动装配流水线、自动售货机、自动报警器。

例 1.4.1　直流电动机开环转速控制系统。

图 1.4.2 为直流电动机(motor)开环转速控制系统原理图与框图，电动机的希望转速是通过电位器的输出电压 u_r 给定，经过电压放大和功率放大得到电机两端的电枢电压 u_a，使电动机实际转速 n 达到希望转速。该控制系统使用元件少、简单、可靠，但抗干扰能力差，例如，电网电压降低会导致转速 n 下降。这种开环系统通常用于控制精度要求不高的系统。而对于控制精度要求高的系统，转速太大的波动可能导致产品的质量变差，此时必须采用闭环控制系统。

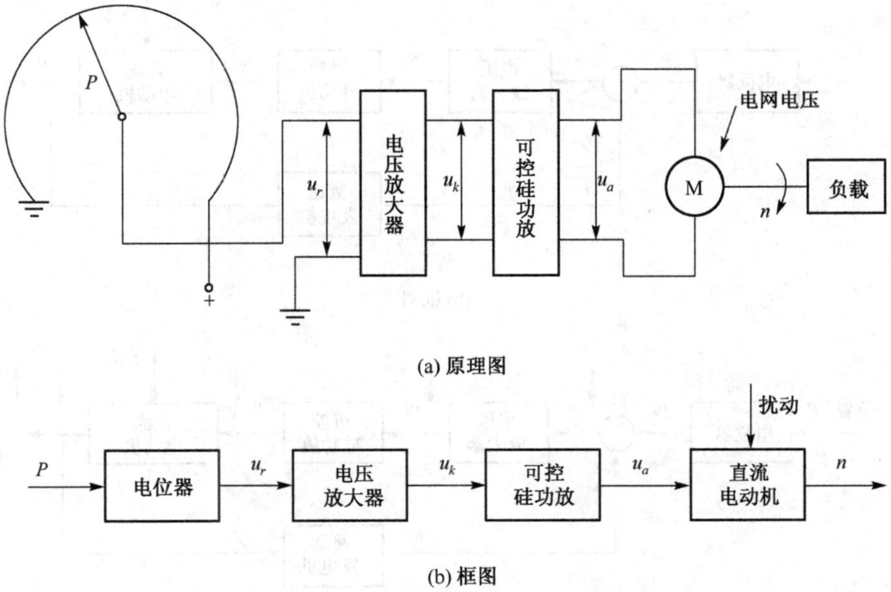

图 1.4.2　直流电动机开环转速控制系统

2. 闭环控制系统(closed-loop control system)

在闭环控制系统中，不仅输入量对输出量进行控制，输出量对输入量也有反向作用。反馈是指把系统输出量的全部或一部分回馈到输入端并进行比较，用偏差对输出量进行控制。闭环控制系统又称反馈控制系统(feedback control system)。

例 1.4.2 直流电动机闭环转速控制系统。

图 1.4.3 为直流电动机闭环转速控制系统原理图与框图。如图 1.4.3(a)所示，测速发电机与电动机同轴安装。电网电压突然升高将导致电动机的转速变大，测速发电机的电压 u_t 也变大。因为放大器的输入电压即偏差电压 $u_\varepsilon = u_r - u_t$，$u_r$ 不变，所以 u_ε 变小，电动机电枢电压 u_a 随之变小，因而使电动机的转速下降，整个调整过程在很短时间内完成，动态调整过程如图 1.4.3(c)的虚线箭头所示。

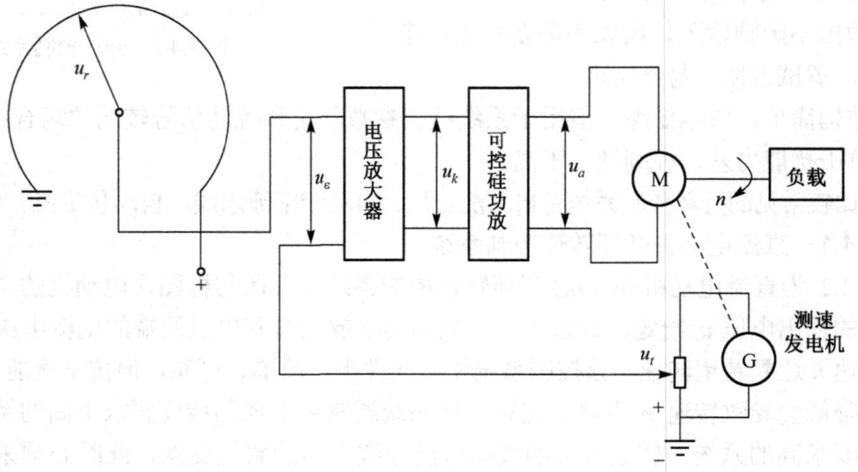

(a) 原理图

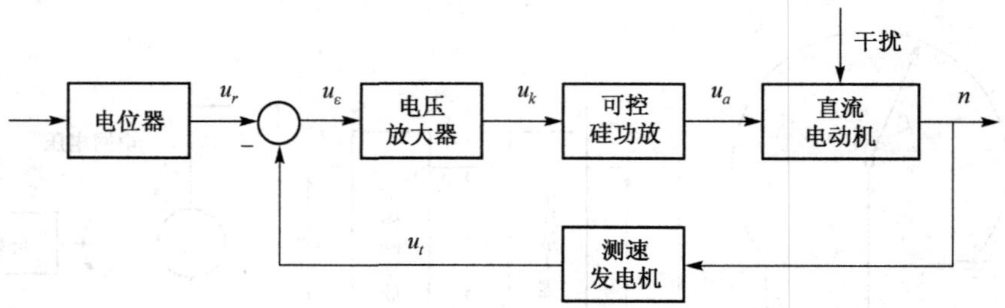

(b) 框图

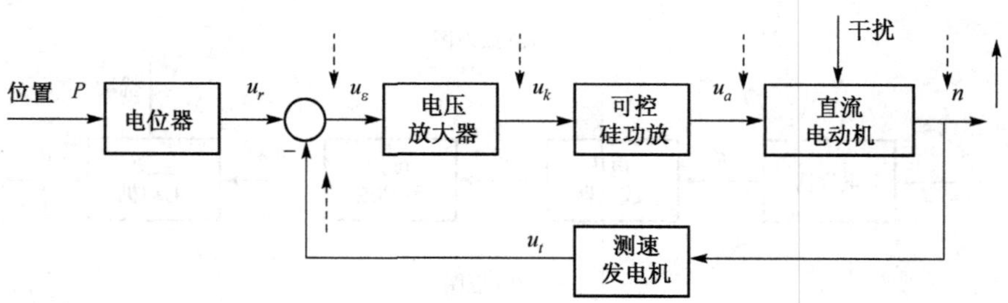

(c) 外界干扰出现后转速的动态调整过程

图 1.4.3 直流电动机闭环转速控制系统

闭环控制系统的特点如下：

(1) 系统具有降低偏差的能力；

(2) 抗扰性好，控制精度高；

(3) 包含元件多，结构复杂，价格高；

(4) 系统存在稳定性问题。

反馈控制系统(简称反馈系统)分为负反馈系统和正反馈系统。当给定信号与反馈信号相减时为负反馈，否则为正反馈。一般情况下为负反馈系统。

人取书的过程也是负反馈控制过程，如图 1.4.4 所示。

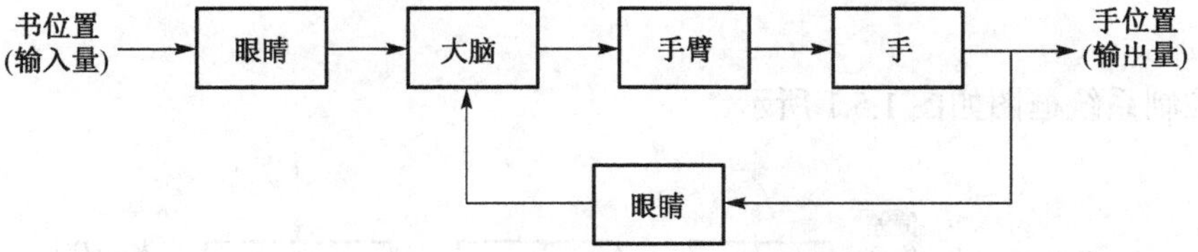

图 1.4.4　人取书的反馈控制系统方块图

思考：在图 1.4.3(b) 中，若测速机的输出电压极性接反，则会出现何种现象？

1.4.4　恒值控制系统和伺服系统

1. 恒值控制系统

输入量为恒定常值的反馈系统为恒值控制系统。系统的任务是保证在任何扰动作用下，输出量以一定的精度接近给定值。如化工生产过程中的温度、压力、流量和液位等物理量的控制均为恒值控制。

图 1.4.5 所示的一物料加热用的炉温系统是一个恒值控制系统。电炉是被控对象，炉温是被控制量。由电位器组成的温度给定环节给出的电压 u_r 对应所期望的炉内温度，它与测量实际炉温的热电偶的电压 u_f 相比较，形成误差电压 $\Delta u = u_r - u_f$ 。Δu 经过电压放大器和功率放大后驱动电动机向一定方向转动，再经过减速器提高或降低调压器的电压 u_h，提供给加热炉，并使 u_f 接近 u_r，即使 $\Delta u \approx 0$ 。这时电动机不再转动，自动调节系统使输出温度接近于给定值。

2. 随动系统(伺服系统或跟踪系统)

输入量是事先不确定的反馈系统称为随动系统或伺服系统或跟踪系统，例如，雷达跟踪系统就是这种系统。在图 1.4.6 所示的典型雷达系统中，抛物面形状的天线不断地发射电脉冲，系统接收从目标飞行器(飞行器位置是变化的、不确定的)发射回来的回波，并计算雷达天线的坐标和指向目标的向量之间的偏差。系统的任务是克服扰动作用，让天线指向各个角落以保持与这些指向目标的向量平行。

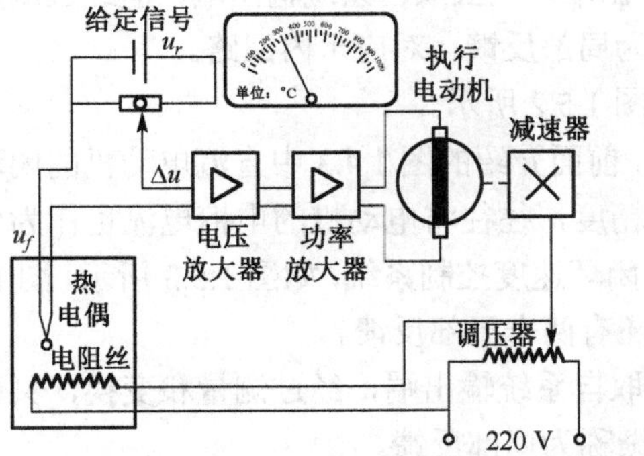

图 1.4.5　物料加热用电炉炉温自动控制系统

图 1.4.6　雷达系统

火炮自动瞄准系统、飞机俯仰角的仪表指示系统、X-Y 记录仪、数控机床的轨迹控制等均为类似的随动系统。

1.5 闭环控制系统的基本组成

闭环控制系统框图如图 1.5.1 所示。

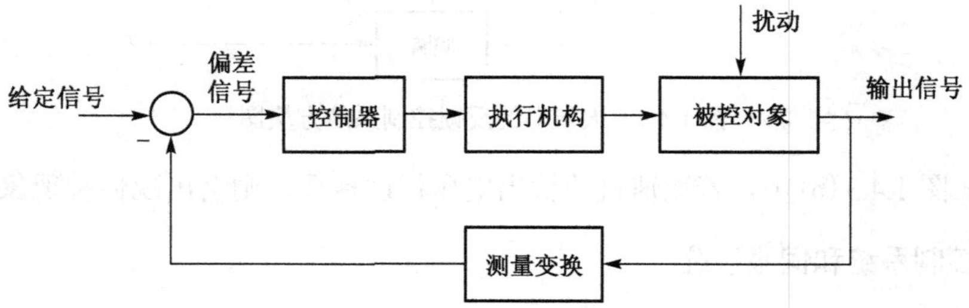

图 1.5.1 闭环控制系统框图

闭环控制系统由各种不同的元部件组成，将组成系统的元部件按职能分类主要有以下几种。

(1) 测量元件：检测系统输出并参与系统控制的元件，如闭环调速系统中的测速机。

(2) 给定元件：给定系统输入，且决定系统控制目标的元件，如闭环调速系统中的电位器。

(3) 比较元件：比较系统输入和反馈信号，并给出差值的元件，如大脑比较手和书的位置。

(4) 放大元件：对差值信号进行放大(包括功率放大)的元件。

(5) 执行元件：执行控制信号、驱动控制对象运动的元件，如手臂和手执行大脑的信号使手向书的位置移动。

此外，还有一些有关概念如下所示。

(1) 主反馈：反馈信号取自系统输出端，经过测量和变换，又被引入到系统输入端的称为主反馈信号，相应的反馈称为主反馈。

(2) 前向通道：从系统输入端到输出端之间，信号的传输通道称为前向通道。

(3) 主反馈通道：从输出量到主反馈信号之间的传输通道称为主反馈通道。

(4) 单位反馈系统(unit feedback system)：主反馈信号与输出量相等的系统称为单位反馈系统。

(5) 非单位反馈系统：主反馈信号不等于输出量的系统称为非单位反馈系统。

(6) 局部反馈：反馈信号不是直接取自系统输出端，或虽取自系统输出端，但经过测量和变换后不直接引入到系统输入端，这样的反馈称为局部反馈，对应于内回路。

较为复杂的控制系统可能包括多个回路，如图 1.5.2 所示。

电动机的控制是一个多回路控制的典型例子。前面介绍的图 1.4.3 中直流电动机的闭环转速控制系统是单回路控制，为了提高速度的控制精度，往往将电动机的电枢电流也作为负反馈信号，并增加一个电流控制器，这样就构成了双闭环速度控制系统，如图 1.5.3 所示。图 1.5.4 为三闭环控制位置随动系统框图，除了主反馈外还有两个局部反馈。

总之，在多回路反馈系统中，反馈信号直接取自系统输出端，经过测量和变换，又引入到系统输入端的反馈称为主反馈，其内回路的反馈称为局部反馈。

若采用计算机控制，则闭环控制系统框图如图 1.5.5 所示。

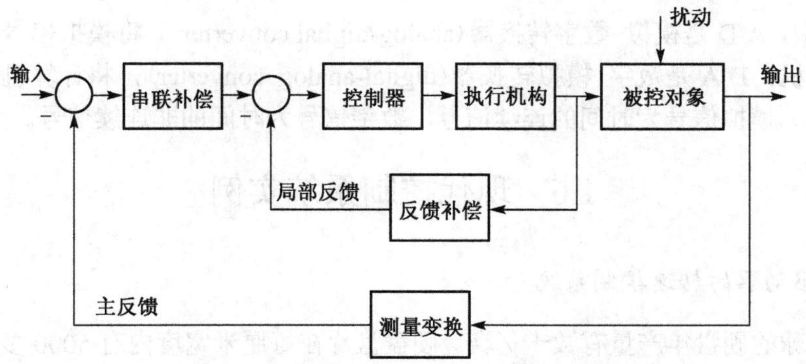

图 1.5.2　具有多个回路的闭环控制系统框图

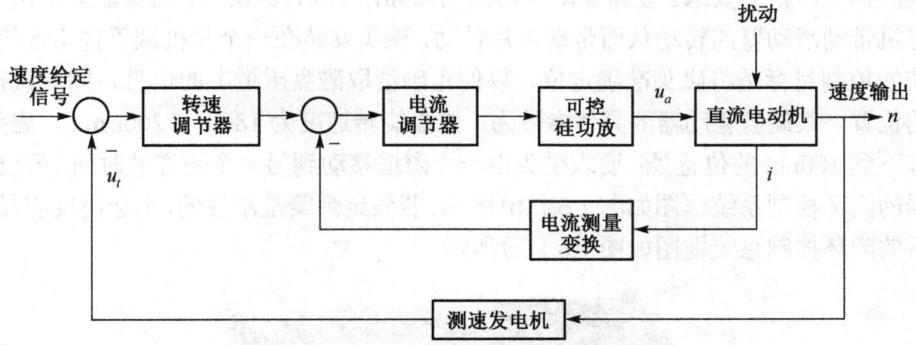

图 1.5.3　双闭环转速控制系统框图

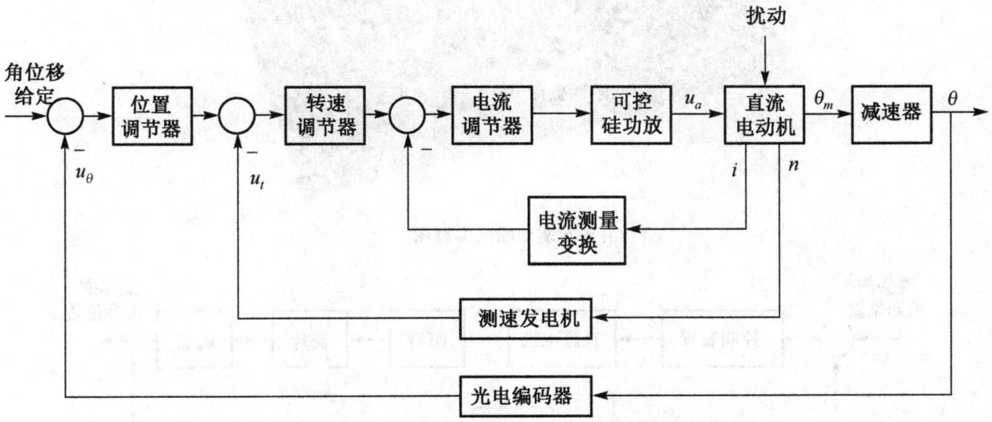

图 1.5.4　三闭环控制位置随动系统框图

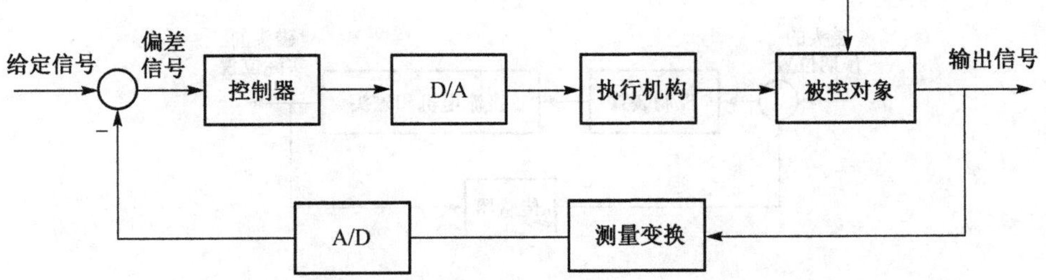

图 1.5.5　计算机闭环控制系统框图

图 1.5.5 中，A/D 是模拟-数字转换器(analog-digital converter)，将模拟信号转换为数字信号，送给计算机；D/A 是数字-模拟转换器(digital-analog converter)，将计算机的数字信号转换为模拟信号。模拟信号为时间的连续信号，数字信号为时间的非连续信号。

1.6 现代控制系统实例

1. 硬盘驱动器的转速控制系统

目前，全球的硬盘年产量有数十亿套。硬盘盘片在每厘米宽度内有 5000 多个磁道，每个磁道的典型宽度仅为 1μm，因此磁盘驱动系统对磁头的定位精度，以及对磁头磁道间移动的精度与速度都有严格的要求。硬盘驱动器的实物图如图 1.6.1(a)所示，磁盘驱动的读取系统采用直流电机带动滑动臂的转动从而带动盘片转动，磁头安装在一个与机械手臂相连的簧片上。整个系统的控制目标是将磁头准确定位，以便正确读取磁盘磁道上的信息，因此被控制变量是磁头的位置。某硬盘驱动器的具体参数为：磁盘旋转速度为 1800～7200r/min，磁头悬浮于磁盘上方不到 100nm 的位置处；要求磁头由一个磁道移动到另一个磁道的时间小于 50ms。磁盘驱动器的闭环控制系统框图如图 1.6.1(b)所示；若假定弹簧是刚性的，不会出现明显的弯曲，则简化后的闭环控制系统框图如图 1.6.1(c)所示。

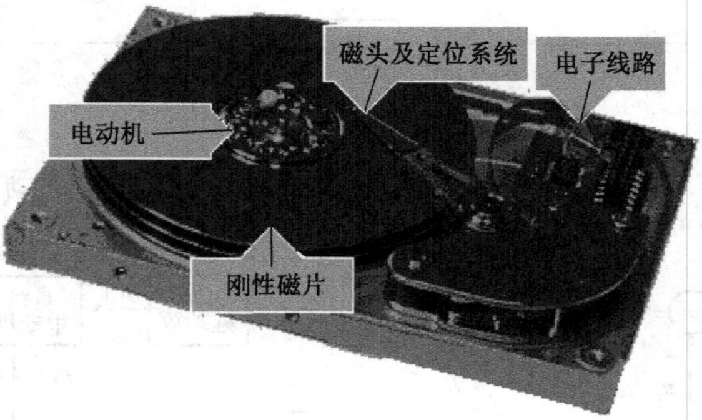

(a) 硬盘驱动器的实物图

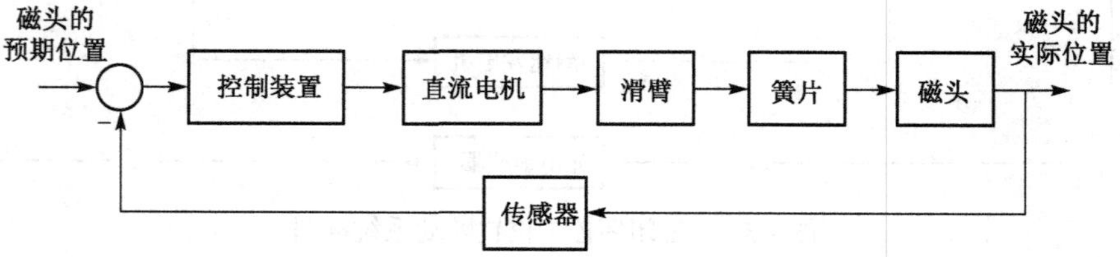

(b) 闭环转速控制系统框图

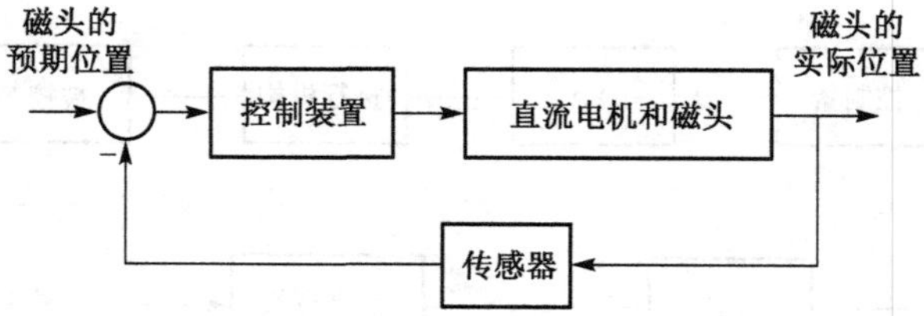

(c) 简化后的闭环转速控制系统框图

图 1.6.1 磁盘驱动器转速控制系统

2. 汽车驾驶控制系统

汽车驾驶控制系统如图 1.6.2 所示，将预期的行车路线与实际的行车路线相比较，便能得到行驶偏差。实际路线的测量通过传感器(相当于人眼)来实现或者通过传感器(相当于人手)感知方向盘的变化来实现。若是无人驾驶汽车，则一切测量、控制作用都是通过自动驾驶仪来实现的。

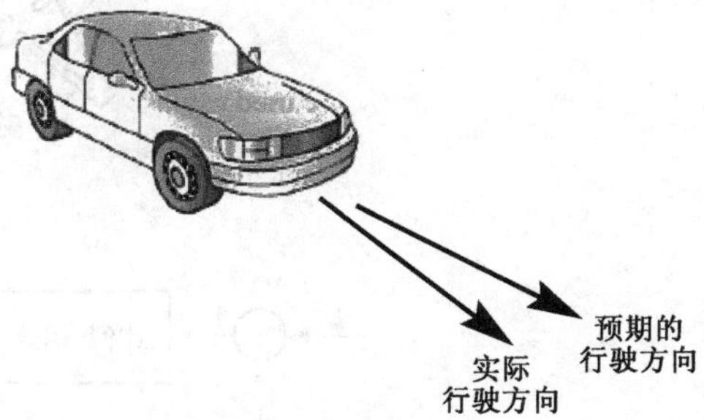

图 1.6.2 汽车驾驶控制系统

3. 磁悬浮列车控制系统

传统的铁路列车都是依靠如蒸汽、燃油、电力等各种类型机车作为牵引动力，车轮和钢轨之间的相互作用作为运行导向，由铁路线路承受压力，借助于车轮沿着钢轨滚动前进的。而磁悬浮列车则是一种依靠电磁场特有的“同性相斥”的特性将车辆托起，使整个列车悬浮在铁轨之上，利用电磁力进行导向，并利用直线电机将电能直接转换为推进力，来推动列车的前进。由于消除了与轨道之间的接触，不存在由轨道摩擦造成的如极限速度等影响列车运行的问题，所以，磁悬浮列车适于高速运行，并且运行过程稳定安全。

磁悬浮列车利用车上超导体电磁铁形成的磁场与轨道上线圈形成的磁场之间所产生的相斥力，使车体悬浮于车道的导轨面上运行。悬浮力的大小由电磁线圈中的电流控制，它的方向与向下的重力相反。磁悬浮列车车轮与轨道的空间缝隙大约为 10mm。为了可靠、稳定、高速运行，磁悬浮列车控制系统起着重要作用，如图 1.6.3 所示。

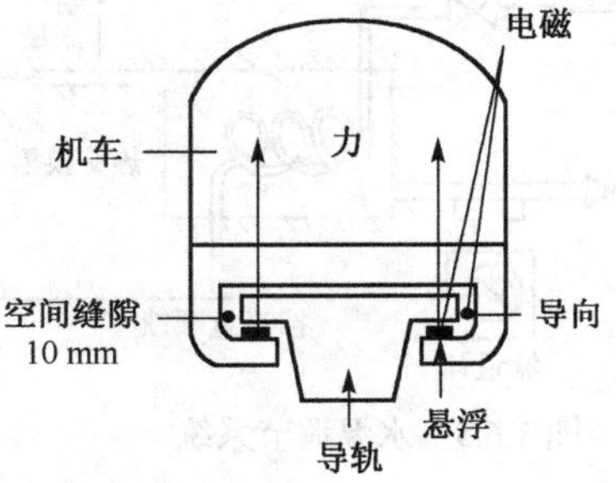

图 1.6.3 磁悬浮列车控制系统

4. 飞行器控制系统

飞行器控制系统是指驾驶员(或自动控制装置)通过对飞行器的副翼、升降舵、方向舵等装置的操纵，控制飞行器的俯仰、横滚和偏航等姿态所需软硬件的有机整体。图 1.6.4(a)为飞机舵面示意图。

俯仰角控制系统通过姿态角传感器获得飞机的实际俯仰角 $\Delta\theta$，与俯仰角指令 $\Delta\theta_c$ 进行比较后，其误差经控制律计算生成升降舵面控制指令。在升降舵面 $\Delta\delta_e$ 产生的力 ΔL_{δ_e} 和俯仰力矩 ΔM_{δ_e} 以及由于 $\Delta\theta$ 产生的升力 ΔL_W 和俯仰力矩 ΔM_{L_W} 的作用下经过动态调节后使得实际俯仰角与俯仰角指令相等。

(a) 飞机舵面示意图

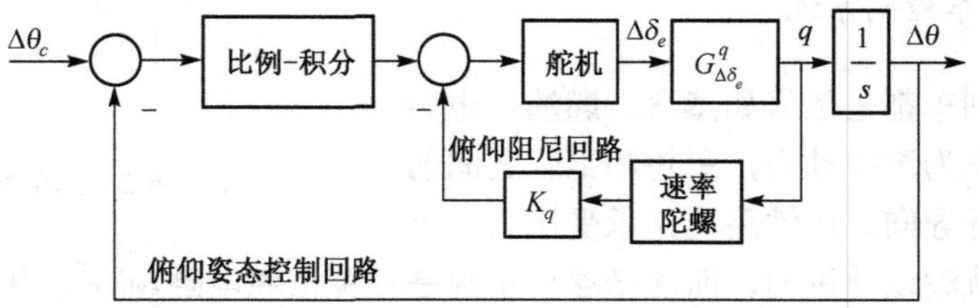

(b) 俯仰角控制系统结构图

图 1.6.4　飞机俯仰角控制系统

5. 水温调节系统

图 1.6.5 为水温调节系统示意图。冷水在热交换器中由通入的蒸汽加热，从而得到一定温度的热水。冷水流量变化用流量计测量。绘制该系统方框图，并说明为了保持热水温度接近于期望温度，系统是如何工作的？系统的被控对象、控制装置、被控物理量各是什么？

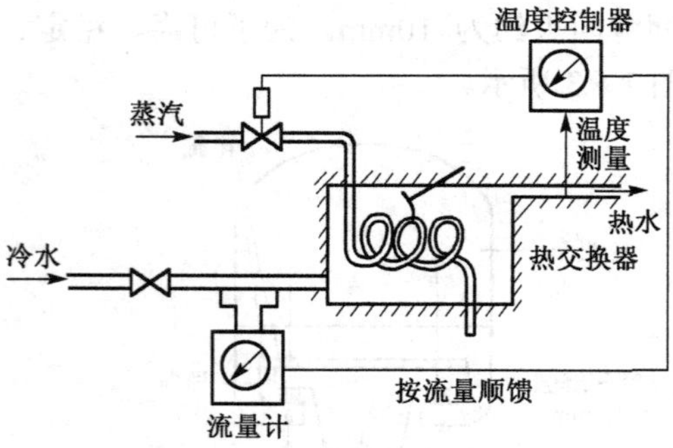

图 1.6.5　水温调节系统

6. 宏观经济系统

从 20 世纪 60 年代开始，控制论逐步应用到经济领域，形成经济控制论。一些典型的经济现象，如生产、消费、货币、利润、成本、税收、贸易、信贷、库存、销售等，可按其表现范围和结构差异分为宏观经济和微观经济。一般地，国家或省市等的国民经济称为宏观经济，企业级的经济称为微观经济。

图 1.6.6 为国民经济的反馈控制系统示意图，经济指标体系主要指工业增加值、固定资产投资、财政收入、财政支出、金融机构存款余额、国民生产总值(GNP)、居民收入与消费等。起控制作用的是宏观调控量，如货币收支、财政收支(包括投资、税收)、利率、物价、汇率等。起扰动作用的是国内、外的经济突发事件，如东南亚金融危机、美国金融危机、战争、天灾等。宏观调控的主要目标是经济稳定增长、重大经济结构优化、物价水平基本稳定、国际收支平衡等。

7. 智能交通控制系统

图 1.6.7 是一个智能交通控制系统架构，它是一个基于现代电子信息技术面向交通运输、车辆控制的服务系统。它的突出特点是以信息的收集、处理、发布、交换、分析、利用为主

线，为交通参与者提供多样性的服务。它是集控制技术、信息技术、智能技术为一体的含有多个子系统的复杂控制系统(每个子系统可能包括了前面所介绍的控制系统)，其目的是使传统的交通模式变得更加自动化、智能化，更加安全、节能、高效率。

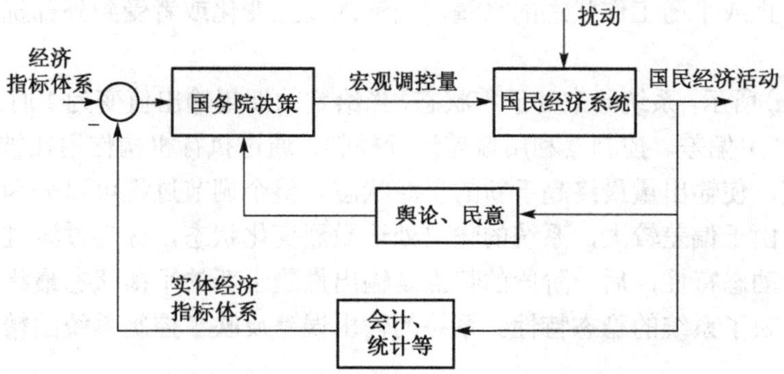

图 1.6.6 国民经济的反馈控制系统

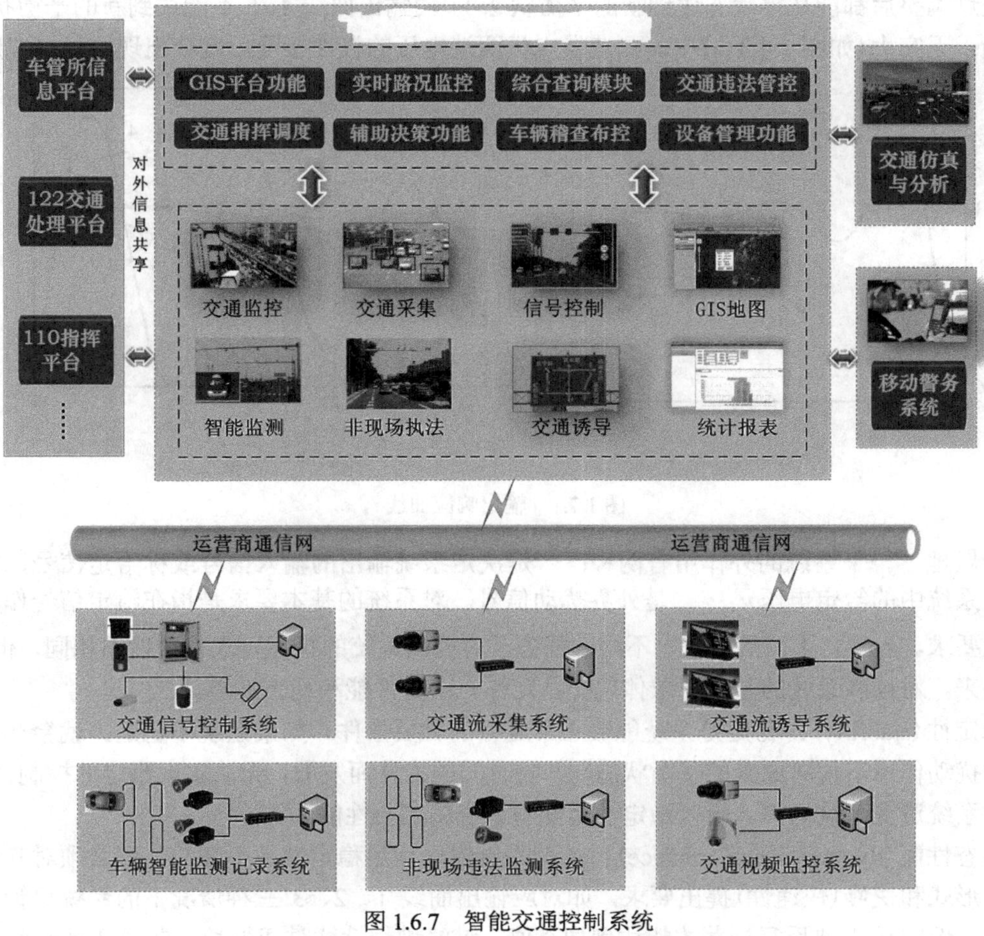

图 1.6.7 智能交通控制系统

智能交通控制系统利用传感技术和通信技术，整合周围环境的实况信息并利用系统反馈以帮助制定决策和控制。实现智能交通控制需要应用大量关键技术，如无线传感技术、无线通信技术、先进控制算法、先进计算方法和数据融合等。

1.7 对控制系统的基本要求

一个处于静止或平衡工作状态的系统，当输入发生变化或者受到外部扰动时，将会偏离原平衡状态。

如图 1.7.1(a)所示，系统原来处于零状态，当给定的期望输出值变为 1 时，系统的输出(实线)与期望输出产生偏差。控制器利用偏差进行控制，通过执行机构作用在被控对象上。经过一段时间的调整，使输出量最终趋于新的平衡状态。整个调节过程可以分为两个阶段：前一个阶段的特点，由于偏差较大，系统的输出处于激烈变化状态，称为过渡过程或动态过程，它反映了系统的动态特性；后一阶段的特点是输出量趋于新的平衡状态最终保持不变，称为稳态过程，它反映了系统的稳态特性。系统的输出误差反映了控制系统的精度，差值越小，控制精度越高。

实际上在系统调整阶段，输出曲线可能会出现以下几种情况，如图 1.7.1(b)所示：曲线 1、2、3 经过调整后都能从零状态达到新的平衡状态 1，而输出曲线 4、5 不能达到新的平衡状态，而是趋于无穷大(如图 1.4.3(a)中，测速发电机两端电压的极性接反后就会出现这种情况)。

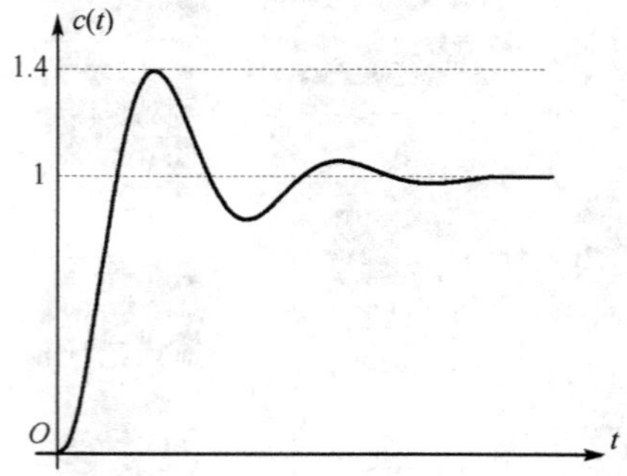

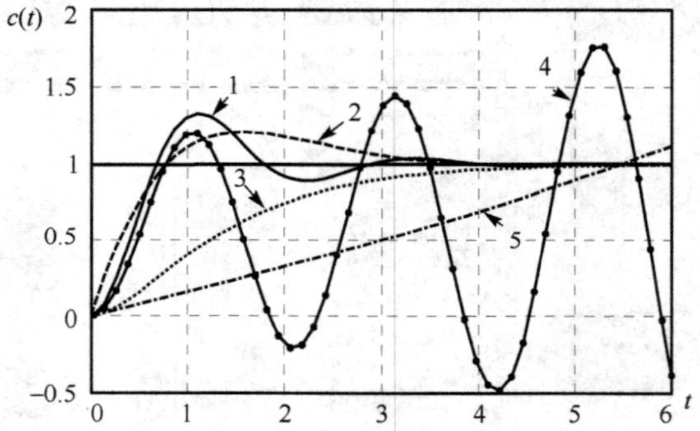

图 1.7.1 输出响应曲线

一般地，一个系统的外作用有两种：一是决定系统输出的输入信号或称给定信号，如转速调速系统中的给定电压 u_r；二是外界扰动信号。对系统的基本要求是指在给定信号作用下的性能要求。当然，不同的对象、不同的任务，对控制系统的指标要求也往往不相同。但是，归纳起来，对控制系统的基本要求体现在稳定性、动态性能和稳态性能。

稳定性(stability)：稳定是系统能够正常运行的首要条件。如果系统不稳定，就会在任何微小的扰动作用下偏离原来的平衡状态，并随时间的推移而发散，无法实现预定的控制任务，甚至使系统遭受严重损失。所以稳定性是控制系统的重要性能。

动态性能(dynamics performance)：控制系统仅仅满足稳定性是不够的，还必须对其过渡过程的形式和快慢(快速性)提出要求，如对应输出曲线 1、2、3 三种情况下的系统尽管都是稳定的，但曲线 1 要反复振荡才能达到稳态值，过渡过程持续时间很长。曲线 3 要经长时间的缓慢爬升才能达到稳定值，系统响应迟钝，过渡过程时间也很长，快速性都不好。曲线 2 性能最好，动态波动不大而且调整时间最小。所以，动态过程的性能指标是：动态变化不剧烈且调整时间短。

稳态性能(steady state performance)：理想情况下，当过渡过程结束后，被控输出量应与期望值一致。但实际上，由于系统结构、外部扰动，甚至控制律的设计问题往往导致输出量与期望值有一定误差，称为稳态误差。稳态误差越小，控制系统的控制精度越高。所以稳态误差是衡量系统控制精度的重要指标。

由于对控制系统的性能要求以及被控对象的不同，因而对性能指标的要求会因不同系统有不同侧重点。有的系统对快速性和准确性要求很高，如火炮瞄准以及雷达跟踪等随动系统；有的要求过渡过程平稳，如电机调速系统，有的则不允许动态过程中产生振荡，如机器人控制系统，又如经济系统，重要的是稳定，而稳态性能不是太重要。

然而稳定、快速、准确这三个性能指标是相互制约的。提高过渡过程的快速性，则可能会导致系统的严重振荡甚至不稳定；改善系统的相对稳定性，则可能会使系统反应迟缓，过渡过程延长；提高控制精度容易导致系统的动态性能变差甚至不稳定。在设计控制系统时，三个指标要统筹考虑。

在进行实际控制系统的设计时，不仅对三个性能指标进行定性分析，还要定量计算，以反映实际输出对期望输出的跟踪情况。这就要求用数学方法对被控对象和给定输入进行描述。

本章介绍用数学方法如何对给定输入进行描述，即先介绍典型输入信号或者激励信号，第 2 章介绍如何用数学方法描述被控对象即数学模型。在此基础上，可精确求出系统的输出信号即系统响应，以便定量分析、定量计算系统的性能指标。

1.8 典型控制输入信号或者测试信号

在工程实践中，作用于控制系统的输入信号的形式多种多样，既有确定性的，也有随机性的。针对不同的信号，对系统提出不同的要求往往难以做到，特别是随机输入，事先也无法用确定的数学表达式进行描述。因而通常选用典型的确定性函数作为控制系统的输入信号，对系统性能进行测试，它们也在一定程度上反映了实际的工程背景。

生产玻璃制品的玻璃窑炉需要定期停工检修，检修之后需控制炉内温度从环境温度上升到 1100℃左右的工作温度，以使炉内的玻璃混合物熔化达到熔融状态，然后再对炉内的玻璃液位进行精确控制。例如，某显像管厂加热炉内的温度从环境温度上升到工作温度 1100℃时的给定升温曲线为图 1.8.1 中的实线所示，其中有恒值函数，也有时变函数。若直接按虚线升温，则会造成炉内耐火材料的损坏。又如，在研究机械振动时，往往会遇到接触时间短而幅值很大的信号，如图 1.8.2 所示。

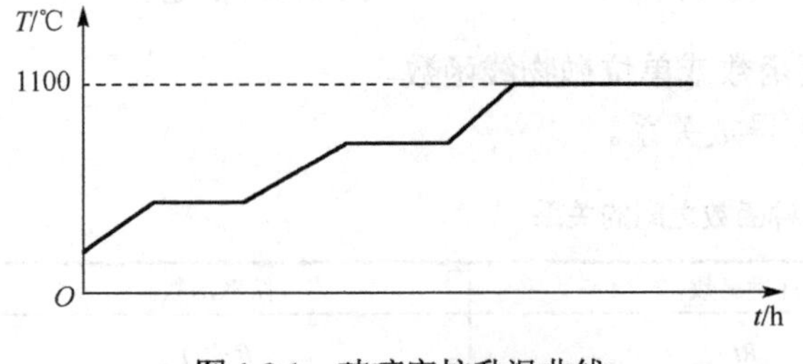

图 1.8.1　玻璃窑炉升温曲线

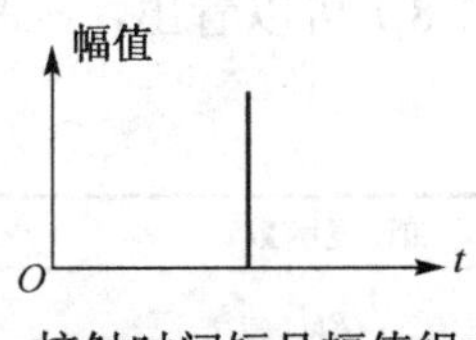

图 1.8.2　接触时间短且幅值很大的信号

在控制系统中，经常用到的典型控制输入信号有时间 t 的幂函数、脉冲函数、正弦函数三种。

1. 时间 t 的幂函数

1) 阶跃函数

$$r(t)=\begin{cases}R, & t\geqslant 0\\ 0, & t<0\end{cases}$$

阶跃函数为在 $t=0$ 时刻出现了幅值为 R 的跳变或跳跃，如图 1.8.3 所示。$R=1$ 的阶跃函数称为单位阶跃函数，常用 $1(t)$ 表示。当幅值不为 1 时，如幅值为 R 的阶跃函数表示为 $r(t)=R\cdot 1(t)$。

阶跃信号在自动控制系统中经常遇到，如直流电机稳定运行在 800r/min，由于生产需要，要求工作在 1000r/min，相当于给定输入信号为幅值为 200r/min 的阶跃信号。飞机在飞行中遇到的常值阵风扰动等，可视为外作用为阶跃信号。

阶跃信号作为评价系统动态性能的典型外作用，它在自动控制系统的分析中起着特别重要的作用。

2) 速度函数(斜坡函数)

$$r(t)=\begin{cases}Rt, & t\geqslant 0\\ 0, & t<0\end{cases}$$

速度函数如图 1.8.4 所示。

如前面玻璃窑炉温度控制系统中的升温曲线，有一部分可视为速度信号。当雷达跟踪的目标以恒速率飞行时，对雷达跟踪系统而言，就是工作在速度函数输入下。

当 $R=1$ 时，速度函数称为单位速度函数或单位斜坡函数。

3) 加速度函数(抛物线函数)

$$r(t)=\begin{cases}\frac{1}{2}Rt^2, & t\geqslant 0\\ 0, & t<0\end{cases}$$

加速度函数如图 1.8.5 所示。

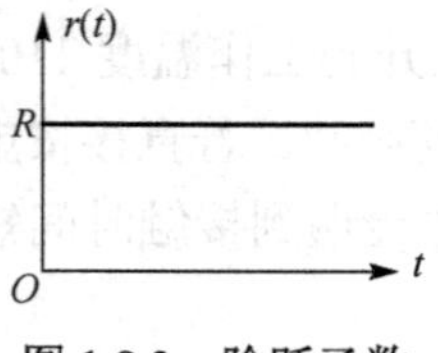

图 1.8.3　阶跃函数

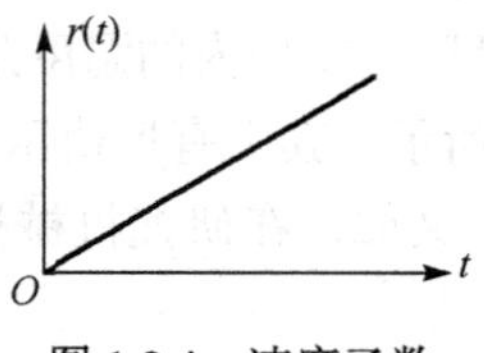

图 1.8.4　速度函数

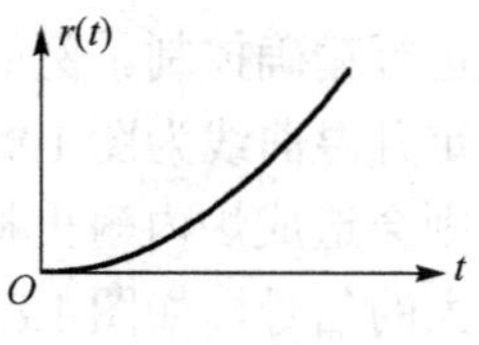

图 1.8.5　加速度函数

当 $R=1$ 时，加速度函数称为单位加速度函数或单位抛物线函数。

从表 1.8.1 可以看出，三种函数之间具有导数关系。

表 1.8.1　三种函数之间的关系

加速度函数	速度函数	阶跃函数
$\frac{1}{2}Rt^2$	Rt	$R\cdot 1(t)$
单位加速度函数	单位速度函数	单位阶跃函数
$\frac{1}{2}t^2$	t	$1(t)$

2. 脉冲函数

$$r(t)=\begin{cases}\dfrac{A}{\varepsilon}, & 0\leqslant t\leqslant\varepsilon\\ 0, & t<0,\quad t>\varepsilon\end{cases}$$

上式表明，脉冲函数的宽度为ε，高度为$\dfrac{A}{\varepsilon}$，矩形脉冲的面积为 A。脉冲的强度通常用脉冲的面积 A 来表示，如图 1.8.6 所示。

理想脉冲函数是上述脉冲函数对ε趋于 0 求极限得到的，其数学表达式包括两部分：

$$r(t)=\begin{cases}\infty, & t=0\\ 0, & t\neq 0\end{cases}\qquad 以及\qquad \int_{0^-}^{0^+} r(t)\mathrm{d}t=A$$

当 A=1 时，称为单位脉冲函数，用 $\delta(t)$ 表示，理想脉冲函数如图 1.8.7 所示。

$$\delta(t)=\begin{cases}\infty, & t=0\\ 0, & t\neq 0\end{cases}\qquad 以及\qquad \int_{0^-}^{0^+} \delta(t)\mathrm{d}t=1$$

显然，$r(t)=4\delta(t)$ 代表强度为 4 的脉冲函数。除了特殊说明，以后的脉冲函数均指的是理想脉冲函数。

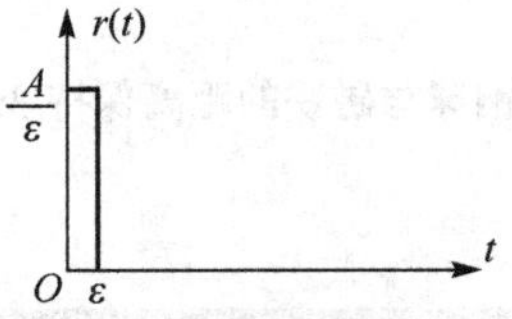

图 1.8.6　脉冲函数

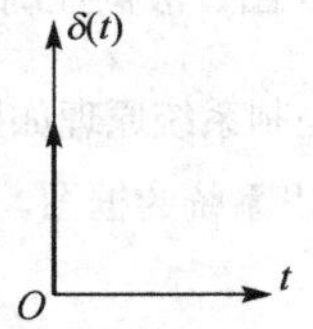

图 1.8.7　理想脉冲函数

需指出的是，理想脉冲函数只是数学上的定义，在现实中是不存在的，它的引入是为了研究问题的方便。在现实系统中常把作用时间很短，幅值很大而强度有限的外作用近似看作脉冲函数，如武器射击时产生的冲击力。

3. 正弦函数

$$r(t)=\begin{cases}A\sin\omega t, & t\geqslant 0\\ 0, & t<0\end{cases}$$

A 为振幅，$\omega=2\pi f$ 为正弦函数的角频率。正弦函数的一般表达式为：$r(t)=A\sin\omega(t+\varphi)$，这里，初始相角$\varphi=0$。正弦函数也是控制系统常见的一种典型外作用，很多实际的随动系统就是经常在这种正弦函数作用下工作的，如伺服振动台的输入指令。海浪对舰船的颠簸以及机械振动的噪声，均可视为正弦扰动输入信号。

系统在正弦函数作用下的特性，即频率特性，是自动控制理论研究系统性能的重要依据，后面将专门介绍。

阅读：自动控制理论的发展

习　题

1.1　日常生活中有许多闭环和开环控制系统，试举几个例子，并说明它们的控制原理。

1.2　总结开环系统与闭环系统各自的优缺点。

1.3　液位控制系统的原理如题 1.3 图所示，其中比较、放大部分集成到控制器内，说明系统的工作原理，并画出系统的框图。

1.4　温度控制系统框图如题 1.4 图所示，控制系统的任务是控制炉温维持在给定值 $T_r = 680℃$ 左右，以满足工件热处理的要求。炉子的给定温度 T_r 是通过电压 u_r 确定的，其设置与炉温的希望值 T_r 相对应。热电偶用来测量炉温的实际值 T，热电偶的输出电压为毫伏级，经过放大器后输出为 u_T，其大小正比于炉内温度。u_T 反馈到系统的输入端，与给定电压 u_r 进行比较，得到偏差信号 $U = u_r - u_T$，施加在电动机两端，经过减速器以改变阀门的开度来控制进入到混合器的煤气流量，最终达到控制炉内温度 T。试分析由于外界扰动导致炉温下降时，温度自动调节的过程，并画出系统的框图。

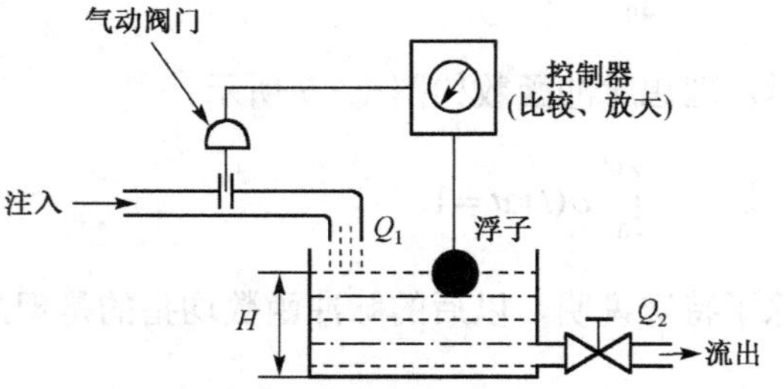

题 1.3 图　液位控制系统

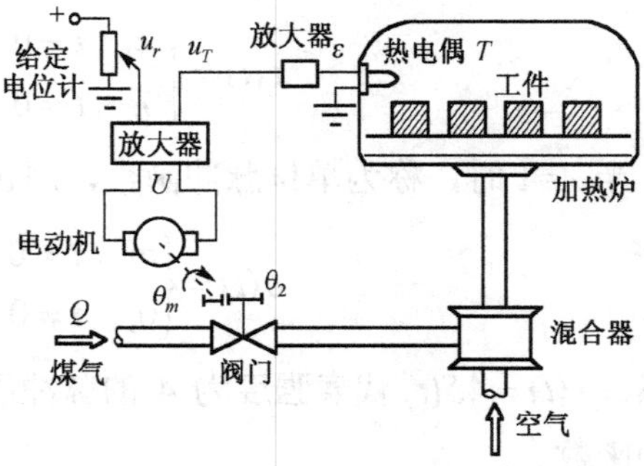

题 1.4 图　温度控制系统工作原理图

1.5　磁悬浮控制系统原理如题 1.5 图所示，控制目标是：钢球与磁铁的距离保持 3mm 左右，说明系统的工作原理，并画出系统的框图。

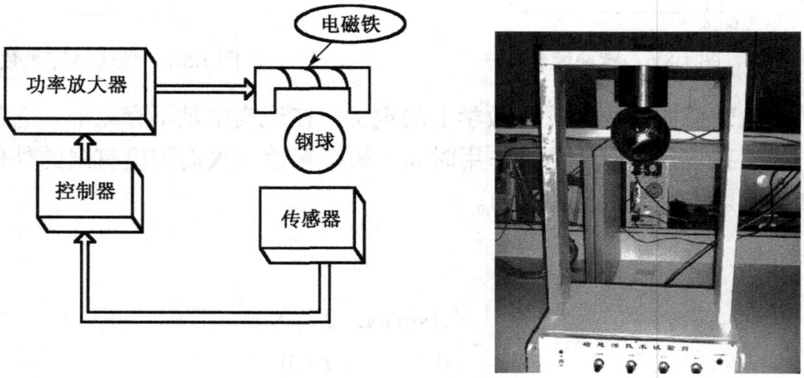

题 1.5 图　磁悬浮控制系统

1.6　绘制图 1.4.5 所示炉温自动控制系统的框图。

1.7　汽车悬架系统的振动控制。

汽车悬架系统安装在车桥和车轮之间，用来吸收汽车在高低不平的路面上行驶所产生的振动，以提高车辆行驶平顺性和安全性，减轻动载荷对汽车零件损坏的影响。随着高速公路的飞速发展，车辆高速行驶的平顺性和安全性要求日益迫切，传统悬架系统无法解决这一问题。20 世纪 70 年代以来，工业较发达的一些国家开始研究汽车悬架系统的振动控制。

汽车减振主要依赖于悬架系统，它由弹性元件和阻尼元件组成。传统悬架系统的阻尼及刚度在设计中确定后，在汽车行驶过程中无法调整，这就导致汽车不能适应复杂的行驶工况和道路条件。而现代汽车悬架系统的振动控制可以根据路面的行驶工况实时调节减振器阻尼力来改善汽车的振动特性的，如题 1.7 图所示。

图中的微机控制系统是由传感器、单片机、A/D 转换和电机驱动机构等所组成。M_1 代表车的质量，M_2 代表车轮的质量。S 为加速度传感器。其工作原理是：加速度传感器对车身垂直振动加速度进行连续采样，通过 A/D 转换，按照一定的算法分析处理后由微型计算机（单片机）输出控制信号给驱动电机，以带动驱动杆转动调节节流口的大小，从而改变了减振器的阻尼力，以达到汽车悬架系统的阻尼效果最有效。

试说明系统的工作原理，并画出系统的框图。

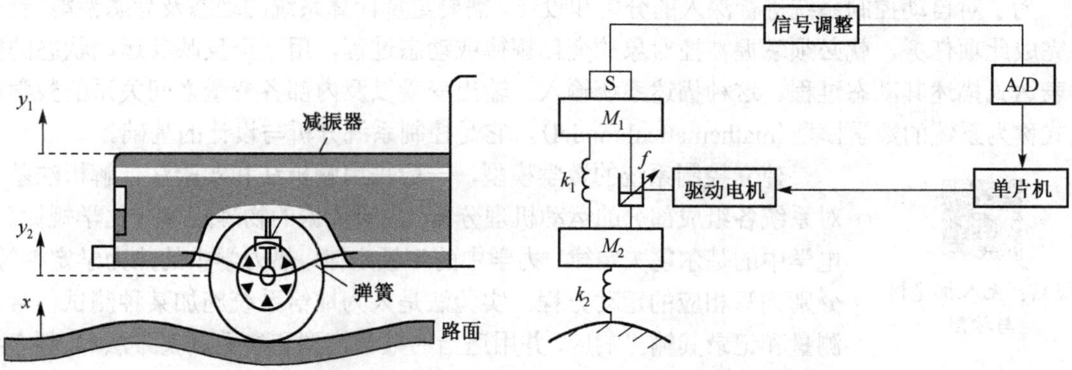

题 1.7 图　汽车悬架控制系统

1.8　生产控制系统是一个典型的经济控制系统，在生产资源一定的情况下，通过计划、管理使生产过程向社会提供产品供给，并通过市场监测形成误差信息，然后进行信息融合形成控制政策以实现供需平衡、有效利用资源以及利润最大化的运行目标，其运行框图如题 1.8 图所示。系统输入是生产资源，包括厂房、设备、动力、原材料、资金、劳动力、运输等，系统的控制、决策功能是计划、管理环节，被控对象是生产过程。

根据对生产控制系统的理解，请描述实际的扰动有哪些，其他的反馈手段还有哪些。

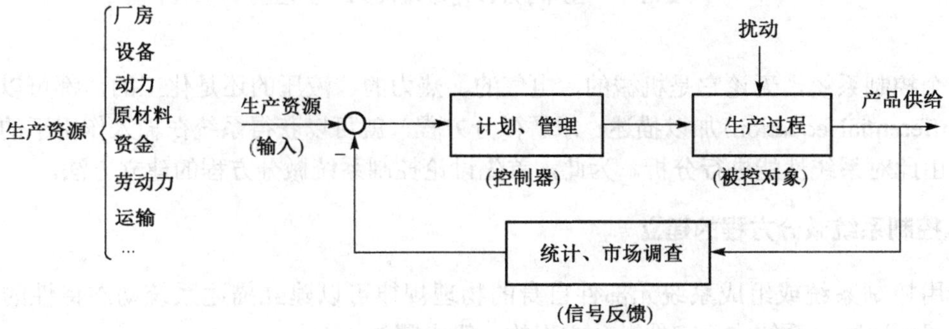

题 1.8 图　生产控制系统框图

第 2 章　控制系统的数学模型

为了对自动控制系统进行深入的分析和设计，需要定量计算系统的动态及静态性能指标。要完成此项任务，就必须掌握被控对象的变化规律或动态过程，用一个反映其运动状态的数学表达式描述其动态过程。这种描述系统输入、输出变量以及内部各变量之间关系的数学表达式称为系统的数学模型(mathematical model)，它是控制系统分析与设计的基础。

视频：无人机建模与控制

建立控制系统的数学模型，一般采用解析法和实验法。解析法基于对系统各组成部分的运动机理分析，由所依据的物理规律或化学规律(如电学中的基尔霍夫定律、力学中的牛顿定律、热力学中的热力学定律等)分别列写相应的运动方程。实验法是人为地给系统施加某种测试信号，测量和记录其输出响应，并用适当的数学模型和参数调整方法(如频率特性法、系统辨识(system identification)法，使该模型的输出逼近系统的输出。近年来，系统辨识已发展成一个独立的控制学科分支，不属于本书讨论的范围。

本书主要采用解析法建立系统的数学模型，包括微分方程、传递函数、频率特性、状态空间表达式以及用图形表示的结构图(structure diagram)与信号流图(signal-flow graph)。微分方程、差分方程和状态空间表达式是系统的时域模型，传递函数是复域模型，频率特性是频域模型。差分方程是用于研究离散系统的数学模型，将在第 6 章介绍。

2.1　控制系统的微分方程

一个控制系统，无论它是机械的、电气的、热力的、液压的还是化工的，都可以用微分方程(differential equation)加以描述。求解微分方程，就可以获得系统在输入作用下的输出响应，并由此对系统性能进行分析。为此，首先讨论控制系统微分方程的建立方法。

2.1.1　控制系统微分方程的建立

利用控制系统或组成系统元部件自身的物理规律可以建立描述系统动态特性的微分方程，用解析法写出系统或元部件微分方程的一般步骤是：

(1)根据系统或元部件的具体工作情况，确定系统或元部件的输入、输出变量；

(2)从输入端开始，按照信号的传递顺序，依据各元部件所遵循的物理(或化学)规律，写出系统各元部件的动态方程，一般为微分方程组；

(3)消去中间变量，确定以输入、输出为变量的微分方程；

(4)将微分方程标准化，即将与输入有关的各项放在等号右侧，与输出有关的各项放在等号左侧，并按降阶排列。

下面举例说明建立微分方程的步骤和方法。

例 2.1.1　图 2.1.1 是弹簧-质量-阻尼器机械平移系统。K 与 f 分别为弹簧的弹性系数与阻尼器的阻尼系数，试写质量为 m 的物体在外力 $F(t)$ 作用下，位移 $x(t)$ 的运动方程。

解 设阻尼器的阻尼力和弹簧的弹力分别为$F_1(t)$和$F_2(t)$，则$F_1(t)=f\dfrac{\mathrm{d}x(t)}{\mathrm{d}t}$，$F_2(t)=Kx(t)$，且$F_1(t)$和$F_2(t)$的方向均与运动方向相反。于是由牛顿运动定律有

$$F(t)-F_1(t)-F_2(t)=m\frac{\mathrm{d}^2x(t)}{\mathrm{d}t^2} \tag{2.1.1}$$

将$F_1(t)$和$F_2(t)$代入式(2.1.1)中，经整理后即得该系统的微分方程为

$$m\frac{\mathrm{d}^2x(t)}{\mathrm{d}t^2}+f\frac{\mathrm{d}x(t)}{\mathrm{d}t}+Kx(t)=F(t) \tag{2.1.2}$$

例 2.1.2 图 2.1.2 是由电阻R、电感L和电容C组成的 RLC 电路。试列写以$u_r(t)$为输入，$u_c(t)$为输出的微分方程。

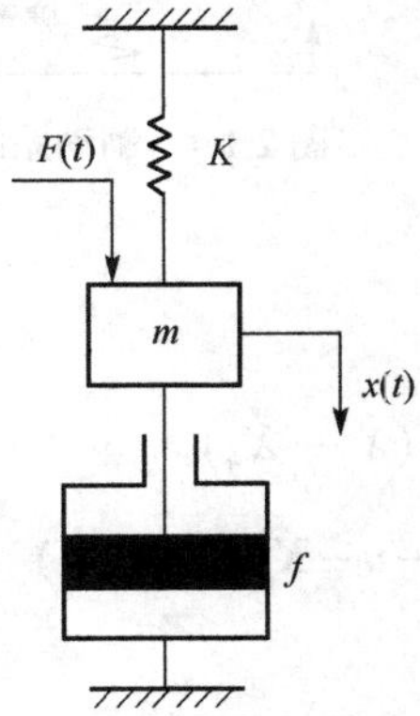

图 2.1.1 机械平移系统

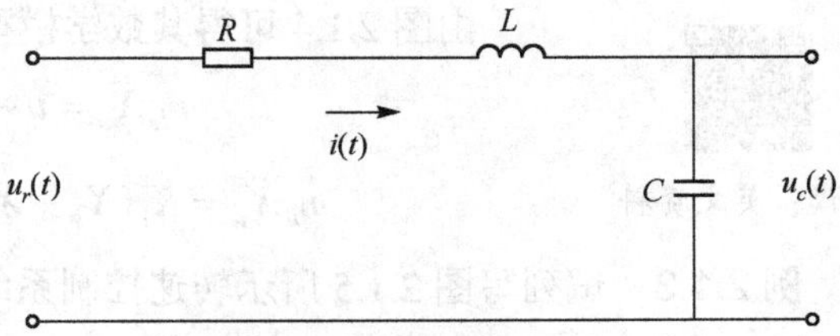

图 2.1.2 RLC 电路

解 设回路电流为$i(t)$，则根据电路遵循的基尔霍夫电压定律，有

$$Ri(t)+L\frac{\mathrm{d}i(t)}{\mathrm{d}t}+u_c(t)=u_r(t)$$

$$u_c(t)=\frac{1}{C}\int i(t)\mathrm{d}t$$

消去上式中的中间变量$i(t)$，得

$$u_r(t)=RC\frac{\mathrm{d}u_c(t)}{\mathrm{d}t}+LC\frac{\mathrm{d}^2u_c(t)}{\mathrm{d}t^2}+u_c(t) \tag{2.1.3}$$

整理得

$$LC\frac{\mathrm{d}^2u_c(t)}{\mathrm{d}t^2}+RC\frac{\mathrm{d}u_c(t)}{\mathrm{d}t}+u_c(t)=u_r(t) \tag{2.1.4}$$

通过以上两个例子可以初步了解系统微分方程的建立方法。同时也可以看出，尽管一个是力学系统，另一个是电路系统，若不考虑系统各参数的物理意义，两者具有形式相同的数学模型，都是二阶常系数微分方程，则称这两个物理系统为相似系统。相似系统揭示了不同物理现象间的相似关系，可以使设计人员将对一个系统的分析结果推广到具有相同微分方程模型的其他系统，为控制系统的性能研究与设计奠定了基础。

需要说明的是，例 2.1.1 阻尼器和弹簧机械系统有很明显的工程背景，如飞机起落架车轮制动系统，汽车减振系统等，如图 2.1.3 所示。其车轮制动系统如图 2.1.4 所示。

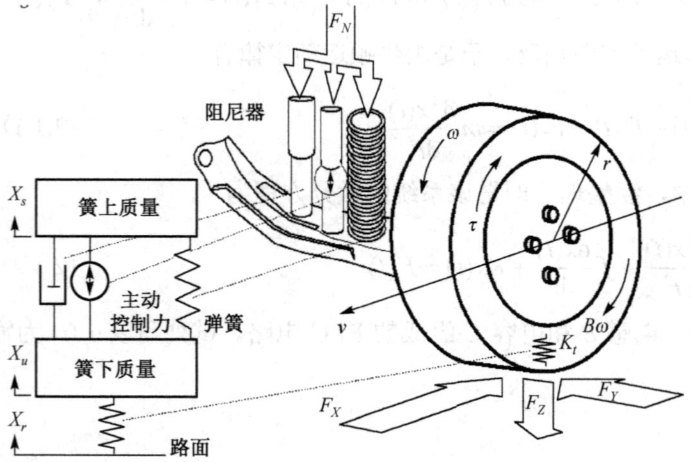

图 2.1.3　车轮制动系统示意图

簧上质量包括簧上承载件；簧下质量包括车轮、车轮支架、车轴；
主动控制力来自于液压动作器

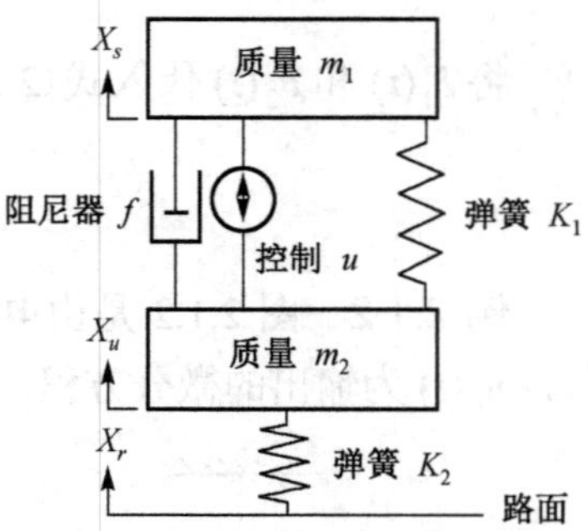

图 2.1.4　制动系统模型

阅读：英文资料

由图 2.1.4 可得其数学模型为

$$m_s\ddot{X}_s = u - K_1(X_s - X_u) - f(\dot{X}_s - \dot{X}_u)$$

$$m_u\ddot{X}_u = K_1(X_s - X_u) + f(\dot{X}_s - \dot{X}_u) - u - K_2(X_u - X_r)$$

例 2.1.3　试列写图 2.1.5 所示转速控制系统的微分方程。

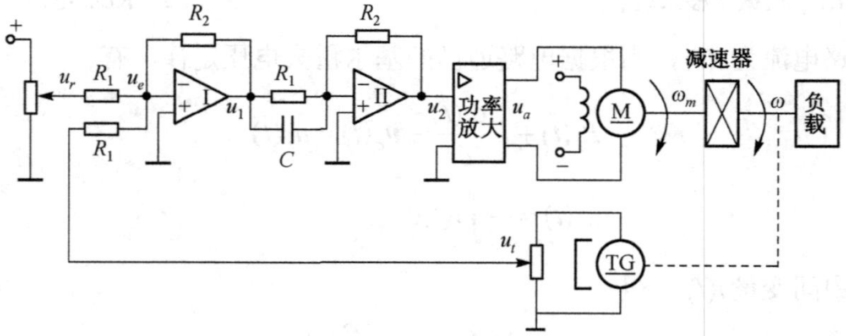

图 2.1.5　转速控制系统

解　该系统中给定电压 $u_r(t)$ 为输入量，电动机角速度 $\omega(t)$ 为输出量。从产生偏差的元件开始，按信号流通方向依次写出组成该系统各元件的微分方程。

(1) 比较元件。比较元件是运算放大器Ⅰ，它将反馈电压 $u_t(t)$ 与给定电压 $u_r(t)$ 进行比较，并产生偏差电压 $u_e(t)$，即

$$u_e(t) = u_r(t) - u_t(t) \tag{2.1.5}$$

(2) 放大元件。放大元件包括电压放大器和功率放大器两部分，作用是对偏差电压 $u_e(t)$ 进行电压和功率放大。

电压放大器Ⅰ：

$$u_1(t) = Ku_e(t) \tag{2.1.6}$$

式中，$K_1=-\frac{R_2}{R_1}$。

电压放大器Ⅱ：

$$\frac{u_1}{R_1}+C\frac{\mathrm{d}u_1}{\mathrm{d}t}=-\frac{u_2}{R_2}$$

整理得电压放大器Ⅱ的数学模型：

$$u_2(t)=K_2\left[u_1(t)+\tau\frac{\mathrm{d}u_1}{\mathrm{d}t}\right] \tag{2.1.7}$$

式中，$K_2=-\frac{R_2}{R_1}$，$\tau=R_1C$。

功率放大器：

$$u_a(t)=K_a u_2(t) \tag{2.1.8}$$

式中，K_a 是常数。

(3)执行元件。直流电动机作为执行元件，它将电枢电压$u_a(t)$转换成电动机转子轴的角速度$\omega_1(t)$。根据电机原理可知，直流电动机的微分方程为

$$T_m\frac{\mathrm{d}\omega_m(t)}{\mathrm{d}t}+\omega_m(t)=K_a u_a(t)-K_c M_c(t) \tag{2.1.9}$$

式中，$M_c(t)$是考虑齿轮减速器和负载后的等效负载转矩。

(4)减速器。减速器是用来减速并增大力矩的，其微分方程为

$$\omega(t)=\frac{1}{i}\omega_m(t) \tag{2.1.10}$$

式中，i是减速器的传动比，为常数。

(5)测量元件。直流测速发电机(tacho-generator，TG)作为测量元件，它可将系统输出角速度$\omega(t)$转换成相应的直流电压$u_t(t)$，即

$$u_t(t)=K_t\omega(t) \tag{2.1.11}$$

式中，K_t是测速发电机的传递函数，为常数。

联立式(2.1.5)～式(2.1.11)，消去中间变量$u_f(t)$、$u_e(t)$、$u_a(t)$、$\omega_m(t)$，可得电动机转速控制系统的微分方程为

$$\frac{\mathrm{d}\omega(t)}{\mathrm{d}t}+\left(\frac{i+KK_aK_t}{iT_m}\right)\omega(t)=\frac{KK_a}{iT_m}u_r(t)-\frac{K_c}{iT_M}M_c(t) \tag{2.1.12}$$

例 2.1.4 汽车速度控制系统如图 2.1.6(a)所示，若控制器是驾驶员，则为人工控制系统；若控制器通过仪器仪表或微型计算机实现，则是自动控制系统或称汽车自动驾驶仪。在设计汽车自动驾驶仪时需要建立汽车-发动机的数学模型。

解 假设发动机提供的推力用 u 表示，汽车速度用 v 表示，汽车位移用 x 表示，见图 2.1.6(b)。为简单起见，假设车轮的转动惯量可以忽略不计，并假设汽车运动阻力和汽车速度成正比，由此，可以得到汽车的运动方程(motion equation)为

$$u-b\dot{x}=m\ddot{x} \quad 或 \quad u-bv=m\dot{v}$$

所以，数学模型为$\dot{v}+\dfrac{b}{m}v=\dfrac{1}{m}u$。

假设汽车质量$m=1000\text{kg}$，阻力系数$b=50\text{N}\cdot\text{s/m}$，发动机推力$u=500\text{N}$，则对应的输出响应，即汽车速度变化如图 2.1.6(c)所示，稳态时的速度为$v=10\text{m/s}$，即$v=36\text{km/h}$，启动时间约为 80s。目前世界上一般轿车的启动性能为 7～10s（$0\to100\text{km/h}$）。

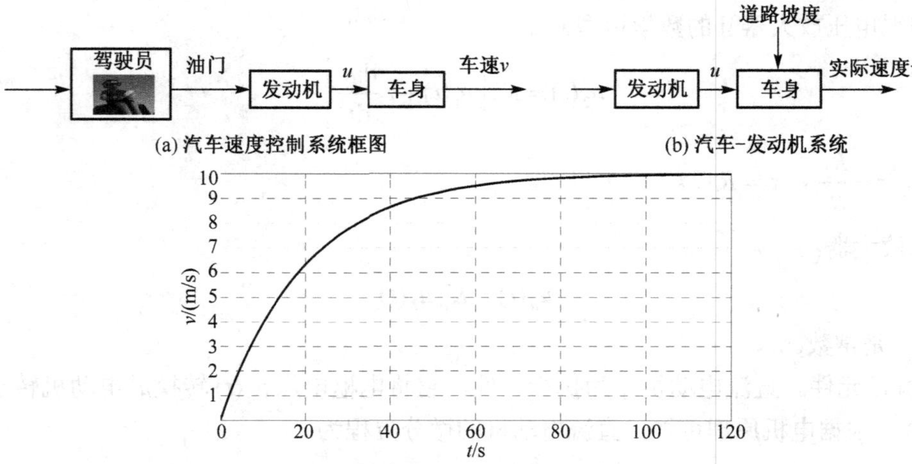

(a) 汽车速度控制系统框图　　(b) 汽车-发动机系统

(c) 汽车起动时的速度变化曲线

图 2.1.6　汽车速度控制系统

2.1.2　非线性系统的线性近似

大多数物理系统在参数的某些范围内呈现出线性特性，但参数变化范围很大时，一般系统都可视为非线性系统。非线性系统比起线性系统，其分析和设计过程要复杂得多。所以，在系统自身特性和对系统控制精度允许的条件下，把非线性系统近似为线性系统可简化分析和设计过程。

1. 线性系统的特性

用线性微分方程描述的系统称为线性系统。线性系统的特性可以用其输入和输出的关系来描述。对于线性系统，若系统输入为$r_1(t)$时输出为$c_1(t)$，系统输入为$r_2(t)$时输出为$c_2(t)$，则系统输入为$r_1(t)+r_2(t)$时输出为$c_1(t)+c_2(t)$，线性系统的这个特性称为可加性。若系统输入为$r_1(t)$时输出为$c_1(t)$，k 为常数，则在系统输入为$kr_1(t)$时输出为$kc_1(t)$，称为齐次性。可加性和齐次性合称为叠加原理(superposition principle)。

线性系统的叠加原理表明，多个外作用同时作用于系统所产生的总输出，等于各个外作用单独作用时分别产生的输出之和，且外作用的数值增大若干倍时，其输出也增大相同的倍数。因此，对线性系统进行分析和设计时，如果有几个外作用同时作用于系统，则可以将它们分别处理，依次求出各个外作用单独作用时系统的输出，然后将它们叠加。

2. 非线性微分方程的线性化

事实上，任何一个元件或系统总是存在一定程度的非线性。例如，弹簧的刚度与其形变有关，并不一定是常数；电阻 R、电感 L、电容 C 等参数值与周围环境(温度、湿度、压力等)及流经它们的电流有关，严格意义上也不一定是常数；电动机本身的摩擦、死区等非线性因素会使其运动方程复杂化而成为非线性方程等。严格地说，实际系统的数学模型一般都是非线性的，而非线性微分方程没有通用的求解方法。因此，在研究系统时总是力图将非线性问题在合理、可能的条件下简化为线性问题处理。如果进行某些近似或缩小问题的研究范围，可以将大部分非线性方程在一定的工作范围内近似用线性方程来代替，这样就可以用线性理论来分析和设计系统。虽然这种方法是近似的，但它便于分析计算，在一定的工作范围内能反映系统的特性，在工程实践中具有实际意义。

将非线性微分方程线性化(linearization)的方法主要有如下两种。

1)忽略弱非线性因素

如果元件的非线性因素较弱或者非线性因素不在系统的工作范围之内，则它们对系统的影响很小，就可以忽略。

2)小偏差法(切线法、增量线性化法)

小偏差(deviation)法基于一种假设，就是在控制系统的整个调节过程中，各个元件的输入量和输出量只是在平衡点(equilibrium point)附近进行微小变化。这一假设是符合许多控制系统实际工作情况的，因为对闭环控制系统而言，一有偏差就会产生控制作用，使偏差减小或消除，所以各元件一般能工作在平衡点附近。

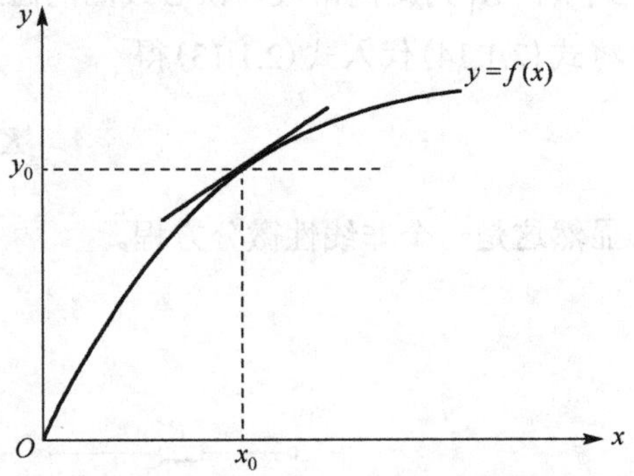

图 2.1.7　非线性特性的线性化

设连续变化的非线性函数为 $y=f(x)$，如图 2.1.7 所示。取某平衡状态 (x_0,y_0) 为工作点，对应有 $y_0=f(x_0)$。当 $x=x_0+\Delta x$ 时，有 $y=y_0+\Delta y$。若函数 $y=f(x)$ 在 (x_0,y_0) 处连续可微，则在该点附近用泰勒级数展开为

$$y=f(x)=f(x_0)+\left.\frac{\mathrm{d}f(x)}{\mathrm{d}x}\right|_{x_0}(x-x_0)+\frac{1}{2!}\left.\frac{\mathrm{d}^2 f(x)}{\mathrm{d}x^2}\right|_{x_0}(x-x_0)^2+\cdots$$

当增量 $x-x_0$ 很小时，略去其高次幂项，则有

$$y-y_0=f(x)-f(x_0)=\left.\frac{\mathrm{d}f(x)}{\mathrm{d}x}\right|_{x_0}(x-x_0)$$

令 $\Delta y=y-y_0$，$\Delta x=x-x_0$，$K=\left.\dfrac{\mathrm{d}f(x)}{\mathrm{d}x}\right|_{x_0}$，则线性化方程可记为

$$\Delta y=K\Delta x$$

略去增量符号，便得函数 $y=f(x)$ 在工作点 (x_0,y_0) 附近的线性化方程为

$$y=Kx$$

小偏差法线性化的几何意义是：在预期工作点附近，用通过该点的切线近似代替原来的曲线。在研究三极管的输入输出特性时，就采用了小偏差法线性化方法，称为等效微变电路。

需要注意的是，应用小偏差法线性化时，必须明确预定平衡工作点的参数值，对于不同的工作点，得出线性微分方程的系数一般是不一样的。如果元部件或系统的原有特性接近线性，线性化得到的方程对偏差信号变化范围较大时，仍能适用。否则，线性化运动方程只能适用于偏差信号为微量的情况。小偏差法线性化的使用条件：①在工作点附近信号变化为微

量；②在工作点附近能展开成泰勒级数。如继电器特性，因为该特性在原点不连续，不能进行泰勒展开，所以该类特性不能应用小偏差法线性化。

例 2.1.5 铁心线圈是变压器、汽车点火系统等工业设备中的常用元件，其示意图如图 2.1.8(a)所示。试列写以电压 u_r 为输入，电流 i 为输出的铁心线圈的微分方程。

解 根据基尔霍夫定律有

$$u_r = u_1 + Ri \tag{2.1.13}$$

式中，u_1 为线圈的感应电势，它正比于线圈中的磁通变化率，即

$$u_1 = K_1 \frac{\mathrm{d}\phi(i)}{\mathrm{d}t} \tag{2.1.14}$$

式中，K_1 为比例常数。铁心线圈的磁通是线圈中电流 i 的非线性函数，如图 2.1.8(b)所示。将式(2.1.14)代入式(2.1.13)得

$$K_1 \frac{\mathrm{d}\phi(i)}{\mathrm{d}i} \frac{\mathrm{d}i}{\mathrm{d}t} + Ri = u_r \tag{2.1.15}$$

显然这是一个非线性微分方程。

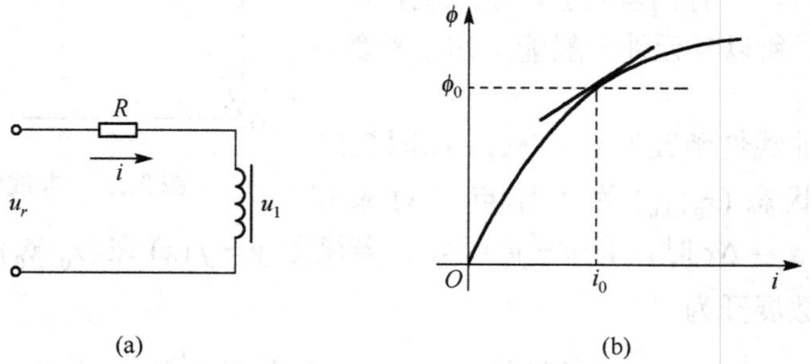

图 2.1.8 铁心线圈及磁通 $\phi(i)$ 曲线

如果在工作过程中，线圈的电压、电流只在平衡工作点 (u_0, i_0) 附近进行微小的变化，且 $\phi(i)$ 在 i_0 的邻域内连续可导，则在平衡点 i_0 邻域内，磁通 ϕ 可表示成泰勒级数，即

$$\phi = \phi_0 + \left.\frac{\mathrm{d}\phi}{\mathrm{d}i}\right|_{i_0} \Delta i + \frac{1}{2!} \left.\frac{\mathrm{d}^2\phi}{\mathrm{d}i^2}\right|_{i_0} (\Delta i)^2 + \cdots$$

式中，$\Delta i = i - i_0$，当 Δi “足够小”时，略去高阶项，取其一次近似，有

$$\phi = \phi_0 + \left.\frac{\mathrm{d}\phi}{\mathrm{d}i}\right|_{i_0} \Delta i$$

式中，$\left.\frac{\mathrm{d}\phi}{\mathrm{d}i}\right|_{i_0}$ 为平衡点 i_0 处 $\phi(i)$ 的导数值，令它为 C_1，则有

$$\phi \approx \phi_0 + C_1 \Delta i$$

$$\phi - \phi_0 = \Delta\phi \approx C_1 \Delta i$$

上式表明，经小扰动线性化处理后，线圈中电流增量与磁通增量之间已经近似为线性关系了。将式(2.1.13)中 u_r、ϕ、i 均表示成平衡点附近的增量方程，即

$$u_r = u_0 + \Delta u_r$$
$$i = i_0 + \Delta i$$
$$\phi \approx \phi_0 + C_1 \Delta i$$

将上述三式代入式(2.1.15)，消去中间变量并整理，可得

$$K_1 C_1 \frac{\mathrm{d}\Delta i}{\mathrm{d}t} + R\Delta i = \Delta u_r \tag{2.1.16}$$

式(2.1.16)就是铁心线圈的线性化增量微分方程。在实际使用中，为简便起见，常常略去增量符号而写成

$$K_1 C_1 \frac{\mathrm{d}i}{\mathrm{d}t} + Ri = u_r \tag{2.1.17}$$

但必须明确，u_r 和 i 均为变量相对于工作点的增量，而不是变量本身的值。

2.2 控制系统的传递函数

控制系统的微分方程是在时间域(time domain)描述系统动态性能的数学模型，在给定外作用及初始条件下，求解微分方程可以得到系统输出响应(output response)的全部信息。

控制系统的传递函数(transfer function)是在复数域(complex filed)描述系统动态性能的数学模型，可通过对线性常系数微分方程进行拉普拉斯变换得到，它不仅可以表征系统的动态特性，而且可以用来研究系统的结构或参数变化对系统性能的影响。经典控制理论中广泛应用的根轨迹法和频域法，就是以传递函数为基础建立起来的。需要指出的是，传递函数只适应于描述线性定常系统。

2.2.1 传递函数的定义

1. 定义

如图 2.2.1 所示，传递函数是在零初始条件(zero initial conditions)下，系统输出量 $c(t)$ 的拉普拉斯变换与输入量 $r(t)$ 的拉普拉斯变换之比，即

$$G(s) = \frac{C(s)}{R(s)} \tag{2.2.1}$$

图 2.2.1 控制系统的输入与输出

式(2.2.1)表明，如果已知 $R(s)$ 和 $G(s)$，则在零初始条件下，输出 $C(s)$ 为

$$C(s) = G(s)R(s) \tag{2.2.2}$$

对于线性定常系统，其微分方程一般可描述为

$$\begin{aligned} &a_n \frac{\mathrm{d}^n c(t)}{\mathrm{d}t^n} + a_{n-1} \frac{\mathrm{d}^{n-1} c(t)}{\mathrm{d}t^{n-1}} + \cdots + a_1 \frac{\mathrm{d}c(t)}{\mathrm{d}t} + a_0 c(t) \\ &= b_m \frac{\mathrm{d}^m r(t)}{\mathrm{d}t^m} + b_{m-1} \frac{\mathrm{d}^{m-1} r(t)}{\mathrm{d}t^{m-1}} + \cdots + b_1 \frac{\mathrm{d}r(t)}{\mathrm{d}t} + b_0 r(t) \end{aligned} \tag{2.2.3}$$

式中，$c(t)$ 为输出量，$r(t)$ 为输入量，$a_n, a_{n-1}, \cdots, a_0$ 及 $b_m, b_{m-1}, \cdots, b_0$ 均为由系统结构、参数所决定的常系数。

在零初始条件下对式(2.2.3)两端进行拉普拉斯变换，可得相应的代数方程为

$$(a_n s^n + a_{n-1} s^{n-1} + \cdots + a_1 s + a_0)C(s) = (b_m s^m + b_{m-1} s^{m-1} + \cdots + b_1 s + b_0)R(s) \tag{2.2.4}$$

则系统的传递函数为

$$G(s) = \frac{C(s)}{R(s)} = \frac{b_m s^m + b_{m-1} s^{m-1} + \cdots + b_1 s + b_0}{a_n s^n + a_{n-1} s^{n-1} + \cdots + a_1 s + a_0} \tag{2.2.5}$$

式中，$a_n s^n + a_{n-1} s^{n-1} + \cdots + a_1 s + a_0 = 0$ 称为系统的特征方程(characteristic equation)，n 为系统的阶数。

传递函数是在零初始条件下定义的。零初始条件有两方面的含义：一方面是指输入作用是在 $t=0$ 以后才作用于系统，因此，系统输入量及其各阶导数在 $t \leqslant 0$ 时均为零；另一方面是指输入作用于系统之前，系统处于平衡状态，即系统输出量及各阶导数在 $t \leqslant 0$ 时的值也为零。大多数实际工程系统都满足这样的条件。零初始条件的规定不仅能简化运算，而且有利于在同等条件下比较系统的性能。所以，这种假设对线性定常系数是可行的，也是必要的。

例 2.2.1 求例 2.1.2 中的 RLC 电路中以 $u_r(t)$ 为输入，$u_c(t)$ 为输出的传递函数。

解 由例 2.1.2 的式(2.1.4)可知 RLC 电路的微分方程为

$$LC\frac{\mathrm{d}^2 u_c(t)}{\mathrm{d}t^2} + RC\frac{\mathrm{d}u_c(t)}{\mathrm{d}t} + u_c(t) = u_r(t)$$

在零初始条件下，对上式两端取拉普拉斯变换有

$$(LCs^2 + RCs + 1)U_c(s) = U_r(s)$$

整理可得网络传递函数为

$$G(s) = \frac{U_c(s)}{U_r(s)} = \frac{1}{LCs^2 + RCs + 1}$$

另外，可以使用等效复阻抗直接列写 RLC 电路的代数方程，然后求其传递函数。用复阻抗表示的电阻仍为 R，电感 L 的复阻抗为 Ls，电容 C 的复阻抗为 $\frac{1}{Cs}$。则

$$G(s) = \frac{U_c(s)}{U_r(s)} = \frac{\frac{1}{Cs}}{R + Ls + \frac{1}{Cs}} = \frac{1}{LCs^2 + RCs + 1}$$

利用复阻抗的概念，电流 $I(s)$ 为

$$I(s) = \frac{U_r(s)}{R + Ls + \frac{1}{Cs}} = \frac{sCU_r(s)}{LCs^2 + RCs + 1}$$

所以，以电压 $u_r(t)$ 为输入，电流 $i(t)$ 为输出的传递函数为

$$G_1(s) = \frac{I(s)}{U_r(s)} = \frac{1}{R + Ls + \frac{1}{Cs}} = \frac{Cs}{LCs^2 + RCs + 1}$$

需要注意的是，在实际过程中，建立元部件的传递函数时必须考虑负载效应，所求的传

递函数应当反映元部件正常带载时工作的特性。例如，电动机空载时的特性不能反映带载运行时的特性。

2. 传递函数的性质

(1) 传递函数是复变量 s 的有理分式，它具有复变函数的所有性质。因为实际物理系统总是存在惯性，并且能源功率有限，所以实际系统传递函数的分母阶次 n 总是大于或等于分子阶次 m，即 $n \geqslant m$。

(2) 传递函数只取决于系统的结构和参数，与外作用无关，也不反映系统内部的信息。

(3) 系统的传递函数与微分方程一一对应。若给定系统(元件)的微分方程，只要将其中的微分运算符 $\mathrm{d}^{(i)}/\mathrm{d}t$ 用相应的 s^i 代替，就可以得到系统(元件)的传递函数。由传递函数也可以确定唯一的微分方程。

(4) 传递函数的拉普拉斯逆变换即为系统的单位脉冲响应 $k(t)$，因此传递函数能反映系统运动特性。

因为单位脉冲函数的拉普拉斯变换为 1 (即 $R(s)=L[\delta(t)]=1$)，所以有

$$L^{-1}[G(s)]=L^{-1}\left[\frac{C(s)}{R(s)}\right]=L^{-1}[C(s)]=k(t) \tag{2.2.6}$$

(5) 传递函数在 $s=0$ 点的值，即 $G(s)\big|_{s=0}=G(0)$ 称为系统的增益(gain)或静态传递系数。例如，$G(s)=\dfrac{100(s+2)}{(s+5)(s+4)}$，$G(0)=10$，说明在幅值为 3 的阶跃函数作用下，瞬态过程结束后的输出为 30。

又如在例 2.2.1 中，$G(s)$ 的增益为 $G(0)=1$。说明当输入 $u_r(t)$ 为直流电压时，其静态输出电压 $u_c(t)=u_r(t)$。这也验证了：稳态时电容对直流相当于开路，电阻上的压降为零，所以 $u_c(t)=u_r(t)$，静态传递系数为 1。由于电流为零，所以电感电流为零，即静态放大倍数为零，$G_1(0)=0$。

应当强调的是：传递函数只适应于描述线性定常系统的输入-输出关系，而不反映系统的内部信息；传递函数是在零初始条件下定义的，所以它不能直接反映非零初始条件下系统的自由响应运动规律。

3. 传递函数的常用表示形式

传递函数通常表示成式(2.2.5)形式的有理分式，根据系统分析的需要，也常表示成零点、极点形式或典型环节形式。

1) 零点、极点形式

将传递函数(2.2.5)的分子、分母最高次项(首项)系数均化为 1，表示为

$$G(s)=\frac{K^*\prod_{j=1}^{m}(s-z_j)}{\prod_{i=1}^{n}(s-p_i)} \tag{2.2.7}$$

的形式，因式分解后称为传递函数的零点、极点形式。式(2.2.7)中，$z_j\,(j=1,\cdots,m)$ 称为传递

函数的零点(zero)；$p_i(i=1,\cdots,n)$称为传递函数的极点(pole)；K^*为系统的根轨迹(root locus)增益。

在复平面上表示传递函数的零点和极点分布情况的图形，称为传递函数的零极点分布图。在图中用“$\circ$”表示零点，用“$\times$”表示极点。

2)典型环节形式

将传递函数(2.2.5)的分子、分母最低次项(尾项)系数均化为1，表示为

$$G(s)=K\frac{\prod_{k=1}^{m_1}(\tau_k s+1)\prod_{l=1}^{m_2}(\tau_l^2 s^2+2\xi\tau_l s+1)}{s^v\prod_{i=1}^{n_1}(T_i s+1)\prod_{j=1}^{n_2}(T_j^2 s^2+2\xi T_j s+1)} \tag{2.2.8}$$

的形式，称为传递函数的典型环节形式。式(2.2.8)中每个因子都对应一个典型环节，K称为系统增益。不难得出K与K^*的关系为

$$K=\frac{K^*\prod_{j=1}^{m}(-z_j)}{\prod_{i=1}^{n}(-p_i)} \tag{2.2.9}$$

例 2.2.2 列写图 2.2.2 中各运算放大器的传递函数。

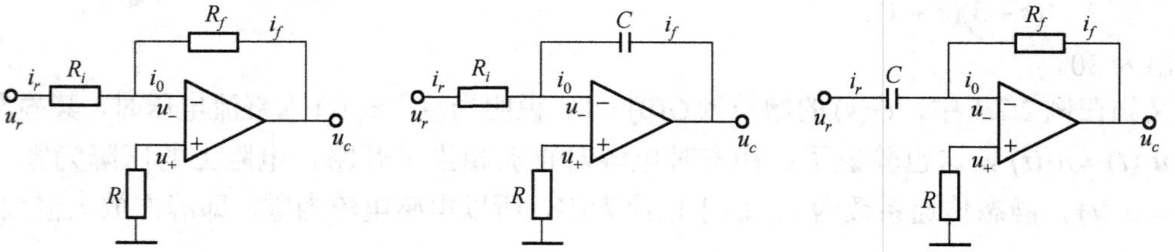

(a) 比例放大器 (b) 积分器 (c) 微分器

图 2.2.2 运算放大器

解 运算放大器可以灵活地实现各种特定函数关系的运算，并可以对几个信号进行综合，在自动控制系统中广泛用作有源校正元件和误差检测器，也可直接用作放大元件。

图 2.2.2(a)所示的运算放大器电路中，R_f是反馈电阻，R_i是输入电阻；u_r是输入电压，u_c是输出电压。运算放大器有同相(+)和反相(−)两个输入端。带负号的输入端为反相输入，此输入所产生的输出与输入极性相反。带正号的输入为同相输入，它所产生的输出极性不变。两个输入有差分作用，即输出电压与两个输入端的电压差成正比，同相输入端与u_r和u_c共地。运算放大器常用的是反相输入端，它利用负反馈原理，把一部分与输入信号反相的输出信号送回输入端。

运算放大器具有高增益K=10^5～10^9，而通常u_c小于10V，因为$u_\varepsilon=u_+-u_-=-u_-/K$，所以运算放大器的输入电压$u_\varepsilon$近似等于0，这种反相输入端电位为0的现象，是运算放大器的共同特点，称为“虚地”，又因为运算放大器的输入阻抗很高，所以流入放大器的电流i_0也近似等于0。这个现象称为“虚断”，$i_r=i_f$。

由此导出：

$$\frac{u_r - u_\varepsilon}{R_i} = \frac{u_\varepsilon - u_c}{R_f}$$

$$\frac{u_r}{R_i} = -\frac{u_c}{R_f}$$

所以运算放大器的传递函数为

$$\frac{U_c(s)}{U_r(s)} = -\frac{R_f}{R_i} = K \tag{2.2.10}$$

由于输出信号正比于输入信号：$u_r(t) = Ku_c(t)$，所以图 2.2.2(a)的运算放大器称为比例放大器，K 为放大系数。

图 2.2.2(b)所示的运算放大器电路中，反馈元件为电容，其复阻抗为 $Z_c = \dfrac{1}{sC}$，则运算放大器的传递函数为

$$\frac{U_c(s)}{U_r(s)} = -\frac{Z_c}{R_i} = -\frac{1}{Ts} \tag{2.2.11}$$

其传递函数是一个积分环节，$T = R_i C$ 为积分时间常数(time constant)。

从时域来分析，有

$$i_r = i_f\text{，}\quad i_r = \frac{u_r}{R_i}\text{，}\quad i_f = -C\frac{\mathrm{d}u_c}{\mathrm{d}t}\text{，}\quad \frac{u_r}{R_i} = -C\frac{\mathrm{d}u_c}{\mathrm{d}t}$$

所以，有

$$u_c(t) = -\frac{1}{T}\int u_r(t)\mathrm{d}t \tag{2.2.12}$$

式(2.2.12)表示输出电压 $u_c(t)$ 正比于输入电压 $u_r(t)$ 的积分，此时运算放大器称为积分器(integrator)。

图 2.2.2(c)所示的运算放大器电路中，反馈元件为电阻，输入端元件为电容，其复阻抗为 $Z_c = \dfrac{1}{sC}$，则运算放大器的传递函数为

$$\frac{U_c(s)}{U_r(s)} = -\frac{R_f}{\dfrac{1}{sC}} = -R_f Cs = -Ts \tag{2.2.13}$$

其传递函数式是微分环节，$T = R_f C$ 为微分时间常数，此时运算放大器称为微分器(differentiator)。

三种运算放大器对应的传递函数分别如图 2.2.3 所示。

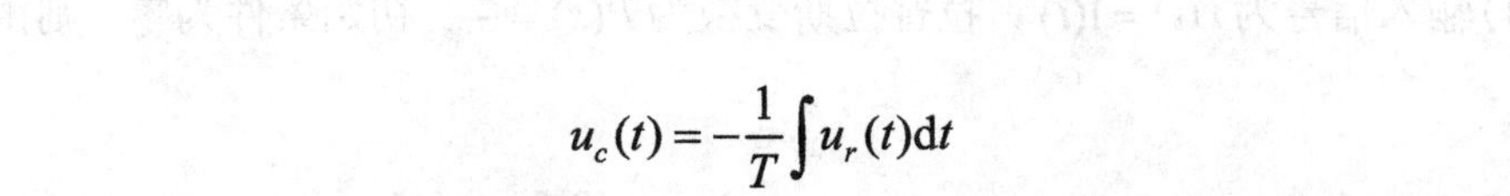

图 2.2.3　对应图 2.2.2 各种运算放大器的传递函数

若 $Z_f = R, Z_i = R$，则

$$\frac{U_c(s)}{U_r(s)}=-\frac{R}{R}=-1 \tag{2.2.14}$$

此时的运算放大器为反相器。

式(2.2.14)的结论可推广为：运算放大器的传递函数等于反馈复阻抗 Z_f 与输入复阻抗 Z_i 之比的负值。

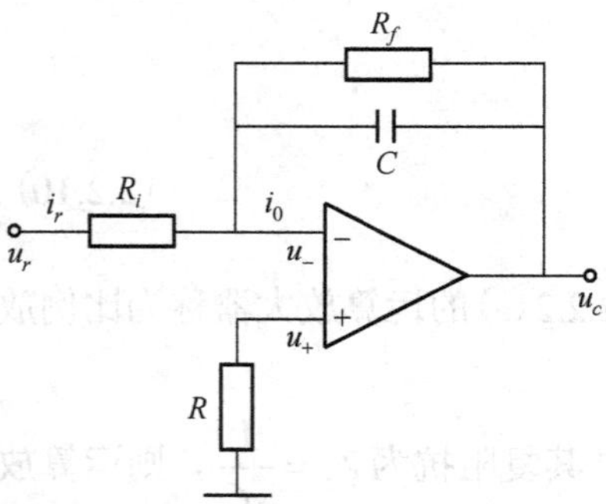

图 2.2.4　具有惯性环节的运算放大器

验证图 2.2.4 所示运算电路的传递函数为以下惯性环节：

$$\frac{U_c(s)}{U_r(s)}=\frac{K}{Ts+1} \tag{2.2.15}$$

式中，$K=-\frac{R_f}{R_i}, T=R_fC$。

传递函数的功能之一是根据系统输入确定系统的输出响应。下面通过实例来介绍。

例 2.2.3　已知系统的传递函数为

$$G(s)=\frac{C(s)}{R(s)}=\frac{1}{s+2}$$

(1)确定 $c(0)=0$ 时的单位阶跃响应 $c(t)$；

(2)确定 $c(0)=1$ 时的单位阶跃响应 $c(t)$；

解　(1)输入信号为 $r(t)=1(t)$，拉普拉斯变换为 $R(s)=\frac{1}{s}$。初始条件为零，则由传递函数的定义得

$$C(s)=G(s)R(s)=\frac{1}{s(s+2)}=\frac{0.5}{s}+\frac{-0.5}{s+2}$$

经拉普拉斯逆变换，可得系统的单位阶跃响应为 $c(t)=0.5-0.5\mathrm{e}^{-2t}$。

(2)因为初始条件不为零，不能利用 $C(s)=G(s)R(s)$ 来求 $C(s)$。由 $G(s)=\frac{C(s)}{R(s)}=\frac{1}{s+2}$，得 $(s+2)C(s)=R(s)$，即 $sC(s)+2C(s)=R(s)$。对应的微分方程为 $\dot{c}(t)+2c(t)=r(t)$。

对微分方程两边进行拉普拉斯变换，得

$$sC(s)-c(0)+2C(s)=R(s)$$

$$C(s)=\frac{R(s)+c(0)}{s+2}=\frac{\frac{1}{s}+1}{s+2}=\frac{s+1}{s(s+2)}=\frac{0.5}{s}+\frac{0.5}{s+2}$$

经拉普拉斯逆变换，可得系统的单位阶跃响应为 $c(t)=0.5+0.5\mathrm{e}^{-2t}$。

2.2.2　常用控制元件的传递函数

自动控制系统中所用的元件有机械的、电子的、液压的、气动的、光学的等，种类繁多，为了建立控制系统的数学模型，将系统中常用的控制元件的传递函数列于表 2.2.1 中。

表 2.2.1　典型控制元件的传递函数表

元件名称	传递函数
电位器	$\dfrac{U(s)}{\Theta(s)}=K$ 其中，$\theta(t)$ 为电位器电刷角位移(rad)；$u(t)$ 为输出电压(V)
直流测速发电机	$\dfrac{U(s)}{\Omega(s)}=K_t$ 或 $\dfrac{U(s)}{\Theta(s)}=sK_t$ 其中，$\omega(t)$ 为测速发电机角速度(rad/s)；$\theta(t)$ 为测速发电机转角(rad)；$u(t)$ 为输出电压(V)
电枢式直流电动机	$\dfrac{\Theta_m(s)}{U_a(s)}=\dfrac{K_m}{s(T_m+1)}$ 其中，$\theta_m(t)$ 为电动机轴的角位移(rad)；$u_a(t)$ 为电动机控制电压(V)
减速器	$\dfrac{\Theta_c(s)}{\Theta_m(s)}=\dfrac{1}{i}$ 其中，i 减速器的传速比；$\theta_c(t)$ 为减速器输出转角(rad)；$\theta_m(t)$ 为减速器输入转角(rad)
运算放大器	$\dfrac{U_c(s)}{U_r(s)}=K$ 其中，$u_c(t)$ 为放大器输出电压(V)；$u_r(t)$ 为放大器输入电压(V)

2.3　控制系统的频率特性

前面介绍的线性常系数微分方程与传递函数都可用于建立线性定常系统的数学模型，这两种模型分别刻画了系统的输入变量与输出变量在时域和复域之间的关系。而下面要介绍的频率特性(frequency characteristic)也是线性定常系统的一种数学模型，它在频域(frequency domain)中描述输入输出变量的相互关系。

2.3.1　频率特性的基本概念

频率特性的一些概念在课程“电路”或“电工学”中介绍过。对于一个线性定常电路，当输入为正弦信号时，其稳态输出为同频率的正弦信号，只是幅值与初相角不相同。

考虑图 2.3.1 所示的 RC 电路，其输入电压 $u_r=2\sin(8t)$，$RC=1$，求电容两端的稳态电压 $u_c(t)$。

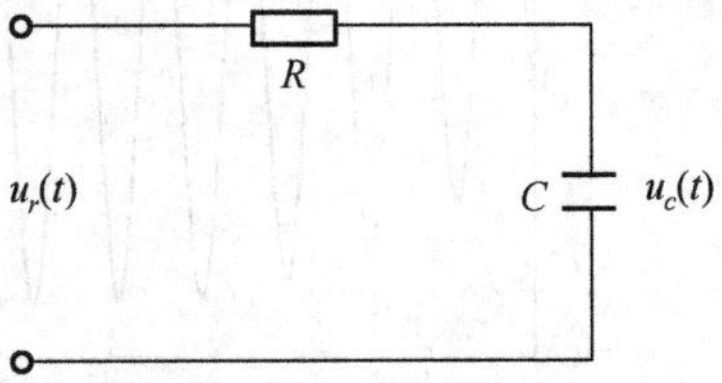

图 2.3.1　RC 电路

方法 1　利用电工学知识，有

$$U_r(\mathrm{j}8)=2\angle 0^\circ$$

$$U_c(\mathrm{j}\omega)=\frac{Z_c}{Z_c+R}U_r(\mathrm{j}\omega)=\frac{\dfrac{1}{\mathrm{j}\omega C}}{\dfrac{1}{\mathrm{j}\omega C}+R}U_r(\mathrm{j}\omega)=\frac{1}{1+\mathrm{j}\omega CR}U_r(\mathrm{j}\omega)$$

$$U_c(\mathrm{j}8)=\frac{1}{1+\mathrm{j}8}\cdot 2\angle 0^\circ=0.25\angle(-\arctan 8)$$

所以，稳态输出电压 $u_c(t)=0.25\sin(8t-\arctan 8)$。

方法 2　利用传递函数先求出系统输出 $u_c(t)$，再令 $u_c(t)$ 的瞬态分量趋于零，即可到稳态输出：

$$G(s)=\frac{U_c(s)}{U_r(s)}=\frac{1}{RCs+1}=\frac{1}{Ts+1},\quad T=RC$$

输入信号的拉普拉斯变换：

$$U_r(s)=\frac{A_1\omega}{s^2+\omega^2}$$

所以，输出信号的拉普拉斯变换：

$$U_c(s)=G(s)U_r(s)=\frac{1}{Ts+1}\cdot\frac{A_1\omega}{s^2+\omega^2}=\frac{1}{s+1}\cdot\frac{16}{s^2+64}$$

通过拉普拉斯逆变换，得

$$u_c(t)=\frac{16}{1+64}\mathrm{e}^{-t}+0.25\sin(8t-\arctan 8),\quad t\geqslant 0$$

当 $t\to\infty$ 时，$u_c(t)$ 的瞬态分量 $\frac{16}{1+64}\mathrm{e}^{-t}$ 渐近趋于零，所以稳态输出为

$$u_c(t)=0.25\sin(8t-\arctan 8)$$

输出 $u_c(t)$ 的波形如图 2.3.2 所示。在第一个周期，输出的幅值(magnitude)大于 0.4V，但幅值逐渐衰减，直到 $t>4\text{s}$，输出幅值基本稳定在 0.25V 左右，系统进入了稳态。

可以将结论推广到一般的线性定常系统：一个稳定的线性定常系统或环节，如图 2.3.3 所示。

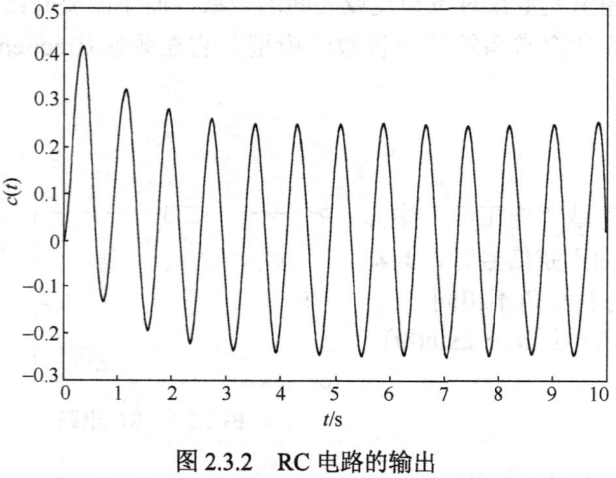

图 2.3.2　RC 电路的输出

图 2.3.3　线性定常系统

当系统的输入为正弦信号 $r(t)=A_1\sin(\omega t+\varphi_1)$ 时，其稳态时的输出为同频率的正弦信号，即输出可以表示为 $c(t)=A_2\sin(\omega t+\varphi_2)$，一般地，$A_2\neq A_1,\varphi_2\neq\varphi_1$，并且 A_2,φ_2 均为频率 ω 的函数，即 $A_2(\omega),\varphi_2(\omega)$。用 $A(\omega)$ 表示输出与输入振幅之比 $A(\omega)=\frac{A_2(\omega)}{A_1}$，用 $\varphi(\omega)$ 表示相位差 $\varphi(\omega)=\varphi_2(\omega)-\varphi_1$，则由 $A(\omega)$ 和 $\varphi(\omega)$ 构成的复数可表示为 $A(\omega)\mathrm{e}^{\mathrm{j}\varphi(\omega)}$，这个以 ω 为参变量的复数 $A(\omega)\mathrm{e}^{\mathrm{j}\varphi(\omega)}$ 称为频率特性，表示为 $G(\mathrm{j}\omega)=A(\omega)\mathrm{e}^{\mathrm{j}\varphi(\omega)}$，其幅值 $|G(\mathrm{j}\omega)|=A(\omega)$，相角 $\angle G(\mathrm{j}\omega)=\varphi(\omega)$。因此，频率特性由幅频特性(magnitude-frequency characteristic) $A(\omega)$ 和相频特性(phase-frequency characteristic) $\varphi(\omega)$ 两部分组成，是 ω 的函数。

在物理概念上理解，频率特性是在频域内反映输入输出之间的关系，$A(\omega)$ 是输出与输入信号的振幅比，实际上可认为是在不同频率下的放大倍数。$\varphi(\omega)$ 是输出与输入信号的相位差。

频率特性 $G(j\omega)$ 体现了输出信号对输入信号的跟踪、复现能力。系统的频率特性随频率而变化的根本原因：系统有蓄能元件、有惯性，对频率高的输入，系统来不及响应。

根据频率特性的概念，图 2.3.3 的系统中的稳态输出可以表示为

$$c(t) = A_1 |G(j\omega)| \sin(\omega t + \varphi_1 + \angle G(j\omega))$$

因此，只要求出频率特性 $G(j\omega)$ 的模 $|G(j\omega)|$（增益）和相角 $\angle G(j\omega)$，就可以确定系统的稳态输出 $c(t)$。

如何得到系统的频率特性？

若系统的传递函数为 $G(s)$，令 $s = j\omega$ 则得到系统的频率特性为 $G(j\omega)$。所以频率特性 $G(j\omega)$ 也是系统的数学模型，是系统的固有特性，取决于系统结构和参数而与输入输出无关。

2.3.2 频率特性的几何表示方法

常用的频率特性图为极坐标图(polar diagram)与 Bode 图。

1. 极坐标图

极坐标图也称为幅相频率特性曲线或 Nyquist 图。$G(j\omega)$ 为复数，在极坐标中它是一个矢量，既可用模值和幅角表示，也可用实部和虚部表示。即

$$G(j\omega) = A(\omega)e^{j\varphi(\omega)} = \mathrm{Re}[G(j\omega)] + j\mathrm{Im}[G(j\omega)]$$

如图 2.3.4 所示，当输入正弦信号的频率从 $\omega = 0$，$\omega_1, \omega_2, \cdots, \omega_k, \cdots$ 到∞时，便形成对应的矢量：$G(j0), G(j\omega_1), G(j\omega_2), \cdots, G(j\omega_k), \cdots, G(j\infty)$。当 ω 连续变化时，矢量 $G(j\omega)$ 的端点“•”也连续变化，这些端点便在复平面上形成了一条轨迹，这条轨迹就是 $G(j\omega)$ 的极坐标图。用箭头表示 ω 增加的方向，角度以实轴正方向作为相角的零度线，顺时针旋转的角度定义为负，逆时针旋转的角度定义为正。

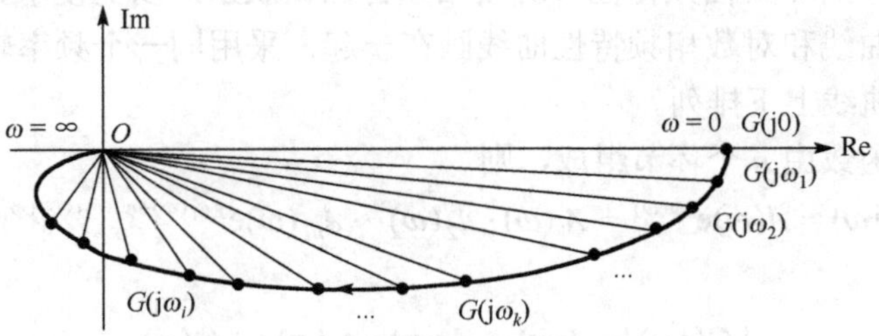

图 2.3.4 极坐标图表示方法

幅频特性是 ω 的偶函数，相频特性是 ω 的奇函数，故 ω 从 0 到−∞的极坐标图与 ω 从 0 到+∞的极坐标图对称于实轴，因此通常只需绘制 ω 从 0 到∞时的极坐标图。

2. Bode 图(伯德图)

美国应用数学家 Bode 发现利用半对数坐标系，频率特性的绘制工作更加适用于工程设计，因而产生了 Bode 图，也称为对数频率特性(logarithmic frequency characteristic) 曲线。Bode 图用两个图来表示频率特性：一个是对数幅频特性，另一个是对数相频特性。

1) 对数幅频特性曲线

纵坐标：$L(\omega) = 20\lg A(\omega)$，单位为分贝(dB)，线性刻度或均匀刻度。

横坐标：ω，单位为弧度/秒(rad/s)，对数刻度。

2) 对数相频特性曲线

纵坐标：线性刻度，单位为度(°)。

横坐标：ω，单位为弧度/秒(rad/s)，对数刻度。

由于仅仅是 Bode 图的横轴为对数刻度，所以 Bode 图为半对数坐标图，如图 2.3.5 所示。

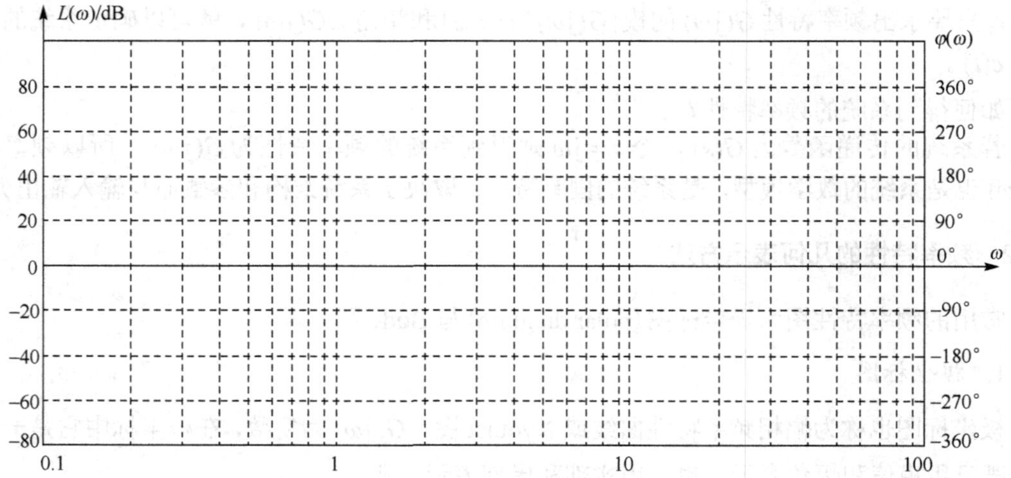

图 2.3.5　对数坐标图的坐标

以 ω 从 1 到 10 为例，ω 与 $\lg\omega$ 的对应关系见表 2.3.1。

表 2.3.1　ω 从 1 到 10 的对数分度

ω	1	2	3	4	5	6	7	8	9	10
$\lg\omega$	0	0.301	0.477	0.602	0.699	0.778	0.845	0.903	0.945	1

为使同一频率下的对数幅频特性和对数相频特性相联系，以更便于分析系统的性能，通常将对数幅频特性曲线和对数相频特性曲线画在一起，采用同一个频率轴或对数幅频特性曲线和对数相频特性曲线上下排列。

假设开环传递函数由 n 个环节组成，则

$$G(\mathrm{j}\omega)=A(\omega)\mathrm{e}^{\mathrm{j}\varphi(\omega)}=A_1(\omega)\cdot A_2(\omega)\cdots A_{n1}(\omega)\mathrm{e}^{\mathrm{j}[\varphi_1(\omega)+\varphi_2(\omega)+\cdots+\varphi_n(\omega)]}$$

幅频特性为

$$|G(\mathrm{j}\omega)|=A(\omega)=A_1(\omega)\cdot A_2(\omega)\cdots A_n(\omega)$$

对数幅频特性为

$$\begin{aligned}L(\omega)&=20\lg A(\omega)=20\lg[A_1(\omega)\cdot A_2(\omega)\cdots A_n(\omega)]\\&=20\lg A_1(\omega)+20\lg A_2(\omega)+\cdots+20\lg A_n(\omega)\\&=L_1(\omega)+L_2(\omega)+\cdots+L_n(\omega)\end{aligned}$$

对数相频特性为

$$\varphi(\omega)=\varphi_1(\omega)+\varphi_2(\omega)+\cdots+\varphi_n(\omega)$$

因此，$L(\omega)$ 为每个环节的对数幅频特性 $L_i(\omega)$ 相加，$\varphi(\omega)$ 为每个环节的对数相频特性 $\varphi_i(\omega)$ 相加，就可得到 $G(\mathrm{j}\omega)$ 的 Bode 图。

采用对数频率特性曲线的主要优点有两个：一是将幅值的相乘除转化为幅值的相加减；二是可以扩展频率范围。

2.4 控制系统的状态空间模型

描述系统的微分方程、传递函数、频率特性都是基于系统输入–输出的数学模型，是分析和设计控制系统的重要模型。然而，它们只适合于分析 SISO 系统，属于经典控制理论范畴，具有一定的局限性，例如，传递函数、频率特性只适用于线性定常系统，直接把输入与输出联系起来。实际上系统除了输出这个变量之外，还包含有其他相互独立的系统内部变量，而微分方程、传递函数、频率特性对这些内部的中间变量是不便描述的。因此，基于输入输出的模型只能揭示系统的外部特性，而不能提供该系统的内部状态信息，也难以有效处理多输入多输出系统，并且也不可能进行最优系统性能的设计。在科学技术特别是航空航天技术的推动下，对系统提出更加复杂的任务以及更高的精度要求，导致系统的结构越来越复杂，并具有多个输入与多个输出，因而促进了现代控制理论的形成。在现代控制理论中，系统运用状态空间(state space)法描述，系统的状态空间模型不仅能揭示系统的内部特性，而且能揭示系统内部状态与外部输入和输出变量的联系，既适用于 SISO 系统，又适用于 MIMO 系统，既可用于分析线性定常系统，又可用于分析时变系统以及非线性系统。例如，月球登陆舱的软着陆问题、卫星的轨道转移问题等都需要用状态空间法进行分析与设计，状态空间模型是时域模型。

动画：月球舱软着陆

2.4.1 状态变量与状态空间

在用状态空间模型描述被控对象时，状态变量(state variable)是最重要的基本概念之一。

状态变量的定义：在描述对象运动的所有变量中，必定可以找到数目最少的一组变量，它们足以描述对象的全部运动状态，这组变量称为对象的状态变量。所谓足以描述对象的全部运动状态是指只要确定了这组变量在某一时刻 $t=t_0$ 的值，并且给定了从这一时刻起 $t \geqslant t_0$ 的输入函数，则对象的全部变量的运动状态在 $t \geqslant t_0$ 时刻的值都能唯一确定。

如果 n 个状态变量用 $x_1(t), x_2(t), \cdots, x_n(t)$ 表示，并把这些状态变量看作向量 $x(t)$ 的分量，则 $x(t)$ 就称为状态向量(state vector)。记作：

$$x(t)=\begin{bmatrix} x_1(t) \\ x_2(t) \\ \vdots \\ x_n(t) \end{bmatrix} \quad \text{或} \quad x^{\mathrm{T}}(t)=[x_1(t) \quad x_2(t) \quad \cdots \quad x_n(t)]$$

以状态变量 $x_1(t), x_2(t), \cdots, x_n(t)$ 所构成的 n 维空间，称为状态空间。状态变量的个数 n 称为系统的阶数。当 n=3 时，系统是三阶的，状态空间是三维空间；当 n=2 时，系统是二阶的，状态空间是二维平面。在特定时刻 t，状态向量 $x(t)$ 在状态空间中是一个点。随着时间的推移，状态向量 $x(t)$ 将在状态空间中描绘出一条轨迹，称为状态轨迹。

2.4.2 状态空间表达式

由系统的状态变量构成的一阶微分方程组称为系统的状态方程(state equation)。

仍以图 2.3.1 所示的 RC 电路为例，其输入为 $u_r(t)$，输出为 $u_c(t)$。电路有一个储能元件，所以有一个状态变量，称为一阶 RC 电路。考虑到电容的储能与电容电压直接相关，一般选取电容电压$u_c(t)$作为状态变量，其微分方程是

$$RC\frac{\mathrm{d}u_c(t)}{\mathrm{d}t}+u_c(t)=u_r(t) \tag{2.4.1}$$

方程(2.4.1)就是电路的状态方程。一般情况下，系统的状态用 x 表示，系统的输入用 u 表示，系统的输出用y表示。所以状态方程为

$$RC\frac{\mathrm{d}x}{\mathrm{d}t}+x=u \tag{2.4.2}$$

输出方程为

$$y=x \tag{2.4.3}$$

又如图 2.1.2 所示的 RLC 串联电路，其输入为$u_r(t)$，输出为$u_c(t)$。此系统有两个独立的储能元件，即电容和电感，所以有两个状态变量。考虑到电容的储能直接与其两端电压直接相关和电感的储能直接与流经它的电流直接相关，一般选取电容电压$u_c(t)$和电感电流$i(t)$作为状态变量，容易写出含有两个状态变量的一阶微分方程组：

$$C\frac{\mathrm{d}u_c}{\mathrm{d}t}=i \tag{2.4.4}$$

$$L\frac{\mathrm{d}i}{\mathrm{d}t}+Ri+u_c=u_r \tag{2.4.5}$$

令$x_1=u_c(t)$，$x_2=i$，得到

$$\dot{x}_1=\frac{x_2}{C}$$
$$L\dot{x}_2+Rx_2+x_1=u_r$$

或

$$\dot{x}_1=\frac{x_2}{C}$$
$$\dot{x}_2=-\frac{x_1}{L}-\frac{Rx_2}{L}+\frac{1}{L}u_r$$

状态方程为

$$\dot{x}=\begin{bmatrix}\dot{x}_1\\ \dot{x}_2\end{bmatrix}=\begin{bmatrix}0 & \dfrac{1}{C}\\ -\dfrac{1}{L} & -\dfrac{R}{L}\end{bmatrix}\begin{bmatrix}x_1\\ x_2\end{bmatrix}+\begin{bmatrix}0\\ \dfrac{1}{L}\end{bmatrix}u_r \tag{2.4.6}$$

输出方程为

$$y=x_1=[1\quad 0]x \tag{2.4.7}$$

由电工学知识，RLC 电路是一个二阶电路，在控制原理中称为二阶系统，有两个一阶微分方程，所以其状态空间是二维的。也直接可利用

$$LC\frac{\mathrm{d}^2u_c(t)}{\mathrm{d}t^2}+RC\frac{\mathrm{d}u_c(t)}{\mathrm{d}t}+u_c(t)=u_r(t)$$

得到状态方程。

由 $x_1 = u_c(t)$， $x_2 = i_L = C\dfrac{\mathrm{d}u_c(t)}{\mathrm{d}t}$，得到两个一阶微分方程组为

$$\dot{x}_1 = \frac{1}{C}x_2$$

$$L\dot{x}_2 + Rx_2 + x_1 = u_r$$

写为状态方程形式:

$$\dot{x} = \begin{bmatrix} \dot{x}_1 \\ \dot{x}_2 \end{bmatrix} = \begin{bmatrix} 0 & \dfrac{1}{C} \\ -\dfrac{1}{L} & -\dfrac{R}{L} \end{bmatrix} \begin{bmatrix} x_1 \\ x_2 \end{bmatrix} + \begin{bmatrix} 0 \\ \dfrac{1}{L} \end{bmatrix} u_r$$

其输出方程:

$$y = x_1 = [1 \quad 0]x$$

例 2.4.1　描述三阶系统的常系数线性微分方程为

$$\dddot{y} + a_1\ddot{y} + a_2\dot{y} + a_3 y = u \tag{2.4.8}$$

u 是系统的输入，y 是系统的输出，写出其状态空间模型。

解　令 $x_1 = y$， $x_2 = \dot{y}$， $x_3 = \ddot{y}$，则

$$\dot{x}_1 = x_2,\quad \dot{x}_2 = x_3,\quad \dot{x}_3 = -a_3x_1 - a_2x_2 - a_1x_3 + u$$

所以状态空间模型为

$$\dot{x} = \begin{bmatrix} 0 & 1 & 0 \\ 0 & 0 & 1 \\ -a_3 & -a_2 & -a_1 \end{bmatrix} x + \begin{bmatrix} 0 \\ 0 \\ 1 \end{bmatrix} u$$

$$y = [1 \quad 0 \quad 0]x \tag{2.4.9}$$

状态向量 x 包括三个状态分量 x_1, x_2, x_3，或者说状态空间是三维的。需要说明的是状态变量的选取并不是唯一的。

状态空间表达式包括两个模型：一个是状态方程模型，描述状态变量变化规律的一阶微分方程组，反映动态系统在输入信号作用下在某时刻所转移到的状态；另一个是输出或量测方程模型，描述系统输出与状态变量之间关系的方程组，它将系统在某时刻的输出和系统的状态及输入变量联系起来。

系统的状态方程和输出方程联合，构成对系统内部、外部特性的完整描述，称为系统的状态空间表达式，或称为状态空间模型。

一般地，对于 n 阶线性定常系统，其状态方程形式为

$$\dot{x}(t) = Ax(t) + Bu(t) \tag{2.4.10}$$

输出方程形式为

$$y(t) = Cx(t) + Du(t) \tag{2.4.11}$$

式中，$x = \begin{bmatrix} x_1 \\ x_2 \\ \vdots \\ x_n \end{bmatrix}$ 为 n 维状态向量；$u = \begin{bmatrix} u_1 \\ u_2 \\ \vdots \\ u_m \end{bmatrix}$ 为 m 维输入(或控制)向量；$y = \begin{bmatrix} y_1 \\ y_2 \\ \vdots \\ y_p \end{bmatrix}$ 为 p 维输出向

量；$A=\begin{bmatrix} a_{11} & a_{12} & \cdots & a_{1n} \\ a_{21} & a_{22} & \cdots & a_{2n} \\ \vdots & \vdots & & \vdots \\ a_{n1} & a_{n2} & \cdots & a_{nn} \end{bmatrix}$称为系统矩阵，维数为$n\times n$；$B=\begin{bmatrix} b_{11} & b_{12} & \cdots & b_{1m} \\ b_{21} & b_{22} & \cdots & b_{2m} \\ \vdots & \vdots & & \vdots \\ b_{n1} & b_{n2} & \cdots & b_{nm} \end{bmatrix}$称为控制矩阵，维数为$n\times m$；$C=\begin{bmatrix} c_{11} & c_{12} & \cdots & c_{1n} \\ c_{21} & c_{22} & \cdots & c_{2n} \\ \vdots & \vdots & & \vdots \\ c_{p1} & c_{p2} & \cdots & c_{pn} \end{bmatrix}$称为输出矩阵，维数为$p\times n$；$D=\begin{bmatrix} d_{11} & d_{12} & \cdots & d_{1m} \\ d_{21} & d_{22} & \cdots & d_{2m} \\ \vdots & \vdots & & \vdots \\ d_{p1} & d_{p2} & \cdots & d_{pm} \end{bmatrix}$称为前馈矩阵，维数为$p\times m$矩阵。

其各向量和参数矩阵的维数分别表达为

$$x\in\mathbb{R}^n,\quad u\in\mathbb{R}^m,\quad y\in\mathbb{R}^p,\quad A\in\mathbb{R}^{n\times n},\quad B\in\mathbb{R}^{n\times m},\quad C\in\mathbb{R}^{p\times n},\quad D\in\mathbb{R}^{p\times m}$$

对于线性定常系统，矩阵A、B、C、D均为常数矩阵。

无论是状态方程还是输出方程，方程的右边包括系统参数矩阵，以及状态变量和控制输入，不含变量的微分和积分运算。

为简单起见，略去时间t，则状态空间模型可写为

$$\begin{aligned} \dot{x} &= Ax+Bu \\ y &= Cx+Du \end{aligned} \tag{2.4.12}$$

其系统框图为图2.4.1。

本书只介绍以下形式的线性定常系统的状态空间模型：

$$\begin{aligned} \dot{x} &= Ax+Bu \\ y &= Cx \end{aligned} \tag{2.4.13}$$

即$D=0$，此时的状态空间框图如图2.4.2所示。

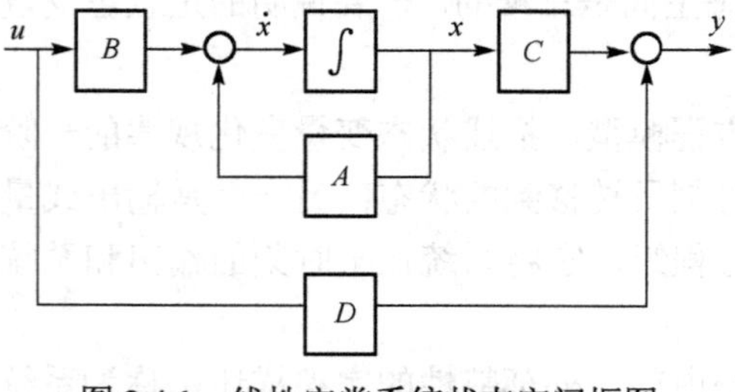

图2.4.1　线性定常系统状态空间框图

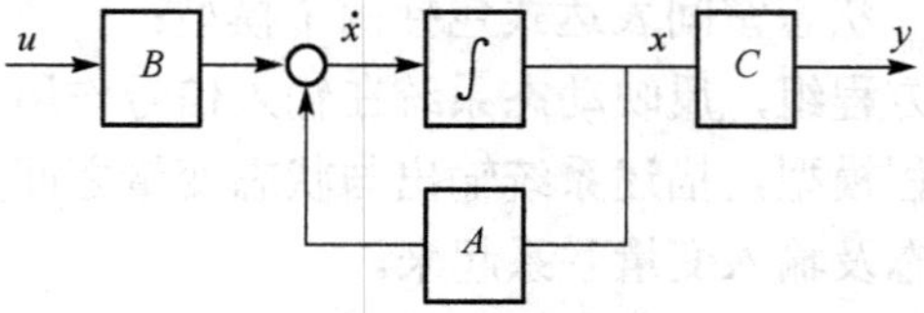

图2.4.2　D=0时的线性定常系统状态空间框图

2.4.3　各数学模型间的相互转换

微分方程、状态方程、传递函数都可用来表示系统的数学模型，只是形式不同，其关系如图2.4.3所示，可以看出微分方程是最基本、最重要的数学模型。

1. 微分方程转换为状态空间表达式

例2.4.2　系统的输出是$c(t)$，系统的输入是$u(t)$，对应的输入输出方程为

$$\dddot{c}(t)+3\ddot{c}(t)+2\dot{c}(t)+4c(t)=3u(t) \tag{2.4.14}$$

确定其对应的状态方程。

解 令 $x_1 = c(t)$，$x_2 = \dot{c}(t)$，$x_3 = \ddot{c}(t)$，则空间表达式为

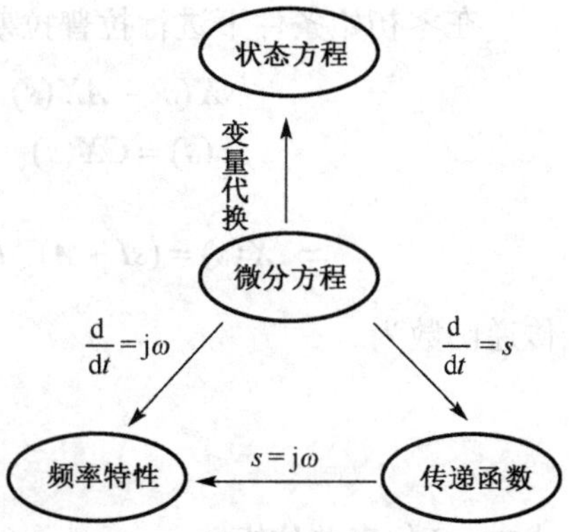

图 2.4.3 各数学模型间的关系

$$\dot{x}_1 = x_2$$
$$\dot{x}_2 = x_3$$
$$\dot{x}_3 = 3u - 4x_1 - 2x_2 - 3x_3$$
$$y = x_1$$

即

$$\dot{x} = \begin{bmatrix} 0 & 1 & 0 \\ 0 & 0 & 1 \\ -4 & -2 & -3 \end{bmatrix} x + \begin{bmatrix} 0 \\ 0 \\ 3 \end{bmatrix} u \qquad (2.4.15)$$
$$y = [1 \quad 0 \quad 0]x$$

各系数矩阵分别为

$$A = \begin{bmatrix} 0 & 1 & 0 \\ 0 & 0 & 1 \\ -4 & -2 & -3 \end{bmatrix}, \quad B = \begin{bmatrix} 0 \\ 0 \\ 3 \end{bmatrix}, \quad C = [1 \quad 0 \quad 0]$$

2. *传递函数转换为状态空间表达式*

例 2.4.3 系统的传递函数为

$$G(s) = \frac{C(s)}{R(s)} = \frac{3}{s^3 + 3s^2 + 2s + 4}$$

确定其状态空间表达式。

解 对应的微分方程为

$$\dddot{c}(t) + 3\ddot{c}(t) + 2\dot{c}(t) + 4c(t) = 3r(t)$$

在前面的基础上得到其状态空间表达式为

$$\dot{x} = \begin{bmatrix} 0 & 1 & 0 \\ 0 & 0 & 1 \\ -4 & -2 & -3 \end{bmatrix} x + \begin{bmatrix} 0 \\ 0 \\ 3 \end{bmatrix} r$$
$$y = [1 \quad 0 \quad 0]x$$

用 Matlab 的语句 tf2ss 能够更方便地将系统的传递函数换为状态方程形式。

运行以下程序：

```
[a b c d]=tf2ss([3],[1 3 2 4])
```

就可得到矩阵 A, B, C, D。其中[3]，[1 3 2 4]分别是传递函数的分子和分母多项式的系数。

3. *状态表达式转换为传递函数*

一般系统的状态表达式为

$$\dot{x} = Ax + Bu$$
$$y = Cx$$

在零初始条件下进行拉普拉斯变换，为

$$\begin{aligned} sX(s)-AX(s)&=BU(s) \\ Y(s)&=CX(s) \end{aligned} \quad\Rightarrow\quad \begin{aligned} (sI-A)X(s)&=BU(s) \\ Y(s)&=CX(s) \end{aligned}$$

$$\Rightarrow X(s)=(sI-A)^{-1}BU(s) \qquad \Rightarrow Y(s)=CX(s)=C(sI-A)^{-1}BU(s)$$

传递函数为

$$\frac{Y(s)}{U(s)}=C(sI-A)^{-1}B \tag{2.4.16}$$

式中，I代表单位矩阵。

例 2.4.4 已知系统(A,B,C)，其中$A=\begin{bmatrix} -6 & 1 \\ 0 & -4 \end{bmatrix}$，$B=\begin{bmatrix} 1 \\ -1 \end{bmatrix}$，$C=[1\quad 0]$，$D=0$，求系统的传递函数。

解 利用矩阵运算，得到系统传递函数为

$$G(\mathrm{s})=C(sI-A)^{-1}B=\frac{[1\quad 0]\begin{bmatrix} s+4 & 1 \\ 0 & s+6 \end{bmatrix}\begin{bmatrix} 1 \\ -1 \end{bmatrix}}{s^2+10s+24}=\frac{s+3}{s^2+10s+24}$$

说明：对于 MIMO 系统，$G(s)$是一个$p\times m$矩阵，称$G(s)$为传递函数矩阵，对于 SISO 系统，称$G(s)$为传递函数。

对于阶数不高的系统可以直接利用矩阵运算由状态方程确定系统的传递函数，对于阶数较高的系统可以直接调用 Matlab 语句

```
[num den]=ss2tf(a,b,c,d)
```

求出系统的传递函数。

例 2.4.5 已知系统(A,B,C)，其中

$$A=\begin{bmatrix} 0 & 1 & 0 \\ 0 & 0 & 1 \\ -4 & -2 & -3 \end{bmatrix},\quad B=\begin{bmatrix} 0 \\ 0 \\ 3 \end{bmatrix},\quad C=[1\quad 0\quad 0]$$

将状态空间模型转换为对应的系统传递函数，并求出在单位信号作用下的输出相应$y(t)$。

解 运行以下程序：

```
A=[0 1 0;0 0 1;-4 -2 -3]; B=[0;0;3]; C=[1 0 0]; D=0;
[num,den]=ss2tf(A,B,C,D);
```

得到：

系统传递函数的分子系数 num =[0 0.0000 0.0000 3.0000]

系统传递函数的分子系数 den =[1.0000 3.0000 2.0000 4.0000]

因此系统的传递函数 $G(s)=\dfrac{3}{s^3+3s^2+2s+4}$

通过运行图 2.4.4 的状态空间 Simulink 图或图 2.4.5 的传递函数 Simulink 图，得到图 2.4.6 的输出响应。

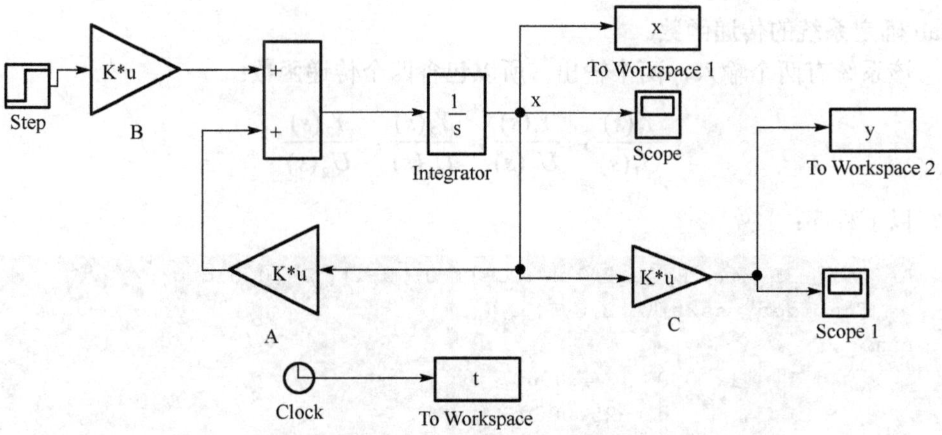

图 2.4.4　例 4.2.5 的状态空间 Simulink 图

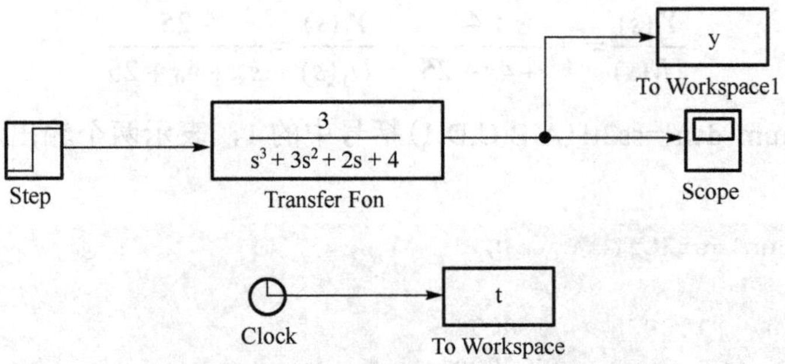

图 2.4.5　例 4.2.5 的传递函数 Simulink 图

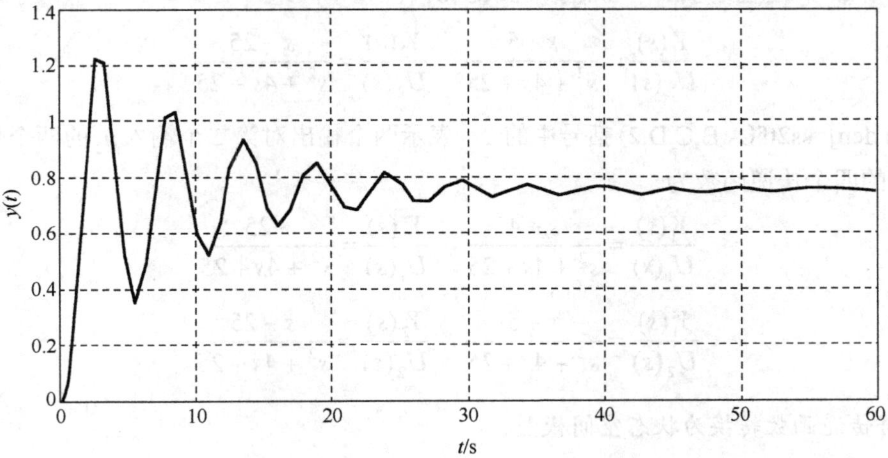

图 2.4.6　例 4.2.5 的系统输出相应 $y(t)$

例 2.4.6　系统的状态空间模型为

$$\dot{x}=\begin{bmatrix}0 & 1\\ -25 & -4\end{bmatrix}\begin{bmatrix}x_1\\ x_2\end{bmatrix}+\begin{bmatrix}1 & 1\\ 0 & 1\end{bmatrix}\begin{bmatrix}u_1\\ u_2\end{bmatrix}$$

$$y(t)=\begin{bmatrix}0 & 1\\ 1 & 0\end{bmatrix}\begin{bmatrix}x_1\\ x_2\end{bmatrix}+\begin{bmatrix}0 & 0\\ 0 & 0\end{bmatrix}\begin{bmatrix}u_1\\ u_2\end{bmatrix}$$

用 Matlab 确定系统的传递函数。

解 该系统有两个输入，两个输出，所以包含四个传递函数：

$$\frac{Y_1(s)}{U_1(s)},\ \frac{Y_1(s)}{U_2(s)},\ \frac{Y_2(s)}{U_1(s)},\ \frac{Y_2(s)}{U_2(s)}$$

运行以下程序：

```
A=[0 1;-25 -4]; B=[1 1;0 1]; C=[1 0; 0 1]; D=[0 0;0 0];
>> [num den]=ss2tf(A,B,C,D,1)
num =
        0    1.0000     4.0000
        0         0   -25.0000
den =
        1.0000  4.0000    25.0000
```

$$\frac{Y_1(s)}{U_1(s)}=\frac{s+4}{s^2+4s+25},\quad \frac{Y_2(s)}{U_1(s)}=\frac{-25}{s^2+4s+25}$$

解释：语句[num den]=ss2tf(A,B,C,D,1)括号中的 1，表示两个输出对第一个输入 u_1 的两个传递函数。

```
>>[num den]=ss2tf(A,B,C,D,2)
num =
        0    1.0000    5.0000
        0    1.0000  -25.0000
den =
        1.0000    4.0000   25.0000
```

$$\frac{Y_1(s)}{U_2(s)}=\frac{s+5}{s^2+4s+25},\quad \frac{Y_2(s)}{U_2(s)}=\frac{s-25}{s^2+4s+25}$$

[num den]=ss2tf(A,B,C,D,2)括号中的 2，表示两个输出对第二个输入 u_2 的两个传递函数。

系统的四个传递函数为

$$\frac{Y_1(s)}{U_1(s)}=\frac{s+4}{s^2+4s+25},\quad \frac{Y_2(s)}{U_1(s)}=\frac{-25}{s^2+4s+25}$$

$$\frac{Y_1(s)}{U_2(s)}=\frac{s+5}{s^2+4s+25},\quad \frac{Y_2(s)}{U_2(s)}=\frac{s-25}{s^2+4s+25}$$

4. 将传递函数转换为状态空间模型

直接调用语句[A,B,C,D]=tf2ss([num,den])即可得到对应的状态空间模型。

如果

$$G(s)=\frac{3}{s^3+3s^2+2s+4}$$

运行以下程序：

```
Num=3;den=[1 3 2 4]
[A,B,C,D]=tf2ss([num,den])
```

可得

$$A=\begin{bmatrix}-3 & -2 & -4\\ 1 & 0 & 0\\ 0 & 1 & 0\end{bmatrix},\quad B=\begin{bmatrix}1\\0\\0\end{bmatrix},\quad C=[0\ \ 0\ \ 3],\quad D=0$$

5. 将 Simulink 框图转换为状态空间模型

为了将 Simulink 框图转换为状态空间模型，需遵照下面的步骤。

(1) 在 Simulink 框图的基础上，输入端连接一个 In1 图标，在输出端连接一个 Out1 图标；

(2) 保存该 Simulink 文件，如其文件名为 statemod；

(3) 在 Matlab 窗口中，执行下面的命令：

```
[A,B,C,D]=linmod('statemod')
```

即可给出状态空间矩阵：A, B, C, D。

例如，系统传递函数 Simulink 模型如图 2.4.7 所示，文件名为“statemod”，给出其状态空间模型。

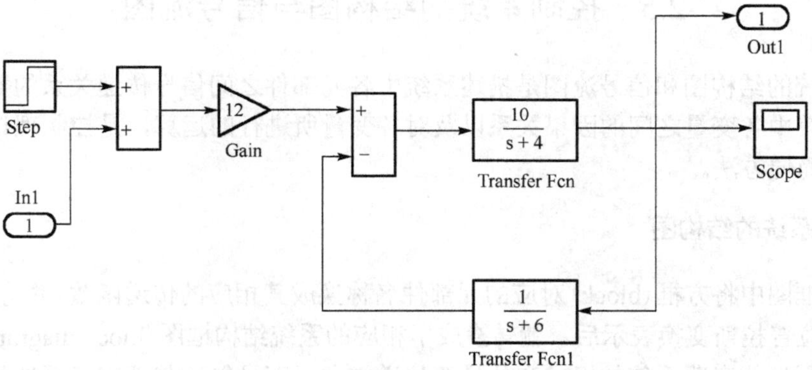

图 2.4.7 系统传递函数 Simulink 图

运行[A,B,C,D]=linmod(‘statemod’)，得状态空间模型为

$$\dot{x}=\begin{bmatrix}-4 & -1\\ 10 & -6\end{bmatrix}x+\begin{bmatrix}12\\0\end{bmatrix}u$$

$$y=[10\quad 0]x$$

直接运行图 2.4.7 的 Simulink 图，就可得到图 2.4.8 的输出曲线 $y(t)$。

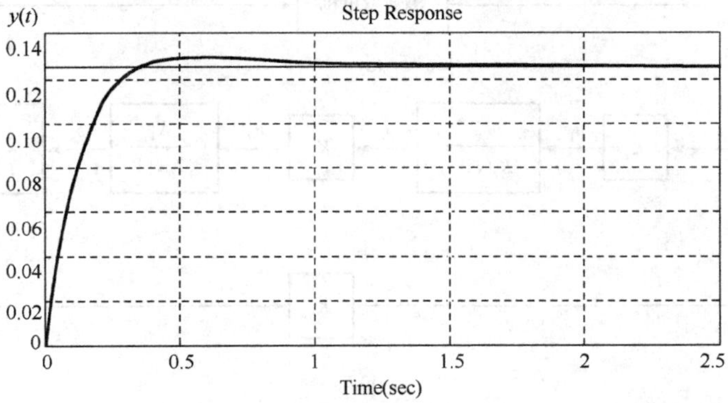

图 2.4.8 系统的输出曲线 $y(t)$

也可以运行：

```
step ([1 3],[1 10 24],2.5)
grid
```

得到同样的输出曲线 $y(t)$。

需要说明的是：

(1) 在状态空间模型中，由于状态选择的多样性，一个系统的状态方程描述并不是唯一的，各种不同描述之间可通过非奇异线性变换建立联系，为研究系统的某些结构性质提供方便；

(2) 由于在状态空间模型中，不仅有输入、输出，还包括系统内部的状态信息，控制输入 u 对系统内部状态 x 的影响力如何，系统的测量输出 y 能否反映系统的内部状态 x，以及系统的稳定问题，属于状态空间模型的系统分析问题；

(3) 一般情况下 u 不是常数，是需要设计的控制输入，以实现满意的性能指标，这就是控制器综合问题。

关于基于状态空间的系统分析与综合问题，将在第 7 章简单介绍。

2.5 控制系统的结构图与信号流图

控制系统的结构图和信号流图是描述系统中各元部件之间信号传递关系的数学图形，它们表示了系统中各变量之间的因果关系以及对各变量所进行的运算，是控制理论中描述复杂系统的一种简便方法。

2.5.1 控制系统的结构图

在系统框图中将方框(block)对应的元部件名称换成其相应的传递函数，并将环节的输入、输出量改用拉普拉斯变换表示后，就转换成了相应的系统结构框图(block diagram)。

结构图不仅能表明系统的组成和信号的传递方向，而且能清楚地表示系统信号传递过程中的数学关系，它是一种图形化的系统数学模型，在控制理论中应用很广。图 2.5.1(a) 是例 2.1.3 转速控制系统的方框图，图(b)是其对应的结构图。

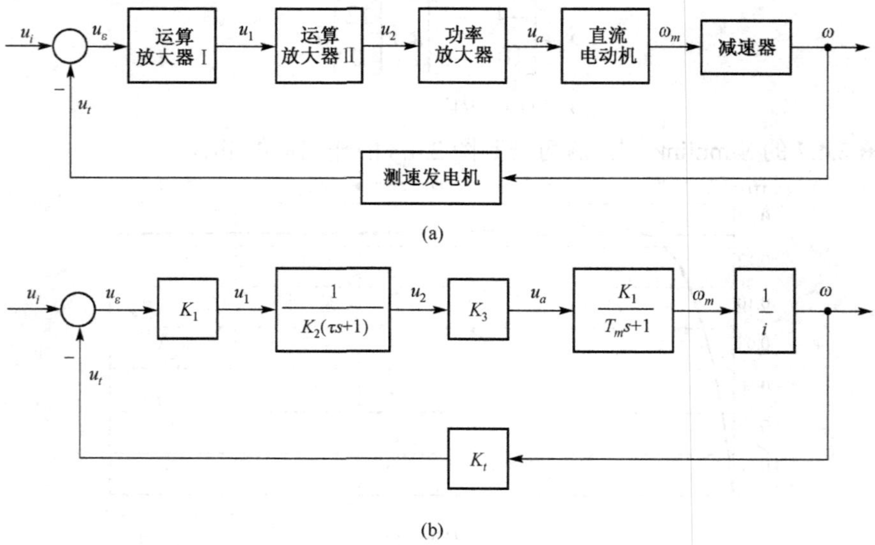

图 2.5.1 转速控制系统的方框图和结构图

1. 结构图的组成和绘制

控制系统的结构图由一些方框和信号流向线组成，它包含四种基本单元。

(1)信号线：带有箭头的直线，箭头表示信号的流向，在直线旁标记信号的时间函数或象函数，如图 2.5.2(a)所示。

(2)引出点(或测量点)：表示信号测量或引出的位置，从同一位置引出的信号在数值和性质上完全相同，如图 2.5.2(b)所示。

(3)比较点(或综合点)：两个或两个以上的输入信号进行加减运算。"+"表示相加，"−"表示相减。"+"号可省略不写，如图 2.5.2(c)所示。

(4)方框(或环节)：表示输入到输出单向传输间的函数关系，方框中写入元部件或系统的传递函数，如图 2.5.2(d)所示。

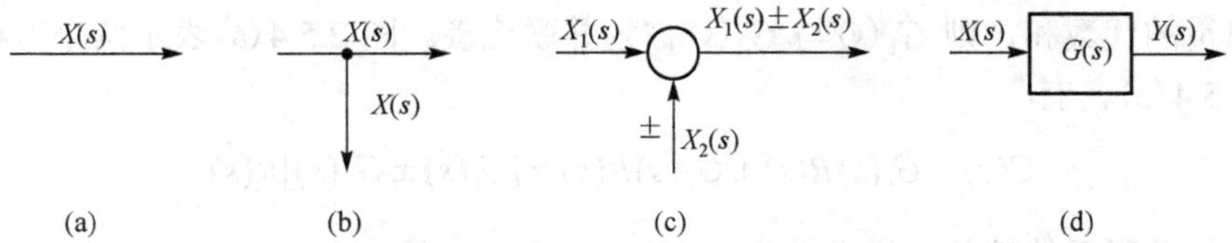

图 2.5.2　结构图的基本组成

绘制系统结构图时，首先分别列写各元部件的微分方程或传递函数，考虑负载效应，并将它们用方框表示；然后根据各元部件的信号流向，用信号线依次将各方框连接，得到系统的结构图。由结构图可以依据方框进行数学运算，也可以直观了解各元部件的相互关系及其在系统中所起的作用，还可以方便地求得系统的传递函数，所以系统结构图也是控制系统的一种数学模型。

需要指出的是，结构图中的方框与实际系统的元部件并非是一一对应的。一个实际元部件可以用一个方框或几个方框表示；而一个方框也可以代表几个元部件或一个子系统，或一个大的复杂系统。

2. 结构图的等效变换

结构图是从具体系统中抽象出来的数学结构图形，当只讨论系统的输入、输出特性，而不考虑它的具体结构时，完全可以对其进行必要的变换。当然，这种变换必须是"等效的"，即在变换过程中应遵循变换前后变量关系保持不变的等效原则，具体而言，就是变换前后前向通路中传递函数的乘积应保持不变，回路中传递函数的乘积应保持不变。

复杂系统的结构图，其方框间的连接是错综复杂的，但方框间的基本连接方式只有串联、并联和反馈连接三种。结构图简化的一般方法是移动引出点或比较点，交换比较点，然后进行方框运算，并将串联、并联和反馈连接的方框合并。

1)串联(series)方框

传递函数分别为 $G_1(s)$ 和 $G_2(s)$ 的两个方框，若 $G_1(s)$ 的输出量作为 $G_2(s)$ 的输入量，则 $G_1(s)$ 与 $G_2(s)$ 称为串联连接。两个方框的串联如图 2.5.3(a)所示。

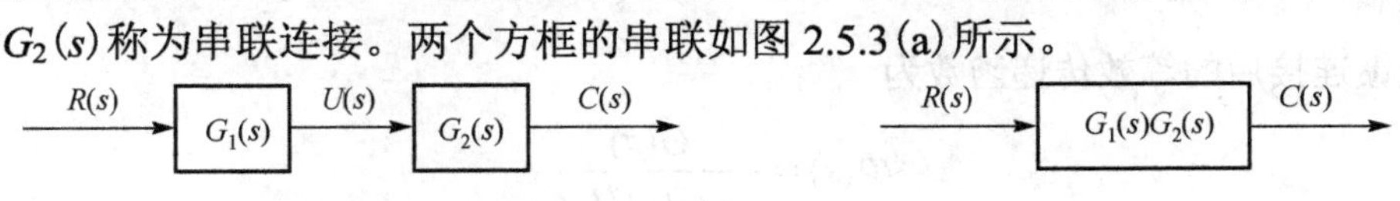

图 2.5.3　串联方框的等效变换

由图 2.5.3(a)，有

$$C(s) = G_2(s)U(s) = G_2(s)G_1(s)R(s)$$

所以两个方框串联后的等效传递函数为

$$G(s) = \frac{C(s)}{R(s)} = G_2(s)G_1(s) \tag{2.5.1}$$

其等效结构图如图 2.5.3(b)所示。

上述结论可以推广到多个方框串联的情况，即方框串联后的总传递函数等于各个串联方框传递函数的乘积。

2) 并联(parallel)方框

传递函数分别为 $G_1(s)$ 和 $G_2(s)$ 的两个方框，如果它们有相同的输入量，而输出量等于两个方框输出量的代数和，则 $G_1(s)$ 与 $G_2(s)$ 称为并联连接。图 2.5.4(a)表示两个方框并联的结构。由图 2.5.4(a)，有

$$C(s) = G_1(s)R(s) \pm G_2(s)R(s) = [G_1(s) \pm G_2(s)]R(s)$$

所以两个方框并联后的等效传递函数为

$$G(s) = G_1(s) \pm G_2(s) \tag{2.5.2}$$

其等效结构图如图 2.5.4(b)所示。

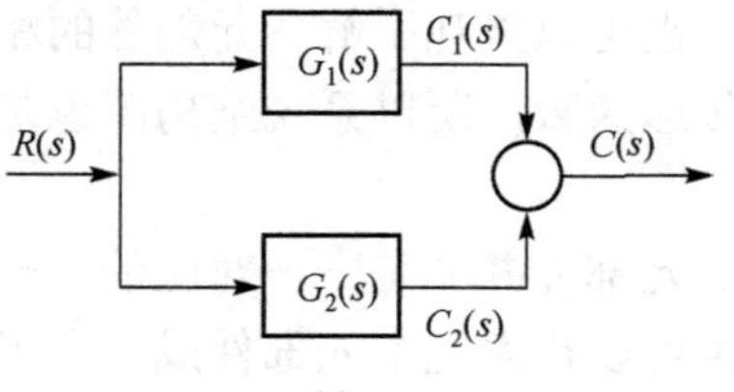

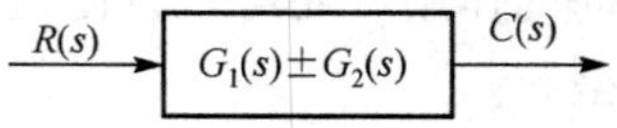

图 2.5.4　并联环节的等效变换

上述结论可以推广到多个方框并联的情况，即方框并联后的总传递函数等于各个并联方框传递函数的代数和。

3) 反馈连接方框

传递函数分别为 $G(s)$ 和 $H(s)$ 的两个方框，如图 2.5.5(a)形式的连接称为负反馈连接。由图 2.5.5(a)，有

$$C(s) = G(s)\varepsilon(s) = G(s)[R(s) - B(s)] = G(s)[R(s) - H(s)C(s)]$$

可得

$$C(s) = \frac{G(s)}{1 + G(s)H(s)} R(s)$$

所以负反馈连接后的等效传递函数为

$$\Phi(s) = \frac{G(s)}{1 + G(s)H(s)} \tag{2.5.3}$$

称为闭环传递函数，其等效结构图如图 2.5.5(b)所示。

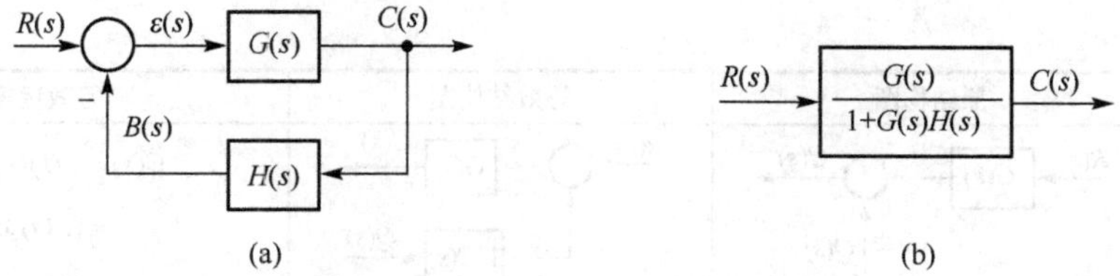

图 2.5.5　反馈连接的等效变换

若为正反馈，则等效(闭环)传递函数为

$$\Phi(s)=\frac{G(s)}{1-G(s)H(s)} \tag{2.5.4}$$

当反馈通道的传递函数 $H(s)=1$ 时，称系统为单位负反馈系统，此时闭环传递函数为

$$\Phi(s)=\frac{G(s)}{1+G(s)}$$

与闭环传递函数相对应，前向通道的传递函数 $G(s)$ 与反馈通道传递函数 $H(s)$ 之积 $G(s)H(s)$ 称为开环传递函数，它定义为反馈被切断时，反馈信号的拉普拉斯变换 $B(s)$ 与偏差信号的拉普拉斯变换 $\varepsilon(s)$ 之比。对于单位反馈系统，开环传递函数与前向通道传递函数相同，都为 $G(s)$。

根据传递函数的定义，令闭环传递函数 $\Phi(s)$ 的分母为零，即可得到系统的特征方程：

$$1+G(s)H(s)=0 \tag{2.5.5}$$

闭环传递函数可写为

$$\Phi(s)=\frac{\text{前向通道传递函数}}{1+\text{开环传递函数}} \tag{2.5.6}$$

特征方程可写为

$$1+\text{开环传递函数}=0 \tag{2.5.7}$$

4) 比较点和引出点的移动

在结构图简化过程中，当系统中出现信号交叉时，需要移动比较点或引出点的位置，这时应注意保持移动前后信号传递的等效性。

表 2.5.1 汇集了结构图等效变换的基本规则，可供查阅。

表 2.5.1　结构图等效变换规则

变换方式	原结构图	等效结构图	等效运算关系
串联	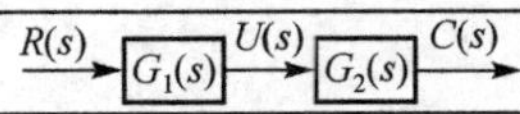	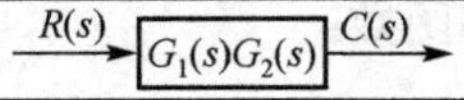	$C(s)=G_1(s)G_2(s)R(s)$
并联	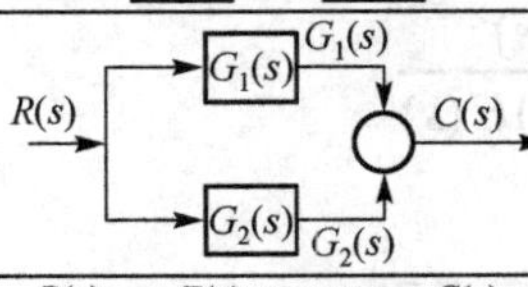	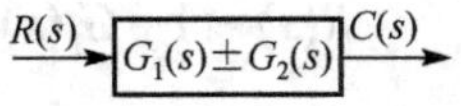	$C(s)=[G_1(s)\pm G_2(s)]R(s)$
反馈	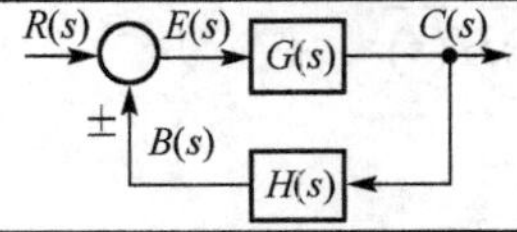	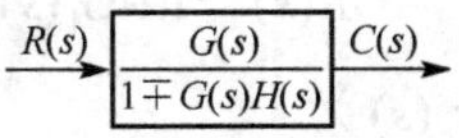	$C(s)=\dfrac{G(s)R(s)}{1\mp G(s)H(s)}$

续表

变换方式	原结构图	等效结构图	等效运算关系
比较点前移	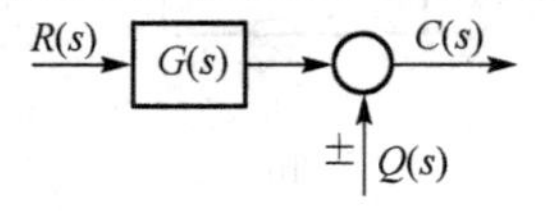	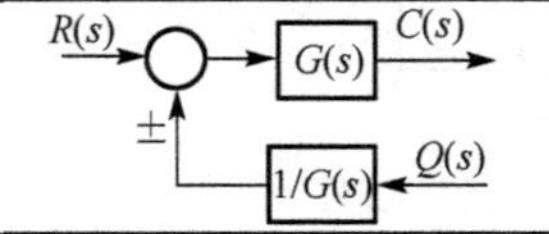	$C(s)=R(s)G(s)\pm Q(s)$ $=[R(s)\pm\dfrac{Q(s)}{G(s)}]G(s)$
比较点后移	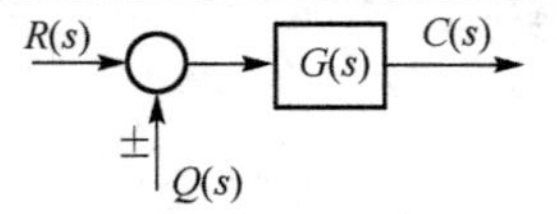	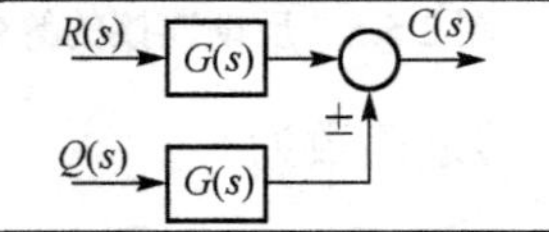	$C(s)=[R(s)\pm Q(s)]G(s)$ $=R(s)G(s)\pm Q(s)G(s)$
引出点前移	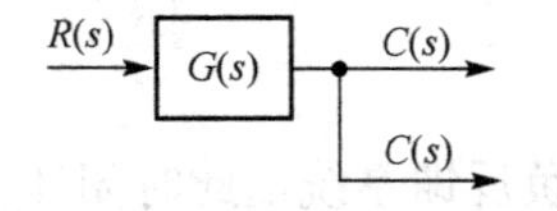	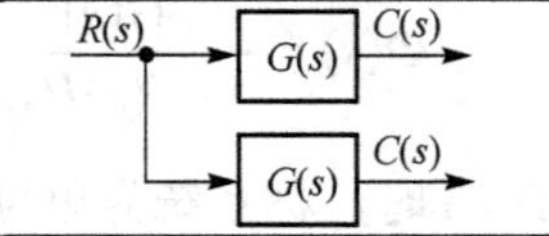	$C(s)=G(s)R(s)$
引出点后移	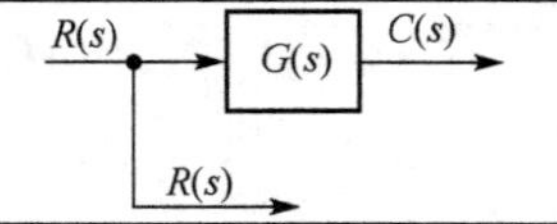	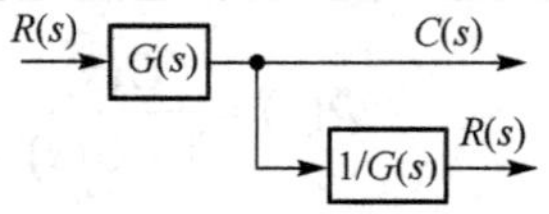	$C(s)=G(s)R(s)$

前面都是在给定或控制输入作用下讨论系统传递函数，实际的控制系统不仅会受到给定输入信号的作用，还会受到外部扰动的作用。

例 2.5.1 图 2.5.6 是具有给定输入(given input)和扰动输入(disturbance input)同时作用的闭环系统，图中 $R(s)$ 表示控制输入信号，$N(s)$ 表示干扰信号，$C(s)$ 代表系统输出信号，$\varepsilon(s)$ 代表偏差信号，分别求四种传递函数 $\varPhi_{cr}(s),\varPhi_{\varepsilon r}(s),\varPhi_{cn}(s),\varPhi_{\varepsilon n}(s)$ 以及输出信号 $C(s)$ 和偏差信号 $\varepsilon(s)$ (偏差信号也是系统的一种输出信号)。

解 系统有两个外输入信号 $R(s)$ 和 $N(s)$，两个输出信号 $C(s)$ 和 $\varepsilon(s)$，所以有四个传递函数。

(1) 求 $C(s)$ 和 $\varepsilon(s)$ 分别对 $R(s)$ 的传递函数：$\varPhi_{cr}(s)$ 和 $\varPhi_{\varepsilon r}(s)$。

令 $N(s)=0$，则图 2.5.6 简化为图 2.5.7。

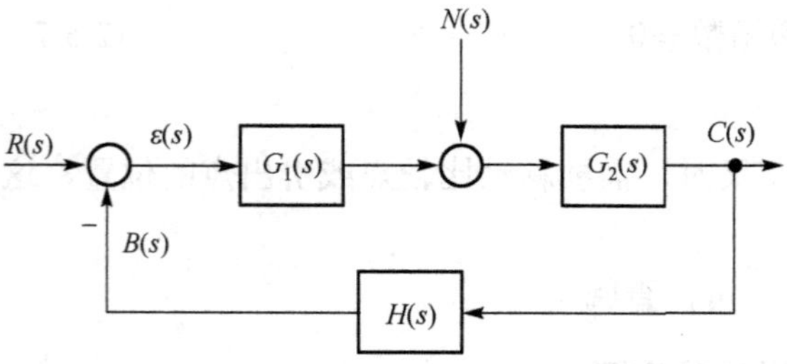

图 2.5.6 给定输入和扰动输入同时作用的闭环系统

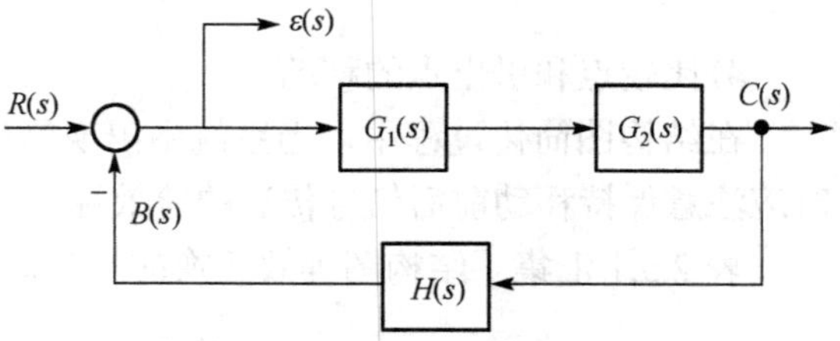

图 2.5.7 求 $\varPhi_{cr}(s)$ 和 $\varPhi_{\varepsilon r}(s)$ 的结构图

由图 2.5.7 直接得到两个传递函数：

$$\varPhi_{cr}(s)=\frac{C(s)}{R(s)}=\frac{G_1(s)G_2(s)}{1+G_1(s)G_2(s)H(s)} \tag{2.5.8}$$

$$\varPhi_{\varepsilon r}(s)=\frac{\varepsilon(s)}{R(s)}=\frac{1}{1+G_1(s)G_2(s)H(s)} \tag{2.5.9}$$

$R(s)$ 单独作用下的 $C_r(s)$ 和 $\varepsilon_r(s)$ 为

$$C_r(s)=\Phi_{cr}(s)R(s)=\frac{G_1(s)G_2(s)}{1+G_1(s)G_2(s)H(s)}R(s) \tag{2.5.10}$$

$$\varepsilon_r(s)=\Phi_{\varepsilon r}(s)R(s)=\frac{1}{1+G_1(s)G_2(s)H(s)}R(s) \tag{2.5.11}$$

(2) 求 $C(s)$ 和 $\varepsilon(s)$ 分别对 $N(s)$ 的传递函数：$\Phi_{cn}(s)$ 和 $\Phi_{\varepsilon n}(s)$。

令 $R(s)=0$，则图 2.5.6 简化为图 2.5.8 和图 2.5.9。

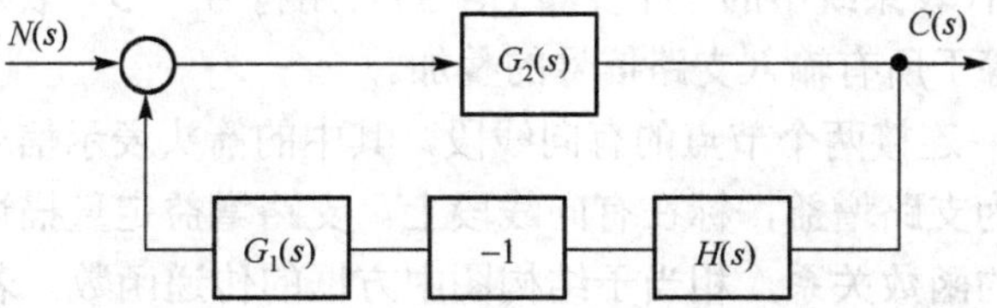

图 2.5.8 求 $\Phi_{cn}(s)$ 的结构图

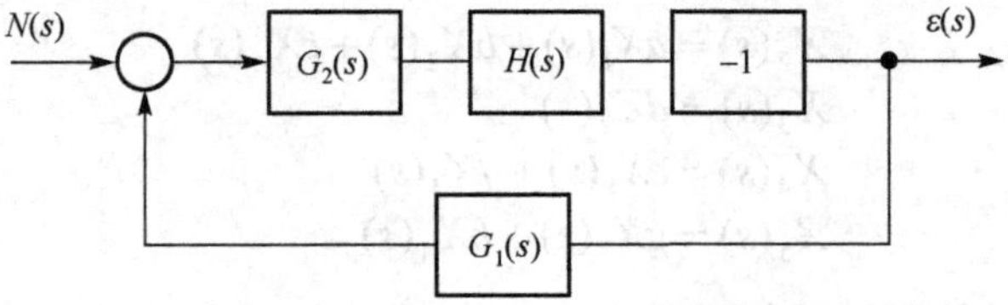

图 2.5.9 求 $\Phi_{\varepsilon n}(s)$ 的结构图

由图 2.5.8 和图 2.5.9 直接得到如下两个传递函数：

$$\Phi_{cn}(s)=\frac{C(s)}{N(s)}=\frac{G_2(s)}{1+G_1(s)G_2(s)H(s)} \tag{2.5.12}$$

$$\Phi_{\varepsilon n}(s)=\frac{\varepsilon(s)}{N(s)}=\frac{-G_2(s)H(s)}{1+G_1(s)G_2(s)H(s)} \tag{2.5.13}$$

$N(s)$ 单独作用下的 $C_n(s)$ 和 $\varepsilon_n(s)$ 为

$$C_n(s)=\Phi_{cn}(s)N(s)=\frac{G_2(s)}{1+G_1(s)G_2(s)H(s)}N(s) \tag{2.5.14}$$

$$\varepsilon_n(s)=\Phi_{\varepsilon n}(s)N(s)=\frac{-G_2(s)H(s)}{1+G_1(s)G_2(s)H(s)}N(s) \tag{2.5.15}$$

根据叠加原理可得到闭环系统的输出 $C(s)$ 和偏差 $\varepsilon(s)$ 为

$$C(s)=C_r(s)+C_n(s)=\frac{G_1(s)G_2(s)}{1+G_1(s)G_2(s)H(s)}R(s)+\frac{G_2(s)}{1+G_1(s)G_2(s)H(s)}N(s) \tag{2.5.16}$$

$$\varepsilon(s)=\varepsilon_r(s)+\varepsilon_n(s)=\frac{1}{1+G_1(s)G_2(s)H(s)}R(s)-\frac{G_2(s)H(s)}{1+G_1(s)G_2(s)H(s)}N(s) \tag{2.5.17}$$

不难发现，四种闭环传递函数 $\Phi_{cr}(s),\Phi_{\varepsilon r}(s),\Phi_{cn}(s)$ 和 $\Phi_{\varepsilon n}(s)$ 具有相同的分母，即

$$1+G_1(s)G_2(s)H(s) \tag{2.5.18}$$

$1+G_1(s)G_2(s)H(s)=0$ 即为闭环系统的特征方程。

2.5.2 控制系统的信号流图

信号流图是表示线性代数方程组的一种数学图形，基于信号流图可以分析求解代数方程

组。在控制工程中，信号流图和结构图一样，可以表示系统的结构及变量传递过程中的数学关系。由于信号流图符号简单，便于绘制，而且可以通过梅森增益公式(不必经过图形简化)直接求得系统的传递函数，因此特别适合于复杂结构系统的分析。

1. 信号流图的组成和绘制

组成信号流图中的基本图形符号有两种：节点和支路。

(1)节点(node)：代表系统中的一个变量(信号)，用符号“○”表示。节点具有叠加的作用，节点表示的变量等于所有输入支路信号的叠加。

(2)支路(branch)：连接两个节点的有向线段，其中的箭头表示信号的传递方向。每条支路都有传输增益，称为支路增益，标在有向线段上。支路增益定量描述信号从支路一端沿箭头方向传送到另一端的函数关系，相当于结构图中方框的传递函数。若支路增益为正，“+”号常省略，若支路增益为负，“−”号必须标出。

根据信号流图的组成，式(2.5.19)所示的方程组可表示为图2.5.10所示的信号流图。

$$\begin{aligned} X_2(s) &= aX_1(s) + bX_2(s) + cX_4(s) \\ X_3(s) &= dX_2(s) \\ X_4(s) &= eX_1(s) + fX_3(s) \\ X_5(s) &= gX_3(s) + hX_4(s) \end{aligned} \tag{2.5.19}$$

在信号流图中，常使用如下名词术语。

(1)源节点。只有输出支路而无输入支路的节点称为源节点或输入节点，图2.5.10中的节点X_1为源节点。

(2)阱节点。只有输入支路而无输出支路的节点称为阱节点或输出节点。

(3)混合节点。既有输入支路又有输出支路的节点称为混合节点，如图2.5.10中的节点X_2, X_3, X_4, X_5均为混合节点。若从混合节点引出一条具有单位增益的支路，可将混合节点变为阱节点，如图2.5.10中用单位增益引出的节点X_5。

(4)前向通路。从源节点开始并且终止于阱节点，与其他节点相交不多于一次的通路称为前向通路。前向通路上各支路增益的乘积称为前向通路增益，一般用P_k表示，下标k表示第k条前向通路。图2.5.10中共有四条前向通路，其增益分别为$P_1 = adfh, P_2 = eh$，$P_3 = adg, P_4 = ecdg$。

(5)回路。起点和终点是同一节点，并且与其他任何节点相交不多于一次的闭合路径称为回路。回路中各支路增益的乘积，称为回路增益，一般用L_k表示。图2.5.10中有两个回路，回路增益分别为$L_1 = b, L_2 = dfc$。

(6)不接触回路。相互间没有任何共同节点的回路，称为不接触回路或互不接触回路。如图2.5.11中某系统的信号流图，共有三个回路，增益分别为$L_1 = ab, L_2 = cd, L_3 = ef$，其中回路$L_1$和$L_3$为不接触回路。

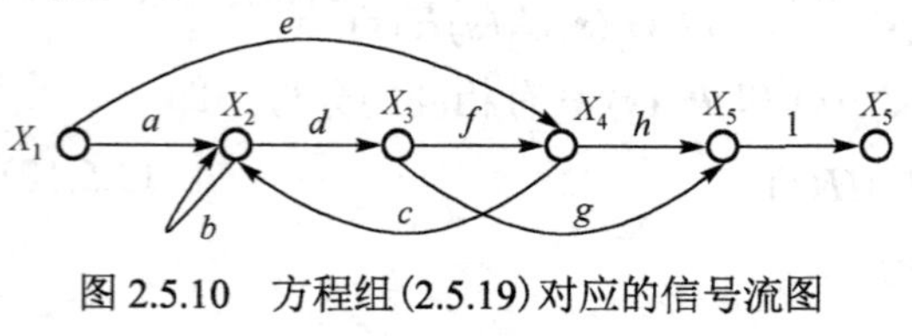

图2.5.10　方程组(2.5.19)对应的信号流图

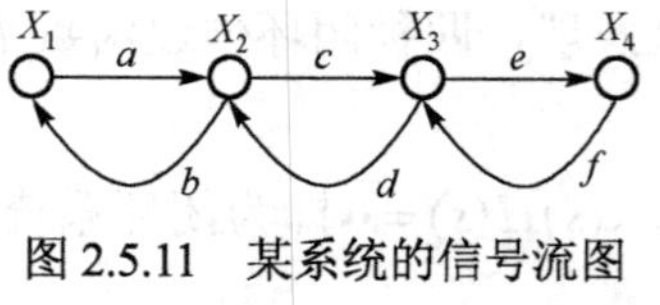

图2.5.11　某系统的信号流图

信号流图可以根据微分方程组绘制，由微分方程组绘制信号流图的过程与绘制结构图的过程类似。也可以按照结构图与信号流图的对应关系，将系统结构图转换为信号流图。

2. 梅森增益公式

对于一些结构复杂的系统，采用结构图等效简化的方法求取系统的传递函数是比较麻烦的。而用梅森增益公式，则可以不进行任何结构变换，只需对信号流图或结构图进行观察和分析，就可按照公式求取系统的传递函数。

计算任意输入节点和输出节点之间传递函数$G(s)$的梅森增益公式为

$$G(s)=\frac{1}{\Delta}\sum_{k=1}^{n}P_k\Delta_k \tag{2.5.20}$$

式中，Δ为系统的特征式，其计算公式为

$$\Delta=1-\sum L_a+\sum L_bL_c-\sum L_dL_eL_f+\cdots$$

其中，$\sum L_a$为所有不同回路的回路增益之和；$\sum L_bL_c$为所有每两个互不接触回路的增益乘积之和；$\sum L_dL_eL_f$为所有每三个互不接触回路的增益乘积之和；$\sum L_gL_hL_iL_j$为所有每四个互不接触回路的增益乘积之和；n为从输入节点到输出节点间前向通路的条数；P_k为从输入节点到输出节点间第k条前向通路的总增益；Δ_k为第k条前向通路的余子式，即把特征式Δ中与该前向通路相接触的所有回路增益置为零后，所余下的部分。

例 2.5.2 试求图 2.5.12 所示系统的传递函数$\dfrac{C(s)}{R(s)}$。

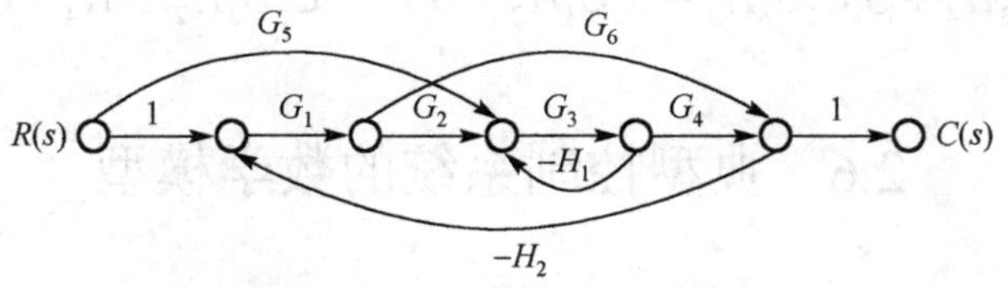

图 2.5.12 例 2.5.2 的图

解 本系统有三个回路，其回路增益分别为：$L_1=-G_1G_2G_3G_4H_2$，$L_2=-G_1G_6H_2$和$L_3=-G_3H_1$。其中只有L_2和L_3两回路互不接触，故特征式为

$$\begin{aligned}\Delta&=1-(L_1+L_2+L_3)+(L_2L_3)\\&=1+G_1G_2G_3G_4H_2+G_1G_6H_2+G_3H_1+G_1G_3G_6H_1H_2\end{aligned}$$

系统有三条前向通路，其增益分别为：$P_1=G_1G_2G_3G_4$，$P_2=G_5G_3G_4$，$P_3=G_1G_6$。由于各回路均与前向通路P_1,P_2接触，故余子式$\Delta_1=\Delta_2=1$。前向通路P_3与回路L_3不接触，所以余子式$\Delta_3=1-L_3=1+G_3H_1$。用梅森增益公式得系统的传递函数为

$$\begin{aligned}\frac{C(s)}{R(s)}&=\frac{1}{\Delta}(P_1\Delta_1+P_2\Delta_2+P_3\Delta_3)\\&=\frac{G_1G_2G_3G_4+G_3G_4G_5+G_1G_6(1+G_3H_1)}{1+G_1G_2G_3G_4H_2+G_1G_6H_2+G_3H_1+G_1G_3G_6H_1H_2}\end{aligned}$$

例 2.5.3 已知系统结构图如图 2.5.13 所示，试求传递函数$\dfrac{C(s)}{R(s)}$。

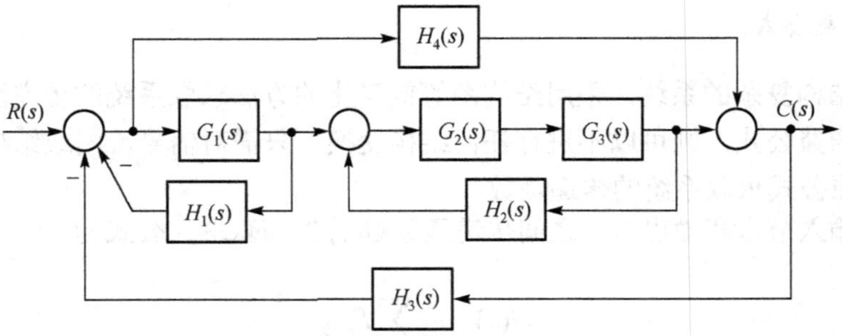

图 2.5.13　例 2.5.3 的结构图

解　用梅森增益公式求传递函数。在图 2.5.13 中，有 4 个独立回路 $L_1=-H_3H_4, L_2=-G_1G_2G_3H_3, L_3=G_2G_3H_2, L_4=-G_1H_1$；有 2 组互不接触回路：$L_1$和$L_3, L_3$和$L_4$。

系统有 2 条前向通路，其前向通路的传递函数和对应的余子式为

$$P_1=G_1G_2G_3,\quad \Delta_1=1$$

$$P_2=H_4,\quad \Delta_2=1-G_2G_3H_2$$

所以，应用梅森增益公式可写出系统的传递函数为

$$\frac{C(s)}{R(s)}=\frac{P_1\Delta_1+P_2\Delta_2}{\Delta}$$

$$=\frac{G_1G_2G_3+H_4(1-G_2G_3H_2)}{1+H_3H_4+G_1G_2G_3H_3-G_2G_3H_2+G_1H_1-G_2G_3H_2H_3H_4-G_1G_2G_3H_1H_2}$$

2.6　典型控制系统的数学模型

例 2.6.1　汽车悬架系统。

汽车悬架系统安装在车桥和和车轮之间，用来吸收汽车在高低不平的路面上行驶所产生的振动，其示意图如图 2.6.1 所示。其中 m_2 为车箱与悬架的质量；m_1 为车轮与车轴的质量；k_2 为缓振簧的弹性系数；k_1 为充气轮胎的弹性系数；f 为缓振器黏性摩擦系数。

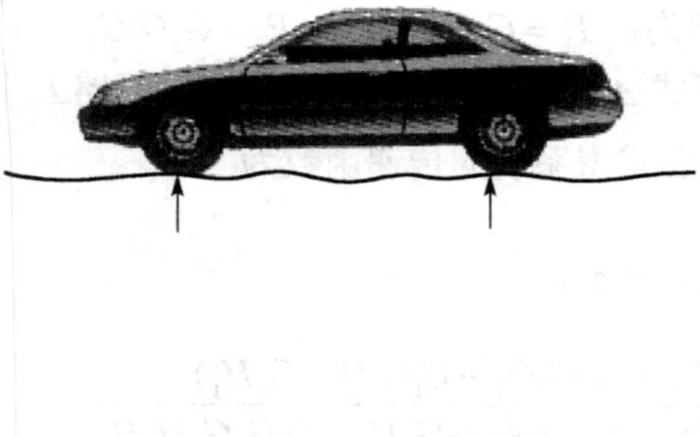

(a) 汽车在路面上的受力示意图

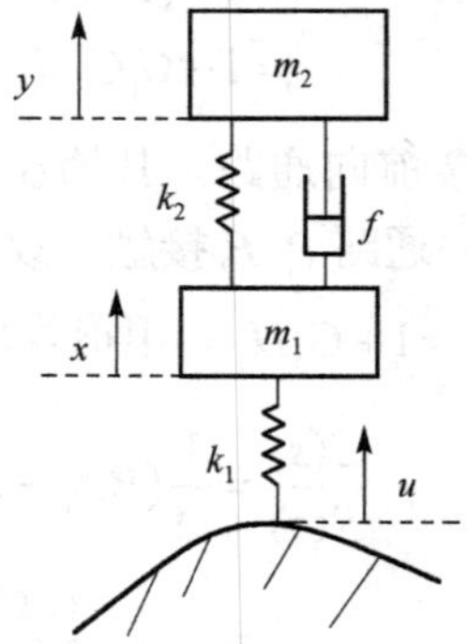

(b) 汽车悬架系统原理图

图 2.6.1　汽车悬架系统

解　由于路面不平使车轮产生位移 u 时，则车箱产生位移 y，应用牛顿第二定律可得

$$m_1\ddot{x} = k_2(y-x) + f(\dot{y}-\dot{x}) + k_1(u-x)$$

$$m_2\ddot{y} = -k_2(y-x) - f(\dot{y}-\dot{x})$$

因此

$$m_1\ddot{x} + f\dot{x} + (k_1+k_2)x = f\dot{y} + k_2 y + k_1 u$$

$$m_2\ddot{y} + f\dot{y} + k_2 y = f\dot{x} + k_2 x$$

对上式两个方程进行拉普拉斯变换，得

$$[m_1 s^2 + fs + (k_1+k_2)]X(s) = (fs+k_2)Y(s) + k_1 U(s)$$
$$[m_2 s^2 + fs + k_2]Y(s) = (fs+k_2)X(s)$$

消去中间变量 $X(s)$，得到汽车悬架系统的传递函数为

$$\frac{Y(s)}{U(s)} = \frac{k_1(fs+k_2)}{m_1 m_2 s^4 + (m_1+m_2)fs^3 + [k_1 m_2 + (m_1+m_2)k_2]s^2 + k_1 fs + k_1 k_2}$$

取 $m_1 = 25\text{kg}, m_2 = 330\text{kg}, k_1 = 170000\text{N/m}, k_2 = 13000\text{N/m}, f = 1000\text{N}\cdot\text{s/m}$，则系统传递函数为

$$\frac{Y(s)}{U(s)} = \frac{170000s + 2210000}{8.250s^4 + 355s^3 + 60715s^2 + 170000s + 2210000}$$

系统 Simulink 仿真图如图 2.6.2(a) 所示，假设输入 $u(t)$ 为如图 2.6.2(b) 所示的矩形脉冲信号，代表凸型的路面，输出 $y(t)$ 响应曲线如图 2.6.2(c) 所示。

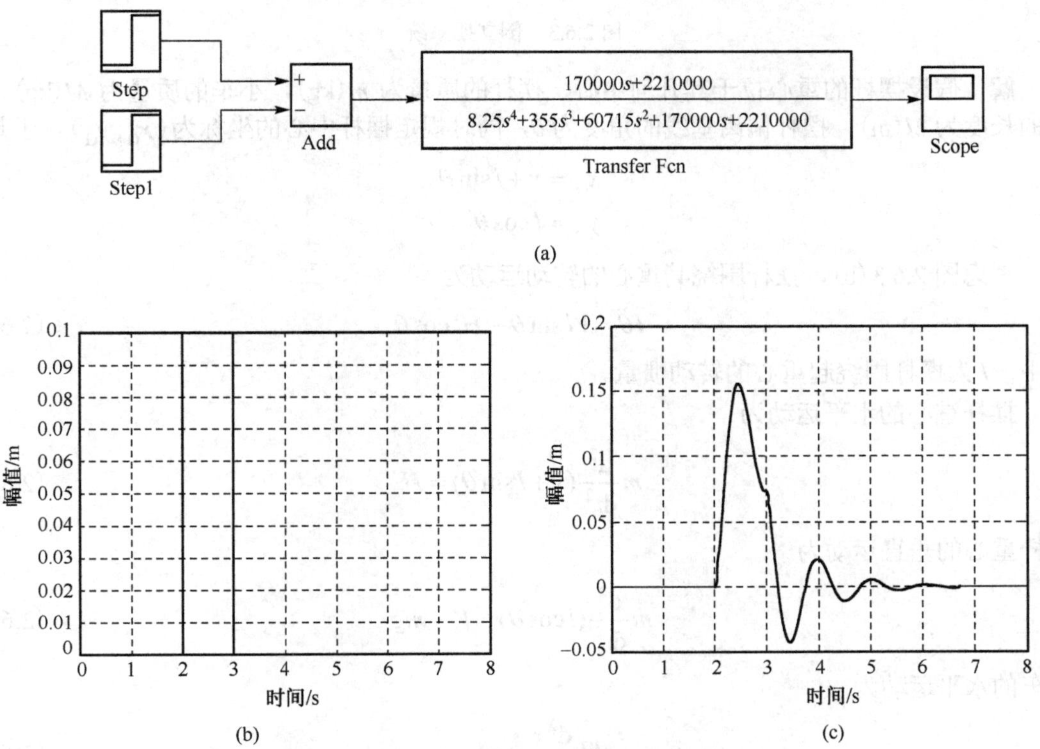

图 2.6.2　汽车悬架系统仿真图

显然，因未加控制，缓冲效果不明显，若采用闭环控制可以很好地实现缓冲的目的，控制结构在第 3 章详述。

例 2.6.2 倒立摆系统。

设安装在电动机传动车上的倒立摆如图 2.6.3 所示。这实际上是一个空间起飞助推器的姿态控制模型，而控制的目的是把空间助推器保持在垂直位置。同时双足行走机器人的运动模型也与倒立摆相似。倒立摆是不稳定的，如果没有适当的控制力的作用，摆随时可能向任何方向倒下。这里只考虑两维问题，即认为倒立摆只在图中所示的平面内运动。

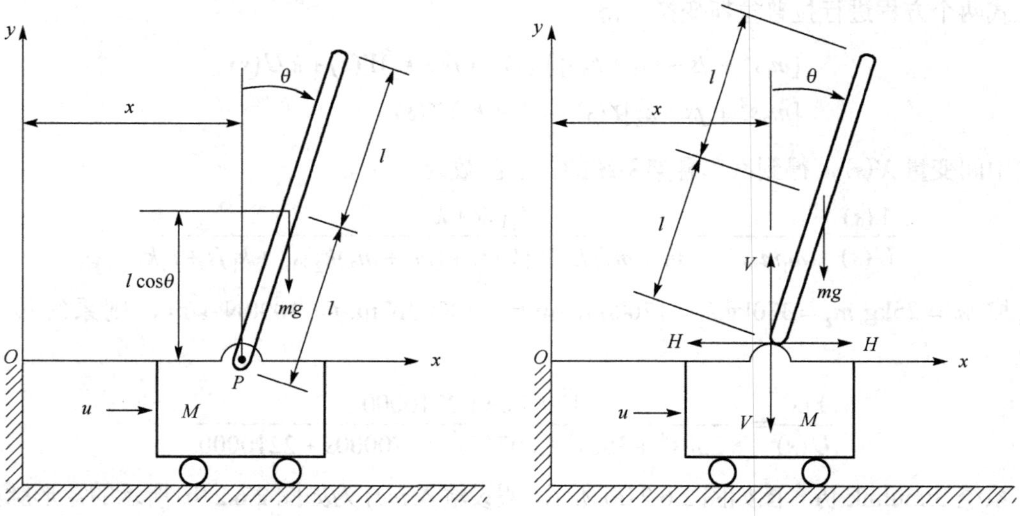

(a) 倒立摆系统示意图　　(b) 倒立摆系统受力图

图 2.6.3 倒立摆系统

解 假设摆杆的重心位于其几何中心，摆杆的质量为 m(kg)，小车的质量为 M(kg)，摆杆的长度为 $2l$(m)，摆杆偏离垂线的角度为 θ，同时规定摆杆中心的坐标为(x_G, y_G)。于是有

$$x_G = x + l\sin\theta$$
$$y_G = l\cos\theta$$

考虑图 2.6.3(b)，摆杆围绕其重心的转动运动为

$$I\ddot{\theta} = Vl\sin\theta - Hl\cos\theta \tag{2.6.1}$$

式中，I 为摆杆围绕起重心的转动惯量。

摆杆重心的水平运动为

$$m\frac{\mathrm{d}^2}{\mathrm{d}t^2}(x + l\sin\theta) = H \tag{2.6.2}$$

摆杆重心的垂直运动为

$$m\frac{\mathrm{d}^2}{\mathrm{d}t^2}(l\cos\theta) = V - mg \tag{2.6.3}$$

小车的水平运动为

$$M\frac{\mathrm{d}^2 x}{\mathrm{d}t} = u - H \tag{2.6.4}$$

式(2.6.1)～式(2.6.4)描述了倒立摆系统的运动，因为在方程中包含了$\sin\theta,\cos\theta$，所以它们是非线性方程。

如果假设角度θ很小，即认为$\sin\theta \doteq \theta, \cos\theta \doteq 1$。则式(2.6.1)～式(2.6.4)可以用下列线性化方程表示：

$$I\ddot{\theta} = Vl\theta - Hl \tag{2.6.5}$$

$$m(\ddot{x} + l\ddot{\theta}) = H \tag{2.6.6}$$

$$0 = V - mg \tag{2.6.7}$$

$$M\ddot{x} = u - H \tag{2.6.8}$$

由方程(2.6.6)和(2.6.8)可得到

$$(M+m)\ddot{x} + ml\ddot{\theta} = u$$

由方程(2.6.5)和(2.6.7)可得到

$$\begin{aligned} I\ddot{\theta} &= mgl\theta - Hl \\ &= mgl\theta - l(m\ddot{x} + ml\ddot{\theta}) \end{aligned}$$

即

$$(I + ml^2)\ddot{\theta} + ml\ddot{x} = mgl\theta$$

因此，可以得到倒立摆系统的数学模型：

$$(M+m)\ddot{x} + ml\ddot{\theta} = u$$

$$(I + ml^2)\ddot{\theta} + ml\ddot{x} = mgl\theta$$

可以验证，系统是不稳定的，但可以设计合适的控制器使倒立摆保持垂直倒立状态。

2.7 拉普拉斯变换

拉普拉斯变换(简称拉氏变换)是一种积分变换，它可将时间域内的微分方程变换成复数域内的代数方程，并在变换时引入初始条件，可以方便地求解线性定常系统的微分方程；同时，拉普拉斯变换也是建立系统复数域的数学模型——传递函数的数学基础。

2.7.1 拉普拉斯变换的定义

设函数$f(t)$当$t \geqslant 0$时有定义，而且积分

$$F(s) = \int_0^{\infty} f(t)\mathrm{e}^{-st}\mathrm{d}t \tag{2.7.1}$$

存在，则称$F(s)$是$f(t)$的拉普拉斯变换，记作$F(s) = L[f(t)]$。其中，s是复变量。$F(s)$称为时间域内的函数$f(t)$的象函数，$f(t)$称为$F(s)$的原函数。

例 2.7.1 求阶跃函数$f(t) = A \cdot 1(t)$的拉普拉斯变换。

解 由拉普拉斯变换定义式(2.7.1)得

$$F(s) = \int_0^{\infty} A\mathrm{e}^{-st}\mathrm{d}t = -\frac{A}{s}\mathrm{e}^{-st}\bigg|_0^{\infty} = \frac{A}{s}$$

例 2.7.2 求指数函数 $f(t)=\mathrm{e}^{-at}$ 的拉普拉斯变换。

解 由式(2.7.1)得

$$F(s)=\int_0^{\infty}\mathrm{e}^{-at}\mathrm{e}^{-st}\mathrm{d}t=\int_0^{\infty}\mathrm{e}^{-(s+a)t}\mathrm{d}t=-\frac{1}{s+a}\mathrm{e}^{-(s+a)t}\Big|_0^{\infty}=\frac{1}{s+a}$$

例 2.7.3 求单位脉冲函数 $f(t)=\delta(t)$ 的拉普拉斯变换。

解 拉普拉斯变换的定义式中，积分下限为零，但有 0 的右极限 0_+ 和左极限 0_- 之分。在拉普拉斯变换过程中，若不特别指出，均认为是 0_- 型。

$$F(s)=\int_{0_-}^{\infty}\delta(t)\mathrm{e}^{-st}\mathrm{d}t=\int_{0_-}^{0_+}\delta(t)\mathrm{e}^{-st}\mathrm{d}t+\int_{0_+}^{\infty}\delta(t)\mathrm{e}^{-st}\mathrm{d}t=\int_{0_-}^{0_+}\delta(t)\mathrm{d}t=1$$

为了计算方便，将控制系统中常用函数的拉普拉斯变换列于表 2.7.1，以供查阅。

表 2.7.1 常用函数的拉普拉斯变换表

序号	象函数 $F(s)$	原函数 $f(t)$	序号	象函数 $F(s)$	原函数 $f(t)$
1	1	$\delta(t)$	8	$\frac{1}{(s+a)(s+b)}$	$\frac{1}{b-a}(\mathrm{e}^{-at}-\mathrm{e}^{-bt})$
2	$\frac{1}{s}$	$1(t)$	9	$\frac{\omega}{s^2+\omega^2}$	$\sin(\omega t)$
3	$\frac{1}{s^2}$	t	10	$\frac{s}{s^2+\omega^2}$	$\cos(\omega t)$
4	$\frac{1}{s^n}$	$\frac{t^{n-1}}{(n-1)!}$，$n=1,2,\cdots$	11	$\frac{\omega}{(s+a)^2+\omega^2}$	$\mathrm{e}^{-at}\sin(\omega t)$
5	$\frac{1}{s+a}$	e^{-at}	12	$\frac{s+a}{(s+a)^2+\omega^2}$	$\mathrm{e}^{-at}\cos(\omega t)$
6	$\frac{1}{(s+a)^n}$	$\frac{1}{(n-1)!}t^{n-1}\mathrm{e}^{-at}$，$n=1,2,\cdots$	13	$\frac{1}{s[(s+a)^2+\omega^2]}$	$\frac{1}{a^2+\omega^2}+\omega\frac{1}{\sqrt{a^2+\omega^2}}\mathrm{e}^{-at}\sin(\omega t-\varphi)$ $\varphi=\arctan\frac{\omega}{-a}$
7	$\frac{1}{s(s+a)}$	$\frac{1}{a}(1-\mathrm{e}^{-at})$	14	$\frac{\omega_n^2}{s^2+2\zeta\omega_n s+\omega_n^2}$	$\frac{\omega_n}{\sqrt{1-\zeta^2}}\mathrm{e}^{-\zeta\omega_n t}\sin(\omega_n\sqrt{1-\zeta^2}t)$

2.7.2 拉普拉斯变换的常用定理

1. 线性性质

原函数之和的拉普拉斯变换等于各原函数拉普拉斯变换之和，常数可以提到拉普拉斯变换符号外面。即

$$L[af_1(t)+bf_2(t)]=aF_1(s)+bF_2(s) \tag{2.7.2}$$

由拉普拉斯变换的定义，易证。

2. 微分定理

原函数 $f(t)$ 的一阶导数的拉普拉斯变换为

$$L\left[\frac{\mathrm{d}f(t)}{\mathrm{d}t}\right]=sF(s)-f(0) \tag{2.7.3}$$

式中，$f(0)$ 为原函数 $f(t)$ 在 $t=0$ 时的初始值。

证明 由拉普拉斯变换的定义 $L\left[\dfrac{\mathrm{d}f(t)}{\mathrm{d}t}\right]=\int_0^{\infty}\left[\dfrac{\mathrm{d}f(t)}{\mathrm{d}t}\right]\mathrm{e}^{-st}\mathrm{d}t$，用分部积分法，令 $u=\mathrm{e}^{-st}$，$\mathrm{d}v=\dfrac{\mathrm{d}f(t)}{\mathrm{d}t}\mathrm{d}t$，则

$$L\left[\frac{\mathrm{d}f(t)}{\mathrm{d}t}\right]=f(t)\mathrm{e}^{-st}\Big|_0^{\infty}+s\int_0^{\infty}f(t)\mathrm{e}^{-st}\mathrm{d}t=sF(s)-f(0)$$

应用式(2.7.3)可以求原函数二阶导数的拉普拉斯变换：

$$L\left[\frac{\mathrm{d}^2f(t)}{\mathrm{d}t^2}\right]=sL[\dot{f}(t)]-\dot{f}(0)=s[sF(s)-f(0)]-\dot{f}(0)=s^2F(s)-sf(0)-\dot{f}(0)$$

依次类推，可以求出原函数 n 阶导数的拉普拉斯变换：

$$L[f^{(n)}(t)]=s^nF(s)-s^{n-1}f(0)-s^{n-2}\dot{f}(0)-\cdots-f^{(n-1)}(0) \tag{2.7.4}$$

式中，$\dot{f}(0),\cdots,f^{(n-1)}(0)$ 为 $f(t)$ 的各阶导数在 $t=0$ 时刻的初始值。

若原函数 $f(t)$ 及其各阶导数的初始值均为零，则有

$$L[f^{(n)}(t)]=s^nF(s) \tag{2.7.5}$$

即原函数 $f(t)$ 的 n 阶导数的拉普拉斯变换等于其象函数 $F(s)$ 乘以 s^n。

由此可知，若初始条件为零，则时域中的一阶微分对应于复域中的算子 s 的一次幂，n 阶微分对应于复域中的算子 s 的 n 次幂，如图 2.7.1 所示。

(a) 时域内：$y(t)=\dfrac{\mathrm{d}x}{\mathrm{d}t}$ (b) 复域内：$Y(s)=sX(s)$

图 2.7.1 微分运算在时域和复域之间的关系

所以在复域中，s 称为微分环节，对应时域内的微分算子。

例如，电感电压与电感电流的时域关系为 $u_L(t)=L\dfrac{\mathrm{d}i_L(t)}{\mathrm{d}t}$，根据微分定理，在初始值为零的条件下进行拉普拉斯变换得

$$U_L(s)=sLI_L(s) \tag{2.7.6}$$

式(2.7.6)在复域表示电感电压正比于其电流的导数。

由式(2.7.6)可得

$$\frac{U_L(s)}{I_L(s)}=sL \tag{2.7.7}$$

式(2.7.7)表示电感的复阻抗为 sL。

3\. 积分定理

原函数 $f(t)$ 对时间 t 积分的拉普拉斯变换为

$$L\left[\int f(t)\mathrm{d}t\right]=\frac{F(s)}{s}+\frac{f^{(-1)}(0)}{s} \tag{2.7.8}$$

式中，$f^{(-1)}(0)$ 为积分 $\int f(t)\mathrm{d}t$ 在 $t=0$ 的值。

证明 $L\left[\int f(t)\mathrm{d}t\right]=\int_0^{\infty}\left[\int f(t)\mathrm{d}t\right]\mathrm{e}^{-st}\mathrm{d}t$，用分部积分法，令 $u=\int f(t)\mathrm{d}t, \mathrm{d}v=\mathrm{e}^{-st}\mathrm{d}t$，则

$$L\left[\int f(t)\mathrm{d}t\right]=-\frac{1}{s}\mathrm{e}^{-st}\int f(t)\mathrm{d}t\Big|_0^{\infty}+\frac{1}{s}\int_0^{\infty}f(t)\mathrm{e}^{-st}\mathrm{d}t$$
$$=\frac{1}{s}f^{(-1)}(0)+\frac{1}{s}F(s)$$

同理，对于 $f(t)$ 多重积分的拉普拉斯变换，当各重积分的初始值都等于零，则有

$$L\left[\int\cdots\int f(t)\mathrm{d}t^n\right]=\frac{1}{s^n}F(s) \tag{2.7.9}$$

即原函数 $f(t)$ 的 n 重积分的拉普拉斯变换等于其象函数 $F(s)$ 除以 s^n。

由此可知，若初始条件为零，则时域中的一重积分对应于复域中的 $\frac{1}{s}$，n 重积分对应于复域中的算子 $\frac{1}{s}$ 的 n 次幂，如图 2.7.2 所示。

(a) 时域内：$y(t)=\int x(t)\mathrm{d}t$　　(b) 复域内：$Y(s)=\frac{1}{s}X(s)$

图 2.7.2　积分运算在时域和复域之间的关系

由此可知，时域中的一阶积分对应于复域中的算子 $\frac{1}{s}$。所以在复域中，$\frac{1}{s}$ 称为积分环节。

例如，电容电流与其电压的时域关系为 $u_c(t)=\frac{1}{C}\int i_c(t)\mathrm{d}t$，根据积分定理，在初始值为零的条件下进行拉普拉斯变换得

$$U_c(s)=\frac{1}{sC}I_c(s) \tag{2.7.10}$$

式(2.7.10)在复域表示电容电压正比于其电流的积分。

由式(2.7.10)得

$$\frac{U_c(s)}{I_c(s)}=\frac{1}{sC} \tag{2.7.11}$$

式(2.7.11)表示电容的复阻抗为 $\frac{1}{sC}$。

4. *初值定理*

原函数的初值等于其象函数乘以 s 的终值。即

$$\lim_{t\to 0}f(t)=\lim_{s\to\infty}sF(s) \tag{2.7.12}$$

证明 由微分定理有

$$\int_0^{\infty}\frac{\mathrm{d}f(t)}{\mathrm{d}t}s^{-st}\mathrm{d}t=sF(s)-f(0)$$

等式两端对 $s \to \infty$ 取极限，有

左端 $\lim\limits_{s\to\infty}\int_0^{\infty}\frac{\mathrm{d}f(t)}{\mathrm{d}t}s^{-st}\mathrm{d}t=\int_0^{\infty}\lim\limits_{s\to\infty}\frac{\mathrm{d}f(t)}{\mathrm{d}t}s^{-st}\mathrm{d}t=0$

右端 $\lim\limits_{s\to\infty}[sF(s)-f(0)]=\lim\limits_{s\to\infty}sF(s)-f(0)$

于是，定理得证。

5. 终值定理

原函数的终值等于其象函数乘以 s 的初值。即

$$\lim_{t\to\infty}f(t)=\lim_{s\to 0}sF(s) \tag{2.7.13}$$

证明 由微分定理有

$$\int_0^{\infty}\frac{\mathrm{d}f(t)}{\mathrm{d}t}s^{-st}\mathrm{d}t=sF(s)-f(0)$$

等式两端对 $s \to 0$ 取极限，有

左端 $\lim\limits_{s\to 0}\int_0^{\infty}\frac{\mathrm{d}f(t)}{\mathrm{d}t}s^{-st}\mathrm{d}t=\int_0^{\infty}\lim\limits_{s\to 0}\frac{\mathrm{d}f(t)}{\mathrm{d}t}s^{-st}\mathrm{d}t=\int_0^{\infty}\frac{\mathrm{d}f(t)}{\mathrm{d}t}\mathrm{d}t=f(t)\big|_0^{\infty}=\lim\limits_{t\to\infty}f(t)-f(0)$

右端 $\lim\limits_{s\to 0}[sF(s)-f(0)]=\lim\limits_{s\to 0}sF(s)-f(0)$

于是定理得证。

需要注意的是，若 $t\to\infty$ 时原函数 $f(t)$ 的极限不存在，则不能用终值定理，如正弦函数就不能应用终值定理计算其终值。

6. 位移定理

1) 实域中的位移定理

若原函数在时间上延迟 τ，则其象函数应乘以 $\mathrm{e}^{-\tau s}$，即

$$L[f(t-\tau)\cdot 1(t-\tau)]=\mathrm{e}^{-\tau s}F(s) \tag{2.7.14}$$

证明 $L[f(t-\tau)\cdot 1(t-\tau)]=\int_0^{\infty}f(t-\tau)\cdot 1(t-\tau)\mathrm{e}^{-st}\mathrm{d}t$

令 $t-\tau=t_1$，并考虑到 $t<0$ 时 $f(t)=0$，所以 $f(t)$ 沿时间轴向右平移一个时间 τ 后，当 $t<\tau$ 时，$f(t-\tau)\cdot 1(t-\tau)=0$，所以

$$\begin{aligned}L[f(t-\tau)\cdot 1(t-\tau)]&=\int_{-\tau}^{\infty}f(t_1)\mathrm{e}^{-(t_1+\tau)s}\mathrm{d}t_1=\int_{-\tau}^{0}f(t_1)\mathrm{e}^{-(t_1+\tau)s}\mathrm{d}t_1+\int_0^{\infty}f(t_1)\mathrm{e}^{-(t_1+\tau)s}\mathrm{d}t_1\\&=\mathrm{e}^{-\tau s}F(s)\end{aligned}$$

2) 复域中的位移定理

若象函数在复数域沿实轴向右平移 a，则原函数应乘以 e^{at}，即

$$L[\mathrm{e}^{at}f(t)]=F(s-a) \tag{2.7.15}$$

证明 $L[\mathrm{e}^{at}f(t)]=\int_0^{\infty}\mathrm{e}^{at}f(t)\mathrm{e}^{-st}\mathrm{d}t=\int_0^{\infty}f(t)\mathrm{e}^{-(s-a)t}\mathrm{d}t=F(s-a)$

2.7.3 拉普拉斯逆变换

从象函数 $F(s)$ 求原函数 $f(t)$ 的运算称为拉普拉斯逆变换，记作 $f(t)=L^{-1}[F(s)]$。其计算表达式为

$$f(t)=L^{-1}[F(s)]=\frac{1}{2\pi\mathrm{j}}\int_{c-j\infty}^{c+j\infty}F(s)\mathrm{e}^{st}\mathrm{d}s,\quad t>0 \tag{2.7.16}$$

式中，c 是常数，而且大于 $F(s)$ 所有极点的实部。

直接用定义(2.7.16)求原函数是复杂的。通常采用查拉普拉斯变换表的方法求拉普拉斯逆变换，但这时的拉普拉斯变换式 $F(s)$ 应是能从表中查到原函数的形式。若不能查到，应将 $F(s)$ 展开成若干部分分式之和，这些部分分式的拉普拉斯变换可以从表中查到。

在控制系统中遇到的象函数，多为如下有理分式形式，即

$$F(s)=\frac{B(s)}{A(s)}=\frac{b_m s^m+b_{m-1}s^{m-1}+\cdots+b_1 s+b_0}{a_n s^n+a_{n-1}s^{n-1}+\cdots+a_1 s+a_0},\quad n\geqslant m$$

式中，系数 $a_0,a_1,\cdots,a_{n-1},a_n$ 和 $b_0,b_1,\cdots,b_{m-1},b_m$ 都是实常数；m,n 是正整数。按代数定理可将 $F(s)$ 展开为部分分式。分以下两种情况讨论。

1. $A(s)=0$ 无重根

$F(s)$ 可展开为 n 个简单的部分分式之和的形式，每个部分分式都以 $A(s)$ 的一个因式作为其分母，即

$$F(s)=\frac{c_1}{s-s_1}+\frac{c_2}{s-s_2}+\cdots+\frac{c_n}{s-s_n}=\sum_{i=1}^{n}\frac{c_i}{s-s_i} \tag{2.7.17}$$

式中，$s_1,s_2,\cdots,s_n$ 是方程 $A(s)=0$ 的根；c_i 为待定常数，称为 $F(s)$ 在 s_i 处的留数，可按式(2.7.18)或式(2.7.19)计算：

$$c_i=\lim_{s\to s_i}(s-s_i)F(s) \tag{2.7.18}$$

或

$$c_i=\left.\frac{B(s)}{A'(s)}\right|_{s=s_i} \tag{2.7.19}$$

式中，$A'(s)$ 为 $A(s)$ 对 s 的一阶导数。根据拉普拉斯变换的性质，对式(2.7.17)查拉普拉斯变换表可求得原函数为

$$f(t)=L^{-1}\left[F(s)\right]=L^{-1}\left(\sum_{i=1}^{n}\frac{c_i}{s-s_i}\right)=\sum_{i=1}^{n}c_i\mathrm{e}^{s_i t} \tag{2.7.20}$$

例 2.7.4 求 $F(s)=\dfrac{s^2+2s+2}{(s+1)(s+2)(s+3)}$ 的拉普拉斯逆变换。

解 $F(s)$ 可以展开成 $F(s)=\dfrac{c_1}{s+1}+\dfrac{c_2}{s+2}+\dfrac{c_3}{s+3}$ 的形式，按照式(2.7.18)计算，有

$$c_1=\lim_{s\to-1}(s+1)F(s)=\lim_{s\to-1}\frac{s^2+2s+2}{(s+2)(s+3)}=\frac{1}{2}$$

$$c_2=\lim_{s\to-2}(s+2)F(s)=\lim_{s\to-2}\frac{s^2+2s+2}{(s+1)(s+3)}=-2$$

$$c_3=\lim_{s\to-3}(s+3)F(s)=\lim_{s\to-3}\frac{s^2+2s+2}{(s+1)(s+2)}=\frac{5}{2}$$

因此，查拉普拉斯变换表可得，原函数

$$f(t)=\frac{1}{2}\mathrm{e}^{-t}-2\mathrm{e}^{-2t}+\frac{5}{2}\mathrm{e}^{-3t}$$

例 2.7.5 求 $F(s)=\dfrac{s-3}{s^2+2s+2}$ 的拉普拉斯逆变换。

解 $F(s)$ 可展开成 $F(s)=\dfrac{c_1}{s+1-\mathrm{j}}+\dfrac{c_2}{s+1+\mathrm{j}}$ 的形式，但是据此式计算过程较复杂。对于 $F(s)$ 的分母是 s 的二次多项式且令其等于零的解为共轭复根的形式，可将分母配成二项平方和的形式，并作为一个整体来求原函数。于是，有

$$F(s)=\frac{s-3}{(s+1)^2+1}=\frac{s+1}{(s+1)^2+1}-\frac{4}{(s+1)^2+1}$$

查拉普拉斯变换表可求得原函数

$$f(t)=\mathrm{e}^{-t}(\cos t-4\sin t)$$

2. $A(s)=0$ 有重根

设 $A(s)=0$ 有 r 重根 s_1，$F(s)$ 可写为

$$\begin{aligned}F(s)&=\frac{B(s)}{(s-s_1)^r(s-s_{r+1})\cdots(s-s_n)}\\&=\frac{c_r}{(s-s_1)^r}+\frac{c_{r-1}}{(s-s_1)^{r-1}}+\cdots+\frac{c_1}{(s-s_1)}+\frac{c_{r+1}}{s-s_{r+1}}+\cdots+\frac{c_i}{s-s_i}+\cdots+\frac{c_n}{s-s_n}\end{aligned}\tag{2.7.21}$$

式中，s_1 为 $F(s)$ 的 r 重根，$s_{r+1},\cdots,s_n$ 为 $F(s)$ 的 $n-r$ 个单根；其中，$c_{r+1},\cdots,c_n$ 仍按式(2.7.14)计算，$c_r,c_{r-1},\cdots,c_1$ 则按下式计算：

$$\left.\begin{aligned}c_r&=\lim_{s\to s_1}(s-s_1)^rF(s)\\c_{r-1}&=\lim_{s\to s_i}\frac{\mathrm{d}}{\mathrm{d}s}[(s-s_1)^rF(s)]\\&\vdots\\c_{r-j}&=\frac{1}{\mathrm{j}!}\lim_{s\to s_1}\frac{\mathrm{d}^{(j)}}{\mathrm{d}s^{(j)}}(s-s_1)^rF(s)\\&\vdots\\c_1&=\frac{1}{(r-1)!}\lim_{s\to s_1}\frac{\mathrm{d}^{(r-1)}}{\mathrm{d}s^{(r-1)}}(s-s_1)^rF(s)\end{aligned}\right.\tag{2.7.22}$$

原函数 $f(t)$ 为

$$\begin{aligned}f(t)&=L^{-1}[F(s)]\\&=L^{-1}\left[\frac{c_r}{(s-s_1)^r}+\frac{c_{r-1}}{(s-s_1)^{r-1}}+\cdots+\frac{c_1}{(s-s_1)}+\frac{c_{r+1}}{s-s_{r+1}}+\cdots+\frac{c_i}{s-s_i}+\cdots+\frac{c_n}{s-s_n}\right]\\&=\left[\frac{c_r}{(r-1)!}t^{r-1}+\frac{c_{r-1}}{(r-2)!}t^{r-2}+\cdots+c_2t+c_1\right]\mathrm{e}^{s_1t}+\sum_{i=r+1}^{n}c_i\mathrm{e}^{s_it}\end{aligned}\tag{2.7.23}$$

例 2.7.6 求$F(s)=\dfrac{s+2}{(s-1)^2(s+1)}$的拉普拉斯逆变换。

解 由式(2.7.21)，$F(s)$可展开为$F(s)=\dfrac{c_1}{(s-1)^2}+\dfrac{c_2}{s-1}+\dfrac{c_3}{s+1}$，按照式(2.7.22)计算，有

$$c_1=\lim_{s\to 1}(s-1)^2F(s)=\lim_{s\to 1}\frac{s+2}{s+1}=\frac{3}{2}$$

$$c_2=\lim_{s\to 1}\frac{\mathrm{d}}{\mathrm{d}s}[(s-1)^2F(s)]=-\frac{1}{4}$$

$$c_3=\lim_{s\to -1}(s+1)F(s)=\lim_{s\to -1}\frac{s+2}{(s-1)^2}=\frac{1}{4}$$

查拉普拉斯变换表可求得原函数

$$f(t)=\mathrm{e}^t\left(\frac{3}{2}t-\frac{1}{4}\right)+\frac{1}{4}\mathrm{e}^{-t}$$

2.7.4 利用拉普拉斯变换法求解微分方程

利用拉普拉斯变换法可以方便地求解线性定常系数微分方程，其步骤是：

(1)对微分方程进行拉普拉斯变换，得到关于 s 的代数方程；

(2)根据得到的代数方程，求象函数 $F(s)$ 的拉普拉斯变换表达式，并代入初始条件；

(3)将 $F(s)$ 的拉普拉斯变换展开成部分分式；

(4)查拉普拉斯变换表，求得原函数。

例 2.7.7 用拉普拉斯变换法求解微分方程

$$\frac{\mathrm{d}^2x(t)}{\mathrm{d}t^2}+3\frac{\mathrm{d}x(t)}{\mathrm{d}t}+2x(t)=0,\quad x(0)=0,\quad \dot{x}(0)=1$$

解 对微分方程进行拉普拉斯变换，并代入初始条件得

$$s^2X(s)-sx(0)-\dot{x}(0)+3sX(s)-3x(0)+2X(s)=0$$

$$(s^2+3s+2)X(s)=1$$

则

$$X(s)=\frac{1}{s^2+3s+2}=\frac{c_1}{s+1}+\frac{c_2}{s+2}$$

$$c_1=\lim_{s\to -1}(s+1)F(s)=\lim_{s\to -1}\frac{1}{s+2}=1$$

$$c_2=\lim_{s\to -2}(s+2)F(s)=\lim_{s\to -2}\frac{1}{s+1}=-1$$

$$X(s)=\frac{1}{s^2+3s+2}=\frac{1}{s+1}-\frac{1}{s+2}$$

查拉普拉斯变换表，得方程的解为

$$x(t)=\mathrm{e}^{-t}-\mathrm{e}^{-2t}$$

习　　题

2.1　设机械系统如题 2.1 图所示，其中 x_i 是输入位移，x_o 是输出位移。试分别写出各系统的微分方程。

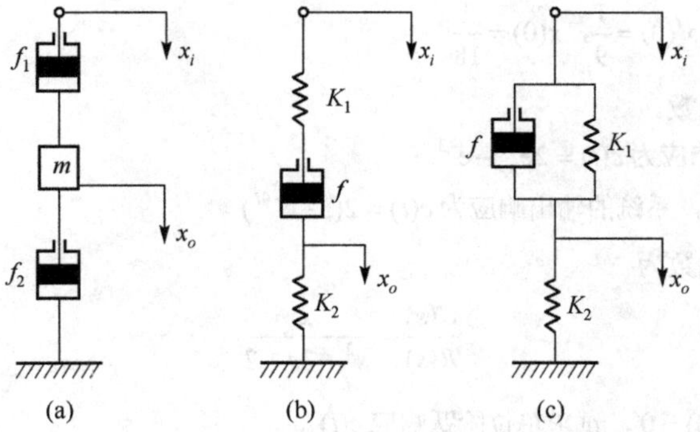

题 2.1 图　机械系统

2.2　试证明题 2.2 图(a)的电网络与题 2.2 图(b)的机械系统有相同的数学模型。

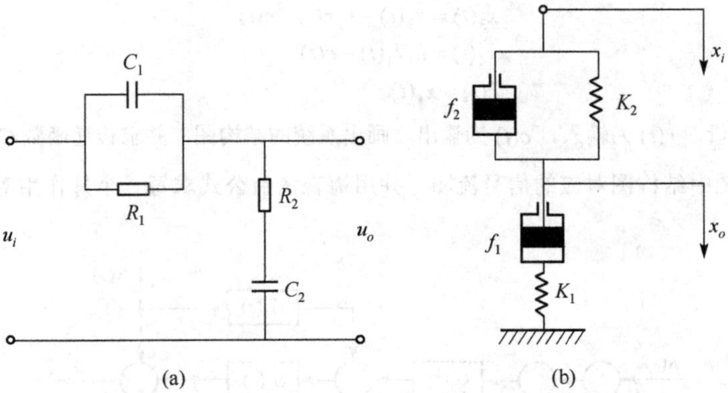

题 2.2 图　电网络与机械系统

2.3　在液压系统管道中，设通过阀门的流量 Q 满足如下流量方程：

$$Q = K\sqrt{P}$$

式中，K 为比例系数，P 为阀门前后的压差。若流量 Q 与压差 P 在其平衡点(Q_0,P_0)附近进行微小变化，试导出线性化流量方程。

2.4　设弹簧特性由下式描述：

$$F = 12.65y^{1.1}$$

式中，F 是弹簧力，y 是变形位移。若弹簧在变形位移 0.25 附近进行微小变化，试推导 ΔF 的线性化方程。

2.5　利用初值定理和终值定理确定原函数 $f(t)$ 的初值 $f(0)$ 和终值 $f(\infty)$，并求出对应的时域函数 $f(t)$，然后在时域再确定初值 $f(0)$ 和终值 $f(\infty)$。

(1) $F(s)=\dfrac{s+4}{(s+1)(s+2)(s+3)}$　　(2) $F(s)=\dfrac{10}{s(s+1)(s+2)}$

(3) $F(s)=\dfrac{3s+1}{s^2+4s+5}$　　(4) $F(s)=\dfrac{10(s-4)}{s(s^2+2s+2)}$

2.6 用拉氏变换求解微分方程。

(1) $\dfrac{d^2x}{dt^2}+2\dfrac{dx}{dt}+5x=1$，$x'(0)=x(0)=0$

(2) $\dfrac{d^2x}{dt^2}+3\dfrac{dx}{dt}+2x=0$，$x'(0)=x(0)=1$

(3) $\dfrac{d^2x}{dt^2}+9x=t+\dfrac{1}{2}$，$x'(0)=\dfrac{1}{9}$，$x(0)=\dfrac{1}{18}$

2.7 求系统的传递函数。

(1) 系统的单位脉冲响应为 $c(t)=2e^{-t}-e^{-3t}$；

(2) 当输入 $r(t)=2$ 时，系统的输出响应为 $c(t)=2(1-e^{-4t})$。

2.8 设系统的传递函数为

$$\frac{C(s)}{R(s)}=\frac{2}{s^2+3s+2}$$

且初始条件 $c(0)=-1$，$\dot{c}(0)=0$，试求单位阶跃响应 $c(t)$。

2.9 某系统由下列微分方程组描述：

$$x_1(t)=k_1r(t)-x_2(t)$$
$$x_2(t)=\dot{x}_1(t)+x_1(t)$$
$$x_3(t)=x_2(t)+k_2r(t)-c(t)$$
$$x_4(t)=k_3x_3(t)-c(t)$$
$$\dot{c}(t)=x_4(t)$$

式中 k_1,k_2,k_3 均为常量，$r(t)$ 为输入，$c(t)$ 为输出，画出系统的结构图，并求传递函数 $C(s)/R(s)$。

2.10 试绘制图中结构图对应的信号流图，并用梅森增益公式求每一个外作用对每一个输出的传递函数。

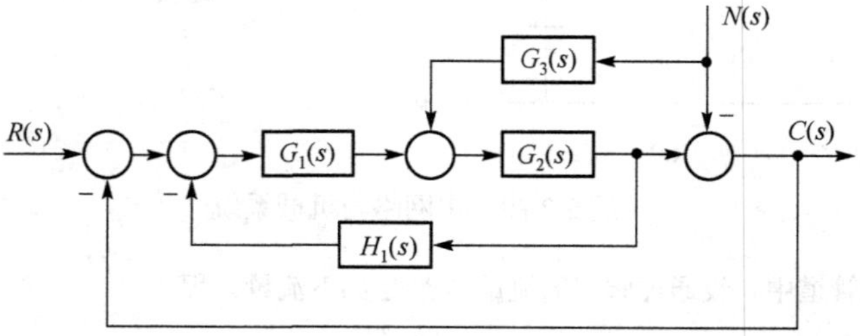

(a)

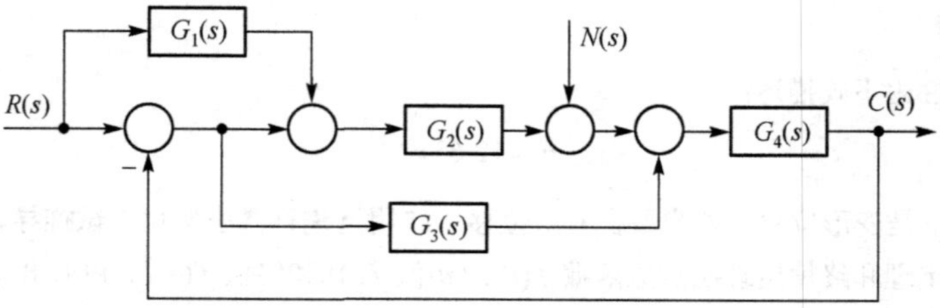

(b)

题 2.10 图

2.11 试用梅森增益公式求图所示系统的传递函数 $C(s)/R(s)$ 和 $E(s)/R(s)$。

2.12 试用梅森增益公式求图中各系统信号流图的传递函数 $C(s)/R(s)$。

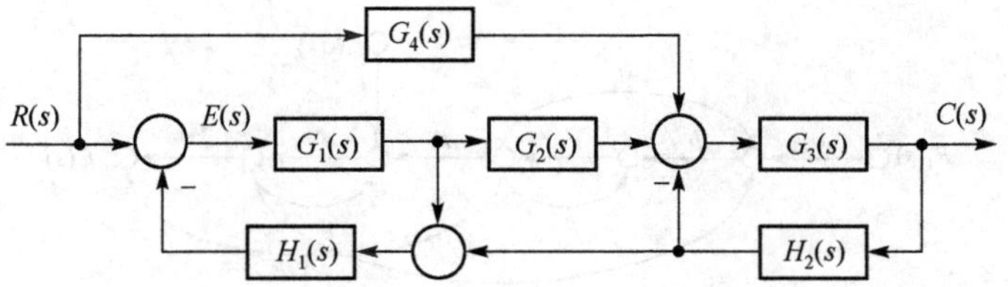

(a)

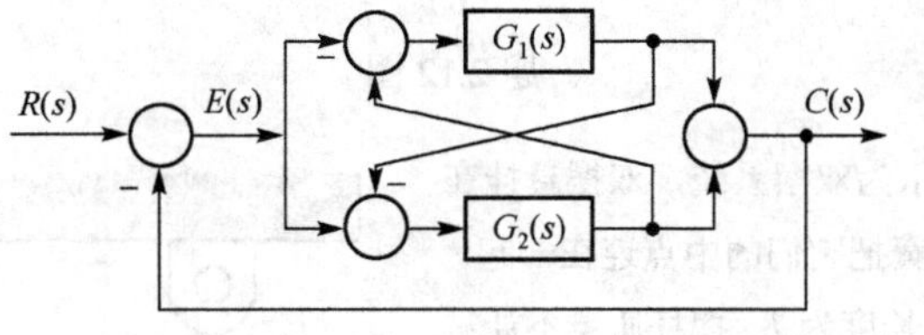

(b)

题 2.11 图

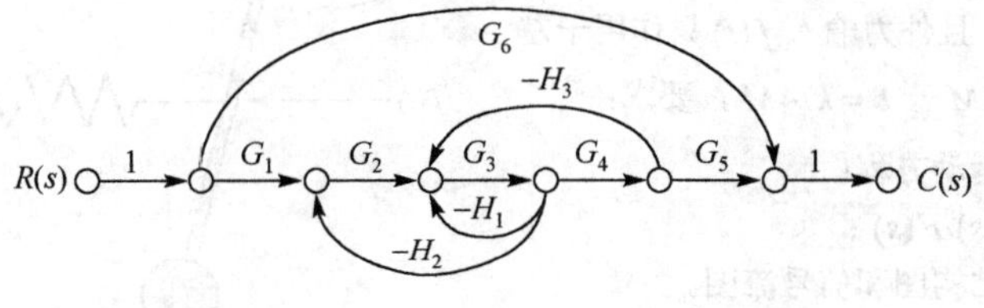

(a)

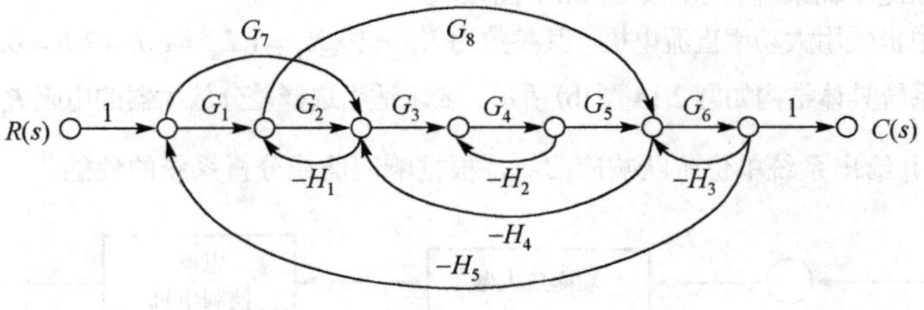

(b)

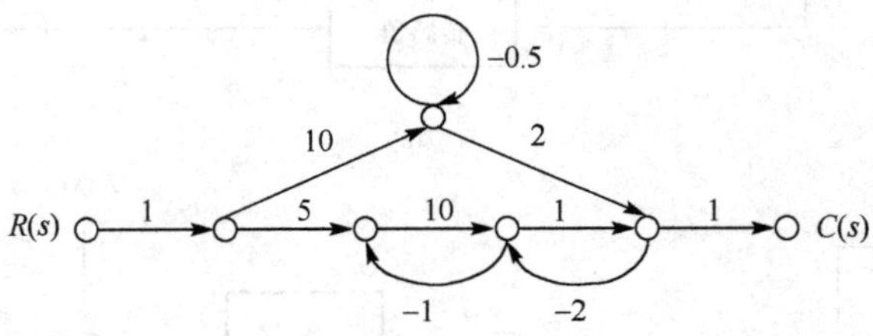

(c)

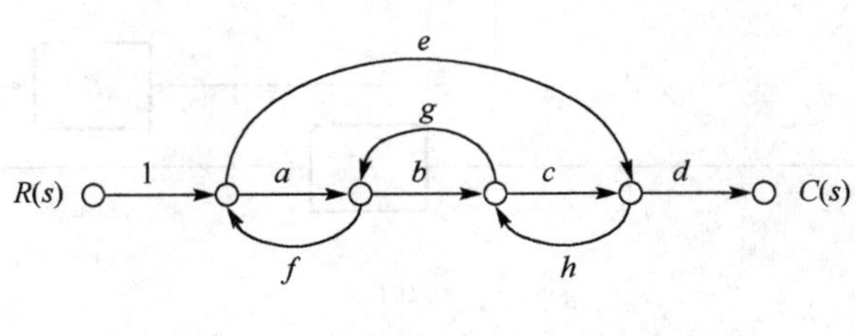

(d)

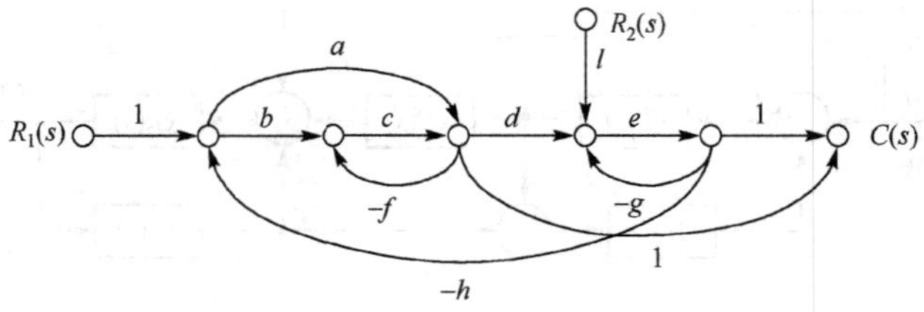

(e)

题 2.12 图

2.13　如题 2.13 图所示为双摆系统，双摆悬挂在无摩擦的旋轴上，并且用弹簧把它们的中点连在一起。假定：摆的质量为 M；摆杆长度为 l；摆杆质量不计；弹簧置于摆杆的 $l/2$ 处，其弹性系数为 k；摆的角位移很小，$\sin\theta, \cos\theta$ 均可进行线性近似处理；当 $\theta_1=\theta_2$ 时，位于杆中间的弹簧无变形，且外力输入 $f(t)$ 只作用于左侧的杆。若令 $a=g/l+k/4M$，$b=k/4M$，要求：

(1) 列写双摆系统的运动方程；

(2) 确定传递函数 $\Theta_1(s)/F(s)$；

(3) 画出双摆系统的结构图和信号流图。

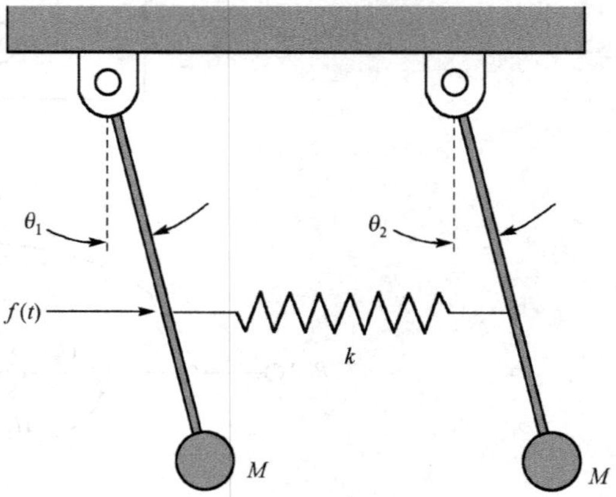

题 2.13 图

2.14　大部分现代列车和调度机车都采用电力牵引电机。牵引电机牵引轨道车辆系统的原理如题 2.14 图(a)所示，其中电枢控制电机采用大功率直流电机，其参数为 $K_m=10, R_a=1, L_a=1, J=2, b=0.5, K_b=0.1$；功率放大器采用差分放大器，系统具体结构如题 2.14 图(b)所示。要求适当选择差分放大器的电阻 R_1, R_2, R_3, R_4，确定系统的传递函数 $\dfrac{\omega(s)}{\omega_d(s)}$，并给出系统单位阶跃响应曲线，根据响应曲线分析系统的性能。

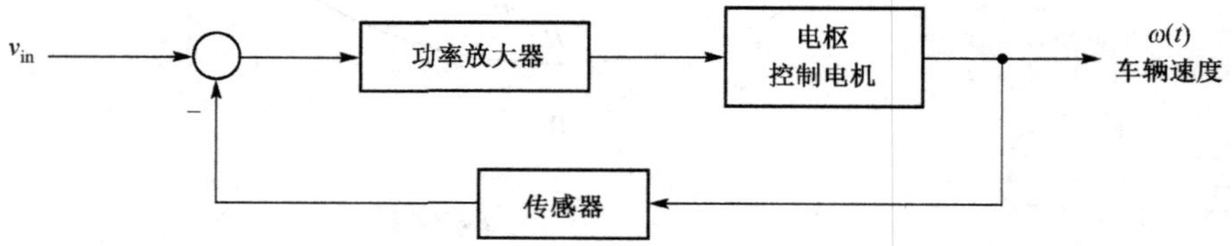

(a)

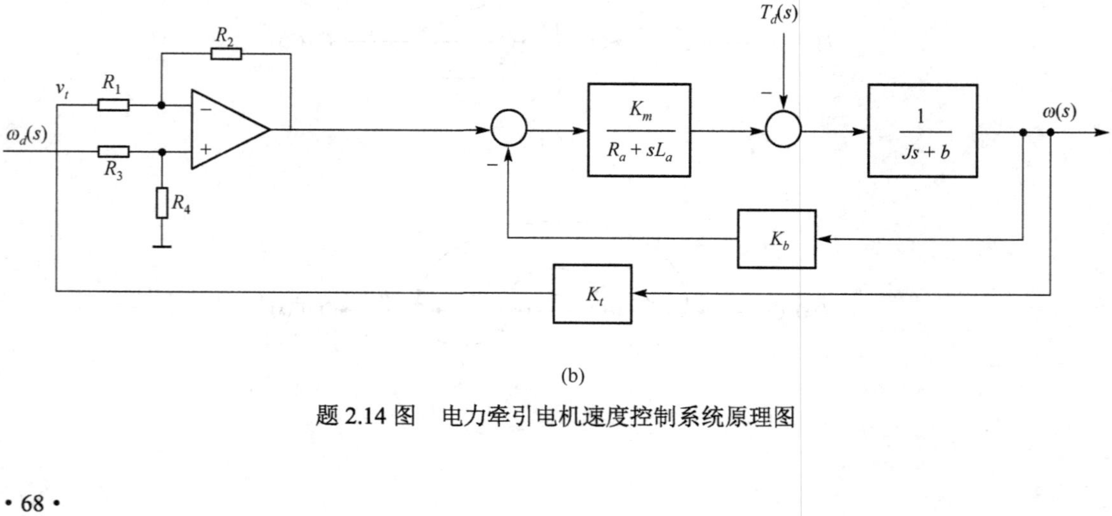

(b)

题 2.14 图　电力牵引电机速度控制系统原理图

2.15 利用 tf2ss 函数确定以下系统的状态空间模型，并利用 Simulink 工具箱给出 $r(t)=3$ 时的输出曲线 $c(t)$（假设系统的初始条件为零）。

(1) $\Phi(s)=\dfrac{C(s)}{R(s)}=\dfrac{2(s+10)}{s^2+4s+20}$

(2) $\Phi(s)=\dfrac{C(s)}{R(s)}=\dfrac{24}{(s+1)(s+4)(s+6)}$

(3) $\Phi(s)=\dfrac{C(s)}{R(s)}=\dfrac{3(s+8)}{s^3+s^2+s+1}$

2.16 利用 ss2tf 函数确定以下系统的传递函数。

(1) $A=\begin{bmatrix}0 & 1\\ 2 & 4\end{bmatrix}$，$B=\begin{bmatrix}1\\ 1\end{bmatrix}$，$C=[1\quad 0]$，$D=0$

(2) $A=\begin{bmatrix}-9 & -14 & 0\\ 1 & 0 & 0\\ 0 & 6 & 0\end{bmatrix}$，$B=\begin{bmatrix}1\\ 0\\ 0\end{bmatrix}$，$C=[0\quad 1\quad 10]$，$D=0$

(3) $A=\begin{bmatrix}1 & 1 & 0\\ -2 & 0 & 4\\ 6 & 2 & 10\end{bmatrix}$，$B=\begin{bmatrix}0\\ 0\\ 1\end{bmatrix}$，$C=[0\quad 1\quad 0]$，$D=0$

2.17 某控制系统的状态空间模型为

$$\dot{x}=\begin{bmatrix}0 & 1\\ -2 & -3\end{bmatrix}x+\begin{bmatrix}0\\ 1\end{bmatrix}u$$
$$y=[1\quad 0]x$$

给定初始条件为 $x=\begin{bmatrix}1\\ 0\end{bmatrix}$，$u=0$，建立系统的 Simulink 图，在此基础上给出系统的状态响应曲线 $x(t)$ 与输出响应曲线 $y(t)$。

2.18 根据系统的 Simulink 模型，利用 linmod 函数给出系统的状态空间模型。

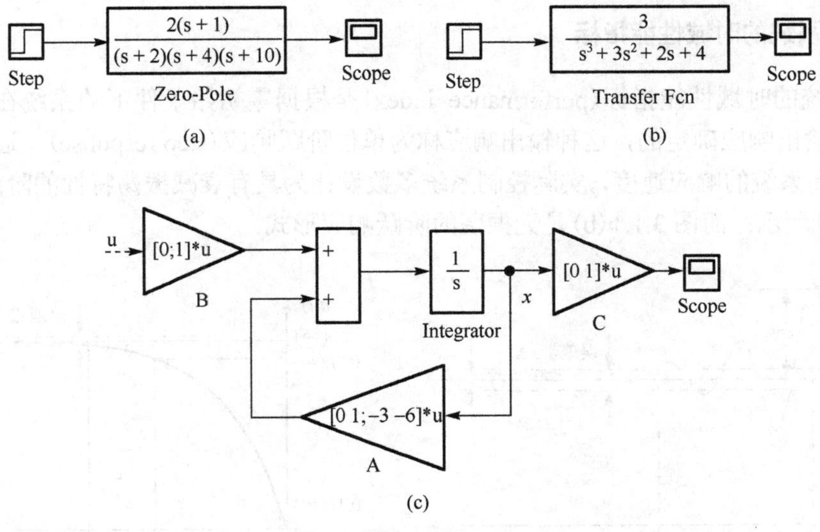

题 2.18 图

第 3 章　时域分析法

当控制系统的数学模型建立以后，就可以采用系统分析方法进行性能分析，并进一步对系统进行优化设计。控制系统分析的方法很多，经典控制理论主要有时域分析法、根轨迹法和频域响应法。所谓时域分析法是指根据系统的微分方程或传递函数，求出在输入信号作用下系统输出随时间变化的表达式或响应曲线，以分析系统稳定性、动态性能及稳态性能，并可以分析系统结构参数与这些性能的关系，具有直观、准确的特点。

3.1　控制系统的时域响应和时域性能指标

3.1.1　控制系统的时域响应

时域响应是指控制系统在典型输入如阶跃信号或斜坡信号作用下，输出量随时间变化的情况(系统初始条件为零)，通过研究控制系统的时域响应可了解系统的性能。任何系统的时域响应都由动态过程和稳态过程两部分组成。

动态过程是指系统在典型输入信号作用下输出量由初始值到达稳态值的响应过程，又称为过渡过程或瞬态过程。由于实际系统总具有一定的惯性，且能源功率有限，输出响应不可能是突变的，动态过程可能会表现为衰减、发散和等幅振荡等形式。动态过程不仅可以提供系统稳定的信息，而且还可以提供响应速度、阻尼程度等信息。

稳态过程是指系统在典型输入信号作用下，当时间趋于无穷大时，系统输出量的表现形式。稳态过程表征系统输出量最终复现输入量的程度，可用稳态误差(steady-state error)进行描述。

3.1.2　控制系统的时域性能指标

控制系统的时域性能指标(performance index)是根据零初始条件下的系统在单位阶跃信号作用下的输出响应确定的，这种输出响应称为单位阶跃响应(step response)，通常以 $h(t)$ 表示。为了提高系统的响应速度，实际控制系统多数设计为具有衰减振荡特性的阶跃响应形式，如图 3.1.1(a)所示；而图 3.1.1(b)是无振荡的阶跃响应形式。

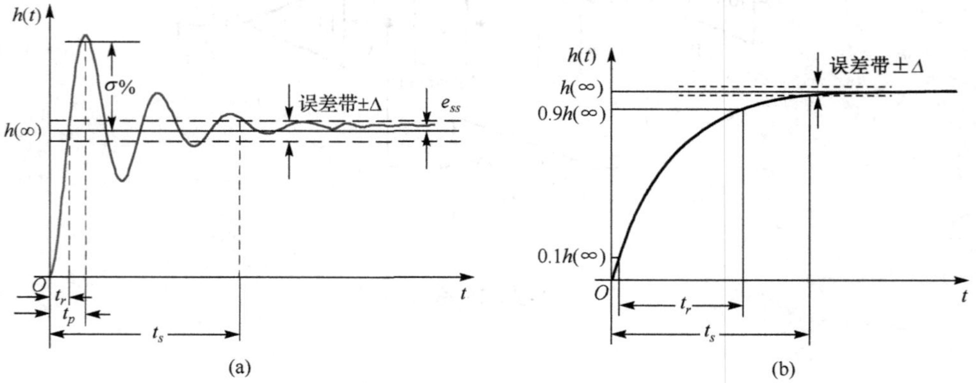

图 3.1.1　系统单位阶跃响应

1. 动态性能指标

描述稳定的系统在单位阶跃信号作用下动态性能的指标称为动态性能指标。对于图 3.1.1 所示的单位阶跃响应，通常用下列指标描述系统的动态性能。

1) 上升时间 t_r(rise time)

对于响应有振荡的系统，响应曲线从零首次上升到稳态值所需的时间为上升时间，如图 3.1.1(a)所示。对于响应无振荡的系统，t_r 是响应曲线从稳态值的 10%上升到 90%所需要的时间，如图 3.1.1(b)所示。上升时间反映了系统的响应速度。

2) 峰值时间 t_p(peak time)

响应曲线超过稳态值达到第一个峰值所需要的时间为峰值时间。它反映了系统动态过程的快速性。

3) 调节时间 t_s(settling time)

响应达到并保持在稳态值的±5%(或±2%)误差带 Δ 内所需要的最短时间为调节时间。它是同时反映了系统的响应速度和阻尼程度的综合性指标。

4) 超调量 $\sigma\%$(overshoot)

输出量的最大值 $h(t_p)$ 与稳态值 $h(\infty)$ 之差与稳态值的百分比为超调量，即

$$\sigma\%=\frac{h(t_p)-h(\infty)}{h(\infty)}\times 100\% \tag{3.1.1}$$

超调量反映了系统动态过程的平稳性。

上述四个性能指标主要反映了系统动态过程的快速性和平稳性，其中 $\sigma\%$ 和 t_s 是两个最为重要的动态性能指标。

2. 稳态性能指标

误差信号 $e(t)$ 由瞬态分量和稳态分量两部分构成。对于稳定的系统，随着时间的推移，瞬态分量趋于零，定义 $e(t)$ 的稳态分量为系统的稳态误差 e_{ss}。

稳态误差是衡量系统稳态性能的重要性能指标，反映了系统的控制精度。

3.2 线性系统的动态性能分析

3.2.1 一阶系统的动态性能分析

1. 一阶系统的数学模型

以一阶微分方程或传递函数分母中 s 的最高次幂为 1 次的系统称为一阶系统(first-order system)。在工程上，一些元部件和简单的系统都可以用其描述。例如图 3.2.1(a)所示的 RC 滤波器，输入量为 $u_i(t)$，输出量为 $u_o(t)$，利用复阻抗的概念可得其传递函数为

$$\frac{U_o(s)}{U_i(s)}=\frac{1}{RCs+1} \tag{3.2.1}$$

又如图 3.2.1(b)所示的单容水箱液位系统，输入量为流入水箱的流量 Q_i，输出量为水箱的液位高度 h，Q_o 为水箱的流出流量。根据物料平衡关系，则有

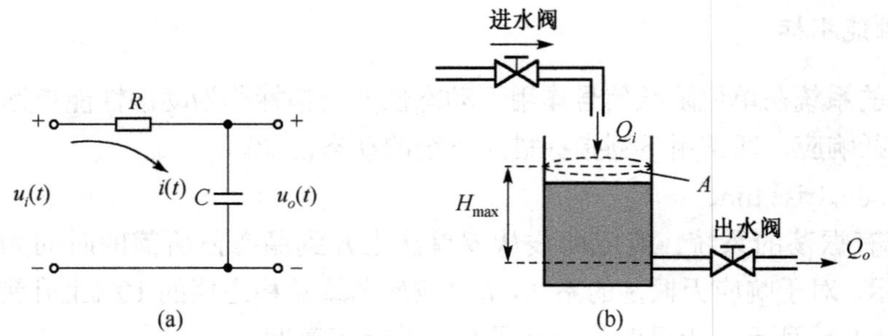

图 3.2.1　一阶系统的实例

$$Q_i - Q_o = \frac{dV}{dt} \tag{3.2.2}$$

式中，V 为水箱的储水容积，$\frac{dV}{dt}$ 为水储存量的变化率，它与 h 的关系为

$$dV = A dh，即 \frac{dV}{dt} = A\frac{dh}{dt} \tag{3.2.3}$$

式中，A 为水箱的底面积。将式(3.2.3)代入式(3.2.2)得

$$Q_i - Q_o = A\frac{dh}{dt} \tag{3.2.4}$$

由于 $Q_o = \frac{h}{R}$，这里 R 为出水阀的液阻，则式(3.2.4)可改写为

$$Q_i - \frac{h}{R} = A\frac{dh}{dt} \tag{3.2.5}$$

即

$$AR\frac{dh}{dt} + h = RQ_i$$

其传递函数为

$$\frac{H(s)}{Q_i(s)} = \frac{R}{ARs+1} \tag{3.2.6}$$

因此，一阶系统的一般表达式为

$$\Phi(s) = \frac{a}{s+b}$$

或

$$\Phi(s) = \frac{K}{Ts+1}$$

先介绍典型的一阶系统：

$$\Phi(s) = \frac{1}{Ts+1} \tag{3.2.7}$$

其对应的微分方程表示为

$$T\frac{\mathrm{d}c(t)}{\mathrm{d}t}+c(t)=r(t) \tag{3.2.8}$$

式中，$c(t)$表示输出量，$r(t)$表示输入量，T为惯性时间常数。

之所以称式(3.2.7)描述的一阶系统为典型形式，是因为系统传递函数$\Phi(s)=\dfrac{1}{Ts+1}$的增益为1，即$\Phi(0)=1$。其等效的单位反馈系统对应的结构图如图3.2.2所示，其等效的开环传递函数为$G(s)=\dfrac{1}{Ts}$。

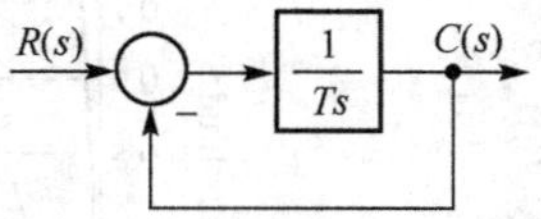

图3.2.2　典型一阶系统结构图

2. 典型一阶系统的单位阶跃响应

当输入为单位阶跃信号$r(t)=1(t)$时，由式(3.2.8)得零初始条件下的系统输出为

$$C(s)=\frac{1}{Ts+1}\cdot\frac{1}{s}=\frac{1}{s}-\frac{T}{Ts+1} \tag{3.2.9}$$

对上式进行拉氏逆变换，得单位阶跃响应为

$$h(t)=L^{-1}[C(s)]=L^{-1}\left[\frac{1}{s}-\frac{1}{s+1/T}\right]=1-\mathrm{e}^{-t/T} \tag{3.2.10}$$

式(3.2.10)中包含两部分：1为输出量的稳态分量(steady-state part)，$\mathrm{e}^{-t/T}$为输出量的瞬态分量(transient part)。当时间$t\to\infty$时，瞬态分量衰减为零。图3.2.3为一阶系统的单位阶跃响应曲线。

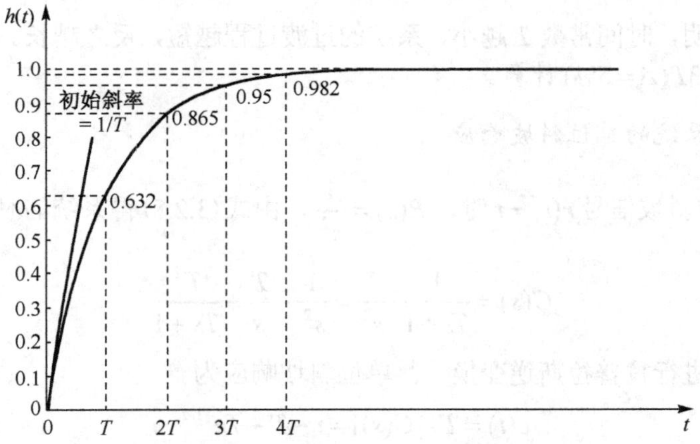

图3.2.3　典型一阶系统的单位阶跃响应曲线

从图3.2.3中可以看出，一阶系统的单位阶跃响应为单调上升的曲线，具有非振荡特性。

不同时间常数下的典型一阶系统单位阶跃响应曲线所图3.2.4所示，从图中可以看出，时间常数越大，系统响应速度越慢。

一阶系统的单位阶跃响应具有如下特点。

(1)时间常数T可以反映系统的响应速度。当$t=T$，$h(T)=0.632h(\infty)$；$t=2T$，$h(2T)=0.865h(\infty)$；$t=3T$，$h(3T)=0.95h(\infty)$; $t\to\infty, h(\infty)=1$。据此特点，可根据实验所得的响应曲线$h(t)$确定T的值。

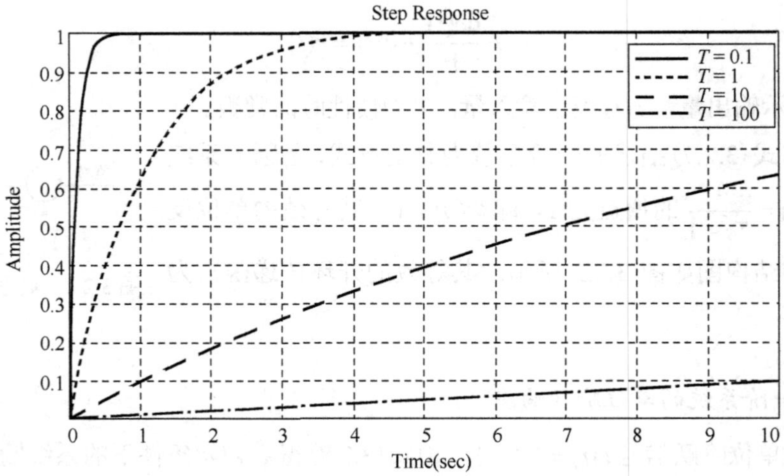

图 3.2.4　不同时间常数 T 的典型一阶系统单位阶跃响应曲线

(2) 响应曲线在 $t=0$ 的初始斜率为

$$\left.\frac{\mathrm{d}h(t)}{\mathrm{d}t}\right|_{t=0}=\left.\frac{1}{T}\mathrm{e}^{-t/T}\right|_{t=0}=\frac{1}{T} \tag{3.2.11}$$

由于一阶系统的阶跃响应具有非振荡特性，没有超调，其动态性能指标主要为调节时间 t_s，且

$$\begin{aligned} t_s &= 3T, \quad \varDelta = 5\% \\ t_s &= 4T, \quad \varDelta = 2\% \end{aligned} \tag{3.2.12}$$

式(3.2.12)表明，时间常数 T 越小，系统的过渡过程越短，反之越长。没有特殊说明，调节时间一般按 $t_s=3T(\varDelta=5\%)$ 计算。

3. 典型一阶系统的单位斜坡响应

当输入为单位斜坡信号 $r(t)=t$ 时，$R(s)=\dfrac{1}{s^2}$，由式(3.2.8)得系统的时间响应为

$$C(s)=\frac{1}{Ts+1}\cdot\frac{1}{s^2}=\frac{1}{s^2}-\frac{T}{s}+\frac{T^2}{Ts+1} \tag{3.2.13}$$

对式(3.2.13)进行拉普拉斯逆变换，得单位斜坡响应为

$$c(t)=L^{-1}[C(s)]=t-T+T\mathrm{e}^{-t/T} \tag{3.2.14}$$

根据式(3.2.14)，可以画出典型一阶系统的单位斜坡响应曲线如图 3.2.5 所示。由图中可以看出，输出量与输入量的误差在初始时刻为零，然后逐渐增大，最终趋于常数 T。时间常数 T 越小，表明稳态误差越小。

例 3.2.1　已知某系统结构图如图 3.2.6 所示，其中 $T>0$。当 $K=1$ 时，试求系统单位阶跃响应动态性能指标调节时间 t_s；当 $K>1$ 时，试问它对 t_s 的影响。

解　(1) 当 $K=1$ 时，系统的闭环传递函数为

$$\varPhi(s)=\frac{1}{Ts+1}$$

为一阶系统的典型形式，$t_s=3T$。

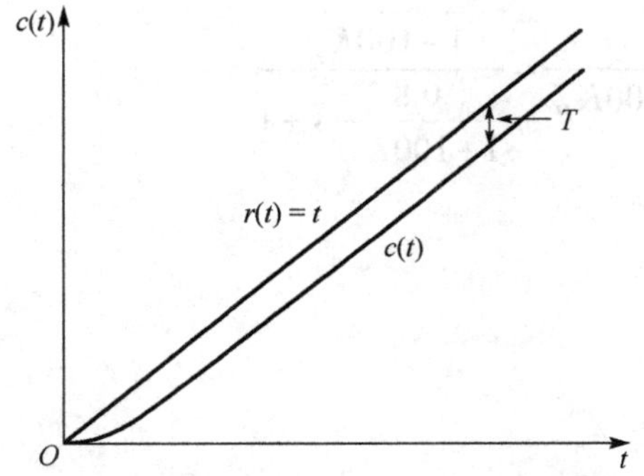

图 3.2.5　典型一阶系统的单位斜坡响应曲线

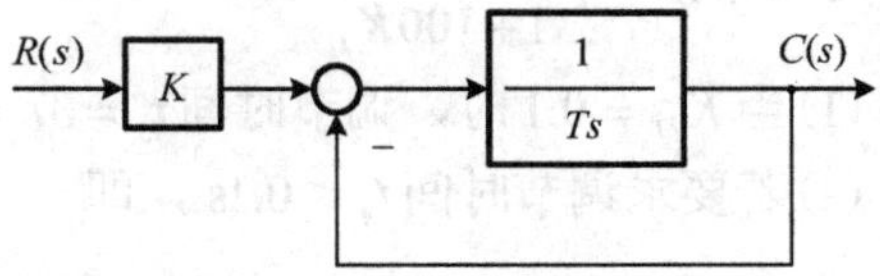

图 3.2.6　例 3.2.1 系统结构图

(2)当 $K \neq 1$ 时，系统的闭环传递函数为

$$\Phi(s)=\frac{K}{Ts+1}$$

为一阶系统的非典型形式，由于惯性时间常数不变仍为 T，故调节时间 $t_s = 3T$ 。

当 $T=2$，$K=1$ 和 $K=3$ 时系统的单位阶跃响应曲线如图 3.2.7 所示。它们的调节时间都为 $t_s = 3T = 6\mathrm{s}$，但 $K=1$ 对应的稳态输出为 1，$t_s = 6\mathrm{s}$ 时 $c(t)=0.95$，达到其稳态值的 95%；$K=3$ 对应的稳态输出为 3，$t_s = 6\mathrm{s}$ 时 $c(t)\approx 2.85$，达到其稳态值的 95%。

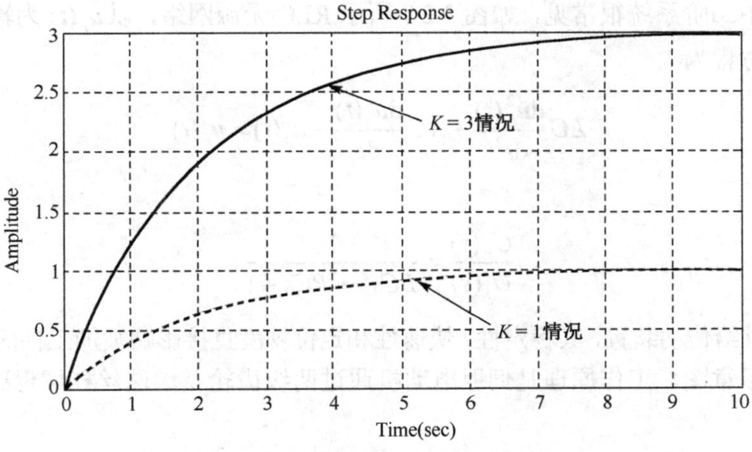

图 3.2.7　例 3.2.1 系统的单位阶跃响应

因此，若一阶系统的传递函数为 $\Phi(s)=\dfrac{K}{Ts+1}$，则时间常数 T 反映系统的快速性，而增益 K 反映在稳态情况下的放大倍数(输入为阶跃函数)。若 $\Phi(s)=\dfrac{8}{s+2}$，则可写为 $\Phi(s)=\dfrac{4}{0.5s+1}$，$T=0.5$，$K=4$，当 $r(t)=3\cdot 1(t)$ 时，其输出的稳态值为 12。

例 3.2.2　已知某一阶系统结构如图 3.2.8 所示，当 $K_H = 0.1$ 时，试求系统单位阶跃响应的调节时间 t_s；若要求 $t_s \leqslant 0.1\mathrm{s}$，试问反馈系数 K_H 应取多大？

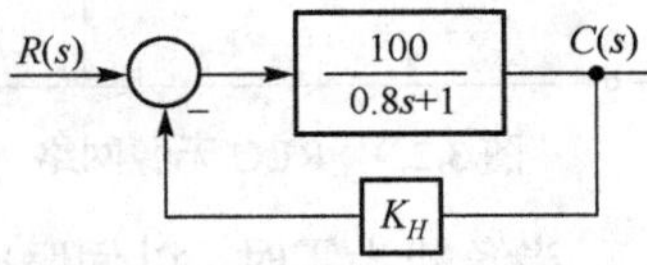

图 3.2.8　例 3.2.2 系统结构图

解　该系统的闭环传递函数为

$$\Phi(s)=\frac{\dfrac{100}{0.8s+1}}{1+\dfrac{100}{0.8s+1}K_H}=\frac{100}{0.8s+1+100K_H}=\frac{\dfrac{100}{1+100K_H}}{\dfrac{0.8}{1+100K_H}s+1}$$

时间常数$T=\dfrac{0.8}{1+100K_H}$。

(1)当$K_H=0.1$时，调节时间$t_s=3T=0.218\text{s}$；

(2)若要求调节时间$t_s\leqslant 0.1\text{s}$，即

$$t_s=3T=3\frac{0.8}{1+100K_H}\leqslant 0.1$$

得$K_H\geqslant 0.23$。

3.2.2 二阶系统的动态性能分析

以二阶微分方程或传递函数分母中 s 的最高次幂为 2 的系统称为二阶系统(second-order system)。二阶系统不仅在工程中比较常见，而且许多高阶系统都可以简化为二阶系统来研究，因此具有重要的研究意义。

1. 二阶系统的数学模型

实际系统中二阶系统很常见，如图 3.2.9 所示 RLC 无源网络，以$u_r(t)$为输入量，$u_c(t)$为输出量的微分方程为

$$LC\frac{\mathrm{d}u_c^2(t)}{\mathrm{d}t^2}+RC\frac{\mathrm{d}u_c(t)}{\mathrm{d}t}+u_c(t)=u_r(t) \tag{3.2.15}$$

其传递函数为

$$\frac{U_c(s)}{U_i(s)}=\frac{1}{LCs^2+RCs+1} \tag{3.2.16}$$

又如机床进给传动装置，其稳定性、快速性和定位精度直接影响被加工件的精度。图 3.2.10 所示为简单的示意图，工作原理是伺服电动机通过两级齿轮及滚珠丝杠螺母副驱动工作台的运动。

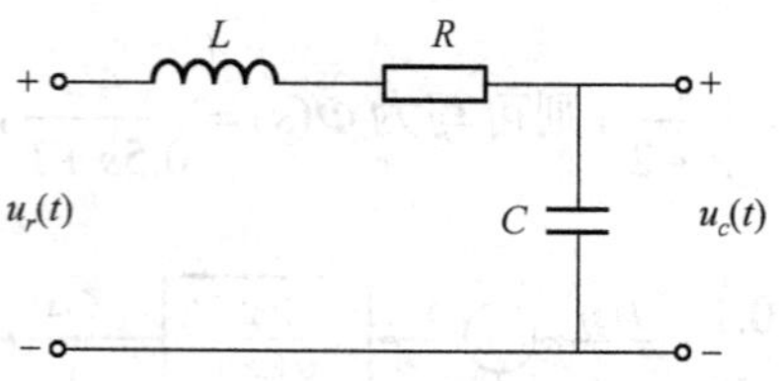

图 3.2.9 RLC 无源网络

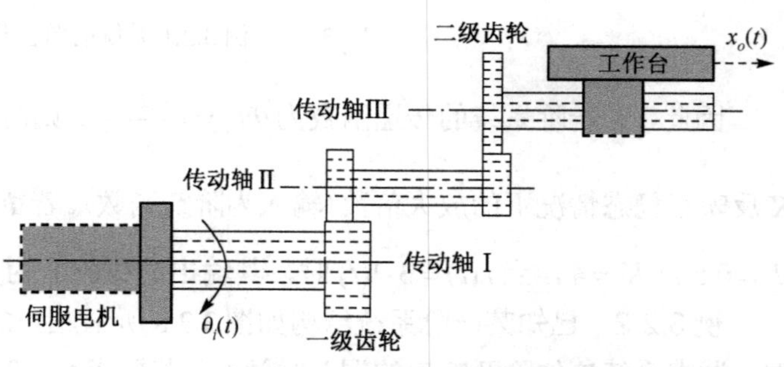

图 3.2.10 机床进给传动装置示意图

当负载为零时，以伺服电机的角位移$\theta_i(t)$为输入量，工作台的位移$x_o(t)$为输出量的微分方程为

$$J\frac{\mathrm{d}^2x_o(t)}{\mathrm{d}t^2}+B\frac{\mathrm{d}x_o(t)}{\mathrm{d}t}+Kx_o(t)=\frac{L}{2\pi}i_1i_2K\theta_i(t) \tag{3.2.17}$$

式中，i_1和i_2分别是两级齿轮的速比；L为丝杠螺距，J、B、K分别为工作台及各轴折算到电机轴上的等效总惯量、等效总黏性阻尼系数和等效总刚度系数。

其传递函数为

$$\frac{X_\mathrm{o}(s)}{\theta_\mathrm{i}(s)}=\frac{\frac{L}{2\pi}i_1i_2K}{Js^2+Bs+K}=\frac{\frac{L}{2\pi}i_1i_2K/J}{s^2+\frac{B}{J}s+\frac{K}{J}} \tag{3.2.18}$$

这是一个二阶系统，可表示为一个比例环节$\frac{L}{2\pi}i_1i_2$和一个典型二阶系统$\dfrac{K/J}{s^2+\frac{B}{J}s+\frac{K}{J}}$的乘积。

具有以下传递函数的系统都是二阶系统：

$$\Phi(s)=\frac{cs+d}{s^2+as+b}$$

典型二阶系统的形式可以用以下传递函数描述：

$$\Phi(s)=\frac{{\omega_n}^2}{s^2+2\zeta\omega_ns+{\omega_n}^2} \tag{3.2.19}$$

式中，ζ为阻尼比(damping ratio)，ω_n为无阻尼振荡频率(undamped natural frequency)，它们是二阶系统重要的特征参数。该系统又称为无闭环零点的二阶系统，且$\Phi(s)|_{s=0}=1$。

典型二阶系统等效的单位反馈系统结构图如图 3.2.11 所示，其开环传递函数为

$$G(s)=\frac{\omega_n^2}{s(s+2\zeta\omega_n)} \tag{3.2.20}$$

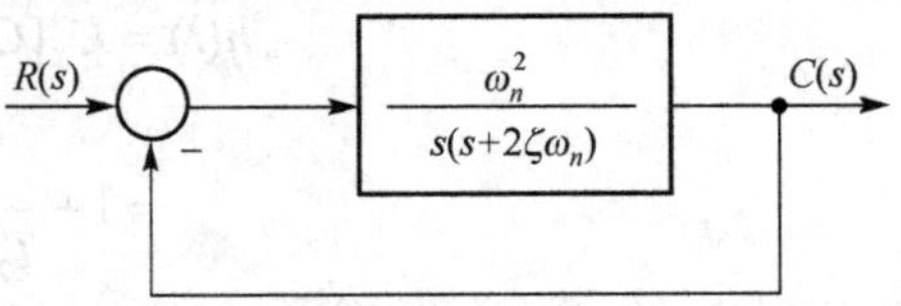

图 3.2.11 典型二阶系统结构图

由式(3.2.19)知典型二阶系统的特征方程为

$$D(s)=s^2+2\zeta\omega_ns+\omega_n^2=0 \tag{3.2.21}$$

系统的特征根(闭环极点)为$s_{1,2}=-\zeta\omega_n\pm\omega_n\sqrt{\zeta^2-1}$。

根据阻尼比ζ的不同情况可对系统进行分类。

(1) 当$0<\zeta<1$时，系统的特征根为一对具有负实部的共轭复根$s_{1,2}=-\zeta\omega_n\pm \mathrm{j}\omega_n\sqrt{1-\zeta^2}$，如图 3.2.12(a)所示，称为欠阻尼二阶系统。

(2) 当$\zeta=1$时，系统的特征根为两个重负实根$s_{1,2}=-\omega_n$，如图 3.2.12(b)所示，称为临界阻尼二阶系统。

(3) 当$\zeta>1$时，系统的特征根为两个不相等的负实根$s_{1,2}=-\zeta\omega_n\pm\omega_n\sqrt{\zeta^2-1}$，如图 3.2.12(c)所示，称为过阻尼二阶系统。

(4) 当$\zeta=0$时，系统有两个纯虚根$s_{1,2}=\pm \mathrm{j}\omega_n$，如图 3.2.12(d)所示，称为零阻尼二阶系统。

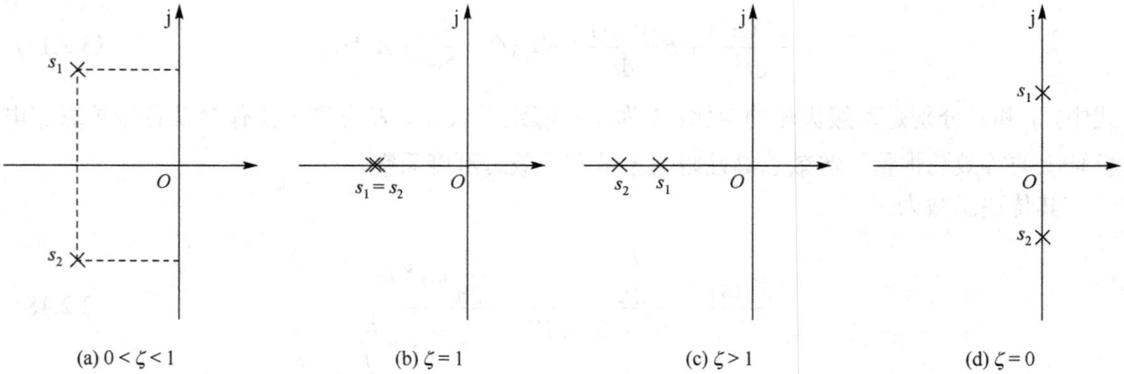

图 3.2.12　二阶系统的闭环极点分布

2. 典型二阶系统的单位阶跃响应

下面分过阻尼、临界阻尼、欠阻尼和零阻尼四种情况来讨论。

1) 过阻尼($\zeta>1$)

当$\zeta>1$时，系统的传递函数可表示为

$$\frac{C(s)}{R(s)}=\frac{\omega_n^{\ 2}}{s^2+2\zeta\omega_n s+\omega_n^{\ 2}}=\frac{1}{(T_1 s+1)(T_2 s+1)} \tag{3.2.22}$$

式中，$T_1=\dfrac{1}{\omega_n(\zeta-\sqrt{\zeta^2-1})},T_2=\dfrac{1}{\omega_n(\zeta+\sqrt{\zeta^2-1})}$。此时，过阻尼二阶系统可以看作两个惯性环节的串联。

其单位阶跃响应为

$$\begin{aligned}h(t)&=L^{-1}[C(s)]=L^{-1}\left[\frac{1}{(T_1 s+1)(T_2 s+1)}\cdot\frac{1}{s}\right]\\&=1+\frac{1}{T_2/T_1-1}\mathrm{e}^{-t/T_1}+\frac{1}{T_1/T_2-1}\mathrm{e}^{-t/T_2}\end{aligned} \tag{3.2.23}$$

响应曲线见图 3.2.13，该响应为单调上升曲线，为非振荡响应。

过阻尼二阶系统的动态性能指标主要为调节时间t_s，根据式(3.2.23)，取误差带$\varDelta=5\%$，令T_1/T_2为不同的值，解出相应的调节时间t_s/T_1，绘出如图 3.2.14 所示调节时间特性曲线。

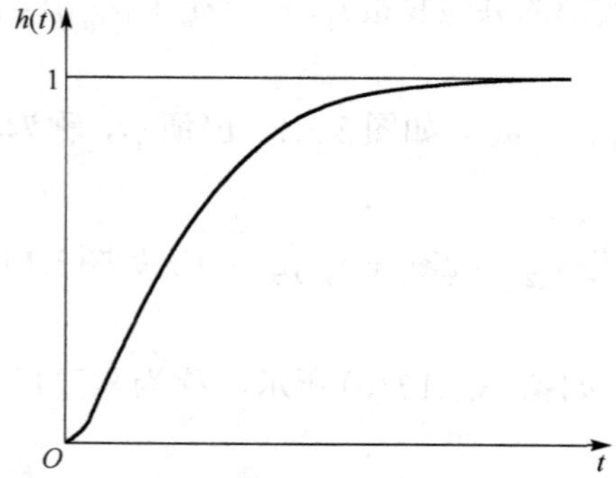

图 3.2.13　过阻尼二阶系统的单位阶跃响应

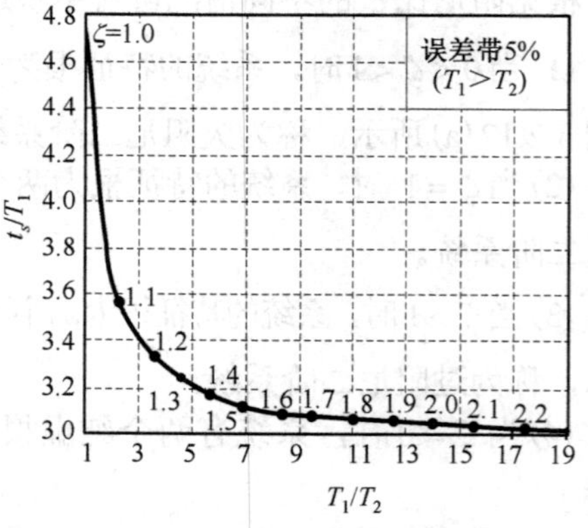

图 3.2.14　过阻尼二阶系统的调节时间特性

由图 3.2.14 可以看出，当$T_1 / T_2 \geqslant 4$，即系统的一个负实根比另一个负实根大 4 倍以上，比值t_s / T_1接近于 3，即$t_s \approx 3T_1$，此时二阶系统可以等效为一阶系统。

在工程上，可以由系统的输出响应曲线来确定调节时间。例如，图 3.2.15 所示为某系统的单位阶跃响应曲线，取误差带$\varDelta = 5\%$，可得$t_s \approx 3.7\text{s}$。

2) 临界阻尼（$\zeta = 1$）

当$\zeta = 1$时，系统的传递函数为

$$\varPhi(s) = \frac{\omega_n^2}{(s+\omega_n)^2}$$

或

$$\varPhi(s) = \frac{1}{(T_1 s + 1)^2}$$

式中

$$T_1 = \frac{1}{\omega_n}$$

输入信号$R(s) = \dfrac{1}{s}$，系统输出量的拉氏变换为

$$C(s) = \frac{\omega_n^2}{(s+\omega_n)^2} \cdot \frac{1}{s} = \frac{1}{s} - \frac{1}{s+\omega_n} - \frac{\omega_n}{(s+\omega_n)^2} \tag{3.2.24}$$

单位阶跃响应为

$$h(t) = L^{-1}[C(s)] = 1 - (1+\omega_n t)\mathrm{e}^{-\omega_n t} \tag{3.2.25}$$

其响应曲线如图 3.2.16 所示，为非振荡响应。动态性能指标调节时间t_s由图 3.2.14 可查得：当$T_1 / T_2 = 1$，即$\zeta = 1$，$t_s = 4.75T_1 = 4.75 / \omega_n$。

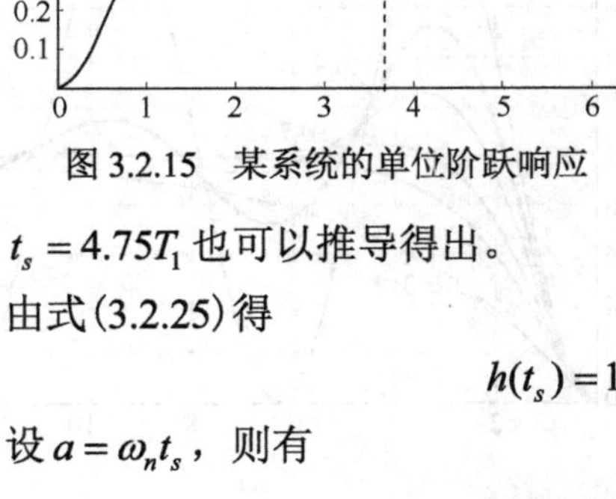

图 3.2.15　某系统的单位阶跃响应

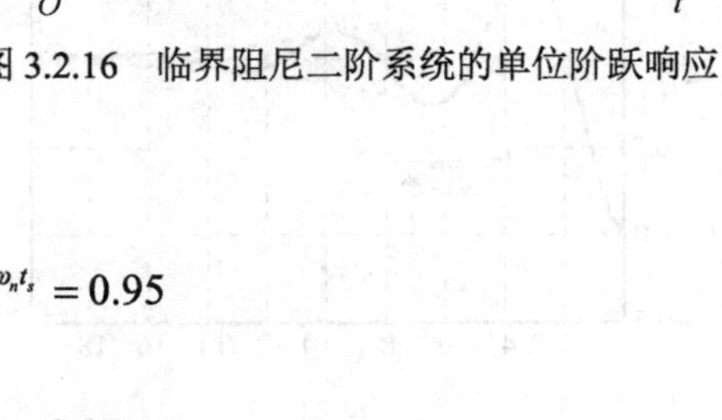

图 3.2.16　临界阻尼二阶系统的单位阶跃响应

$t_s = 4.75T_1$也可以推导得出。

由式(3.2.25)得

$$h(t_s) = 1 - (1+\omega_n t_s)\mathrm{e}^{-\omega_n t_s} = 0.95$$

设$a = \omega_n t_s$，则有

$$h(t_s) = 1 - (1+a)\mathrm{e}^{-a} = 0.95$$

所以$(1+a)e^{-a}=0.05$，解之，$a=4.75$，$t_s=4.75T_1$。

3)欠阻尼($0<\zeta<1$)

欠阻尼情况下二阶系统的特征根为

$$s_{1,2}=-\zeta\omega_n\pm j\omega_n\sqrt{1-\zeta^2}=-\sigma\pm j\omega_d \tag{3.2.26}$$

式中，$\sigma=\zeta\omega_n$称为衰减系数，$\omega_d=\omega_n\sqrt{1-\zeta^2}$称为阻尼振荡频率，特征根与系统参数$\sigma$和$\omega_d$的关系如图 3.2.17 所示，图中$\beta=\arctan\dfrac{\sqrt{1-\zeta^2}}{\zeta}=\arccos\zeta$称为阻尼角。

当输入为单位阶跃信号时，系统输出量为

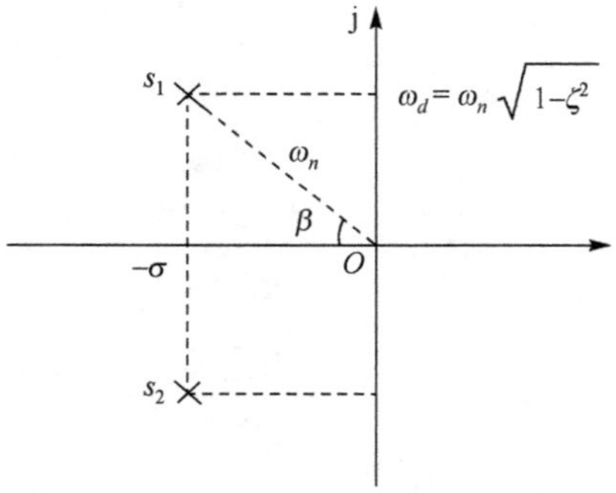

图 3.2.17 欠阻尼二阶系统的特征根在 s 平面的分布

$$\begin{aligned}C(s)&=\frac{\omega_n^2}{s^2+2\zeta\omega_n s+\omega_n^2}\cdot\frac{1}{s}\\&=\frac{1}{s}-\frac{s+\zeta\omega_n}{(s+\zeta\omega_n)^2+\omega_d^2}-\frac{\zeta\omega_n}{(s+\zeta\omega_n)^2+\omega_n^2}\end{aligned} \tag{3.2.27}$$

对式(3.2.27)进行拉氏逆变换得

$$\begin{aligned}h(t)&=1-e^{-\zeta\omega_n t}\left[\cos\omega_d t+\frac{\zeta}{\sqrt{1-\zeta^2}}\sin\omega_d t\right]\\&=1-\frac{1}{\sqrt{1-\zeta^2}}e^{-\zeta\omega_n t}\sin(\omega_d t+\beta)\end{aligned} \tag{3.2.28}$$

式中，β为阻尼角，如图 3.2.17 所示。

由式(3.2.28)可知，欠阻尼二阶系统单位阶跃响应稳态分量为 1，瞬态分量为衰减振荡项，振荡频率取决于特征根的虚部ω_d，瞬态分量的衰减速度取决于指数函数$e^{-\zeta\omega_n t}$，故$\sigma=\zeta\omega_n$称为衰减系数，响应曲线的包络线为$1\pm\dfrac{e^{-\zeta\omega_n t}}{\sqrt{1-\zeta^2}}$。图 3.2.18 为$\zeta=0.707$时$h(t)$曲线的包络线。图 3.2.19 画出了不同$\zeta$值下系统的单位阶跃响应曲线，由图 3.2.19 可知，在$\zeta>1$和$\zeta=1$的响应曲线中，临界阻尼情况响应速度最快。在$0<\zeta<1$欠阻尼响应曲线中，ζ与$\sigma\%$成反比。一般为了获得良好的平稳性和快速性，取ζ在 0.4～0.8 为宜。

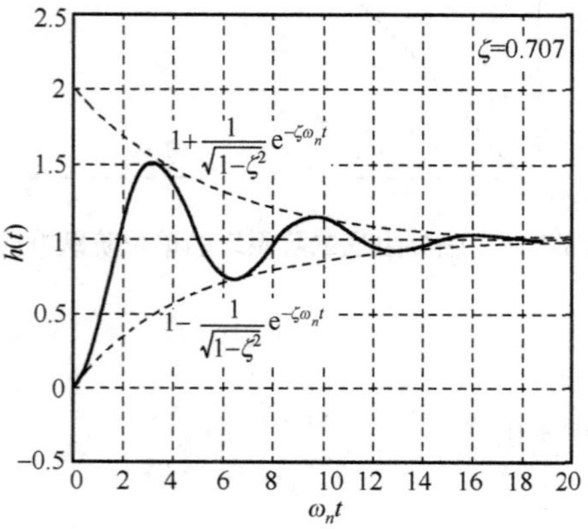

图 3.2.18 单位阶跃响应曲线的包络线

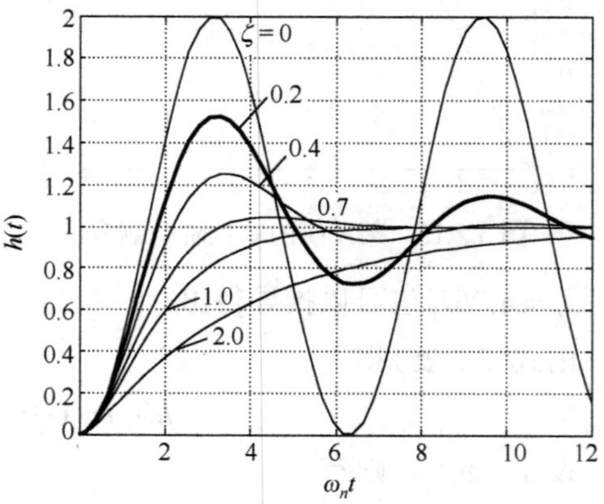

图 3.2.19 不同ζ值时的二阶系统单位阶跃响应

4) 零阻尼（$\zeta=0$）

当 $\zeta=0$ 时，系统的传递函数为

$$\frac{C(s)}{R(s)}=\frac{\omega_n^2}{s^2+\omega_n^2} \tag{3.2.29}$$

此时，特征根为一对共轭复根 $s_{1,2}=\pm \mathrm{j}\omega_n$。

其单位阶跃响应为

$$h(t)=L^{-1}[C(s)]=L^{-1}\left[\frac{\omega_n^2}{s^2+\omega_n^2}\cdot\frac{1}{s}\right]=1-\cos\omega_n t \tag{3.2.30}$$

响应曲线如图 3.2.20 所示。由图 3.2.20 可见，该响应为等幅振荡，振荡频率为 ω_n，这也是称 ω_n 为无阻尼振荡频率的原因。

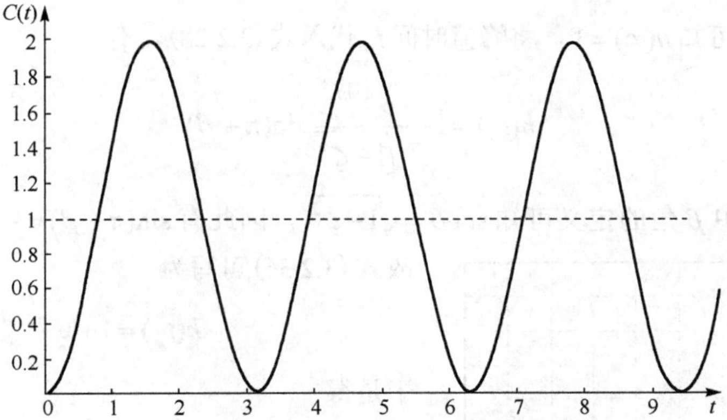

图 3.2.20　零阻尼二阶系统的单位阶跃响应

3. 欠阻尼二阶系统动态性能指标的计算

1) 上升时间 t_r

根据定义，上升时间为响应曲线从零首次到达稳态值所需的时间。令 $h(t_r)=1$，由式(3.2.28)得

$$\frac{1}{\sqrt{1-\zeta^2}}\mathrm{e}^{-\zeta\omega_n t_r}\sin(\omega_d t_r+\beta)=0 \tag{3.2.31}$$

由于 $\frac{1}{\sqrt{1-\zeta^2}}\neq 0$，$\mathrm{e}^{-\zeta\omega_n t_r}\neq 0$，所以有 $\sin(\omega_d t_r+\beta)=0$，即 $\omega_d t_r+\beta=n\pi$。取 $n=1$ 得

$$t_r=\frac{\pi-\beta}{\omega_d}=\frac{\pi-\beta}{\omega_n\sqrt{1-\zeta^2}} \tag{3.2.32}$$

由式(3.2.32)可知，当 ω_n 一定时，ζ 越小，t_r 越小；当 ζ 一定时，ω_n 越大，t_r 越小。

2) 峰值时间 t_p

根据定义，令 $\frac{\mathrm{d}h}{\mathrm{d}t}=0$，即

$$h'(t_p)=\frac{\zeta\omega_n}{\sqrt{1-\zeta^2}}\mathrm{e}^{-\zeta\omega_n t_p}\sin(\omega_d t_p+\beta)-\frac{\omega_d}{\sqrt{1-\zeta^2}}\mathrm{e}^{-\zeta\omega_n t_p}\cos(\omega_d t_p+\beta)=0 \tag{3.2.33}$$

因为 $e^{-\zeta\omega_n t_p} \neq 0$，式(3.2.33)可化为 $\tan(\omega_d t_p + \beta) = \dfrac{\sqrt{1-\zeta^2}}{\zeta}$。又由于 $\tan\beta = \dfrac{\sqrt{1-\zeta^2}}{\zeta}$，所以有 $\tan(\omega_d t_p + \beta) = \tan\beta$，从而 $\omega_d t_p = \pi$。即

$$t_p = \frac{\pi}{\omega_d} = \frac{\pi}{\omega_n\sqrt{1-\zeta^2}} \tag{3.2.34}$$

式(3.2.34)表明，当 ω_n 一定时，ζ 越小，t_p 越小；当 ζ 一定时，ω_n 越大，t_p 越小。

3)超调量 $\sigma\%$

根据定义可知：

$$\sigma\% = \frac{h(t_p) - h(\infty)}{h(\infty)} \times 100\% \tag{3.2.35}$$

由式(3.2.28)可知 $h(\infty) = 1$，将峰值时间 t_p 代入式(3.2.28)，有

$$h(t_p) = 1 - \frac{e^{-\zeta\omega_n t_p}}{\sqrt{1-\zeta^2}}\sin(\pi + \beta) \tag{3.2.36}$$

由图 3.2.17 中 β 角的定义可知 $\sin\beta = \sqrt{1-\zeta^2}$，因此有 $\sin(\pi + \beta) = -\sin\beta = -\sqrt{1-\zeta^2}$。故式(3.2.36)可写为

$$h(t_p) = 1 + e^{-\pi\zeta/\sqrt{1-\zeta^2}} \tag{3.2.37}$$

于是得

$$\sigma\% = \frac{h(t_p) - h(\infty)}{h(\infty)} \times 100\% = e^{\frac{-\pi\zeta}{\sqrt{1-\zeta^2}}} \times 100\% \tag{3.2.38}$$

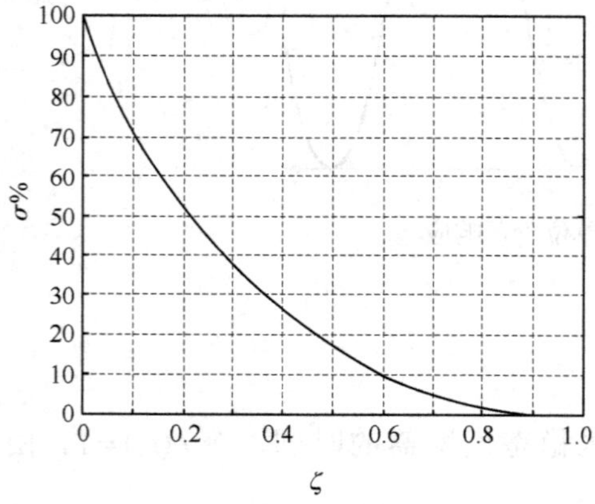

图 3.2.21　欠阻尼二阶系统 $\sigma\%$ 与 ζ 的关系曲线

式(3.2.38)表明，超调量 $\sigma\%$ 只与阻尼比 ζ 有关，而与无阻尼振荡频率 ω_n 无关；超调量 $\sigma\%$ 与 ζ 呈反比例关系，其关系曲线见图 3.2.21。

4)调节时间 t_s

根据定义可知：

$$|h(t_s) - h(\infty)| = \Delta \tag{3.2.39}$$

式中，Δ 为误差带。将式(3.2.28)代入式(3.2.39)，得

$$\left|\frac{e^{-\zeta\omega_n t_s}}{\sqrt{1-\zeta^2}}\sin(\omega_d t_s + \beta)\right| = \Delta \tag{3.2.40}$$

根据式(3.2.40)求 t_s 是很困难的。为简单起见，可用响应曲线的包络线 $1 \pm \dfrac{e^{-\zeta\omega_n t_s}}{\sqrt{1-\zeta^2}}$ 近似代替实际的响应曲线，可得

$$\frac{e^{-\zeta\omega_n t_s}}{\sqrt{1-\zeta^2}} \approx \Delta \tag{3.2.41}$$

对式(3.2.41)两边取对数，得

$$t_s = \frac{1}{\zeta\omega_n}\ln\left(\frac{1}{\Delta\sqrt{1-\zeta^2}}\right) \tag{3.2.42}$$

当$\zeta \leqslant 0.8$时，式(3.2.42)可近似表示为

$$t_s \approx \frac{3.5}{\zeta\omega_n}, \quad \Delta = 5\% \tag{3.2.43}$$

$$t_s \approx \frac{4}{\zeta\omega_n}, \quad \Delta = 2\% \tag{3.2.44}$$

由式(3.2.43)和式(3.2.44)可见，调节时间t_s与阻尼比ζ和自然频率ω_n均有关，近似与$\zeta\omega_n$成反比。因为$\zeta\omega_n$为闭环极点与虚轴的距离，所以闭环极点与虚轴越远，调节时间越短。当ω_n一定时，ζ越小，调节时间越长，响应速度越慢；ζ越大，调节时间越小，系统响应越快，因此ζ应取适当的数值。在工程上，称ζ=0.707为最佳阻尼比。

例 3.2.3 已知某系统结构图如图 3.2.22 所示，试求当超调量$\sigma\%$为 25%，峰值时间t_p为 0.2s 时系统参数K和K_t。

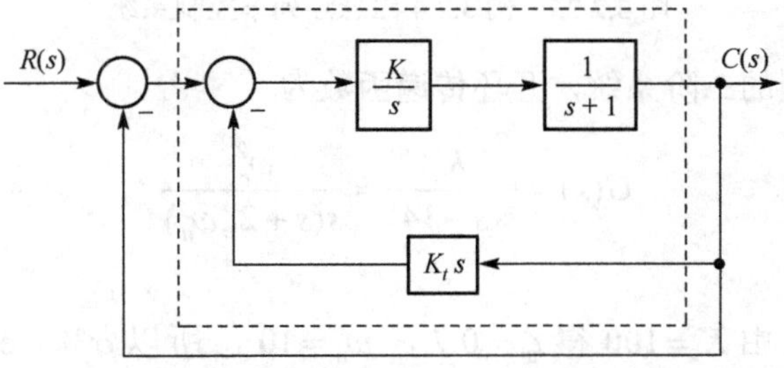

图 3.2.22 例 3.2.3 系统结构图

解 据题意，有$\sigma\% = \mathrm{e}^{-\frac{\zeta\pi}{\sqrt{1-\zeta^2}}} \times 100\% = 25\%$，解得$\zeta = 0.404$。

$t_p = \dfrac{\pi}{\omega_n\sqrt{1-\zeta^2}} = 0.2$，解得$\omega_n = 17.16$。

又因为系统闭环传递函数为

$$\Phi(s) = \frac{K}{s^2 + (1+KK_t)s + K}$$

特征方程为

$$D(s) = s^2 + (1+KK_t)s + K = 0$$

与$s^2 + 2\zeta\omega_n s + \omega_n^2 = 0$比较可得$2\zeta\omega_n = 1 + KK_t, \omega_n^2 = K$，所以$K = 294.47, K_t = 0.044$。

例 3.2.4 图 3.2.23(a)所示为美国 Amtrak 铁路公司 Transrapid-06 试验性磁悬浮列车，该列车的剖面图如图 3.2.23(b)所示。列车车厢的底部包裹着轨道，正常运行时，轨道中的磁化线圈排斥列车底盘上的大型磁体，使得列车悬浮在轨道上方约 1cm 的位置。磁悬浮列车控制系统结构如图 3.2.23(c)所示，试求当$K=100$时系统的超调量$\sigma\%$和调节时间t_s，并用 Matlab 求取单位阶跃响应。

(a) Transrapid-06试验性磁悬浮列车

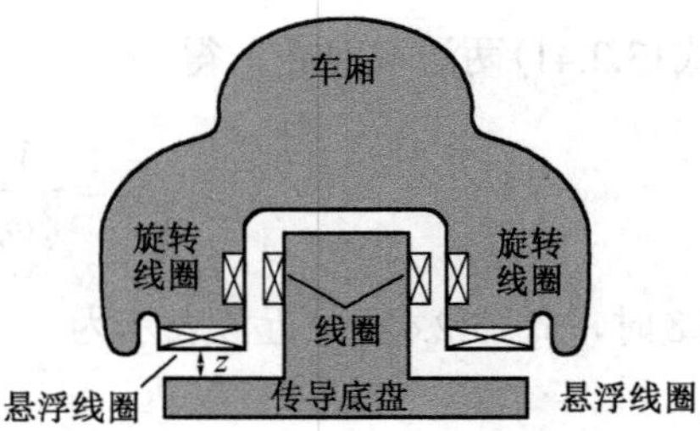

(b) 列车的剖面图

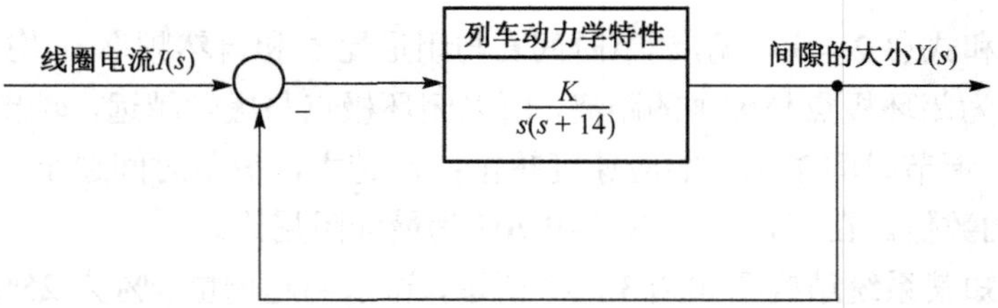

(c)

图 3.2.23　例 3.2.4 磁悬浮列车控制系统

解　该系统为典型的二阶系统，开环传递函数为

$$G(s)=\frac{K}{s(s+14)}=\frac{\omega_n^2}{s(s+2\zeta\omega_n)}$$

则 $2\zeta\omega_n=14,\omega_n^2=K$ 。由 $K=100$ 得 $\zeta=0.7$ ， $\omega_n=10$ ，所以 $\sigma\%=\mathrm{e}^{-\frac{\zeta\pi}{\sqrt{1-\zeta^2}}}\times100\%=4.6\%$ ， $t_s=\frac{3.5}{\zeta\omega_n}=0.5\mathrm{s}$ 。

Matlab 程序如下：

```
clc;
clear;
num=100;
den=[1 14 100];
sys=tf(num,den);%求闭环传递函数
t=0:0.01:3;
step(sys,t);%单位阶跃响应
grid;
xlabel('Time(sec)');
ylabel('Amplitude');
```

程序运行结果如图 3.2.24 所示。

由图 3.2.24 中可以看出，系统的超调量为 $\sigma\%=4.6\%$ ，调节时间为 $t_s=0.5\mathrm{s}$ 。这和计算所得结果一致。另外，还可以看出，列车悬浮在轨道上方的位置最终稳定在希望值，达到系统要求。

例 3.2.5 已知某单位反馈系统结构图如图 3.2.25 所示，其中 K_A 为放大器增益。试求 $K_A=200$ 时，系统单位阶跃响应动态性能指标；若 $K_A=1500$ 及 $K_A=13.5$，此时动态性能指标又如何？

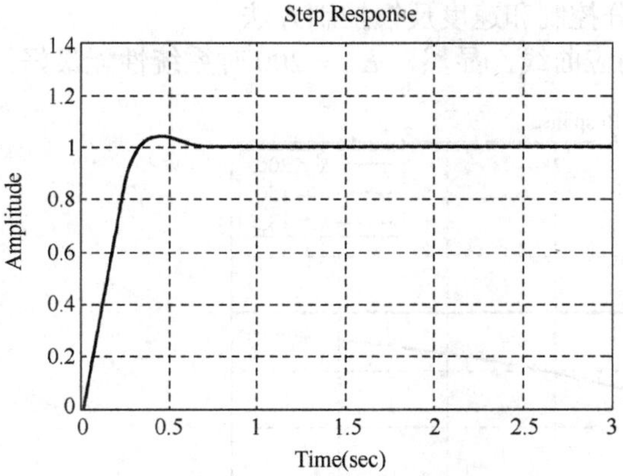

图 3.2.24 例 3.2.4 系统单位阶跃响应曲线

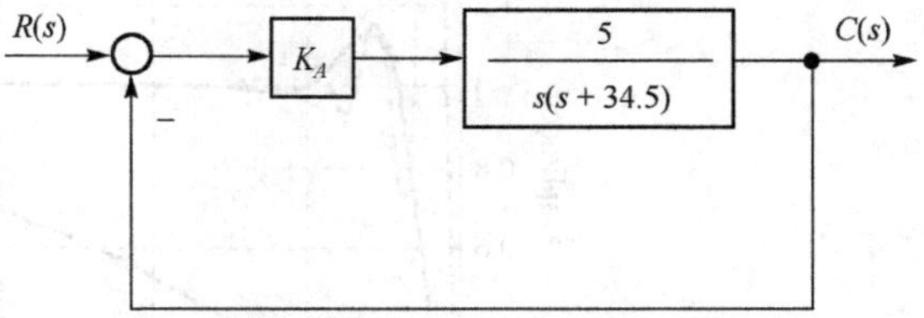

图 3.2.25 例 3.2.5 结构图

解 系统闭环函数为

$$\Phi(s)=\frac{5K_A}{s(s+34.5)+5K_A}$$

(1) 当 $K_A=200$ 时，$\omega_n=31.6$，$\zeta=0.545$ 为欠阻尼二阶系统。

峰值时间

$$t_p=\frac{\pi}{\omega_n\sqrt{1-\zeta^2}}=0.12\text{s}$$

调节时间

$$t_s=\frac{3.5}{\zeta\omega_n}=0.203\text{s}$$

超调量

$$\sigma\%=\mathrm{e}^{-\frac{\pi\zeta}{\sqrt{1-\zeta^2}}}=13\%$$

(2) 同理可得，当 $K_A=1500$ 时，$\omega_n=86.2$，$\zeta=0.2$，$t_p=\dfrac{\pi}{\omega_n\sqrt{1-\zeta^2}}=0.037\text{s}$，$t_s=\dfrac{3.5}{\zeta\omega_n}=0.203\text{s}$，$\sigma\%=\mathrm{e}^{-\frac{\pi\zeta}{\sqrt{1-\zeta^2}}}=52.7\%$。

(3) 当 $K_A=13.5$ 时，$\omega_n=8.22$，$\zeta=2.1$ 为过阻尼二阶系统，无超调量和峰值时间，调节时间近似为 $t_s=3T_1=1.44\text{s}$。

以上三种情况下系统的动态性能指标如表 3.2.1 所示。

表 3.2.1 不同 K_A 下的系统动态性能指标

K_A	ζ	ω_n	t_p	t_s	$\sigma\%$
200	0.545	31.6	0.12	0.203	13%
1500	0.20	86.2	0.037	0.203	52.7%
13.5	2.1	8.22	—	1.44	—

由表 3.2.1 可知，当 K_A 增大时，ζ 减小，ω_n 增大，t_p 减小，$\sigma\%$ 增加，t_s 变化不大。而当 K_A 减小时，ζ 增大，ω_n 减小，$\sigma\%$ 减小为零，但 t_s 显著增加，过渡过程时间显著变长。故单纯依靠调整放大器的增益 K_A，即所谓的比例控制，难以兼顾系统的快速性和平稳性。为了全面改善系统的动态性能，可以采用比例-微分控制和速度反馈控制方法。

图 3.2.26 给出了上述三种情况的单位阶跃响应曲线，显然，$K_A = 200$ 时系统性能最好。

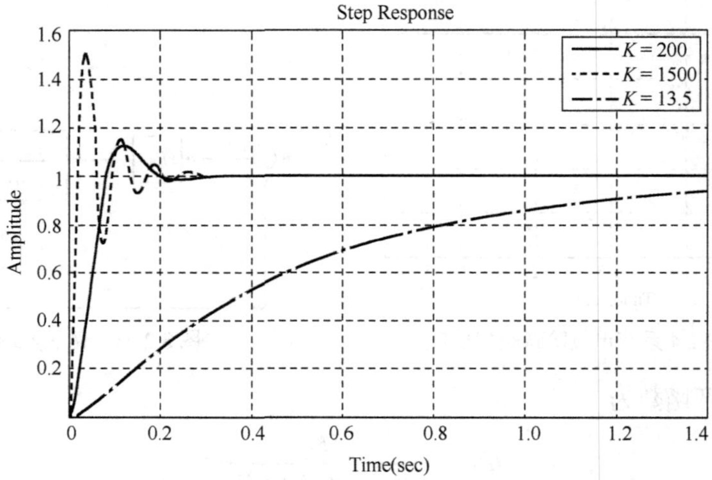

图 3.2.26　三种 K_A 情况下系统的单位阶跃响应曲线

4. 二阶系统动态性能的改善

1) 比例-微分控制 (proportional-derivative control)

比例-微分控制又称为 PD 控制，加入比例-微分控制的系统结构图如图 3.2.27 所示，其中 T_d 为微分环节的时间常数。系统的开环传递函数为

$$G(s) = \frac{\omega_n^{\ 2}(T_d s + 1)}{s(s + 2\zeta\omega_n)} \tag{3.2.45}$$

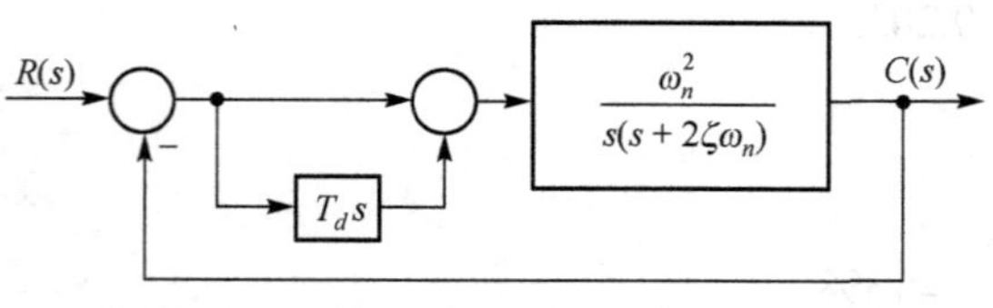

图 3.2.27　具有比例-微分控制的二阶系统

闭环传递函数为

$$\Phi(s) = \frac{\omega_n^2(T_d s + 1)}{s^2 + 2\zeta_d \omega_n s + \omega_n^2} \tag{3.2.46}$$

式中，等效阻尼比 $\zeta_d = \zeta + \dfrac{1}{2} T_d \omega_n$。

可见，比例-微分控制不改变系统的无阻尼振荡频率，但使系统的阻尼比增加，从而使系统超调量下降，系统动态过程的平稳性得到改善。又因为比例-微分控制使系统增加了一个闭环零点，从而使系统的响应速度加快，超调量增大。需要注意的是，比例-微分控制使系统成为有零点的二阶系统，不再是典型的二阶系统，因此前面给出的动态性能指标的计算公式不再适用。

2) 速度反馈控制

加入速度反馈控制的系统结构图如图 3.2.28 所示，其中 K_t 为速度反馈系数，系统的开环传递函数为

$$G(s)=\frac{\omega_n^2}{s(s+2\zeta\omega_n+K_t\omega_n^2)} \tag{3.2.47}$$

闭环传递函数为

$$\Phi(s)=\frac{\omega_n^2}{s^2+2\zeta_t\omega_n s+\omega_n^2} \tag{3.2.48}$$

式中，系统的阻尼比 $\zeta_t=\zeta+\frac{1}{2}K_t\omega_n$。

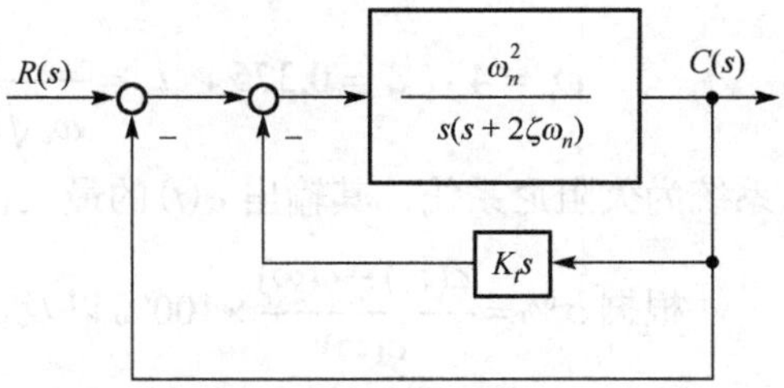

图 3.2.28　具有速度反馈控制的二阶系统

由式(3.2.48)可见，速度反馈控制不影响系统的无阻尼振荡，但增大了系统的阻尼比，从而减小了系统的超调量。调节时间因阻尼比的增加而减小，响应速度加快。由于速度反馈控制不形成闭环零点，前面介绍的动态性能指标计算公式是可以使用的。

可以看出，上述两种控制方式都可以有效地改善系统的动态性能指标，但从实现的角度看，比例-微分控制的结构简单，易于实现，成本低；而速度反馈控制需要使用部件实现，如测速发电机，所以成本高。从抗干扰的能力上看，比例-微分控制器是高通滤波器，会对输入信号中的噪声具有明显的放大作用，致使有用信号严重失真，影响系统的正常工作。而速度反馈控制对系统噪声有滤波作用，所以抗干扰的能力强。

需要说明的是，对于非典型形式的无零点二阶系统，有

$$\Phi(s)=\frac{K\omega_n^2}{s^2+2\zeta\omega_n s+\omega_n^2} \tag{3.2.49}$$

式中，$K\neq1$，即 $\Phi(0)\neq1$，当系统的阶跃输入 $r(t)=R_0$ 时，根据线性系统的性质与式(3.2.28)的结果，可知系统的阶跃响应为

$$c(t)=KR_0\left(1-\frac{1}{\sqrt{1-\zeta^2}}\mathrm{e}^{-\zeta\omega_n t}\sin(\omega_d t+\beta)\right)$$

前面推导出的上升时间 t_r、峰值时间 t_p、超调量 $\sigma\%$ 等公式均可使用，即

$$t_r=\frac{\pi-\beta}{\omega_d}=\frac{\pi-\beta}{\omega_n\sqrt{1-\zeta^2}}$$

$$t_p=\frac{\pi}{\omega_d}=\frac{\pi}{\omega_n\sqrt{1-\zeta^2}}$$

$$\sigma\%=\frac{c(t_p)-c(\infty)}{c(\infty)}\times100\%=\mathrm{e}^{-\frac{\pi\zeta}{\sqrt{1-\zeta^2}}}\times100\%$$

例 3.2.6　已知某单位负反馈系统结构如图 3.2.29 所示，$r(t)=3$，求系统的峰值时间、超调量以及输出 $c(t)$ 的最大值。

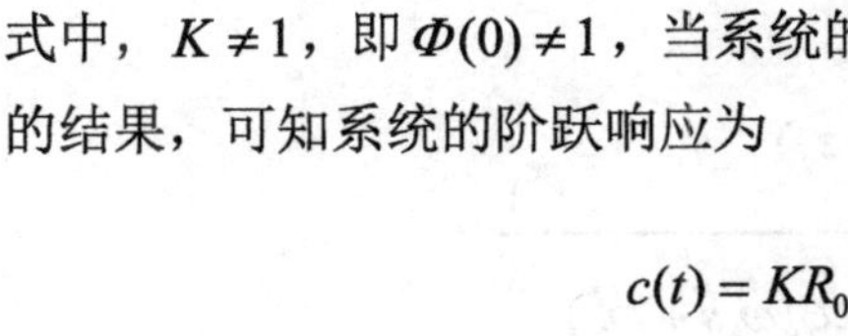

图 3.2.29　例 3.2.6 结构图

解　系统的闭环传递函数为

$$\Phi(s)=\frac{14}{s^2+3s+16}$$

$$\omega_n = 4\text{，}\ \zeta = 0.375\text{，}\ t_p = \frac{\pi}{\omega_n\sqrt{1-\zeta^2}} = 0.85\text{s}\text{，}\ \sigma\% = \mathrm{e}^{-\frac{\pi\zeta}{\sqrt{1-\zeta^2}}} \times 100\% = 28\%$$

系统为欠阻尼系统，其输出 $c(t)$ 的最大值就是其峰值 $c(t_p)$。

根据 $\sigma\% = \dfrac{c(t_p)-c(\infty)}{c(\infty)} \times 100\%$ 以及 $c(\infty) = KR_0 = \dfrac{14}{16} \times 3 = \dfrac{21}{8}$，有

$$c(t_p) = (1+\sigma\%)c(\infty) = 3.36$$

3.2.3 高阶系统的动态性能近似分析

用二阶以上的微分方程描述的系统称为高阶系统(higher-order system)，在工程实际中，多数控制系统为高阶系统。对高阶系统的分析比较复杂，一般需要通过数字计算机仿真软件得到其响应来分析系统的性能。此外，通常还通过主导极点的概念，将高阶系统简化为低阶系统加以分析研究。

1. 高阶系统的阶跃响应

设高阶系统的闭环传递函数为

$$\Phi(s) = \frac{C(s)}{R(s)} = \frac{b_m s^m + b_{m-1}s^{m-1} + \cdots + b_1 s + b_0}{a_n s^n + a_{n-1}s^{n-1} + \cdots + a_1 s + a_0},\quad n \geqslant m \tag{3.2.50}$$

假设系统闭环极点中有 q 个不同的实数极点，r 对不同的共轭复数极点，且 $q+2r=n$，则式(3.2.50)可写成

$$C(s) = \Phi(s)R(s) = \frac{K^*\prod_{j=1}^{m}(s+z_j)}{\prod_{i=1}^{q}(s+s_i)\prod_{k=1}^{r}(s^2+2\zeta_k\omega_k s+\omega_k^2)} \cdot \frac{1}{s}$$

$$= \frac{A_0}{s} + \sum_{i=1}^{q}\frac{A_i}{s+s_i} + \sum_{k=1}^{r}\frac{B_k(s+\zeta_k\omega_k)+C_k\sqrt{1-\zeta_k^2}\,\omega_k}{s^2+2\zeta_k\omega_k s+\omega_k^2} \tag{3.2.51}$$

式中，A_0，A_i，B_k 和 C_k 可用留数法求得。

对式(3.2.51)进行拉普拉斯逆变换，可得

$$c(t) = A_0 + \sum_{i=1}^{q}A_i\mathrm{e}^{-s_i t} + \sum_{k=1}^{r}B_k\mathrm{e}^{-\zeta_k\omega_k t}\cos(\sqrt{1-\zeta_k^2}\,\omega_k t) + \sum_{k=1}^{r}C_k\mathrm{e}^{-\zeta_k\omega_k t}\sin(\sqrt{1-\zeta_k^2}\,\omega_k t) \tag{3.2.52}$$

由式(3.2.52)可以看出，高阶系统的单位阶跃响应由一阶系统和二阶系统的时间响应组成。当所有闭环极点都具有负实部时，则随着时间的推移，响应的瞬态分量趋于零，稳态输出量为 A_0。

对于稳定的高阶系统，如果闭环极点距离虚轴较远，即 $|s_i|$ 和 $\zeta_k\omega_k$ 值较大，则该极点对应的瞬态响应分量很快衰减为零，对系统的瞬态响应(transient response)影响小；反之，距离虚轴较近的闭环极点，其对应的瞬态响应分量衰减较慢，对系统的瞬态响应起着主要作用。

需要指出的是，当高阶系统含有复数极点时，一般也称为欠阻尼系统。

2. 主导极点和偶极子

在对高阶系统进行分析时，工程上常采用主导极点和偶极子的概念进行近似的研究。

主导极点。在高阶系统所有的闭环极点中，距离虚轴最近的极点，其周围没有闭环零点，且其他极点又远离虚轴，则它对系统的性能影响最大，称为主导极点。闭环主导极点可以是实数极点，也可以是复数极点，或是它们的组合。

除闭环主导极点，其他闭环极点由于其对应的瞬态响应分量随时间的推移而迅速衰减，对系统的时间响应过程影响甚微，因而统称为非主导极点。

偶极子。在高阶系统中，一对靠得很近的闭环零、极点，称为偶极子，它们对系统动态性能影响可忽略不计。

可运用闭环主导极点和偶极子的概念，对高阶系统动态性能进行估算。

例 3.2.7 已知某系统的闭环传递函数为$\Phi(s)=\dfrac{13\times1.5\times11.8(s+1.6)}{1.6(s^4+17.3s^3+83.9s^2+243.7s+230.1)}$，试求该系统近似的单位阶跃响应。

解 该系统闭环传递函数可化为零、极点乘积的形式，即

$$\Phi(s)=\frac{13\times1.5\times11.8(s+1.6)}{1.6(s+1.5)(s^2+4s+13)(s+11.8)}$$

从上式可以看出系统的闭环零点为$z=-1.6$，闭环极点为$p_1=-1.5$，$p_2=-11.8$，$p_{3,4}=-2\pm\mathrm{j}3$。利用 Matlab 中 pzmap 命令可得其零、极点分布图如图 3.2.30 所示。

从图 3.2.30 可以看出，该系统的闭环极点$p_1=-1.5$和闭环零点$z=-1.6$之间的距离很小，为一对偶极子，它们对系统的作用相互抵消。另外三个极点中，极点p_2至虚轴的距离为p_3、p_4至虚轴距离的 6 倍，其对系统的影响可以忽略，主导极点为p_3、p_4。故原四阶系统可近似表示为如下二阶系统：

$$\Phi(s)\approx\frac{13}{s^2+4s+13}$$

式中，$\omega_n=\sqrt{13},\zeta=0.554$为欠阻尼的二阶系统。原高阶系统和近似二阶系统的单位阶跃响应比较如图 3.2.31 所示。

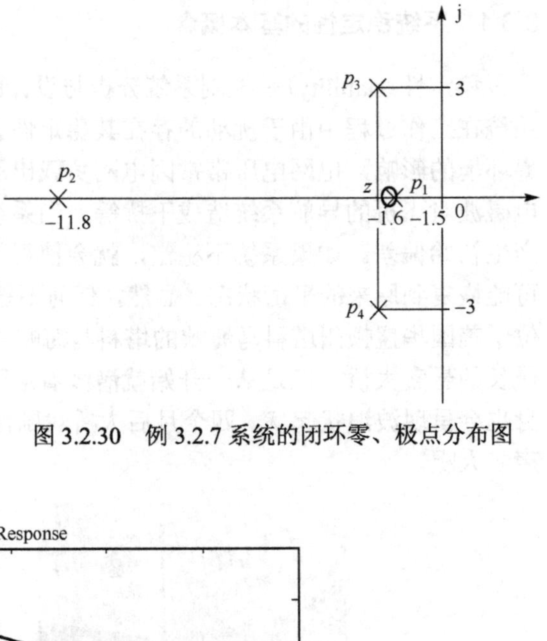

图 3.2.30 例 3.2.7 系统的闭环零、极点分布图

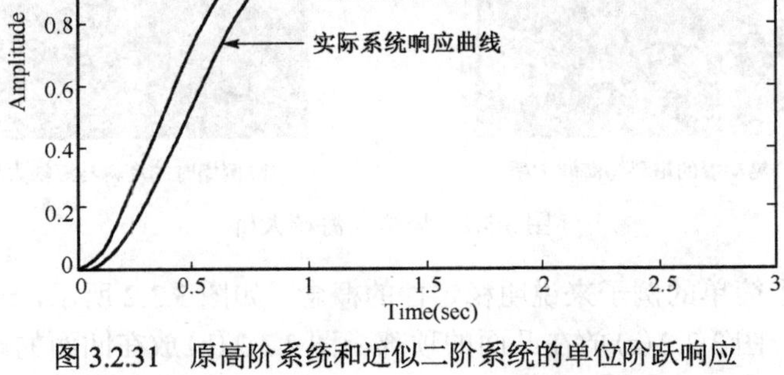

图 3.2.31 原高阶系统和近似二阶系统的单位阶跃响应

由图 3.2.31 可以看出，两个系统虽然存在误差，但近似后的低阶系统基本上反映了原高阶系统的性能。

Matlab 程序如下：

```
num1=[143.8, 230.1]; %高阶系统分子多项式
den1=[1 17.3 83.9 243.7 230.1]; %高阶系统分母多项式
num2=[13]; %低阶系统分子多项式
den2=[1 4 13];%低阶系统分母多项式
t=[0:0.01:3];
y1=step(num1, den1, t);%求取高阶系统的单位阶跃响应
y2=step(num2, den2, t);%求取低阶系统的单位阶跃响应
plot(t,y1,t,y2);
grid;
xlabel('Time(sec)');
ylabel('Amplitude');
```

3.3　线性系统的稳定性分析

3.3.1　系统稳定性的基本概念

稳定性(stability)是控制系统分析与设计的重要问题，是系统正常工作的首要条件。控制系统在工作过程中由于扰动的存在其稳定性会受到影响。例如，汽车在行驶过程中会受到外界环境的影响，电网电压常常因电网负载出现了较大的增加或减少而引起波动，手机发出的电磁波对飞机的导航系统造成干扰等。当系统受到扰动作用后，就要偏离原来的平衡状态，产生初始偏差。如果系统不稳定，就会使得偏差越来越大，离原来的平衡状态越来越远，不可能恢复到原来的平衡状态。显然，任何不稳定的系统在工程上都是没有应用价值的。例如，位于美国华盛顿州塔科马海峡的塔科马海峡大桥，开通于 1940 年 7 月 1 日，在当时是世界上最长的悬索大桥，但是从一开始就潜藏着危险，在大桥建成之初人们就发现即使在微风中桥身也会呈现波浪状起伏。四个月后大桥戏剧性地被一阵微风摧毁，如图 3.3.1 所示，该桥因此声名大噪。

(a) 晃动着的塔科马海峡大桥　　(b) 倒塌时的塔科马海峡大桥

图 3.3.1　塔科马海峡大桥

还可以通过一个简单的例子来说明稳定性的概念。如图 3.3.2 所示，一个小球分别放在两个不同的凹凸面上，图 3.3.2(a)放在凸面的顶部，图 3.3.2(b)放在凹面的底部，平衡位置为 A

点。若小球受到干扰，则会偏离平衡位置 A 点。图 3.3.2(a)的小球就会向下滑落，并不会再回到原来的平衡位置 A 点。而图 3.3.2(b)中的小球在受到外界干扰后由 A 点运动到 B 点，由于地球引力的作用，会在凹面的底部做来回的滚动运动，当时间足够长时，小球最终还是要回到原来的平衡位置 A 点。故称图 3.3.2(a)所示小球的平衡点是不稳定的，而图 3.3.2(b)所示小球的平衡点是稳定的。

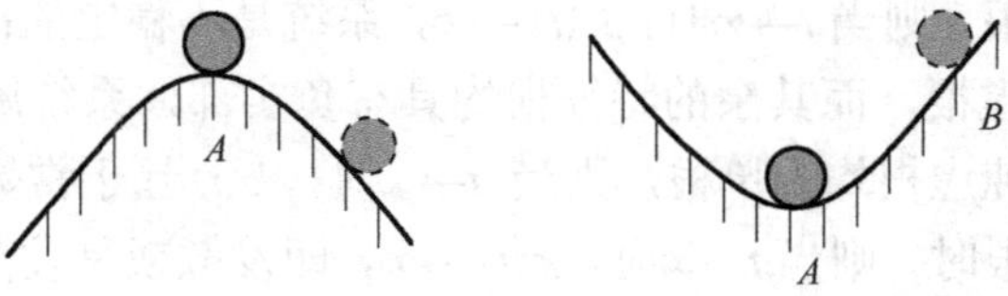

图 3.3.2　小球的稳定性

从上面两个例子可以看出，稳定性反映扰动消失后系统能否恢复到原来平衡点的能力。如果系统能够逐渐恢复到原来的平衡状态或附近，则称系统是稳定的，否则称不稳定。

3.3.2　线性定常系统稳定的充要条件

设线性定常系统的闭环传递函数可写为

$$\Phi(s)=\frac{K^*\prod_{j=1}^{m}(s+z_j)}{\prod_{i=1}^{q}(s+s_i)\prod_{k=1}^{r}(s^2+2\zeta_k\omega_k s+\omega_k^2)} \tag{3.3.1}$$

式中有 q 个不同的实数极点，r 对不同的共轭复数极点，且 $q+2r=n$。将式(3.3.1)展开为部分分式之和的形式：

$$\Phi(s)=\sum_{i=1}^{q}\frac{A_i}{s+s_i}+\sum_{k=1}^{r}\frac{B_k(s+\zeta_k\omega_k)+C_k\sqrt{1-\zeta_k^2}\,\omega_k}{s^2+2\zeta_k\omega_k s+\omega_k^2} \tag{3.3.2}$$

式(3.3.2)中 A_i、B_k 和 C_k 为 $\Phi(s)$ 在闭环极点处的留数，可用留数法求得。

理想脉冲函数 $\delta(t)$ 仅在 t=0 时刻存在，在其他时刻均为零。可以证明系统的脉冲响应 $k(t)$ 渐近趋于零是系统稳定的充要条件。所以，一般用理想单位脉冲函数 $\delta(t)$ 作为外部扰动来研究线性定常系统的稳定性。在零初始条件下，$\delta(t)$ 作用于系统产生输出 $k(t)$，使系统在扰动作用下输出量偏离原平衡状态，偏差是 $k(t)$。根据稳定性的定义，当系统的脉冲响应 $k(t)$ 随着时间推移趋于零时，即

$$\lim_{t\to\infty}k(t)=0 \tag{3.3.3}$$

则系统是稳定的。

由于 $r(t)=\delta(t)$，$R(s)=1$，系统的单位脉冲响应为

$$k(t)=\sum_{i=1}^{q}A_i\mathrm{e}^{-s_i t}+\sum_{k=1}^{r}B_k\mathrm{e}^{-\zeta_k\omega_k t}\cos(\sqrt{1-\zeta_k^2}\,\omega_k t)+\sum_{k=1}^{r}C_k\mathrm{e}^{-\zeta_k\omega_k t}\sin(\sqrt{1-\zeta_k^2}\,\omega_k t) \tag{3.3.4}$$

从式(3.3.4)可以看出，欲满足 $\lim\limits_{t\to\infty}k(t)=0$，系统的全部特征根必须具有负实部。反之，若特征根中只要有一个或一个以上具有正实部，则当 $t\to\infty$时，$k(t)\to\infty$。

若式(3.3.1)中有相同的实数极点或相同的共轭复数极点，仍可得到相同结论。

线性定常系统稳定的充要条件：系统特征方程的所有特征根均具有负实部；或者说，系统传递函数的极点均严格位于 s 左半平面。

图 3.3.3 为在 s 平面上不同位置的特征根所对应的脉冲响应。显然，若系统所有特征根均具有负实部，则当 $t\to\infty$时，$k(t)\to 0$，响应是收敛的，系统稳定；若系统的特征根中只要有一个或一个以上的正实部根，则当 $t\to\infty$时，$k(t)\to\infty$，系统是不稳定的；若特征根中有一个或一个以上的零实部根或纯虚根，而其余的特征根均具有负实部，系统属于临界稳定。临界稳定的系统，若零实部根或纯虚根均为单根，则当 $t\to\infty$时，$k(t)$趋于常数或呈等幅正弦振荡；若零实部根或纯虚根为重根时，则当 $t\to\infty$时，$k(t)\to\infty$，即发散或呈发散正弦振荡；临界稳定的系统在经典控制理论中仍称为不稳定系统。

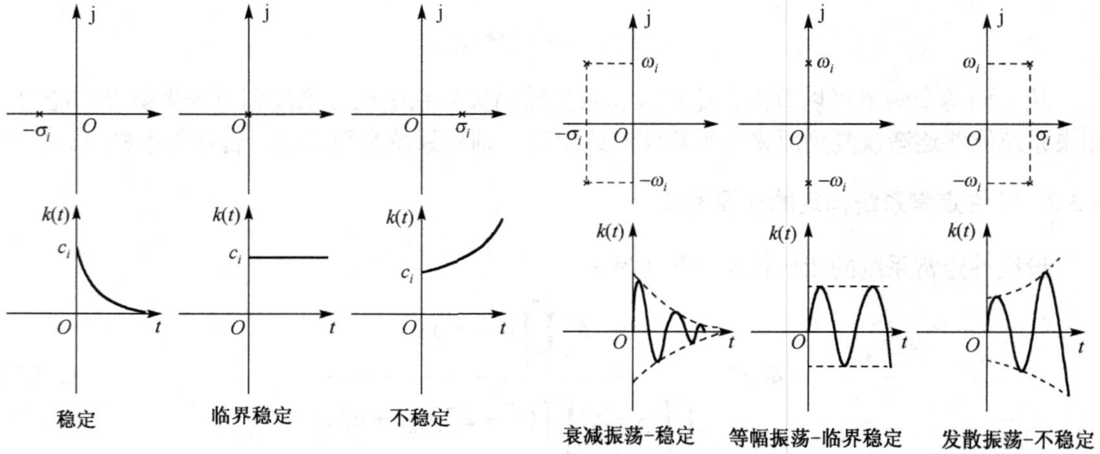

图 3.3.3　s 平面不同位置的特征根所对应的脉冲响应

3.3.3　劳斯判据

根据系统稳定的充分必要条件，判断系统的稳定性就要知道系统特征方程的根是否具有负实部，最直接的方法就是解出系统特征方程的全部根再判断其稳定性。这种方法对低阶系统是可行的，但对高阶系统求根的工作量很大，因此人们希望寻求一种不必直接求解特征方程的根而能间接判断系统特征根是否严格位于 s 左半平面的方法。

1877 年英国数学家劳斯(E.J.Routh)，1895 年德国数学家霍尔维茨(A.Hurwitz)先后分别独立地提出了直接根据特征方程的系数进行代数运算来判断系统稳定性的方法，称为劳斯-霍尔维茨判据，又叫代数判据。由于劳斯判据和霍尔维茨判据在本质上是一样的，这里只介绍劳斯判据(Routh criterion)。

1.　*系统稳定的必要条件*

设线性定常系统的特征方程为

$$D(s)=a_0s^n+a_1s^{n-1}+\cdots+a_{n-1}s+a_n=0,\quad a_0>0 \tag{3.3.5}$$

式中，$a_0,a_1,\cdots,a_n$ 均为实数。

线性定常系统稳定的必要条件：特征方程的所有系数均为正，且不缺项。若系统特征方程式的各项系数中有负或零项(缺项)，则系统一定不稳定。

例如，某系统的特征方程 $D(s)=s^3+2s+8=0$，显然缺项，不满足稳定的必要条件，因此该系统不稳定。又如，某系统的特征方程 $D(s)=s^3+s^2+2s+8=0$，尽管各项系数为正，也不缺项，满足系统稳定的必要条件，但系统不稳定，因为该方程有一对共轭复根 $s_{1,2}=\dfrac{1\pm \mathrm{j}\sqrt{15}}{2}$。

2. 劳斯判据

劳斯判据判断系统的稳定性，首先将特征方程的系数按一定代数规则计算，并将结果列表即得劳斯表，然后再判断系统的稳定性。

下面以六阶线性系统为例，其特征方程的一般形式为

$$D(s)=a_0s^6+a_1s^5+a_2s^4+a_3s^3+a_4s^2+a_5s+a_6=0,\quad a_0>0 \tag{3.3.6}$$

式中，$a_0,a_1,\cdots,a_6$ 均为实数。

根据特征方程的系数，可建立劳斯表如表 3.3.1 所示。

表 3.3.1 六阶系统的劳斯表

s^6	a_0	a_2	a_4	a_6
s^5	a_1	a_3	a_5	0
s^4	$c_{13}=\dfrac{-\begin{vmatrix}a_0 & a_2\\ a_1 & a_3\end{vmatrix}}{a_1}$	$c_{23}=\dfrac{-\begin{vmatrix}a_0 & a_4\\ a_1 & a_5\end{vmatrix}}{a_1}$	$c_{33}=\dfrac{-\begin{vmatrix}a_0 & a_6\\ a_1 & 0\end{vmatrix}}{a_1}=a_6$	
s^3	$c_{14}=\dfrac{-\begin{vmatrix}a_1 & a_3\\ c_{13} & c_{23}\end{vmatrix}}{c_{13}}$	$c_{24}=\dfrac{-\begin{vmatrix}a_1 & a_5\\ c_{13} & c_{33}\end{vmatrix}}{c_{13}}$	0	
s^2	$c_{15}=\dfrac{-\begin{vmatrix}c_{13} & c_{23}\\ c_{14} & c_{24}\end{vmatrix}}{c_{14}}$	$c_{25}=\dfrac{-\begin{vmatrix}c_{13} & c_{33}\\ c_{14} & 0\end{vmatrix}}{c_{14}}=a_6$		
s^1	$c_{16}=\dfrac{-\begin{vmatrix}c_{14} & c_{24}\\ c_{15} & c_{25}\end{vmatrix}}{c_{15}}$	0		
s^0	$c_{17}=\dfrac{-\begin{vmatrix}c_{15} & c_{25}\\ c_{16} & 0\end{vmatrix}}{c_{16}}=a_6$			

劳斯表构造的规律如下：

(1) 特征方程按 s 的幂次降幂排列；

(2) 劳斯表第一行元素从左往右为特征方程中第 1、3、5 等项系数组成，第二行由特征方程中第 2、4、6 等项系数组成；

(3) 从第三行起，后面元素的值等于以该元素前两行中第一列与后一列元素构成的行列式做分子，以该元素前一行第一列元素做分母的分数值；

(4) 劳斯表共有 $(n+1)$ 行，第 $(n+1)$ 行仅有第一列有值，为特征方程的常数项 a_n；

(5) 劳斯表的系数排列呈上三角形排列，空位值补零。

线性系统稳定的充分必要条件是，劳斯表中第一列元素全部大于零，若出现小于零的元素，系统不稳定，且第一列元素符号改变的次数等于系统正实部根的个数。

例 3.3.1 已知系统特征方程式为 $D(s)=s^4+2s^3+3s^3+4s+5=0$，试用劳斯判据判断系统的稳定性。

解 列劳斯表

$$\begin{array}{c|ccc} s^4 & 1 & 3 & 5 \\ s^3 & 2 & 4 & 0 \\ s^2 & 1 & 5 & \\ s^1 & -6 & 0 & \\ s^0 & 5 & & \end{array}$$

劳斯表中第一列元素不全大于零，系统不稳定，且符号改变了两次，故有两个正实部根。

例 3.3.2 已知单位反馈系统开环传递函数为

$$G(s)=\frac{K(s+1)}{s(Ts+1)(2s+1)}$$

试由劳斯判据确定使闭环系统稳定的 K、T 取值范围。

解 系统闭环传递函数为

$$\Phi(s)=\frac{K(s+1)}{s(Ts+1)(2s+1)+K(s+1)}$$

特征方程式为

$$D(s)=2Ts^3+(T+2)s^2+(K+1)s+K=0$$

列劳斯表

$$\begin{array}{c|cc} s^3 & 2T & K+1 \\ s^2 & T+2 & K \\ s^1 & \dfrac{(T+2)(K+1)-2TK}{T+2} & \\ s^0 & K & \end{array}$$

欲使系统稳定，必须满足第一列的元素全部大于零，则 K、T 的取值范围为

$$0<K<\frac{T+2}{T-2},\quad T>2$$

3. 劳斯判据的特殊情况

特殊情况 1：劳斯表中某行的第一列元素为零，其他元素不为零或不全为零。

例如，某系统特征方程为

$$D(s)=s^4+3s^3+4s^2+12s+16=0$$

列劳斯表

$$\begin{array}{c|ccc} s^4 & 1 & 4 & 16 \\ s^3 & 3 & 12 & 0 \\ s^2 & 0 & 16 & \\ s^1 & & & \\ s^0 & & & \end{array}$$

上述劳斯表第三行第一列元素为零，使得劳斯表无法计算下去。

处理方法：用任意小的正数 ε 代替 0，继续劳斯表的计算进行判断。

对于本例则有

s^4	1	4	16
s^3	3	12	0
s^2	ε	16	
s^1	$\dfrac{12\varepsilon-48}{\varepsilon}$	0	
s^0	16		

当ε很小时，$\dfrac{12\varepsilon-48}{\varepsilon}<0$，这样劳斯表中第一列元素有负数，且符号改变了两次，系统不稳定，有两个正实部根。在 Matlab 环境下运行 roots([1 3 4 12 16])得到四个根分别为：$s_{1,2}=0.5\pm1.9365\mathrm{j}$，$s_{3,4}=-2$。

特殊情况 2：劳斯表中出现某行系数全为零。

例如，某系统特征方程为

$$D(s)=s^6+s^5-2s^4-3s^3-7s^2-4s-4=0$$

列劳斯表

s^6	1	−2	−7	−4
s^5	1	−3	−4	0
s^4	1	−3	−4	
s^3	0	0	0	
s^2				
s^1				
s^0				

当劳斯表中出现第k行元素全为零时，说明系统出现了关于原点对称的根，包括共轭虚根、零根、实部大小相等但符号相反的复根对或大小相等符号相反的实根，系统肯定是不稳定的。

处理方法：

(1)用第$k-1$行的元素构成辅助方程，s的幂次依次递减 2 次。

(2)对辅助方程求导，用所得的方程系数代替全零行，继续完成劳斯表。劳斯表第一列元素的变号次数为系统正实部根的个数，不包括虚轴上根的个数。

(3)解辅助方程得到关于原点对称的根。

对于本例，因为第四行全为零，由$k-1$行(即第三行)的元素构成辅助方程：$F(s)=s^4-3s^2-4=0$，并对s求导，得新的方程$\dfrac{\mathrm{d}F(s)}{\mathrm{d}s}=4s^3-6s=0$，用新方程的系数作为第四行的各元素，继续构造劳斯表的计算，即

s^6	1	−2	−7	−4
s^5	1	−3	−4	0
s^4	1	−3	−4	
s^3	4	−6		
s^2	−1.5	−4		
s^1	−16.7	0		
s^0	−4			

由于劳斯表的第一列元素符号改变了一次，系统不稳定，且有一个正实部根。由辅助方程可得

$$s^4-3s^2-4=(s^2+1)(s^2-4)=0$$

可解得：$s_{1,2}=\pm\mathrm{j},s_{3,4}=\pm 2$。

因而可知$D(s)$可以表示为

$$D(s)=s^6+s^5-2s^4-3s^3-7s^2-4s-4=(s^4-3s^2-4)(s^2+as+b)$$

利用待定系数法，得到 a=1，b=1，求出特征方程的其余两个根$s_{5,6}=\dfrac{-1\pm \mathrm{j}\sqrt{3}}{2}$。Matlab 中用 roots()函数可直接求解特征方程的根。

该题运用 Matlab 编程如下：

```
      den=[1 1 -2 -3 -7 -4 -4];
      roots(den)
  ans=
    2.0000
    -2.0000
    -0.0000 + 1.0000i
    -0.0000 - 1.0000i
    -0.5000 + 0.8660i
    -0.5000 - 0.8660i
```

利用以下语句得到 6 个特征根的分布如图 3.3.4 所示。

```
  h=tf(2, [1 1 -2 -3 -7 -4 -4]);
  pzmap(h)
```

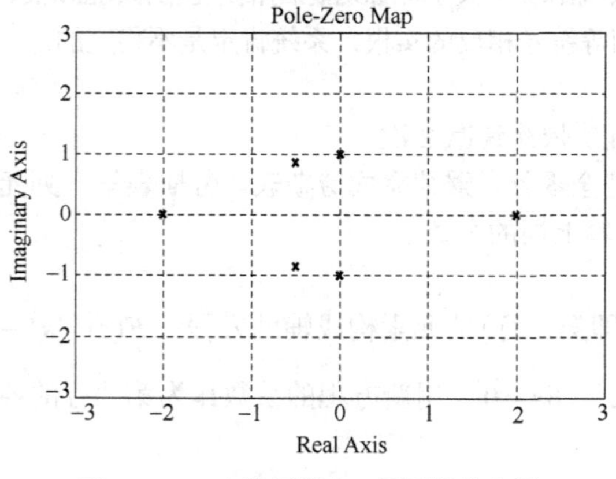

图 3.3.4　6 个特征根在 s 平面的分布图

从图 3.3.4 中可看出，关于原点对称的根为：$s_{1,2}=\pm\mathrm{j}$，$s_{3,4}=\pm 2$。

例 3.3.3　系统特征方程式为

$$s^3+2s^2+s+2=0$$

判断该系统的稳定性。

解　劳斯表为

$$\begin{array}{c|cc} s^3 & 1 & 1 \\ s^2 & 2 & 2 \\ s^1 & 0 & \\ s^0 & & \end{array}$$

第三行的系数全部为零，故应按第二种特殊情况处理。由第二行的系数构成辅助方程：$2s^2+2=0$，两边求导数得新的方程$4s=0$，新的劳斯表为

$$\begin{array}{c|cc} s^3 & 1 & 1 \\ s^2 & 2 & 2 \\ s^1 & 4 & 0 \\ s^0 & 2 & \end{array}$$

解辅助方程得到系统的两个特征根或闭环极点：$s_{1,2}=\pm \mathrm{j}$，再由

$$(s-\mathrm{j})(s+\mathrm{j})(s+a)=s^2+2s^2+s+2$$

得系统的第三个特征根$s_3=-2$。有特征根在虚轴上，系统是不稳定的。

4. 相对稳定性分析

应用劳斯判据可以判断系统的稳定性，如图 3.3.5 所示如果所有的根都在s左半平面，称系统是稳定的。但在实际应用中通常还希望在 s 左半平面的特征根与虚轴有一定的距离，即具有相对稳定性。可以用闭环极点离开虚轴的距离作为衡量系统的稳定程度，所有根的实部距离虚轴越远，说明稳定程度越好。应用劳斯判据判断系统稳定程度的方法是：在 s 左半平面作$s=-\sigma$垂线，再将s平面的虚轴左移到$s=-\sigma$垂线上，令$s_1=s+\sigma$代入原特征方程，得到以s_1为变量的新的特征方程，再应用劳斯判据，当劳斯表第一列元素都为正，此时系统具有σ的相对稳定度。

例 3.3.4 已知某系统的结构图如图 3.3.6 所示，若要求系统全部极点均位于$s=-1$垂线之左，试确定K的取值范围。

解 该系统的特征方程式为

$$s^3+13s^2+40s+40K=0$$

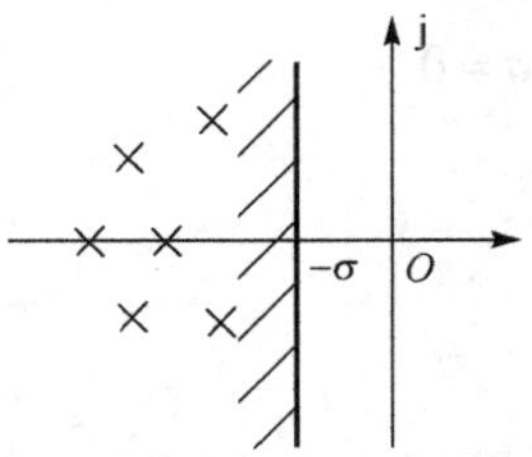

图 3.3.5 s平面上根的位置

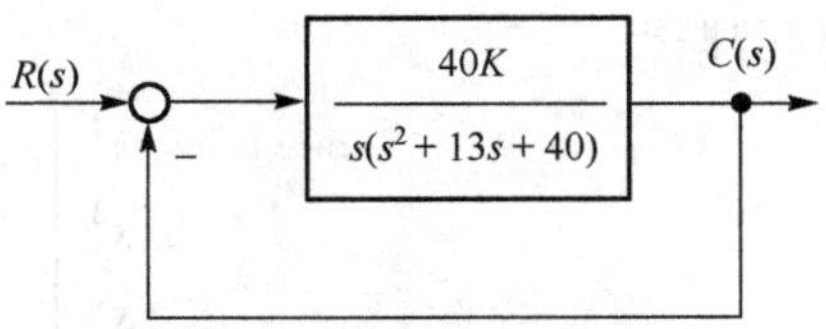

图 3.3.6 例 3.3.4 系统结构图

令$s=s_1-1$代入特征方程得

$$(s_1-1)^3+13(s_1-1)^2+40(s_1-1)+40K=0$$

整理得

$$s_1^3+10s_1^2+17s_1+40K-28=0$$

列劳斯表

$$\begin{array}{c|cc} s_1^3 & 1 & 17 \\ s_1^2 & 10 & 40K-28 \\ s_1^1 & \dfrac{170-(40K-28)}{10} & \\ s_1^0 & 40K-28 & \end{array}$$

由劳斯表第一列均大于零，得K的取值范围为

$$0.7<K<4.95$$

例 3.3.5 汽车制造业对许多部件的焊接精度和速度等指标提出越来越高的要求，一般工人难以胜任这项工作。此外，焊接时的火花及烟雾等会对人体造成危害，因此，焊接机器人

已广泛运用于自动化生产线中，图 3.3.7(a)所示为焊接机器人在汽车制造业的应用。某焊接机器人的焊接头位置控制系统的结构图如图 3.3.7(b)所示，试用劳斯判据判断使闭环系统稳定的 a 的取值范围。

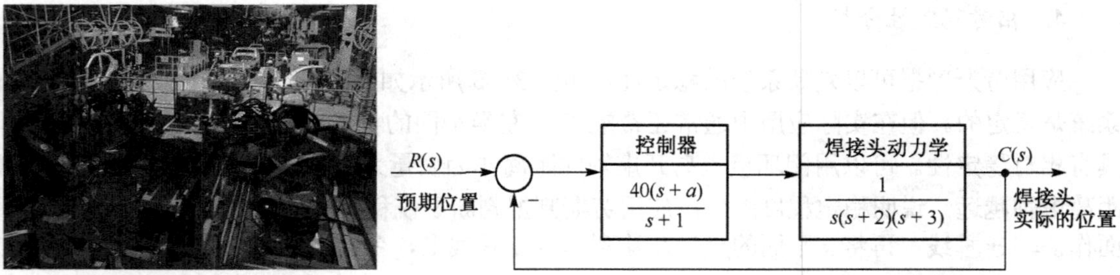

(a) 焊接机器人在汽车制造业的应用

(b) 某焊接机器人的焊接头位置控制系统

图 3.3.7　例 3.3.5 题图

解　系统闭环传递函数为

$$\Phi(s)=\frac{40(s+a)}{s(s+1)(s+2)(s+3)+40(s+a)}$$

特征方程式为

$$D(s)=s^4+6s^3+11s^2+46s+40a=0$$

列劳斯表

$$\begin{array}{c|ccc} s^4 & 1 & 11 & 40a \\ s^3 & 6 & 46 & 0 \\ s^2 & 20/6 & 40a & \\ s^1 & 46-72a & 0 & \\ s^0 & 40a & & \end{array}$$

欲使系统稳定，必须满足第一列的元素全部大于零，则 a 的取值范围为

$$0<a<0.639$$

3.4　线性系统的稳态性能分析

实际控制系统由于存在死区、摩擦等非线性因素及元件的老化和磨损等原因对输入信号的响应都有稳态误差。稳态误差是对系统控制精度的度量，是控制系统的一项重要性能指标。只有稳定的系统，研究稳态误差才有意义，所以稳态误差的计算应以系统稳定为前提。

3.4.1　误差及稳态误差

1. 误差和稳态误差的定义

误差定义。误差为系统希望输出量 $c_r(t)$ 和实际输出量 $c(t)$ 之差，即

$$e(t)=c_r(t)-c(t) \tag{3.4.1}$$

稳态误差定义。系统的稳态误差为误差 $e(t)$ 的稳态分量，用 e_{ss} 表示，即

$$e_{ss}=\lim_{t\to\infty}e(t) \tag{3.4.2}$$

图 3.4.1 所示为稳态误差的示意图，在特定情况下，稳态误差为常值或无穷大。

在工程实际中，一般可以粗略地认为调节时间 t_s 之后的误差为稳态误差。

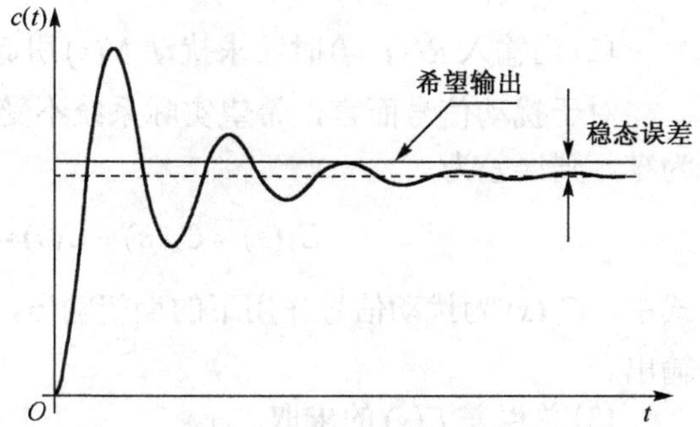

图 3.4.1　稳态误差

2. 稳态误差的一般计算方法

对式(3.4.1)进行拉普拉斯变换，得

$$E(s)=C_r(s)-C(s)$$

若 $E(s)$ 在 s 平面的右半平面和不包括原点的虚轴上解析，具体地说，$E(s)$ 的极点位于 s 平面的左半平面或原点，则稳态误差可用拉普拉斯变换的终值定理计算，即

$$e_{ss}=\lim_{s\to 0}sE(s) \tag{3.4.3}$$

例 3.4.1　典型控制系统结构如图 3.4.2 所示，求在给定输入 $R(s)$ 和扰动输入 $N(s)$ 同时作用下的稳态误差 e_{ss}。

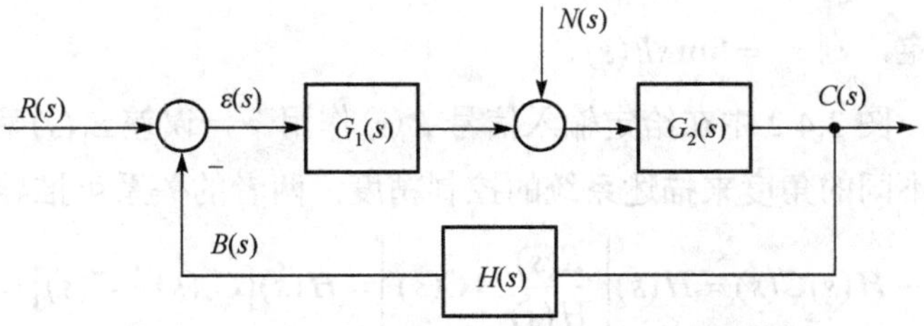

图 3.4.2　典型控制系统

解　(1) 当扰动 $N(s)=0$ 时，求给定输入 $R(s)$ 引起的误差 $E_1(s)$。

由式(3.4.1)知，误差

$$E_1(s)=C_r(s)-C(s)$$

式中，$C_r(s)$ 为输入信号引起的理想输出，$C(s)$ 为输入信号引起的实际输出。

由图 3.4.2 可知，$N(s)=0$ 时，偏差信号 $\varepsilon(s)=R(s)-B(s)=R(s)-H(s)C(s)$，当 $\varepsilon(s)=0$，即系统的偏差信号 $\varepsilon(t)=0$ 在任意时刻都为零，则 $C(s)=\dfrac{1}{H(s)}R(s)$，说明输出量每时每刻都能复现输入量，控制过程瞬间完成，这当然是理想的情况，所以系统的希望输出定义为

$$C_r(s)=\frac{1}{H(s)}R(s) \tag{3.4.4}$$

则误差

$$E_1(s)=C_r(s)-C(s)=\frac{1}{H(s)}R(s)-\varPhi_{cr}(s)R(s) \tag{3.4.5}$$

即

$$E_1(s)=\frac{1}{H(s)}\cdot\frac{1}{1+G_1(s)G_2(s)H(s)}R(s)$$

(2) 当输入 $R(s)=0$ 时，求扰动 $N(s)$ 引起的误差 $E_2(s)$。

对于扰动信号而言，希望实际系统不受扰动信号的干扰，即扰动信号引起的希望输出量为零，则误差为

$$E_2(s)=C_n(s)-C(s)=0-C(s)=0-\Phi_{cn}(s)N(s) \tag{3.4.6}$$

式中，$C_n(s)$ 为扰动信号作用下的期望输出，扰动单独作用下的误差等于扰动单独作用下的负输出。

(3) 总误差 $E(s)$ 的求取。

根据叠加原理，总误差 $E(s)$ 为输入信号引起的误差 $E_1(s)$ 和扰动信号引起的误差 $E_2(s)$ 之和，即

$$\begin{aligned}E(s)&=E_1(s)+E_2(s)\\&=\left[\frac{1}{H(s)}R(s)-\Phi_{cr}(s)R(s)\right]+[0-\Phi_{cn}N(s)]\\&=\frac{1}{H(s)}R(s)-[\Phi_{cr}(s)R(s)+\Phi_{cn}(s)N(s)]\end{aligned} \tag{3.4.7}$$

如果该系统稳定，则 $e_{ss}=\lim\limits_{s\to 0}sE(s)$。

需要注意的是，图 3.4.2 中在给定输入信号 $R(s)$ 作用下，误差 $E_1(s)$ 和偏差 $\varepsilon(s)$ 是两个不同的信号，分别从不同的角度来描述系统的控制精度，两者的关系可推导如下：

$$\varepsilon(s)=R(s)-H(s)C(s)=H(s)\left[\frac{R(s)}{H(s)}-C(s)\right]=H(s)\big[C_r(s)-C(s)\big]=H(s)E_1(s)$$

可得

$$E_1(s)=\varepsilon(s)/H(s)$$

所以尽管 $E_1(s)$ 不能测量，在结构图上也不能体现，但可以计算。在一般情况下，两个信号的物理量纲是不同的。

比如在第 2 章例 2.1.3 的转速控制系统，其结构图如图 3.4.3 所示。

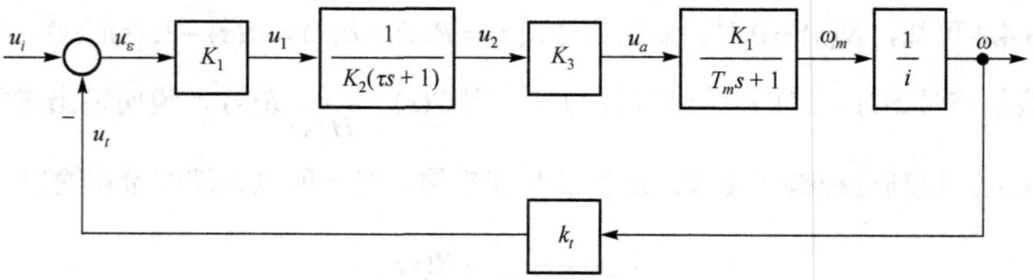

图 3.4.3　转速控制系统结构图

对应于偏差信号 $\varepsilon(s)$ 的是 u_ε，其量纲是电压 V，在实际过程中是可以测量的，并直接用于控制器的设计，u_ε 越小表示控制精度越高，如电压误差 $u_\varepsilon=0.1\text{V}$ 时的控制精度要比电压误差 $u_\varepsilon=0.5\text{V}$ 控制精度更高，但描述不直观，因为实际应用中更关注的是输出量角速度 $\omega(t)$ 是

否接近于指定值或期望值。图 3.4.3 中，对应于误差 $E(s)$ 是指期望的角速度 $\omega_r(s)$ 与实际的角速度 $\omega(s)$ 之差，即 $E(s)=\omega_r(s)-\omega(s)$，在时域就是 $e(t)=\omega_r(t)-\omega(t)$，代表角速度误差信号，$e(t)$ 的量纲是 rad/s，根据式(3.4.4)，期望的角速度 $\omega_r(t)=\dfrac{u_i(t)}{k_t}$。所以，$e(t)$ 更直观地描述控制精度。当 $E(s)=0$ 时，说明实际角速度等于期望角速度，但 $E(s)$ 不能直接用于控制器的设计，并且期望值 $\omega_r(s)$ 在图 3.4.3 中未能反映出来。当 $H(s)\neq 1$ 时，$E(s)$ 和 $\varepsilon(s)$ 是不等值的；当 $H(s)=1$ 时，$E(s)$ 和 $\varepsilon(s)$ 的值相等。

例 3.4.2 已知某系统结构如图 3.4.4 所示，试求在给定输入信号 $r(t)=1(t)$ 和扰动输入信号 $n(t)=1(t)$ 共同作用下系统的稳态误差 e_{ss}。

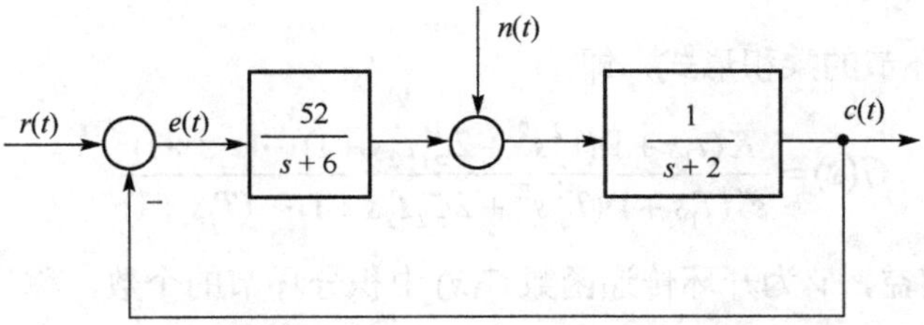

图 3.4.4 例 3.4.2 系统结构图

解 系统的特征方程为

$$D(s)=1+\frac{52}{(s+6)(s+2)}=0$$

即 $D(s)=s^2+8s+64=0$，系统稳定。

给定输入引起的误差为

$$E_1(s)=R(s)-\varPhi_{cr}(s)R(s)=\frac{1}{s}-\frac{52}{(s+6)(s+2)+52}\cdot\frac{1}{s}$$

$$e_{ss1}=\lim_{s\to 0}sE_1(s)=\frac{12}{64}$$

扰动输入引起的误差为

$$E_2(s)=-\varPhi_{cn}(s)R(s)=-\frac{\dfrac{1}{s+2}}{1+\dfrac{52}{(s+6)(s+2)}}\cdot\frac{1}{s}$$

$$e_{ss2}=\lim_{s\to 0}sE_2(s)=-\frac{6}{64}$$

系统总的稳态误差为

$$e_{ss}=e_{ss1}+e_{ss2}=\frac{3}{32}$$

3.4.2 系统稳态误差的一般性分析

设单位负反馈系统结构图如图 3.4.5 所示，其中 $G(s)$ 为开环传递函数。

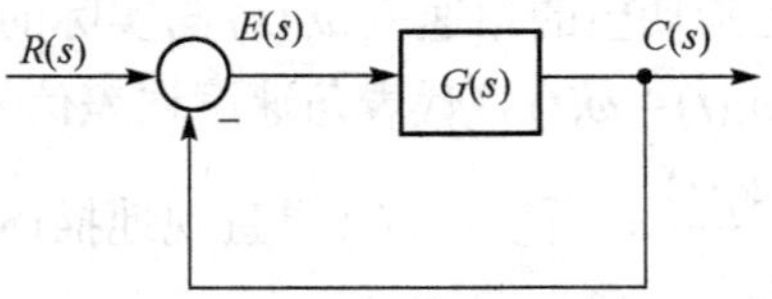

图 3.4.5　给定输入作用下的单位反馈系统

在给定输入信号作用下，系统误差为

$$E(s)=R(s)-C(s)=\frac{1}{1+G(s)}R(s) \tag{3.4.8}$$

可以看出，稳态误差与开环传递函数及输入信号有直接关系。当稳态误差不满足要求时，应调整开环传递函数中的哪些参数来减小稳态误差？本小节主要来解决这个现实问题，也属于控制系统的综合问题。所得到的结论只适合于给定输入信号包括阶跃信号、速度信号、加速度信号等关于时间 t 的幂函数，而结论不适合给定输入为正弦信号的情况。

1. 给定输入信号作用下的稳态误差分析

设 $G(s)$ 为典型环节的乘积形式，即

$$G(s)=\frac{K(\tau_1 s+1)(\tau_2^2 s^2+2\zeta_1\tau_2 s+1)\cdots(\tau_i s+1)}{s^\nu(T_1 s+1)(T_2^2 s^2+2\zeta_2 T_2 s+1)\cdots(T_j s+1)} \tag{3.4.9}$$

式中，K 称为开环增益，ν 为开环传递函数 $G(s)$ 中积分环节的个数，称为系统的型别。$\nu=0$ 称为 0 型系统，$\nu=1$ 称为 Ⅰ 型系统，$\nu=2$ 称为Ⅱ型系统等。

假设系统闭环稳定，利用终值定理求得稳态误差为

$$\begin{aligned} e_{ss}&=\lim_{s\to 0}sE(s)=\lim_{s\to 0}s\cdot\frac{1}{1+G(s)}R(s)\\ &=\lim_{s\to 0}s\cdot\frac{1}{1+\dfrac{K}{s^\nu}}R(s) \end{aligned} \tag{3.4.10}$$

由式(3.4.10)可以看出，系统的稳态误差与系统的型别 ν、开环增益 K 及输入信号 $R(s)$ 有关。下面讨论不同给定输入信号作用下的稳态误差计算。

(1)阶跃输入 $r(t)=R_0\cdot 1(t)$（R_0 表示阶跃输入的幅值），则 $R(s)=\dfrac{R_0}{s}$，由式(3.4.10)可得稳态误差为

$$e_{ss}=\lim_{s\to 0}sE(s)=\lim_{s\to 0}s\frac{1}{1+G(s)}\frac{R_0}{s}=\frac{R_0}{1+\lim\limits_{s\to 0}G(s)} \tag{3.4.11}$$

求极限后得

$$e_{ss}=\begin{cases}\dfrac{R_0}{1+K}, & \nu=0\\ 0, & \nu\geqslant 1\end{cases}$$

(2)斜坡输入 $r(t)=V_0 t$（V_0 表示输入信号的速度），则 $R(s)=\dfrac{V_0}{s^2}$，由式(3.4.10)可得稳态误差为

$$e_{ss}=\lim_{s\to 0}sE(s)=\lim_{s\to 0}s\frac{1}{1+G(s)}\cdot\frac{V_0}{s^2}=\frac{V_0}{\lim\limits_{s\to 0}sG(s)} \tag{3.4.12}$$

求极限后得

$$e_{ss}=\begin{cases}\infty, & \nu=0\\ \dfrac{V_0}{K}, & \nu=1\\ 0, & \nu\geqslant 2\end{cases}$$

(3) 加速度输入 $r(t)=A_0t^2/2$（A_0 为加速度信号的速度变化率），则 $R(s)=\dfrac{A_0}{s^3}$，由式(3.4.10)得稳态误差为

$$e_{ss}=\lim_{s\to 0}sE(s)=\lim_{s\to 0}s\frac{1}{1+G(s)}\cdot\frac{A_0}{s^3}=\frac{A_0}{\lim\limits_{s\to 0}s^2G(s)} \tag{3.4.13}$$

求极限后得

$$e_{ss}=\begin{cases}\infty, & \nu=0,1\\ \dfrac{A_0}{K}, & \nu=2\\ 0, & \nu\geqslant 3\end{cases}$$

通过上述分析可得，单位反馈系统在一类典型输入信号作用下稳态误差与开环增益、系统的型别、输入信号形式之间的关系如表 3.4.1 所示。

表 3.4.1　一类典型输入信号作用下的稳态误差

系统型别	稳态误差		
	$r(t)=R_0\cdot 1(t)$	$r(t)=V_0t$	$r(t)=A_0t^2/2$
0 型	$\dfrac{R_0}{1+K}$	∞	∞
Ⅰ型	0	$\dfrac{V_0}{K}$	∞
Ⅱ型	0	0	$\dfrac{A_0}{K}$

由表 3.4.1 可见，0 型系统对阶跃输入有一定的稳态误差，而对斜坡输入和加速度输入稳态误差均为无穷大，可见零型系统不能跟踪斜坡信号和加速度信号。Ⅰ型系统对阶跃输入不存在稳态误差，而对斜坡输入有一定的稳态误差，对加速度输入稳态误差为无穷大，可见Ⅰ型系统不能跟踪加速度信号。Ⅱ型系统对阶跃和速度输入的稳态误差都为零，而对加速度输入有稳态误差。因此，提高系统的型别及开环增益可以使稳态误差减小，但可能使系统的稳定性变差，甚至导致系统不稳定。在实际系统中，一般不超过Ⅱ型系统。同时从表 3.4.1 可以看出，对一个稳定的系统其稳态误差可能为无穷大，或者说稳态误差为无穷大的系统并不能断定系统不稳定。

结论：当输入信号一定时，稳态误差与开环增益 K 以及开环传递函数中积分环节的个数 ν 有关，增大开环增益 K 和增加积分环节的个数有利于减小稳态误差，但不利于系统的稳定性。

例 3.4.3　系统结构图如图 3.4.6 所示，求在斜坡 $r(t)=3t$ 情况下的稳态误差。

(1) $T_1=0.05$，$T_2=0.4$；

(2) $T_1=0.05$，$T_2=0.1$。

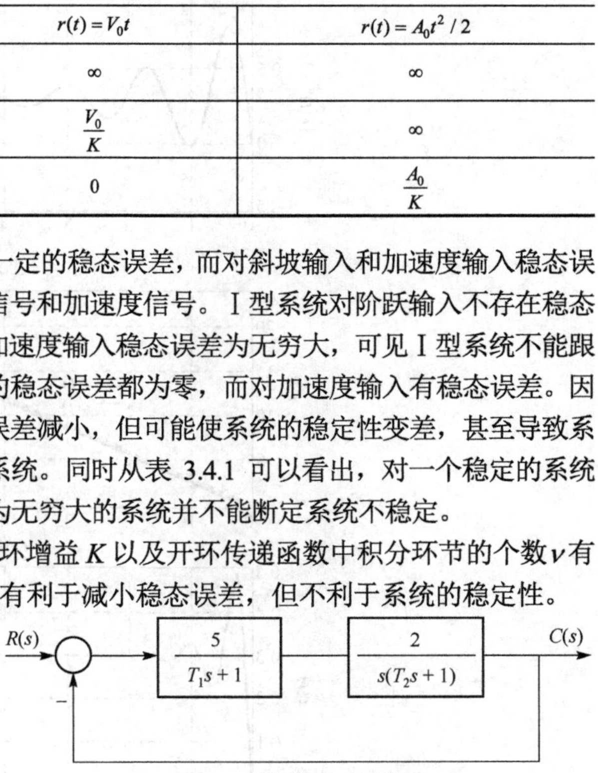

图 3.4.6　闭环系统结构图

解　(1) $T_1=0.05$，$T_2=0.4$。

系统为 3 阶系统，将 T_1,T_2 的值代入系统的特征方程，由劳斯判据可知系统是稳定的。系统为Ⅰ型系统，开环增益 $K=10$，所以稳态误差为

$$e_{ss} = \frac{V_0}{K} = \frac{3}{10} = 0.3$$

(2) $T_1 = 0.05$，$T_2 = 0.1$。

由劳斯判据可知系统仍是稳定的。系统为 I 型系统，开环增益 $K = 10$，所以稳态误差为

$$e_{ss} = \frac{3}{10} = 0.3$$

由此可看出，在系统稳定的前提下，其稳态误差只与开环增益和输入信号有关，与时间常数无关。时间常数 T_1, T_2 只影响系统的动态性能。

图 3.4.7 为两种情况下的仿真结果，时间常数 $T_1 = 0.05$ 不变，T_2 由 0.4 降为 0.1 时，动态性能波动变小。在 $T_2 = 0.4$s 时，t=7s 内系统进入稳态过程；$T_2 = 0.1$ s 时，t=2s 内系统进入稳态过程。稳态误差相同，都是 $e(\infty) = 0.3$。

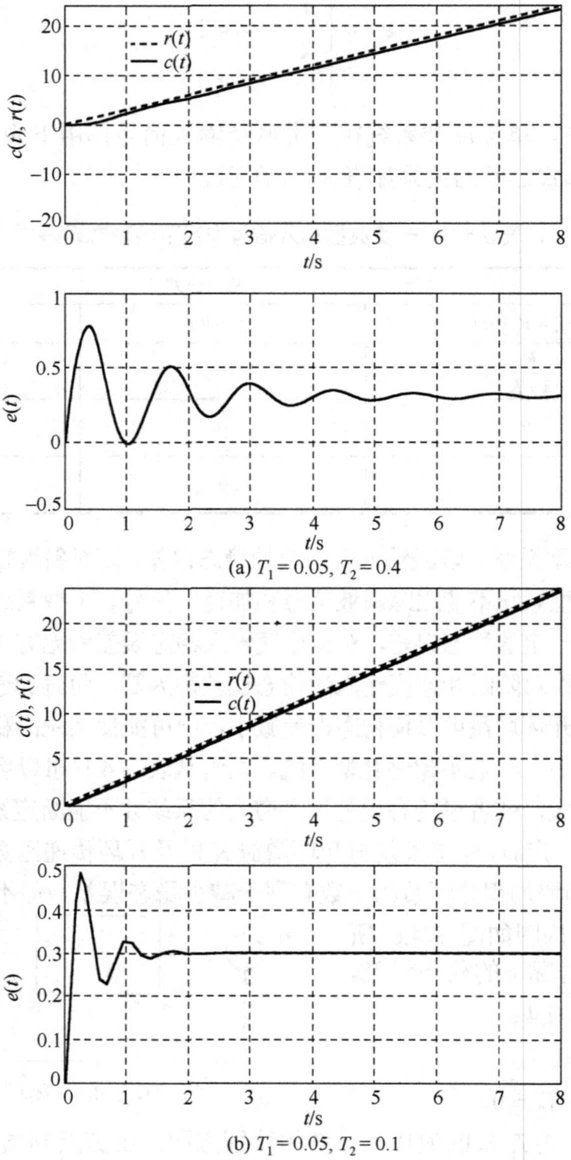

(a) $T_1 = 0.05$, $T_2 = 0.4$

(b) $T_1 = 0.05$, $T_2 = 0.1$

图 3.4.7　不同时间常数情况下的仿真结果

本例再次说明，若一个系统的开环零、极点满足系统的稳定性要求，则影响系统稳态误差的参数就是其开环增益、系统型号与输入信号。

例 3.4.4 雷达(radar)原是"无线电探测与定位"的英文缩写。某地面雷达系统如图 3.4.8(a)所示，图中 θ_i 为雷达天线的指向角，也是火炮控制系统的给定输入，θ_c 是火炮的指向角。其基本任务是探测感兴趣的目标，测定有关目标的距离、方向、速度等参数，然后利用这些参数来控制火炮定位系统的指向角 θ_c，确保火炮能及时准确地跟踪目标，即满足 $\theta_c=\theta_i$，且必要时对目标进行射击。其火炮控制系统结构如图 3.4.8(b)所示，其中 $K=240$。假设目标飞机的飞行范围为 10km，且速度是常数，即 $v=500\text{m/s}$。

(1)试确定稳态误差 e_{ss} [定义 $e(t)=\theta_i(t)-\theta_c(t)$]和对应的脱靶量 d;

(2)若要求脱靶量 d 不大于 1，则 K 应为多大?

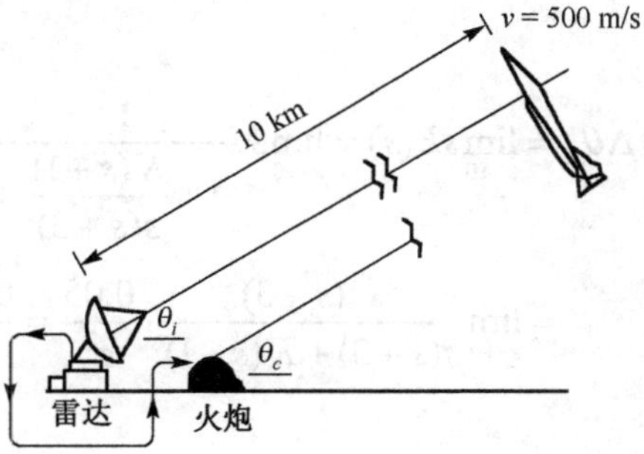

(a) 某地面雷达系统示意图

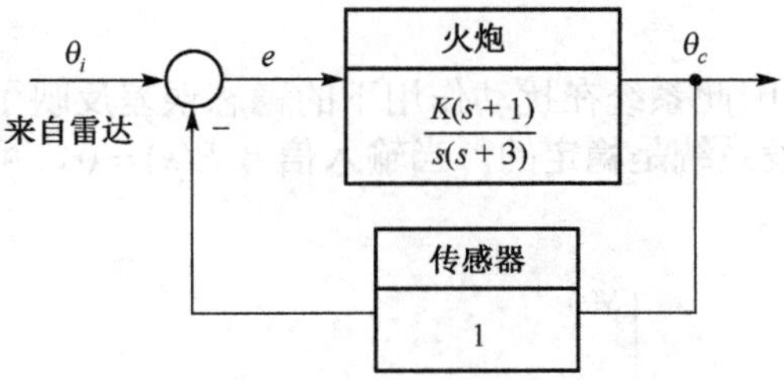

(b) 火炮控制系统结构图

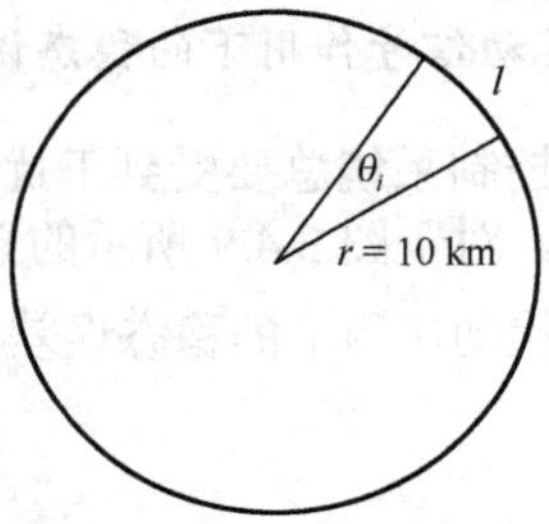

(c) l的表示

图 3.4.8 例 3.4.4 图

解 (1)首先确定系统的给定输入 $\theta_i(t)$。

由图 3.4.8(c)可知 $l=r\theta_i$，而 $r=10\text{km}$ 为常数，则 $\dfrac{\mathrm{d}l}{\mathrm{d}t}=r\dfrac{\mathrm{d}\theta_i}{\mathrm{d}t}$。由 $v=\dfrac{\mathrm{d}l}{\mathrm{d}t}$ 可知

$$\frac{\mathrm{d}\theta_i}{\mathrm{d}t}=\frac{v}{r}=\frac{500}{10000}=0.05\text{rad/s}$$

所以 $\theta_i(t)=0.05t$，即系统输入为斜坡信号。

系统开环传递函数

$$G(s)=\frac{K(s+1)}{s(s+3)}=\frac{240(s+1)}{s(s+3)}$$

误差

$$E(s)=\frac{1}{1+G(s)}\theta_i(s)=\frac{s(s+3)}{s(s+3)+240(s+1)}\cdot\frac{0.05}{s^2}$$

显然，系统是稳定的，所以稳态误差

$$e_{\mathrm{ss}}=\Delta\theta_{\mathrm{ss}}=\lim_{s\to 0}sE(s)=\frac{0.05\times 3}{240}=0.000625\mathrm{rad}$$

它表示直接发射到飞机的雷达天线与炮弹指向之间的角度误差。即在稳态时，有

$$\Delta\theta=\theta_i-\theta_c=0.000625\mathrm{rad}$$

所以，脱靶量 $d=r\cdot\Delta\theta=10^4\times 0.000625=6.25\mathrm{m}$。

(2)若要求脱靶量不大于 1m，则偏离距离为

$$d=r\cdot\Delta\theta_{\mathrm{ss}}\leqslant 1$$

因为

$$e_{\mathrm{ss}}=\Delta\theta_{\mathrm{ss}}=\lim_{s\to 0}sE(s)=\lim_{s\to 0}s\cdot\frac{1}{1+\dfrac{K(s+1)}{s(s+3)}}\cdot\frac{0.05}{s^2}$$

$$=\lim_{s\to 0}\frac{s^2(s+3)}{s(s+3)+K(s+1)}\cdot\frac{0.05}{s^2}=\frac{0.15}{K}$$

所以

$$K\geqslant 0.15r=1500$$

2. 扰动信号作用下的稳态误差分析

实际控制系统总要受到干扰的影响，因此系统在扰动作用下的稳态误差反映了系统的抗干扰能力。对于图 3.4.9 所示的系统，假设系统是稳定的，当输入信号 $R(s)=0$，可用终值定理计算在扰动作用下的稳态误差。

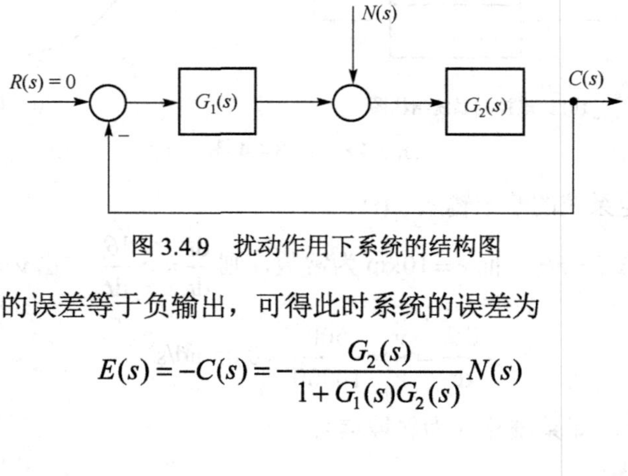

图 3.4.9　扰动作用下系统的结构图

因为扰动作用下的误差等于负输出，可得此时系统的误差为

$$E(s)=-C(s)=-\frac{G_2(s)}{1+G_1(s)G_2(s)}N(s) \tag{3.4.14}$$

利用终值定理得

$$e_{\mathrm{ss}}=\lim_{s\to 0}sE(s)=-\lim_{s\to 0}s\frac{G_2(s)}{1+G_1(s)G_2(s)}N(s) \tag{3.4.15}$$

对于图 3.4.9 所示系统，假设 $G_2(s)=\dfrac{K_2}{s(T_2s+1)}$，当 $G_1(s)$ 为下述三种情况下，试求在阶跃

干扰 $N(s)=\dfrac{M_0}{s}$ 作用下系统的稳态误差。

情况 1：若 $G_1(s)=K_1$（比例环节），有

$$E(s)=-C(s)=-\frac{\dfrac{K_2}{s(T_2s+1)}}{1+K_1\dfrac{K_2}{s(T_2s+1)}}\frac{M_0}{s}=-\frac{K_2}{s(T_2s+1)+K_1K_2}\frac{M_0}{s} \tag{3.4.16}$$

$$e_{ss}=\lim_{s\to 0}sE(s)=-\frac{M_0}{K_1} \tag{3.4.17}$$

可见，增加扰动作用点之前系统的前向通道增益 K_1 可使系统稳态误差减小。

情况 2：若 $G_1(s)=\dfrac{K_1}{s}$（积分环节），有

$$E(s)=-C(s)=-\frac{\dfrac{K_2}{s(T_2s+1)}}{1+\dfrac{K_1}{s}\dfrac{K_2}{s(T_2s+1)}}\frac{M_0}{s}=-\frac{K_2s}{s^2(T_2s+1)+K_1K_2}\frac{M_0}{s} \tag{3.4.18}$$

$$e_{ss}=\lim_{s\to 0}sE(s)=-\lim_{s\to 0}s\frac{K_2s}{s^2(T_2s+1)+K_1K_2}\frac{M_0}{s}=0 \tag{3.4.19}$$

比较情况 1 和情况 2 可见，欲使系统在阶跃干扰作用下稳态误差为零，则应在扰动作用点之前的前向通道至少串入一个积分环节。

情况 3：若 $G_1(s)=K_1\left(1+\dfrac{1}{\tau s}\right)$（比例-积分环节），有

$$E(s)=-C(s)=-\frac{\dfrac{K_2}{s(T_2s+1)}}{1+K_1\left(1+\dfrac{1}{\tau s}\right)\dfrac{K_2}{s(T_2s+1)}}\frac{M_0}{s} \tag{3.4.20}$$

$$e_{ss}=\lim_{s\to 0}sE(s)=-\lim_{s\to 0}s\frac{\dfrac{K_2}{s(T_2s+1)}}{1+K_1\left(1+\dfrac{1}{\tau s}\right)\dfrac{K_2}{s(T_2s+1)}}\frac{M_0}{s}=0 \tag{3.4.21}$$

比较情况 1 和情况 3 可见，扰动作用下的稳态误差与扰动信号作用点之前的前向通道积分环节个数和增益大小有关，而与干扰作用点之后的前向通道积分环节数目及增益大小无关。

结论：扰动作用点之前的前向通道的增益 K 与积分环节的个数 ν 对扰动作用下的稳态误差有影响，改变这两个参数可以改变扰动作用下稳态误差的大小。而与扰动作用点之后的前向通道的增益与积分环节的个数无关。

3.4.3 利用前馈控制减小或消除稳态误差的方法

根据上述讨论，为了减小在输入信号作用下的稳态误差，可以提高系统的型别及增加系统的开环增益。如果要减小在扰动信号作用下的稳态误差，可以提高扰动作用点之前的积分

环节的个数和增益。但是这些方法都会影响到系统的稳定性，甚至导致系统的不稳定，所以有必要寻找一种既能提高系统的稳态精度又不会影响系统的稳定性的方法，这就是复合控制方法。该方法通过从给定输入或扰动输入处引入一个前馈控制加到系统进行适当补偿，就可以达到减小或消除稳态误差的目的。不像反馈控制，前馈控制并不影响闭环系统的特征方程，所以不会影响系统的稳定性。

在介绍复合控制之前我们给出如下定义。

全补偿。使系统误差 $E(s)=0$ 的补偿，称为全补偿。即对所有 $t\in[0,\infty)$ ，$e(t)=0$ 。在物理概念上理解，就是扰动对系统不产生任何影响。

稳态全补偿。仅使系统稳态误差 $e_{ss}=0$ 的补偿，称为稳态全补偿。在物理概念上理解，就是扰动开始时对系统有影响，而在稳态时对系统不产生任何影响。

复合控制。同时具有反馈控制与前馈控制称为复合控制。

1. 按给定输入补偿的复合控制

按给定输入补偿的复合控制的结构图如图 3.4.10 所示，$G_r(s)$ 为补偿装置的传递函数。由该图可见，为了消除输入信号引起的误差，在原来反馈控制的基础上，从给定输入处引入了前馈控制器 $G_r(s)$ 。

此时系统的输出为

$$C(s)=\frac{[G_r(s)+G_1(s)]G_2(s)}{1+G_1(s)G_2(s)}R(s) \tag{3.4.22}$$

误差为

$$E(s)=R(s)-C(s)=\frac{1-G_r(s)G_2(s)}{1+G_1(s)G_2(s)}R(s) \tag{3.4.23}$$

当 $G_r(s)=\dfrac{1}{G_2(s)}$ 时，$E(s)=0$ ，即输入信号引起的误差 $e(t)$ 为零。

可见，通过该补偿装置可以使得由输入信号引起的误差为零，实现了全补偿。

2. 按扰动补偿的复合控制

按扰动补偿的复合控制的结构图如图 3.4.11 所示，$G_n(s)$ 为补偿装置的传递函数，从扰动输入处引入前馈控制器 $G_n(s)$ 的目的是使系统在扰动作用下引起的误差为零。

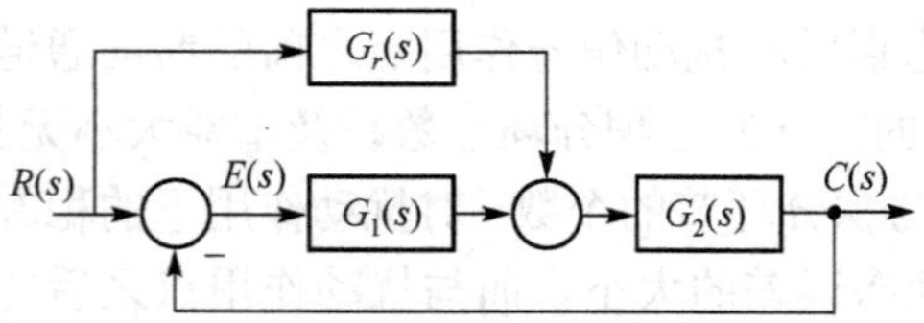

图 3.4.10 按给定输入补偿的复合控制系统

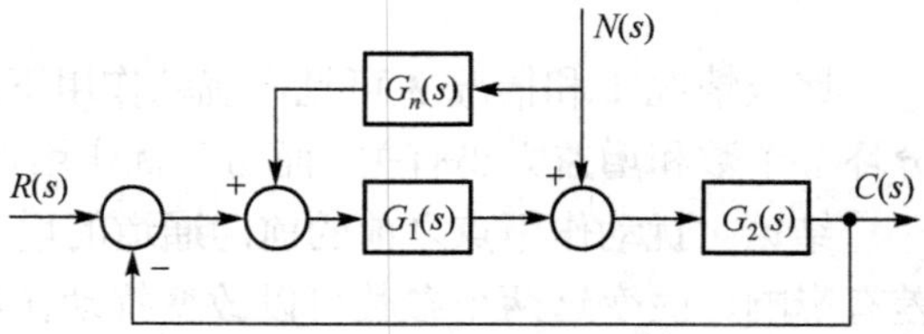

图 3.4.11 按扰动补偿的复合控制系统

此时系统的输出为

$$C(s)=\frac{G_2(s)[1+G_1(s)G_n(s)]}{1+G_1(s)G_2(s)}\cdot N(s) \tag{3.4.24}$$

当 $G_n(s)=-\dfrac{1}{G_1(s)}$ 时，输出 $C(s)=0$，则误差 $E(s)=0-C(s)=0$，说明此时扰动对系统的输出影响为零，实现了全补偿。

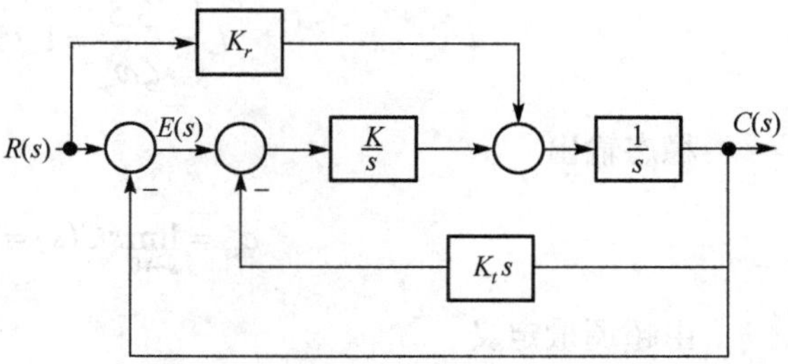

图 3.4.12　例 3.4.5 结构图

例 3.4.5　某系统结构图如图 3.4.12 所示，当 $K_r=0$，$r(t)=1(t)$ 时，系统的超调量为 $\sigma\%=16.3\%$；当 $K_r=0$，$r(t)=t$ 时，系统的稳态误差 $e_{ss}=0.25$。

(1) 求系统的结构参数 K 和 K_t；

(2) 求此时系统在 $r(t)=1(t)$ 时的调节时间 t_s（$\pm5\%$ 误差带）及输出的最大值 $c_{\max}$；

(3) 设计 K_r，使系统在 $r(t)=t$ 作用下无稳态误差。

解　(1) 系统的开环传递函数为

$$G(s)=\frac{K}{s(s+KK_t)}$$

闭环传递函数为

$$\Phi(s)=\frac{K}{s^2+KK_ts+K}$$

可得

$$\omega_n=\sqrt{K},\quad 2\zeta\omega_n=KK_t$$

速度误差系数为

$$K_v=\lim_{s\to0}sG(s)=\frac{1}{K_t}$$

稳态误差为

$$e_{ss}=\frac{1}{K_v}=0.25$$

可得

$$K_t=0.25$$

由

$$\sigma\%=\mathrm{e}^{-\pi\zeta/\sqrt{1-\zeta^2}}\times100\%=16.3\%$$

得

$$\zeta=0.5$$

则

$$K=16$$

(2) 系统的闭环传递函数为

$$\Phi(s)=\frac{16}{s^2+4s+16}$$

调节时间

$$t_s = \frac{3.5}{\zeta\omega_n} = 1.75\text{s}, \quad \varDelta = \pm 5\%$$

稳态输出

$$c_{ss} = \lim_{s \to 0} sC(s) = \lim_{s \to 0} s\varPhi(s) \cdot \frac{1}{s} = 1$$

由超调量定义

$$\sigma\% = \frac{c_{\max} - c_{ss}}{c_{ss}} \times 100\% = 16.3\%$$

可得

$$c_{\max} = 1.163$$

(3) 系统的误差传递函数为

$$\varPhi_{er}(s) = \frac{E(s)}{R(s)} = \frac{s(s + KK_t - K_r)}{s^2 + KK_t s + K}$$

斜坡输入信号作用下稳态误差为

$$e_{ss} = \lim_{s \to 0} s\varPhi_{er}(s)R(s) = \frac{KK_t - K_r}{K}$$

令 $e_{ss} = 0$，可得

$$KK_t - K_r = 0$$

故 $K_r = 4$。

例 3.4.6 某机器人手爪如图 3.4.13(a) 所示，它由直流电机驱动以改变两个手指的夹角 θ。手爪控制系统的模型如图 3.4.13(b) 所示，对应的结构图如图 3.4.13(c) 所示，其中，给定输入 $\theta_d(t) = 1(t)$，$K_m = 30$，$K_a = 0.2$，$R_f = 1\Omega$，$K_f = K_i = 1$，$J = 0.1$，$f = 1$。

(1) 扰动 $T_d(t) = 0$ 时，给出系统的输出响应曲线；

(2) 扰动 $T_d(t) = 1(t)$ 时，计算扰动对系统产生的稳态误差 e_{ss}，并给出此时系统的输出响应曲线；

(3) 扰动 $T_d(t) = 1(t-5) - 1(t-6)$ 时，给出系统的输出响应曲线；

(4) 选择补偿装置 $G_n(s)$ 使系统的输出不受扰动的影响，并给出系统的输出响应曲线。

解 该系统的特征方程为

$$D(s) = 1 + \frac{K_a K_m K_f}{R_f} \cdot \frac{1}{s(Js + f)} = 0$$

代入参数得 $D(s) = 0.1s^2 + s + 6 = 0$，系统是稳定的。

(1) $\theta_d(t) = 1(t)$ 与 $T_d(t) = 0$ 时，系统的输出曲线 $c(t)$ 如图 3.4.14(a) 所示，系统无稳态误差。

(2) 根据扰动对系统产生的稳态误差等于扰动单独作用下的负输出：

$$C(s) = -\frac{\dfrac{1}{s(Js + f)}}{1 + \dfrac{K_a K_m K_f}{R_f} \cdot \dfrac{1}{s(Js + f)}} T_d(s)$$

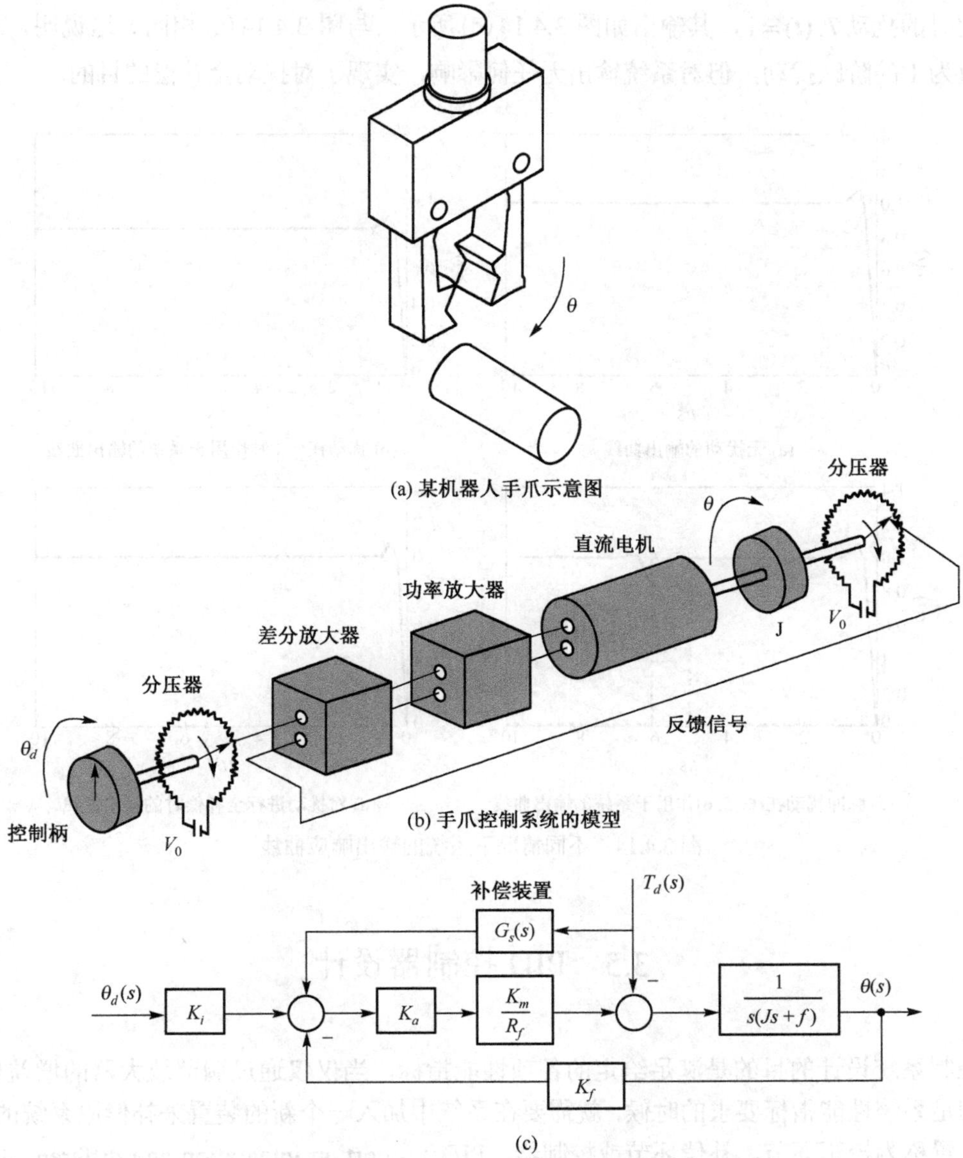

(a) 某机器人手爪示意图

(b) 手爪控制系统的模型

(c)

图 3.4.13　机器人手爪控制系统结构图

稳态误差

$$e_{ss} = \lim_{s\to 0} sE(s) = -\lim_{s\to 0} sC(s) = \lim_{s\to 0} s\frac{1}{0.1s^2+s+6}\cdot\frac{1}{s} = \frac{1}{6}$$

结果说明负载扰动使输出量的稳态值减小了 1/6。

$\theta_d(t)=1(t)$ 与 $T_d(t)=1(t)$ 时的输出曲线如图 3.4.14(b) 所示，输出 $c(t)$ 稳态值为 $1-\frac{1}{6}\approx 0.833$。

(3) 图 3.4.14(c) 为矩形脉冲扰动 $T_d(t)=1(t-5)-1(t-6)$ 时的输出曲线，扰动消失后，输出又恢复到其稳态值 1。

(4) 由前面的结论知，当 $G_n(s)=\frac{1}{G_1(s)}=\frac{R_f}{K_aK_m}=\frac{1}{6}$ 时，可以实现对扰动的全补偿。

此时的扰动 $T_d(t)=1$，其输出如图 3.4.14(d)所示，与图 3.4.14(a)相同。这说明，尽管出现幅值为 1 的阶跃扰动，但对系统输出无任何影响，实现了对扰动全补偿的目的。

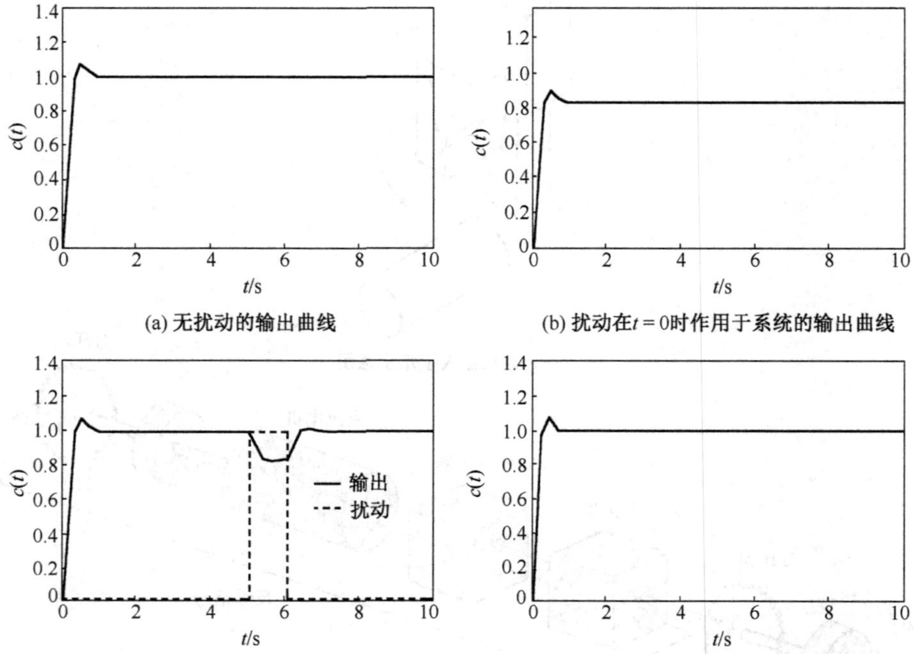

(a) 无扰动的输出曲线　(b) 扰动在 $t=0$ 时作用于系统的输出曲线

(c) 脉冲扰动在 $t\in[5, 6]$ 作用于系统的输出曲线　(d) 对扰动进行全补偿时的输出曲线

图 3.4.14　不同情况下系统的输出响应曲线

3.5　PID 控制器设计

控制系统设计的目的是满足给定的各项性能指标，当仅仅通过调节放大器的增益仍无法全面满足系统性能指标要求的时候，就需要在系统中加入一个新的装置来补偿原系统的性能，这个装置称为校正环节、补偿环节或控制器。PID(proportion integration and differentiation)是比例、积分、微分的缩写，在工程实践中应用最为广泛的控制规律为比例-积分-微分控制，简称 PID 控制。

PID 控制的特点如下。

(1)对被控对象的数学模型要求不高。实际系统由于具有高阶、非线性及时变等特性，建立其精确的数学模型比较困难，而 PID 控制器对被控对象的数学模型要求不高，甚至在不完全了解被控对象的数学模型时也可以应用此控制技术。

(2)调节方便。PID 控制器中比例、积分、微分对系统的稳定性、快速性和准确性的影响，其理论分析体系完整，且控制器各参数的调整应用经验丰富，便于工程应用。

(3)适用面广。PID 控制对于大多数过程控制系统都具有良好的控制效果和鲁棒性。

基于上述特点，尽管自 1940 年以来许多先进的控制方法不断涌现，但 PID 控制还是工业控制的主要控制方式。

3.5.1 PID 控制原理及形式

具有 PID 控制器(又称 PID 调节器)的系统结构图如图 3.5.1 所示。由图中可见，PID 控制是通过对误差的比例(P)、积分(I)和微分(D)线性组合构成控制量对被控对象进行调节。

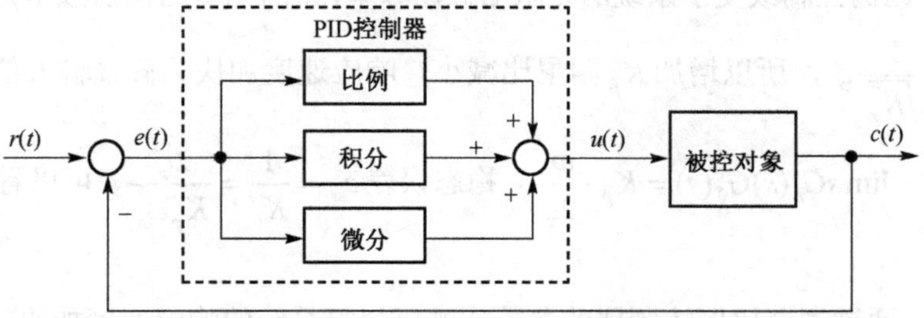

图 3.5.1　具有 PID 控制的典型系统结构图

1. PID 控制器的输入输出关系

$$u(t)=K_p\left[e(t)+\frac{1}{T_i}\int_0^t e(t)\mathrm{d}t+T_d\frac{\mathrm{d}e(t)}{\mathrm{d}t}\right] \tag{3.5.1}$$

式中，$u(t)$ 为控制器的输出量，$e(t)$ 为误差信号，K_p 为比例系数，T_i 为积分时间常数，T_d 为微分时间常数。

其传递函数为

$$\frac{U(s)}{E(s)}=K_p\left(1+\frac{1}{T_i s}+T_d s\right) \tag{3.5.2}$$

PID 控制各参数作用如下。

(1) 比例环节：成比例地反映调节系统的误差信号。增大比例系数，可加快系统的响应速度，减小系统的稳态误差。

(2) 积分环节：主要为了消除系统的稳态误差，提高控制精度。积分作用的强弱取决于积分时间常数 T_i 的大小，T_i 越大，积分作用越弱，反之则越强。

(3) 微分环节：能反映误差信号的变化趋势，并能在误差信号变得太大之前，引入一个有效的早期修正信号，从而加快系统的响应速度，减小调节时间。

可以说，PID 控制是依据系统现在的表现——比例、历史的表现——积分、发展的趋势——微分，决定下一步的控制措施。

2. 基本控制规律

1) 比例(P)控制器

加入比例控制器的二阶系统结构图如图 3.5.2 所示。

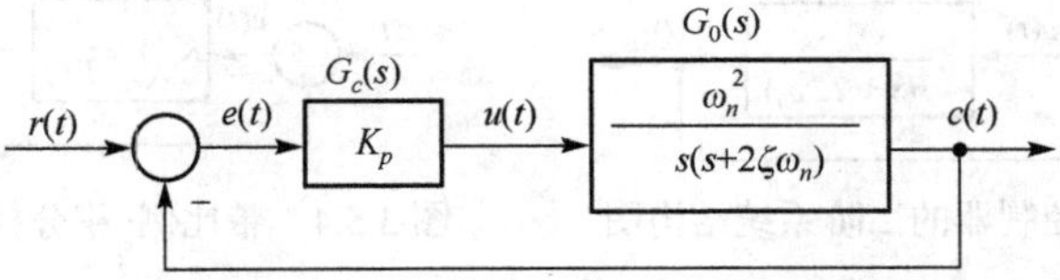

图 3.5.2　带比例控制器的二阶系统结构图

系统闭环传递函数为

$$\Phi(s)=\frac{K_p\omega_n^{\ 2}}{s^2+2\zeta\omega_n s+K_p\omega_n^{\ 2}},\quad K_p>1$$

可以看出，比例控制改变了系统的无阻尼振荡频率，新的无阻尼振荡频率为$\omega_{n1}=\sqrt{K_p}\omega_n$，阻尼比为$\zeta_1=\frac{1}{\sqrt{K_p}}\zeta$，所以增加$K_p$阻尼比减小，响应速度加快。假设输入信号$r(t)=t$，速度误差系数$K_v=\lim\limits_{s\to 0}sG_c(s)G_0(s)=K_p\cdot\frac{\omega_n}{2\zeta}$，稳态误差$e_{ss}=\frac{1}{K_v}=\frac{2\zeta}{K_p\omega_n}$。可以看出，增加$K_p$稳态误差减小。

综上所述，通过调节比例控制器的参数，既可使得系统的响应速度加快，又可以使稳态精度提高。但是对于高于二阶的系统，K_p过大会造成系统的不稳定。

2) 比例-微分(PD)控制器

加入比例-微分控制器的二阶系统结构图如图 3.5.3 所示。

PD 控制器的输入$e(t)$与输出$u(t)$之间的关系为

$$u(t)=K_p\left[e(t)+T_d\frac{\mathrm{d}e(t)}{\mathrm{d}t}\right] \tag{3.5.3}$$

传递函数为

$$\frac{U(s)}{E(s)}=K_p(1+T_d s) \tag{3.5.4}$$

开环传递函数

$$G(s)=K_p(1+T_d s)\cdot\frac{\omega_n^2}{s(s+2\zeta\omega_n)} \tag{3.5.5}$$

闭环传递函数

$$\Phi(s)=\frac{K_p(1+T_d s)\omega_n^2}{s^2+2\zeta_d\omega_n s+K_p\omega_n^2} \tag{3.5.6}$$

式中，$\zeta_d=\zeta+\frac{K_pT_d}{2}\omega_n$。

可以看出比例-微分控制给系统增加了一个开环零点，使得响应速度加快。又由于增加了系统的阻尼比，超调量下降，所以可以全面改善系统的动态特性。

3) 比例-积分(PI)控制器

加入比例-积分控制器的二阶系统结构图如图 3.5.4 所示。

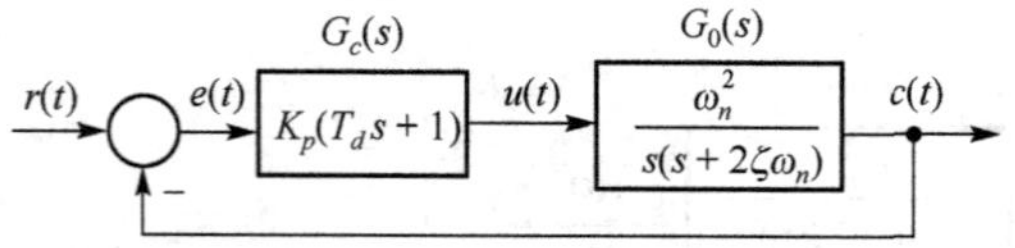

图 3.5.3　带比例-微分控制器的二阶系统结构图

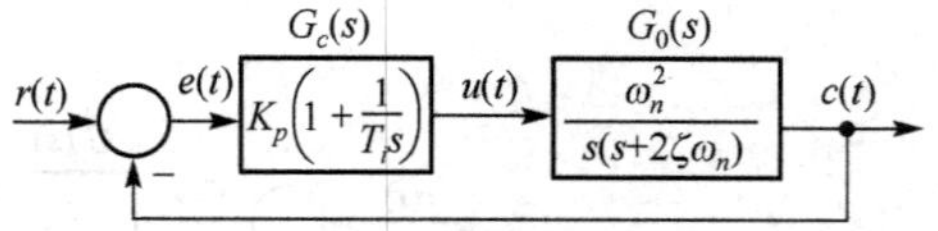

图 3.5.4　带比例-积分控制器的二阶系统结构图

PI 控制器的输入$e(t)$与输出$u(t)$之间的关系为

$$u(t)=K_p\left[e(t)+\frac{1}{T_i}\int_0^t e(t)\mathrm{d}t\right] \tag{3.5.7}$$

传递函数为

$$\frac{U(s)}{E(s)}=K_p\left(1+\frac{1}{T_i s}\right) \tag{3.5.8}$$

系统开环传递函数

$$G(s)=\frac{K_p(T_i s+1)\omega_n^2}{T_i s^2(s+2\zeta\omega_n)} \tag{3.5.9}$$

可以看出比例-积分控制给系统增加了一个开环零点，调节时间减小。又由于提高了系统的型别，稳态误差减小。PI 控制主要用于改善系统的稳态性能。

4) 比例-积分-微分(PID)控制器

加入比例-积分-微分控制器的二阶系统结构图如图 3.5.5 所示。

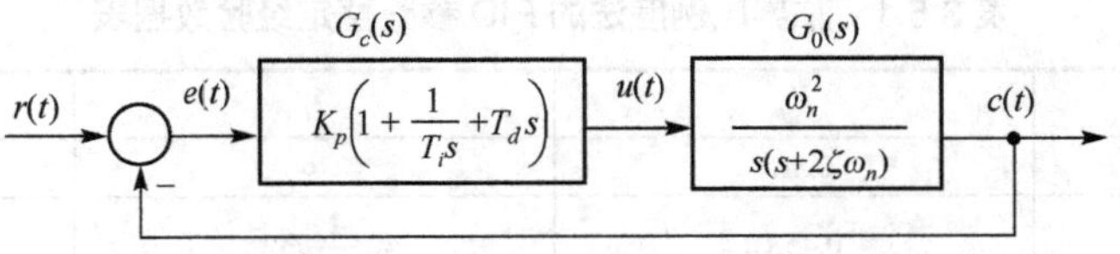

图 3.5.5　带比例-积分-微分控制器的二阶系统结构图

PID 控制器的输入 $e(t)$ 与输出 $u(t)$ 之间的关系为

$$u(t)=K_p\left[e(t)+\frac{1}{T_i}\int_0^t e(t)\mathrm{d}t+T_d\frac{\mathrm{d}e(t)}{\mathrm{d}t}\right] \tag{3.5.10}$$

开环传递函数为

$$G_c(s)=\frac{U(s)}{E(s)}=K_p\left(1+\frac{1}{T_i s}+T_d s\right)=\frac{K_p}{T_i}\frac{(\tau_1 s+1)(\tau_2 s+1)}{s} \tag{3.5.11}$$

可以看出比例-积分-微分控制给系统增加了两个开环零点，又提高了系统的型别，所以既可提高系统的动态性能，又可提高系统的稳态性能，可以全面改善系统的性能。

3.5.2　PID 参数整定方法

所谓 PID 参数整定是指根据被控对象的特性和控制系统性能指标的要求，确定 PID 控制的比例系数、积分时间常数和微分时间常数的大小。PID 参数整定的好坏直接影响到一个系统的控制效果，它是 PID 控制器的设计和应用的核心问题。

PID 参数整定方法很多，大致可以分为两类。一是理论计算整定法。它主要依据系统的数学模型，经过理论计算确定控制器参数。这种方法所得的 PID 参数由于建模误差等通常在工程实际还需进行调整和修改。二是工程整定方法。它主要依赖工程经验，直接在控制系统的试验中进行 PID 参数整定。由于该方法简单、易于掌握，在实际工程中广泛采用。

PID 参数的工程整定方法主要有临界比例度法、反应曲线法和衰减曲线法。

1. 临界比例度法

首先设积分时间常数 $T_i = \infty$ 和微分时间常数 $T_d = 0$，只采用纯比例 K_p 控制，如图 3.5.6 所示，然后使 K_p 由 0 逐渐增加到使系统的输出量 $c(t)$ 出现等幅振荡，如图 3.5.7 所示，得到临界比例值 K_m 及振荡周期 P_m，然后按表 3.5.1 的经验数据求出 K_p、T_i 和 T_d 的初始参数。

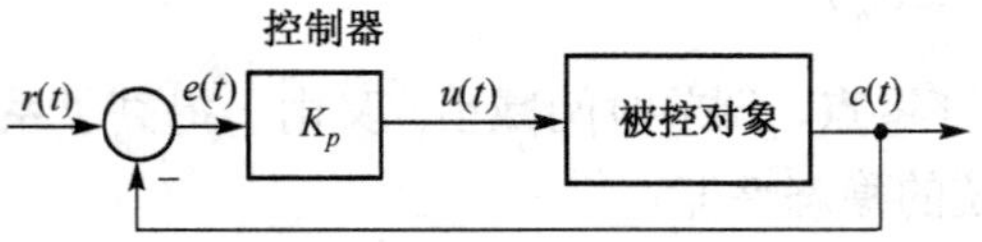

图 3.5.6　临界增益和临界周期的确定

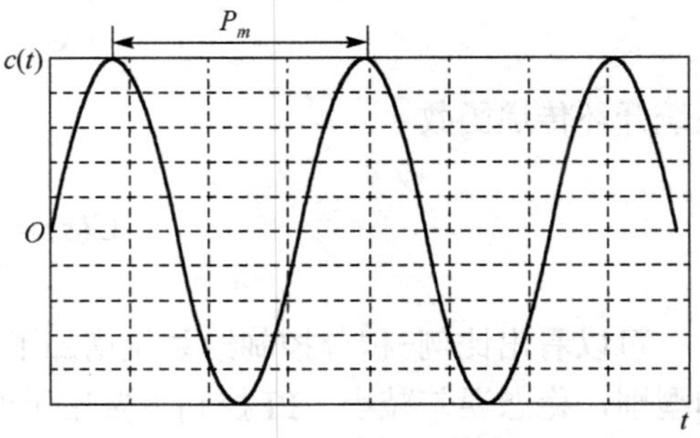

图 3.5.7　具有周期 P_m 的等幅振荡系统

表 3.5.1　临界比例度法的 PID 参数整定经验数据表

控制器类型	K_p	T_i	T_d
P	$0.5K_m$	∞	0
PI	$0.45K_m$	$\frac{1}{1.2}P_m$	0
PID	$0.6\,K_m$	$0.5P_m$	$0.125P_m$

需要注意的是，该方法只适用于输出量允许或能得到等幅振荡的系统，对于那些被控对象时间常数和滞后时间较小的系统，一般不允许进行临界实验，所以不能使用该方法。

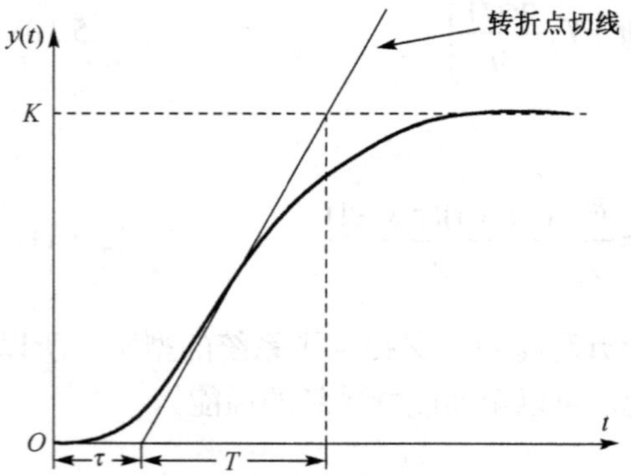

图 3.5.8　系统的飞升曲线

2. 反应曲线法

反应曲线法需要测定控制对象的动态特性，求系统的单位阶跃响应曲线，即飞升曲线，如图 3.5.8 所示。类似这种响应曲线的系统近似可以用如下传递函数描述：

$$\frac{Y(s)}{U(s)} = \frac{Ke^{-\tau s}}{Ts+1} \tag{3.5.12}$$

在图 3.5.8 飞升曲线的转折点作一条切线，确定出切线与时间轴和直线 $y(t) = K$ 的交点，即可得到滞后时间 τ、时间常数 T 和比例系数 K_p。再按表 3.5.2 经验数据求出 PID 初始参数。

表 3.5.2　基于反应曲线法的 PID 参数整定经验数据表

调节规律	K_p	T_i	T_d
P	$K\tau / T$	∞	0
PI	$0.9K\tau / T$	$\frac{\tau}{0.3}$	0
PID	$1.2K\tau / T$	2τ	0.5τ

3. 衰减曲线法

衰减曲线法是使系统阶跃响应产生衰减振荡，再根据衰减振荡曲线的参数来确定 PID 参数的方法。工程上认为，系统响应的振荡幅值在一个周期内衰减 1/4(衰减比为 4 : 1)，对应的阻尼比为 $\zeta = 0.21$，此时系统的动态性能较适宜。该方法首先设 $T_i = \infty$ 和 $T_d = 0$，只采用纯比例 K_p 控制，如图 3.5.9 所示，输入信号为阶跃函数。K_p 取较大值时观察输出曲线的衰减情况。然后逐渐减小 K_p 的值，直到衰减比为 4 : 1，记下此时的比例值 P_s 和周期 T_s，如图 3.5.10 所示。再按表 3.5.3 经验数据求出 PID 初始参数。

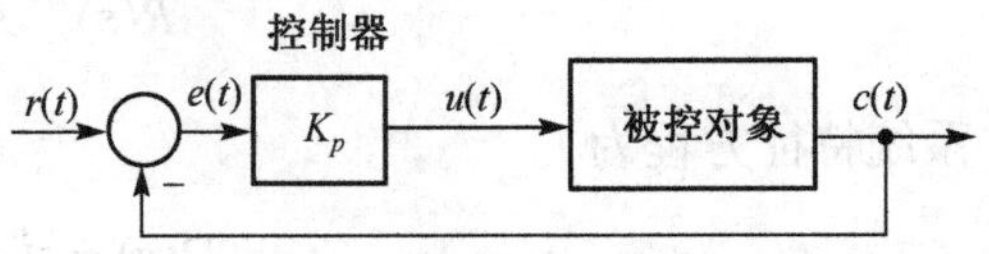

图 3.5.9　衰减曲线法系统结构图

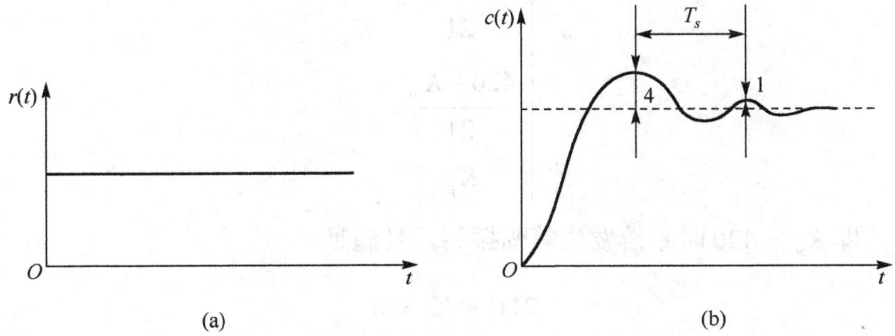

图 3.5.10　衰减曲线法的系统输入和输出曲线

表 3.5.3　基于衰减曲线法的 PID 参数整定经验数据表

调节规律	K_p	T_i	T_d
P	P_s	∞	0
PI	$1.2\,P_s$	$0.85\,T_s$	0
PID	$0.8\,P_s$	$0.3\,T_s$	$0.1\,T_s$

衰减曲线法适用于控制对象时间常数和滞后时间较大的系统，对于扰动频繁的系统，往往得不到闭环系统的阶跃响应曲线，这时采用衰减曲线法不容易得到满意的结果，因此，要根据控制对象的具体情况，选择其他合适的整定方法。

上述三种 PID 控制器参数的工程整定方法各有其特点，其共同点都是通过试验，然后按照工程经验公式对控制器参数进行整定。但无论采用哪一种方法所得到的控制器参数，都需要在实际运行中进行最后调整与完善才能取得满意效果，且工程整定法由于采用的是经验公式，所以对同一系统应用不同方法整定出的参数不可能一致，它们的实际控制性能指标将会有差别。

例 3.5.1　如图 3.5.11 所示控制系统，试采用临界比例度法确定 PID 参数 K_p、T_i 和 T_d 值，并通过仿真得到系统的单位阶跃响应。

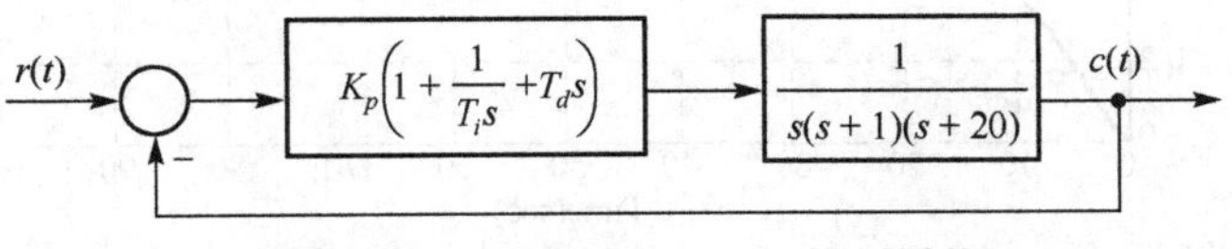

图 3.5.11　例 3.5.1 所示 PID 控制系统

解 设$T_i=\infty$和$T_d=0$，得系统的闭环传递函数为

$$\frac{C(s)}{R(s)}=\frac{K_p}{s(s+1)(s+20)+K_p}$$

系统特征方程为

$$D(s)=s^3+21s^2+20s+K_p=0$$

利用劳斯判据得到临界稳定状态。

列劳斯表

$$\begin{array}{c|cc} s^3 & 1 & 20 \\ s^2 & 21 & K_p \\ s^1 & \dfrac{420-K_p}{21} & \\ s^0 & K_p & \end{array}$$

当$K_p=420$，即$K_m=420$时系统发生等幅振荡，且满足

$$21s^2+K_p=0$$

得$s=\pm \mathrm{j}2\sqrt{5}$，即振荡频率$\omega=2\sqrt{5}$，周期$P_m=\dfrac{2\pi}{\omega}=\dfrac{2\pi}{2\sqrt{5}}=1.404$。

参考表 3.5.1，确定K_p T_i和T_d的初始值分别为$K_p=0.6K_m=252$，$T_i=0.5P_m=0.702$，$T_d=0.125P_m=0.176$。

所以 PID 控制器的传递函数为

$$G_c(s)=252\left(1+\frac{1}{0.702s}+0.176s\right)$$

利用仿真得到系统的单位阶跃响应曲线如图 3.5.12 所示。

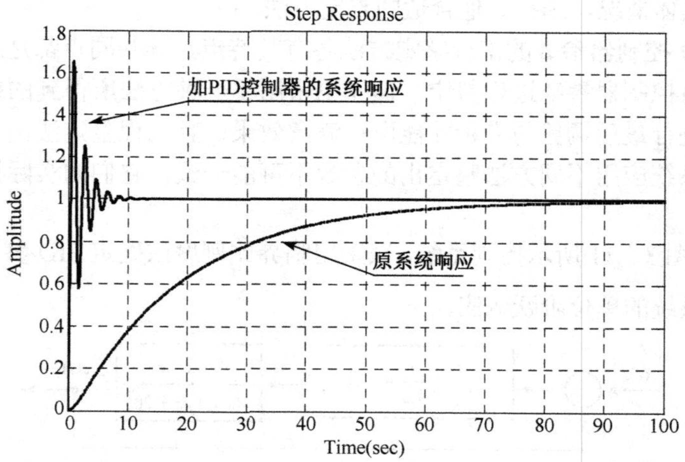

图 3.5.12 例 3.5.1 系统的单位阶跃响应曲线

由图 3.5.12 可见，加入 PID 控制器的系统的快速性能得到了明显改善，但超调量较大。所以，采用临界比例度法确定 PID 的各参数只是一组参考值，还需要通过仿真实验进行反复调整才能取得满意效果，尤其是在实际系统运行中更是如此。

例 3.5.2 磁悬浮球系统的 PID 控制。

某磁悬浮球控制系统如图 3.5.13(a) 所示，其结构图如图 3.5.13(b) 所示，其开环传递函数 $G(s)=\dfrac{X(s)}{U(s)}=\dfrac{34.55}{s^2-3488.8}$，其中 x 为球的位移，u 为作用在钢球上的磁场力。试设计 PID 控制器以调节磁场力使钢球稳定悬浮空中。

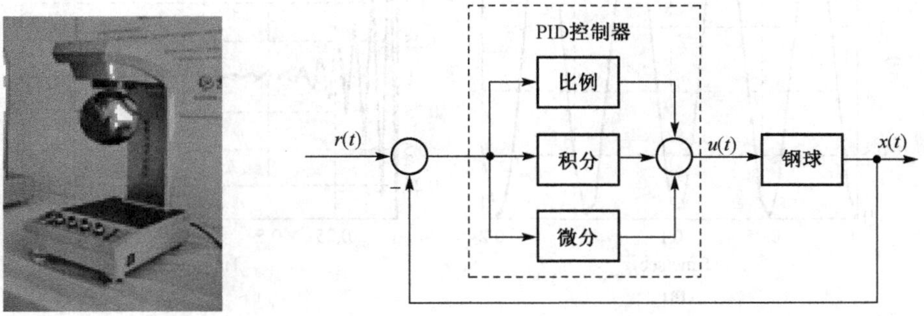

(a) (b)

图 3.5.13 磁悬浮球系统

解 采用临界比例度法进行设计。

令微分和积分环节为零，只采用比例控制 K_p，得系统的闭环传递函数为

$$\frac{X(s)}{R(s)}=\frac{34.55K_p}{s^2-3488.8+34.55K_p}$$

此为零阻尼的二阶系统，取 $K_m=600$ 出现等幅振荡，且满足

$$s^2+17241.2=0$$

得 $s=\pm j131.306$，即振荡频率 $\omega=131.306$，周期 $P_m=\dfrac{2\pi}{\omega}=\dfrac{2\pi}{131.306}=0.0478$。参考表 3.5.1 确定 K_p，T_i 和 T_d 的初始值为 $K_p=0.6K_m=360$，$T_i=0.5P_m=0.0239$，$T_d=0.125P_m=0.006$。

所以 PID 控制器的传递函数为

$$G_c(s)=360\left(1+\frac{1}{0.0239s}+0.006s\right)$$

利用 Matlab 仿真得到原系统的单位阶跃响应曲线如图 3.5.14(a) 所示，可以看出系统是不稳定的；加入 PID 控制后系统的响应曲线如图 3.5.14(b) 所示，可以看出系统性能得到了明显改善，系统输出 $c(t)$ 很快进入稳态值 1。为了减小超调量还需要通过仿真实验进行反复调整以得到一组更为理想的 PID 参数。

除上述方法，在工程实践中还常用试凑法选择 PID 参数，其过程如下。

(1) 首先只整定比例部分。即将比例系数由小变大，并观察相应的系统响应，直到得到反应快，超调小的响应曲线。如果系统的静差已小到允许范围内，那么只需要用比例调节即可。

(2) 如果在比例控制的基础上系统的静差不能满足设计要求，则需要加入积分环节，整定时首先置积分时间 T_i 为一较大值，并将经第 (1) 步整定得到的比例系数略为缩小，然后减小积分时间，使在保持系统良好动态性能的情况下，静差得到消除。根据响应曲线的好坏反复改变比例系数和积分时间，以期得到满意的控制过程与整定参数。

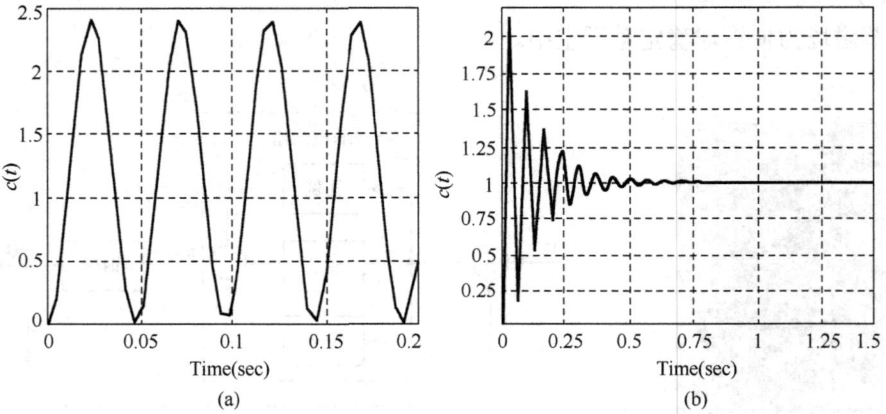

图 3.5.14 磁悬浮球系统输出响应曲线

(3) 若使用比例积分控制消除了静差，但动态过程经反复调整仍不能满意，则可加入微分环节，构成比例-积分-微分控制。在整定时，可先置微分时间 T_d 为零。在第 (2) 步整定基础上，增大 T_d，同时相应地改变比例系数和积分时间，逐步凑试，以获得满意的调节效果和控制参数。

例 3.5.3 以图 2.1.6 (a) 汽车速度控制系统为例，已经得到汽车的运动方程为

$$\dot{v}+\frac{b}{m}v=\frac{1}{m}u$$

传递函数 $\dfrac{V(s)}{U(s)}=\dfrac{\frac{1}{m}}{s+\frac{b}{m}}$ 代入参数后，得 $\dfrac{V(s)}{U(s)}=\dfrac{\frac{1}{m}}{s+\frac{b}{m}}=\dfrac{10^{-3}}{s+0.05}$。

假设与汽车相比发动机的动特性可忽略，而常数 K 可合并到 PID 控制器中，并且假设测量部分的传感器系数为 1，期望速度为 10m/s，则汽车速度闭环控制系统如图 3.5.15 所示。

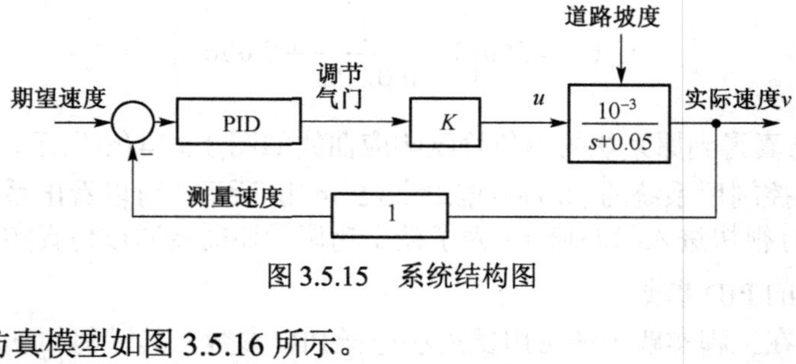

图 3.5.15 系统结构图

其 Simulink 仿真模型如图 3.5.16 所示。

通过试凑法，在图 3.5.16 仿真模型中，取 $k_p=250$，$k_i=10$，$k_d=50$，汽车的速度响

应曲线如图 3.5.17 所示，与第 2 章的图 2.1.6(c)中 80s 的启动时间相比，闭环控制后的启动时间约为 20s，明显地改善了汽车的启动性能。

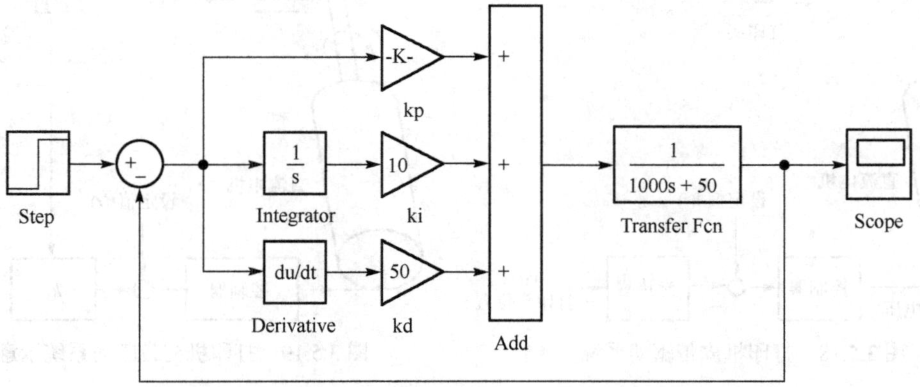

图 3.5.16　系统 Simulink 仿真模型

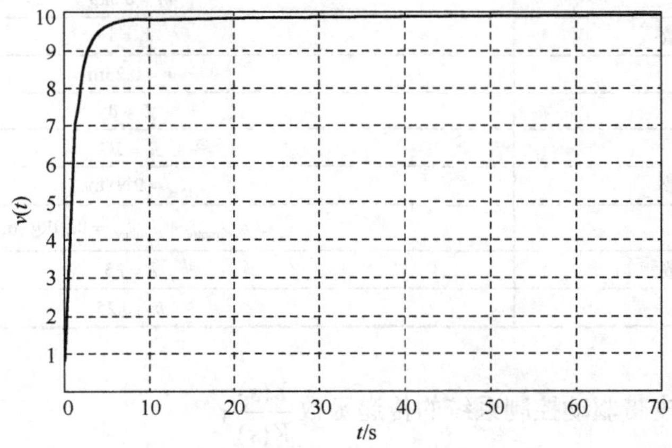

图 3.5.17　加入 PID 控制的汽车速度响应曲线

*3.5.3　时域法的设计实例

打印机皮带驱动系统如图 3.5.18 所示。其中，控制器的输出作为电机的控制电压，用于调节电机的转速，电机转轴驱动皮带，并带着皮带上的打印头沿打印页面横向移动，被控量是打印头的实际位置，打印头可以是激光式、喷墨式或针式，光传感器用于测定打印头的实际位置。

该系统的示意图如图 3.5.19 所示。其中，k 为皮带弹性系数，r 为滑轮半径，θ 为电机轴柄转动角，θ_p 为右滑轮的转动角，m 为打印头质量，$y(t)$ 为打印头的位移。光传感器用于测量位移 y，其输出为 $k_1 y$。控制器输入为 $r(t)-k_1 y(t)$，输出电压为 v。电机和滑轮的转动惯量之和为 $J=J_{\text{motor}}+J_{\text{pulley}}$，由于打印机采用小功率直流电机，故电机功率取为常见的 1/8 马力 $J=0.01\text{kg}\cdot\text{m}^2$；再假设电机的磁场电感可以忽略不计，磁场电阻为 $R=2\Omega$，电机转矩系数 $K_m=2\text{N}\cdot\text{m/A}$，电机和滑轮的摩擦系数 $b=0.25$，滑轮半径 $r=0.25\text{m}$；光传感器系数 $k_1=1$，皮带弹性系数为 $k=35$。表 3.5.4 列出了相关参数的取值情况。

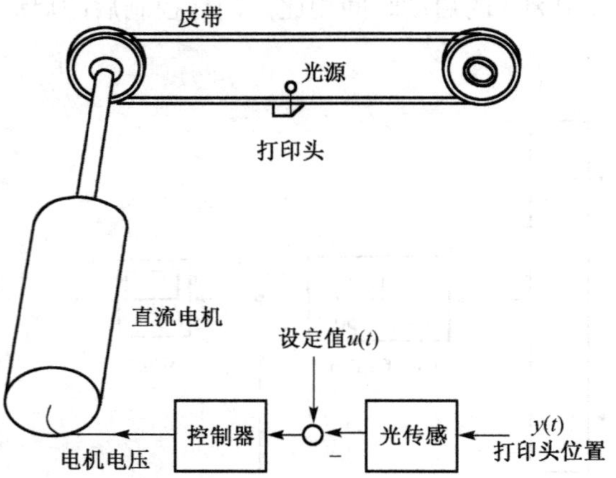

图 3.5.18　打印机皮带驱动系统

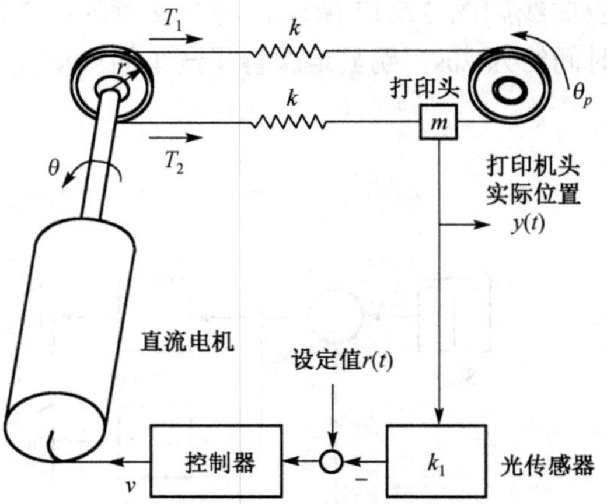

图 3.5.19　打印机皮带驱动系统示意图

表 3.5.4　打印机皮带驱动系统相关参数

打印头质量	$m = 0.3\text{kg}$
光传感器系数	$k_1 = 1$
滑轮半径	$r = 0.25\text{m}$
磁场电感	$L \approx 0$
磁场电阻	$R = 2\Omega$
电机转矩系数	$K_m = 2\text{N}\cdot\text{m/A}$
转动惯量	$J = J_{\text{motor}} + J_{\text{pulley}} = 0.01\text{kg}\cdot\text{m}^2$
皮带弹性系数	$k = 35$
摩擦系数	$b = 0.25$

要求：

(1) 建立打印机皮带驱动控制系统的传递函数 $\dfrac{Y(s)}{V(s)}$；

(2) 利用 Matlab 分析该系统无控制器作用时的动态性能和稳态性能；

(3) 若希望系统单位阶跃响应的超调量低于 15%，调节时间小于 1s，稳定误差为零，试设计 PID 控制器，并确定控制器的参数使系统响应满足期望的性能指标。

解　(1) 建立系统的运动方程。

由于 $y = r\theta_p$，于是皮带张力 T_1 和 T_2 分别为

$$T_1 = k(r\theta - r\theta_p) = k(r\theta - y)$$

$$T_2 = k(y - r\theta)$$

作用在质量为 m 的打印机头上的净张力 ΔT 满足

$$\Delta T = T_1 - T_2 = m\frac{\mathrm{d}^2 y}{\mathrm{d}t^2} \tag{3.5.13}$$

又因为

$$\Delta T = T_1 - T_2 = k(r\theta - y) - k(y - r\theta) = 2k(r\theta - y) \tag{3.5.14}$$

由式(3.5.13)和式(3.5.14)可得

$$2k(r\theta - y) = m\frac{d^2y}{dt^2}$$

对上式进行拉普拉斯变换得

$$\frac{Y(s)}{\Theta(s)} = \frac{2kr}{ms^2 + 2k} \tag{3.5.15}$$

下面建立电机旋转的微分方程。

当 $L=0$ 时，电机磁场电流 $i = \frac{v}{R}$，而电机的扭矩为 $T_m = K_m i$，于是有

$$T_m = \frac{K_m}{R}v \tag{3.5.16}$$

忽略电机的扰动使有效转矩 $T \approx T_m$，有

$$T - b\frac{d\theta}{dt} - (T_1 - T_2)r = J\frac{d^2\theta}{dt^2} \tag{3.5.17}$$

对式(3.5.16)、式(3.5.17)进行拉普拉斯变换，再联立式(3.5.15)得到 $\Theta(s)$ 和 $V(s)$ 的关系为

$$\frac{\Theta(s)}{V(s)} = \frac{\frac{K_m}{R}}{Js^2 + bs + \frac{2r^2mks^2}{ms^2 + 2k}} \tag{3.5.18}$$

由式(3.5.15)和式(3.5.18)得到被控对象的传递函数为

$$G(s) = \frac{Y(s)}{V(s)} = \frac{\frac{2K_m kr}{R}}{s[Jms^3 + bms^2 + 2k(r^2m + J)s + 2kb]}$$

代入表 3.5.4 的相关参数得

$$G(s) = \frac{Y(s)}{V(s)} = \frac{5833.3}{s(s^3 + 25s^2 + 670.8s + 5833.3)}$$

至此被控对象的模型建立完毕，打印机皮带驱动系统结构图如图 3.5.20 所示。

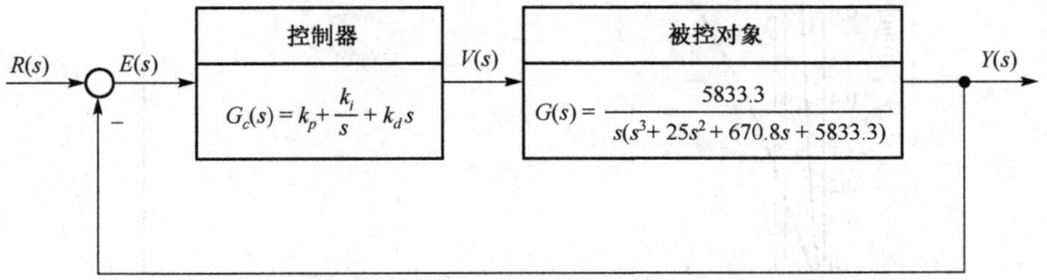

图 3.5.20　打印机皮带驱动系统结构图

(2) 当 $G_c(s) = 1$，即无控制器时，打印机皮带驱动系统的开环传递函数为

$$G(s) = \frac{5833.3}{s(s^3 + 25s^2 + 670.8s + 5833.3)}$$

闭环传递函数为

$$\Phi(s)=\frac{Y(s)}{R(s)}=\frac{5833.3}{s^4+25s^3+670.8s^2+5833.3s+5833.3}$$

在 $R(s)=\dfrac{1}{s}$ 下，由于开环传递函数 $G_c(s)G(s)$ 为 I 型系统，所以稳态误差为零。

利用 Matlab 得到系统的单位阶跃响应曲线如图 3.5.21 所示。

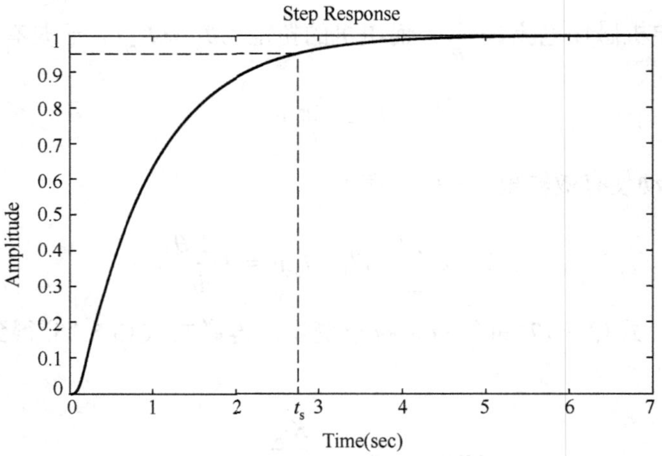

图 3.5.21　系统的单位阶跃响应曲线

由图 3.5.21 可以看出，系统的单位阶跃响应曲线为非振荡响应，$\sigma\%=0$，调节时间 $t_s\approx 2.8\text{s}$，$e_{ss}=0$。

(3)用试凑法选取 PID 控制器的参数为 $k_p=8.2,k_i=0.2,k_d=0.3$，利用 Matlab 仿真得到加入控制器后的系统单位阶跃响应曲线如图 3.5.22 所示。

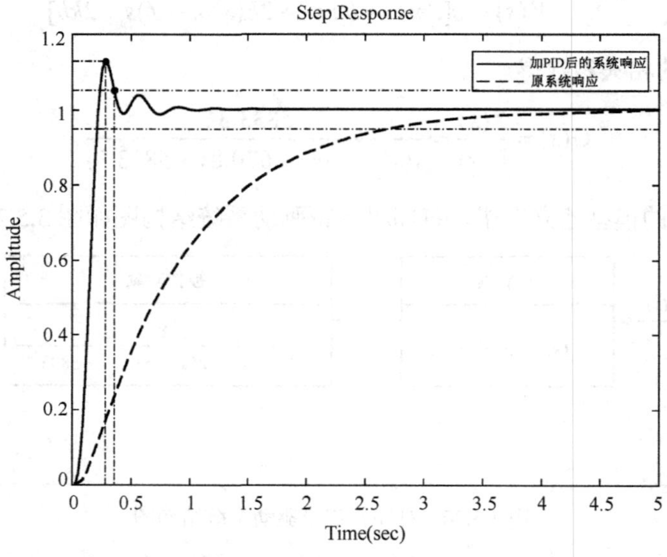

图 3.5.22　加入 PID 控制器后的系统单位阶跃响应曲线

由图 3.5.22 可以看出，系统的超调量 $\sigma\%=13\%$，调节时间 $t_s\approx 0.35\text{s}$，满足动态指标要求；相比于原系统，加入 PID 控制器后系统的动态性能得到了明显改善。

Matlab 仿真程序如下：

```
clear;
kp=8.2;                     %比例系数
ki=0.2;                     %积分系数
kd=0.3;                     %微分系数
s=tf('s');                  %定义 s 为拉普拉斯算子
gc=(kp+ki/s+kd*s);          %被控对象传递函数
gp=(5833.3/(s*(s^3+25*s^2+670.8s+5833.3)));   %PID 控制器传递函数
sys=gp/(1+gp);              %原系统闭环传递函数
step(sys, 5);               %原系统阶跃响应
sys1=gc*gp/(1+gc*gp);       %加入 PID 控制器的闭环传递函数
step(sys1, 5);              %加入 PID 控制器后系统的阶跃响应
```

用试凑法选取 PID 的三个参数，在实际系统控制中常用。

视频：PID 参数的试凑法　　　　视频：机器人控制

习　题

3.1　假设温度计可以用一阶传递函数 $\dfrac{1}{Ts+1}$ 描述其特性。现用温度计测量容器内的水温，需要一分钟时间才能指示实际水温的 98%，试求温度计的时间常数 T。

3.2　某系统在+10V 阶跃输入下的电压输出量曲线如题 3.2 图所示，试求该系统的传递函数。

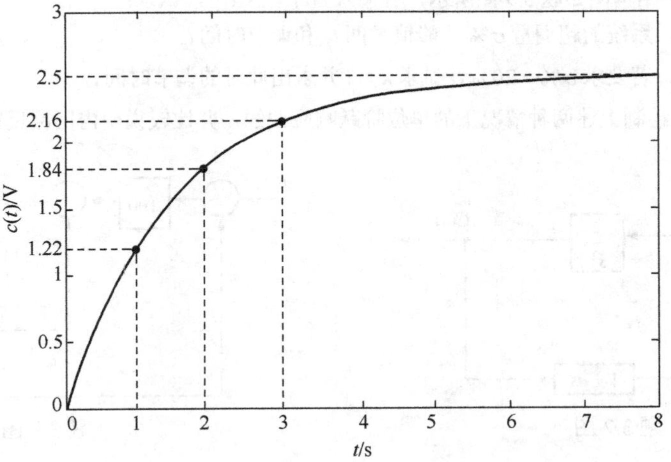

题 3.2 图

3.3　已知某系统的单位脉冲响应为 $k(t)=0.5(1-\mathrm{e}^{-t/7})$，试求该系统的传递函数。

3.4　某一阶系统的闭环传递函数为 $\Phi(s)=\dfrac{C(s)}{R(s)}=\dfrac{K}{s+a}$，当输入信号为 $r(t)=1(t)$ 时，输出信号 $c(t)$ 的稳态值 $c_{ss}=2$，调节时间为 $t_s=1.5\mathrm{s}$，试确定该系统的结构参数 K 和 a。

3.5　已知系统的单位阶跃响应为

$$h(t) = 1 - 1.25e^{-10t} + 0.25e^{-50t}$$

要求：

(1)求该系统的闭环传递函数 $\Phi(s)$ ；

(2)求该系统的阻尼比 ζ 和无阻尼振荡频率 ω_n 。

3.6　已知某系统的结构图如题 3.6 图(a)所示，其单位阶跃响应如题 3.6 图(b)所示。试确定系统参数 K 和 T，并求闭环传递函数 $\Phi(s)$ 。

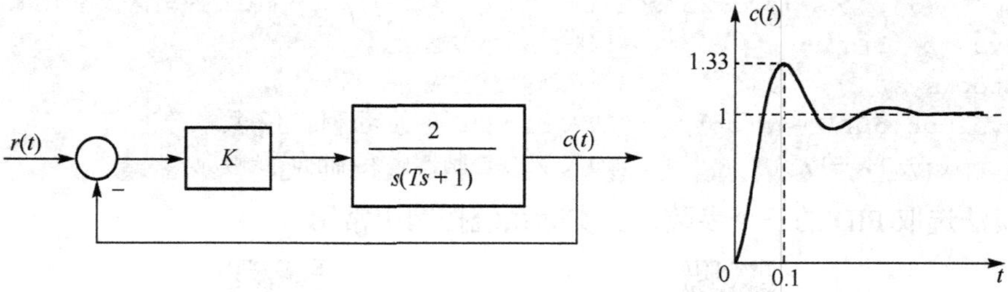

(a)　　　　(b)

题 3.6 图

3.7　某伺服系统结构图如题 3.7 图所示，试确定在单位阶跃信号作用下闭环系统满足下列条件的 K 和 a 值：

(1)超调量 $\sigma\% = 40\%$ ；

(2)峰值时间 $t_p = 4\text{s}$ 。

3.8　单位反馈系统开环传递函数为 $G(s) = \dfrac{b}{s(s+a)}$ ，单位阶跃响应下的超调量为 25%，调节时间为 3.5s，试确定该系统的闭环极点。

3.9　已知系统的结构图如题 3.9 图所示，若输入 $r(t) = 2 \cdot 1(t)$ ，试求：

(1)当 $k_f = 0$ 时，系统的超调量 $\sigma\%$ 、峰值时间 t_p 和调节时间 t_s ；

(2)当 $k_f \neq 0$ 时，若要求 $\sigma\% = 20\%$ ，试求 k_f ，并求出此时的调节时间 t_s ；

(3)试用 Matlab 绘制上述两种情况下的单位阶跃响应曲线，并比较说明内回路反馈 $k_f s$ 的作用。

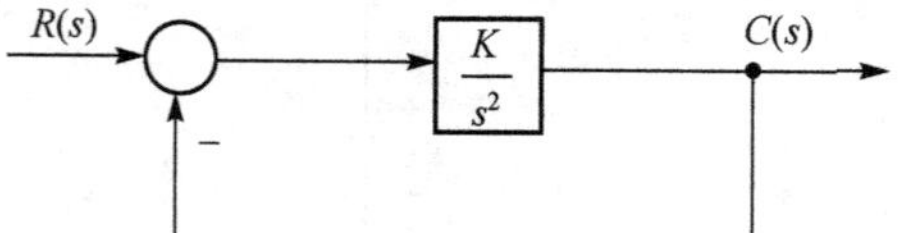

题 3.7 图

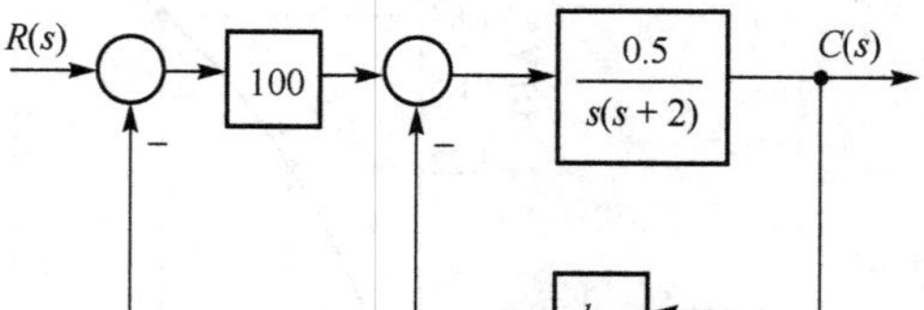

题 3.9 图

3.10　已知某高阶系统的闭环传递函数为

$$\Phi(s) = \frac{40.5063(s+3.95)}{s^4 + 26s^3 + 132s^2 + 256s + 320}$$

试将该系统降为二阶系统并求其动态性能指标 $\sigma\%$ 和 t_s ，用 Matlab 分别绘制原系统和降阶系统的单位阶跃响应曲线，比较它们的动态性能。

3.11　已知系统的特征方程 $D(s)$ 如下所示，试用劳斯判据判断系统的稳定性，并确定在右半 s 平面根的个数及纯虚根的值。如果有绝对值相同符号相异的根，试求之。

(1) $D(s)=s^3+8s^2+24s+100=0$

(2) $D(s)=3s^4+10s^3+5s^2+s+2=0$

(3) $D(s)=s^5+2s^4+2s^3+4s^2+11s+10=0$

(4) $D(s)=s^4+2s^3+6s^2+8s+8=0$

(5) $D(s)=s^6+2s^5+8s^4+12s^3+20s^2+16s+16=0$

3.12 已知系统的结构图题 3.12 图所示，该系统的稳定性与比例控制增益 K 有关，试求使得系统稳定的 K 值范围，并用 Matlab 绘制 K 取不同值(至少三个值)时系统的单位阶跃响应曲线。

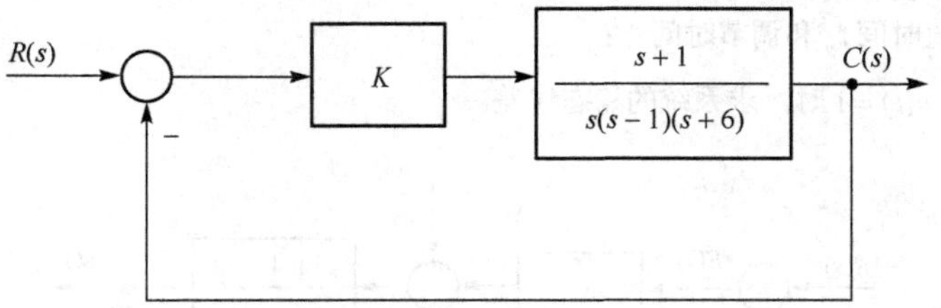

题 3.12 图

3.13 已知单位反馈系统的开环传递函数 $G(s)=\dfrac{K}{s(s+3)(s+5)}$，试确定使系统稳定的 K 值范围。若要求系统的全部特征根位于 $s=-1$ 垂线之左，则 K 的取值范围又为多少？

3.14 已知单位反馈系统的开环传递函数如下所示，试求系统在输入信号分别为 $r(t)=1(t)$, t 和 t^2 时的稳态误差 e_{ss}。

(1) $G(s)=\dfrac{100}{(0.1s+1)(0.5s+1)}$

(2) $G(s)=\dfrac{150(s+1)}{s(s+10)(s^2+2s+2)}$

(3) $G(s)=\dfrac{17(0.2s+1)}{s^2(10s+1)}$

3.15 某发动机速度控制系统如题 3.15 图所示，发动机为一个具有时间常数为 T 的一阶系统模型，电子油门控制器为 PI 控制。

(1) 当 $K_2=0$ 时求 $V_r(t)=1(t)$ 时的稳态误差 e_{ss}；

(2) 当 $K_2\neq 0$ 时求 $V_r(t)=1(t)$ 时的稳态误差 e_{ss}；

(3) 当 $K_1=1.2$，$K_2=8.4$，$T=0.5$，输入为单位斜坡信号时，问 K 为何值时速度误差系数为 $K_v=6$，此时的 e_{ss} 为多少？试用 Matlab 绘制此时的响应曲线，并在图中标注出 e_{ss}。

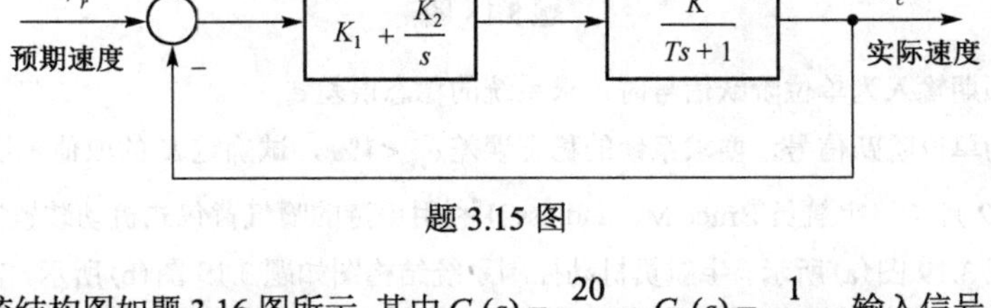

题 3.15 图

3.16 已知系统结构图如题 3.16 图所示，其中 $G_1(s)=\dfrac{20}{s+5}$，$G_2(s)=\dfrac{1}{s+1}$，输入信号 $r(t)$ 和扰动信号 $n(t)$ 均为单位阶跃函数，试求在输入 $r(t)$ 和扰动 $n(t)$ 共同作用下系统的稳态误差 e_{ss}。

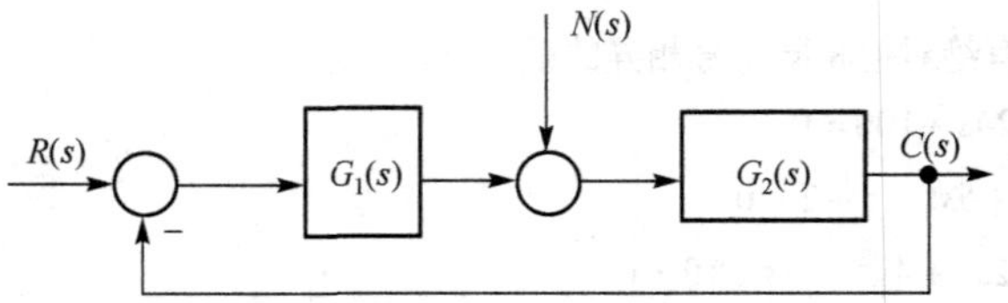

题 3.16 图

3.17　已知系统的结构图如题 3.17 图所示，当 $n(t)=0$，$r(t)$ 为单位阶跃信号时，系统的超调量 $\sigma\%=16.3\%$；而 $r(t)$ 为单位斜坡信号时，系统的稳态误差 $e_{ss}=0.25$。

(1) 试求系统的结构参数 K 和 T；

(2) 求系统的峰值时间 t_p 和调节时间 t_s；

(3) 当 $r(t)=0$，$n(t)=1$ 时，求系统的稳态误差。

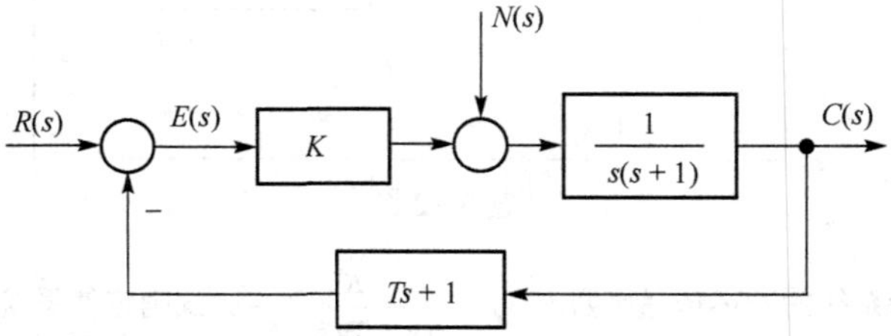

题 3.17 图

3.18　造纸过程中一个重要目标是保持一定的纸浆浓度，然后才能顺利地进行烘干和成卷。按标准稀释黏稠纸浆的控制系统示意图如题 3.18 图(a)所示，兑水的多少决定了纸浆的浓度。控制系统结构图如题 3.18 图(b)所示，其中 $G_c(s)=\dfrac{K}{8s+1}$，$G(s)=\dfrac{1}{4s+1}$。

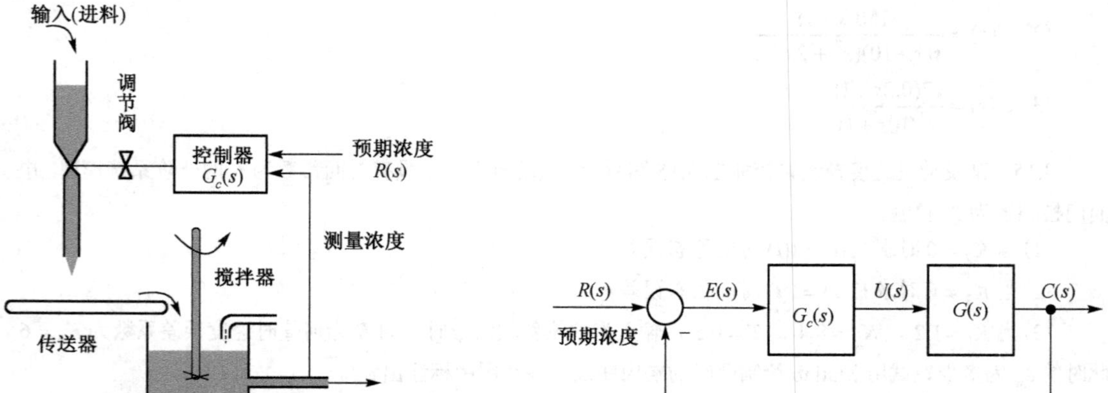

题 3.18 图

(1) 当浓度的预期输入为单位阶跃信号时，求系统的稳态误差 e_{ss}；

(2) 若输入仍为单位阶跃信号，要求系统的稳态误差 $e_{ss}<1\%$，试确定 K 的取值范围。

3.19　1984 年 2 月 7 日宇航员 Bruce Mccandless II 利用手持的喷气背包式机动装置完成了人类历史上的首次太空行走，如题 3.19 图(a)所示。宇航员机动控制系统结构图如题 3.19 图(b)所示，其中喷气控制器用增益 K_1 来表示，K_2 为速度反馈增益。若将宇航员以及他手臂上的装置一并考虑，总的转动惯量为 $J=25\text{N}\cdot\text{m}\cdot\text{s}^2/\text{rad}$。

(a) 宇航员Bruce Mccandless II在太空中行走

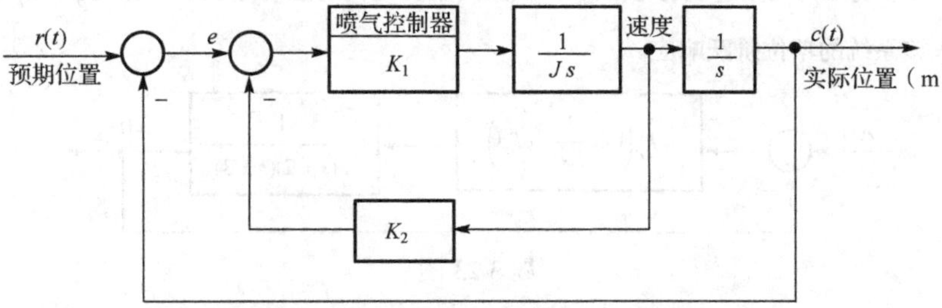

(b) 宇航员太空行走机动控制系统结构图

题 3.19 图

(1) 当输入信号 $r(t)=t$(m/s) 时，求使得稳态误差 $e_{ss}\leqslant 0.01$ m 的 K_2 值；

(2) 当 $K_2=4$ 时，如果要使系统在单位阶跃输入情况下超调量 $\sigma\%<10\%$，则 K_1 的最小取值是多少？

(3) 用 Matlab 求取系统在 (2) 情况下的输出响应。

3.20 已知某单位反馈系统开环传递函数 $G(s)=\dfrac{K}{s(Ts+1)}$，当 $r(t)=t$ 时，稳态误差 $e_{ss}=0.02$，当 $r(t)=1(t)$ 时，超调量 $\sigma\%=20\%$，试求 K、T 值，并求 $r(t)=1(t)$ 时调节时间 t_s。

3.21 某复合控制系统结构如题 3.21 图所示，当输入 $r(t)=t$ 时，选择 K_c 使得系统无稳态误差。

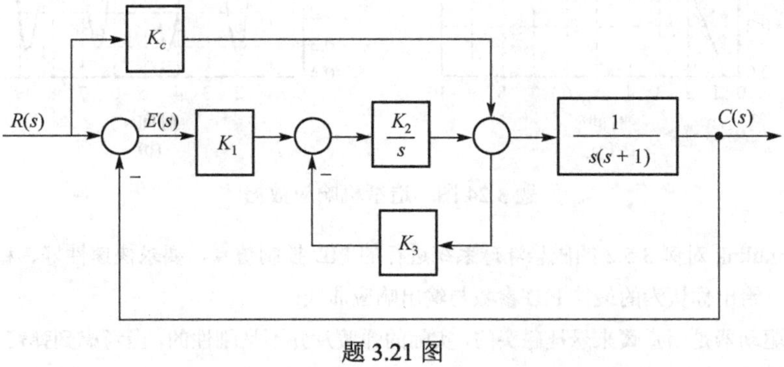

题 3.21 图

3.22 某控制系统如题 3.22 图所示，图中 $G_1(s)$ 的单位阶跃响应为 $\dfrac{8}{5}(1-e^{-5t})$，试求：

(1) 当扰动信号 $n(t)=1(t)$ 时求系统的稳态误差 e_{ss}；

(2) 为消除该阶跃扰动对系统的影响，试确定补偿装置 $G_n(s)$ 的特性。

(3) 用 Matlab 绘制以上两种情况下的系统误差 $e(t)$ 和输出 $c(t)$ 响应曲线。

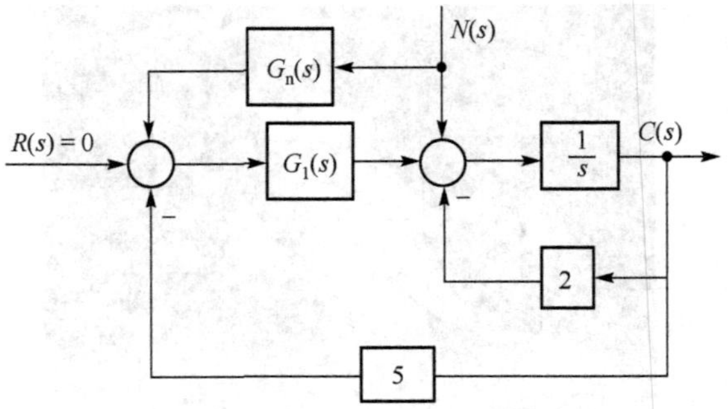

题 3.22 图

3.23　已知某系统结构图如题 3.23 图所示，试采用临界比例度法确定 PID 参数 K_p 、T_i 和 T_d 值，并通过 Matlab 仿真求该系统的单位阶跃响应。

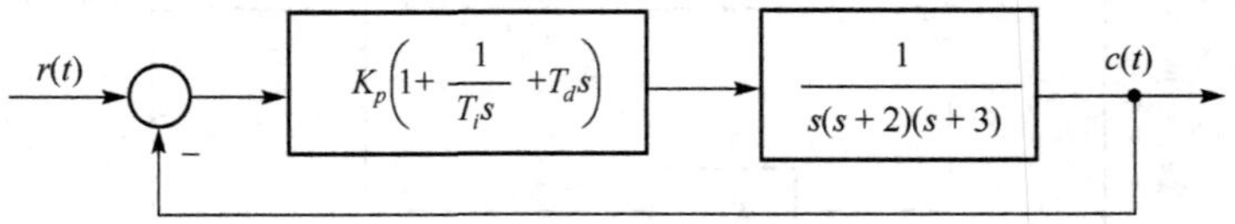

题 3.23 图

3.24　已知某造纸机的单位阶跃响应如题 3.24 图(a)所示，其中系统输入为流到造纸网上的原材料，输出为基本重量或厚度，延迟时间和动态响应曲线的斜率可从图中得到。

(1)试用反应曲线法确定 PID 控制器的参数；

(2)若采用比例反馈控制器，当增益 $K_m = 8.556$ 时，系统处于临界稳定，响应曲线如题 3.24 图(b)所示，试用临界比例度法确定 PID 控制器的参数。

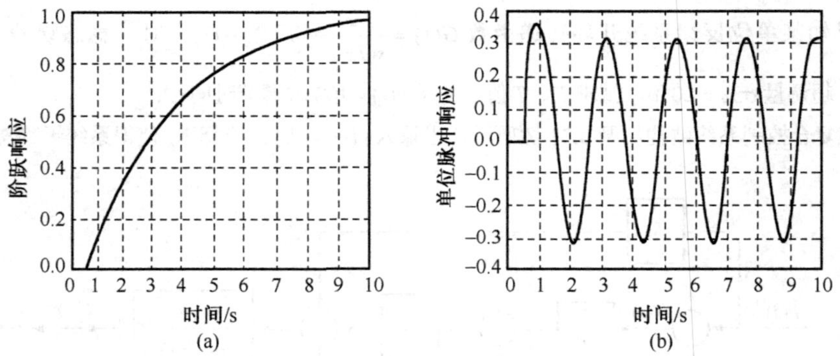

题 3.24 图　造纸机响应数据

3.25　用 Simulink 对例 3.5.2 的磁悬浮球系统进行的 PID 控制仿真，要求快速性好、稳态误差为零、超调量不超过 10%，给出你认为的最佳 PID 参数与输出响应曲线。

3.26　磁盘驱动器是用弹簧来悬挂磁头的，实际的弹簧片并不是刚性的，当考虑到弹簧片的弹性特征时，一般用弹簧-质量块模型描述簧片及其负载，如题 3.26(a)图所示。这时的磁盘驱动系统的闭环结构如题 3.26 图(b)所示。

其中，$\tau_1 = 10^{-3}\,\text{s}$ ，$\tau_2 = 0.05\text{s}$ ，$\zeta = 0.3$ ，$\omega_n = 18.84\times 10^3$ ，$G_c(s)$ 代表 PID 控制器；

$G_1(s) = \dfrac{5}{\tau_1 s + 1}$ 是电机线圈的数学模型，$G_2(s) = \dfrac{0.05}{\tau_2 s + 1}$ 是支撑臂的数学模型，$G_3(s) = \dfrac{\omega_n^2}{s^2 + 2\zeta\omega_n s + \omega_n^2}$ 是磁头与簧片的数学模型。

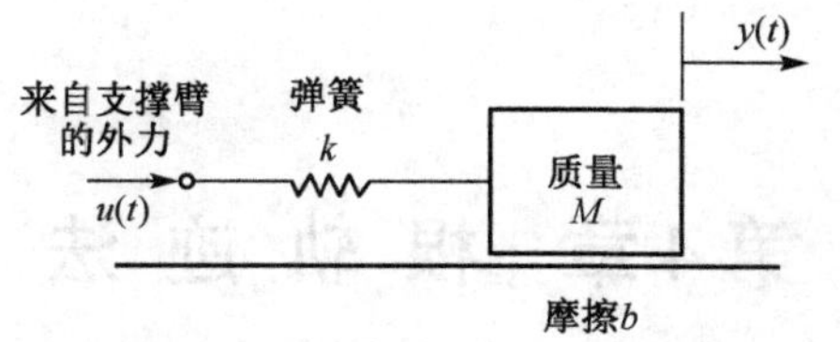

(a) 描述磁头与弹簧的弹簧-质量-阻尼系统

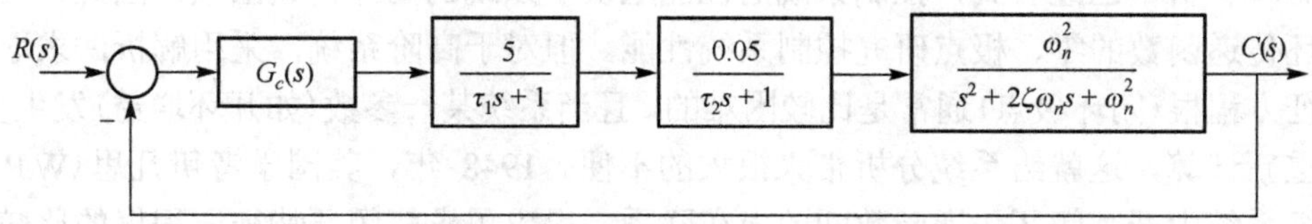

(b) 磁盘驱动系统的闭环结构图

题 3.26 图

若采用比例-积分控制，用 Simulink 对题 3.26 图(b)的磁盘驱动器系统进行 PI 控制仿真，给出 PI 参数与输出曲线。

3.27 在第 2 章例 2.6.1 中，已经推导出汽车悬架系统的传递函数为

$$\frac{Y(s)}{U(s)}=\frac{170000(s+13)}{8.250s^4+355s^3+60715s^2+170000s+2210000}$$

其中，u 为由于路面不平使车轮产生位移，即视为系统的外输入，则车箱产生位移 y，即系统的输出，其输入输出曲线如题 3.27 图所示，由于输出幅值较大，即汽车颠簸严重。若采用闭环控制，控制律用 PID 方式，用 Simulink 对本系统进行仿真控制，确定出一组最好的控制器参数和输出曲线，并与开环时的输出曲线比较。

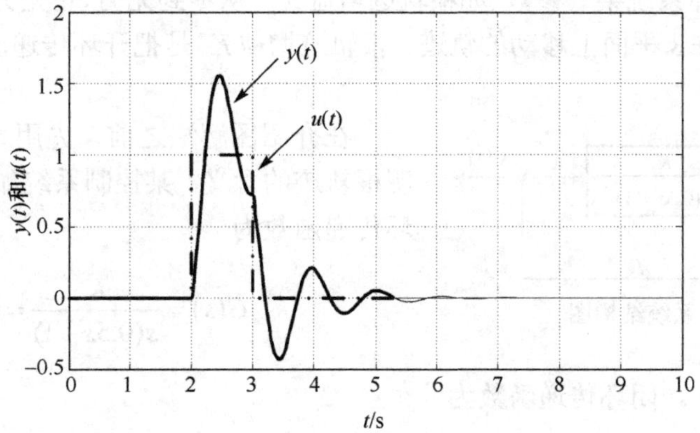

题 3.27 图

第4章 根 轨 迹 法

在时域分析中已经看到，控制系统的性能取决于系统的闭环传递函数，因此，可以根据系统闭环传递函数的零、极点研究控制系统性能。但对于高阶系统，采用解析法求取系统的闭环特征方程根(闭环极点)通常是比较困难的，且当系统某一参数(如开环增益)发生变化时，又需要重新计算，这就给系统分析带来很大的不便。1948 年，美国学者伊凡思(W.R.Evans)根据反馈系统中开、闭环传递函数间的内在联系，提出了求解闭环特征方程根的比较简易的图解方法，这种方法称为根轨迹法(root locus method)。由于根轨迹法直观形象，所以在控制工程中获得了广泛应用。

本章介绍根轨迹的概念，绘制根轨迹的法则，参数根轨迹的绘制以及应用根轨迹进行控制系统分析等方面的内容。

4.1 根轨迹法的基本概念

本节主要介绍根轨迹的基本概念，根轨迹与系统性能之间的关系，并从闭环零、极点与开环零、极点之间的关系推导出根轨迹方程，由此给出根轨迹的相角条件和幅值条件。

4.1.1 根轨迹的基本概念

根轨迹是当开环系统某一参数(如根轨迹增益 K^*)从零到无穷(正无穷或负无穷)变化时，闭环特征方程的根在 s 平面上移动的轨迹。根轨迹增益 K^* 是把开环传递函数表示成零极点形式时对应的系数。

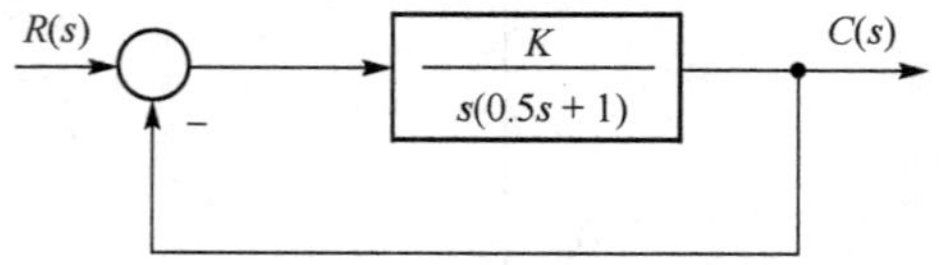

图 4.1.1 某系统结构图

在介绍图解法之前，先用直接求根的方法来说明根轨迹的含义。某控制系统如图 4.1.1 所示，其开环传递函数为

$$G(s)=\frac{K}{s(0.5s+1)}=\frac{K^*}{s(s+2)}$$

根轨迹增益 $K^*=2K$ 。闭环传递函数为

$$\Phi(s)=\frac{C(s)}{R(s)}=\frac{K^*}{s^2+2s+K^*}$$

闭环特征方程为

$$s^2+2s+K^*=0$$

可解得系统特征根为

$$s_1=-1+\sqrt{1-K^*}\ ,\quad s_2=-1-\sqrt{1-K^*}$$

当系统参数 K^* (或开环增益 K)从零到正无穷大变化时，闭环极点的变化情况见表 4.1.1。

表 4.1.1　K^*、K=0～∞时图 4.1.1 系统的特征根

K^*	K	s_1	s_2
0	0	0	−2
0.5	0.25	−0.3	−1.7
1	0.5	−1	−1
2	1	−1+j	−1−j
5	2.5	−1+j2	−1−j2
⋮	⋮	⋮	⋮
∞	∞	−1+j∞	−1−j∞

利用计算结果在 s 平面上描点并用平滑曲线将其连接，便得到 K(或 K^*)从零到正无穷大变化时闭环极点在 s 平面上移动的轨迹，即根轨迹，如图 4.1.2 所示。图中，根轨迹用粗实线表示，箭头表示 K(或 K^*)增大时两条根轨迹移动的方向。

根轨迹图直观地表示了参数 K(或 K^*)变化时，闭环极点变化的情况，全面地描述了参数 K 对闭环极点分布的影响。

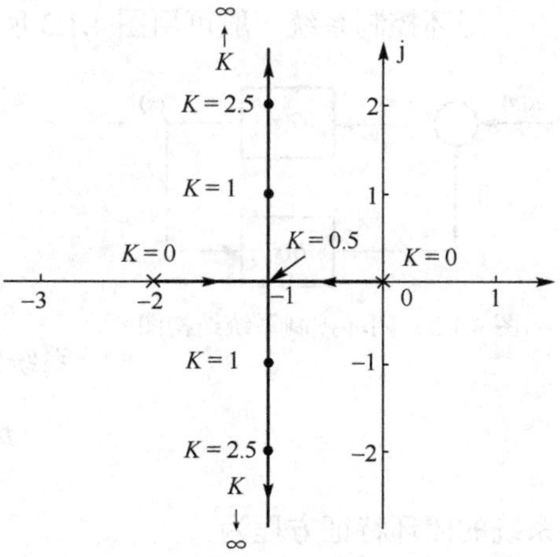

图 4.1.2　系统根轨迹图

4.1.2　根轨迹与系统性能关系分析

依据根轨迹图(图 4.1.2)，就能分析系统性能随参数(如 K^*)变化的规律。

1. 稳定性

开环增益从零变到无穷大时，图 4.1.2 所示的根轨迹全部落在左半 s 平面，因此，当 K>0 时，图 4.1.1 所示系统是稳定的。如果系统根轨迹越过虚轴进入右半 s 平面，则在相应 K 值下系统是不稳定的。根轨迹与虚轴交点处的 K 值，就是临界开环增益。

2. 稳态性能

由图 4.1.2 可见，开环系统在坐标原点有一个极点，系统属于 I 型系统，因而根据时域分析法，有

当 $r(t)=1(t)$ 时，稳态误差 $e_{ss}=0$；

当 $r(t)=t$ 时，稳态误差 $e_{ss}=1/K=2/K^*$。

3. 动态性能

由图 4.1.2 可见，当 $0<K<0.5$ 时，闭环特征根均为实根，系统呈现过阻尼状态，阶跃响应为单调上升过程。

当 $K=0.5$ 时，闭环特征根为二重实根，系统呈现临界阻尼状态，阶跃响应仍为单调过程，但响应速度较 $0<K<0.5$ 时更快。

当 $K > 0.5$ 时，闭环特征根为一对共轭复根，系统呈现欠阻尼状态，阶跃响应为振荡衰减过程，且随 K 增加，阻尼比减小，超调量增大。

上述分析表明，根轨迹与系统性能之间有着密切的关系，利用根轨迹可以分析当系统参数变化时系统稳定性、动态性能、稳态性能等的变化趋势。但是用解析的方法逐点描画、绘制系统的根轨迹是很麻烦的，对于高阶系统显然不能采用这种方法。

绘制系统的根轨迹，是根据开环传递函数与闭环特征方程之间的联系，由已知的开环零、极点的分布及根轨迹增益，通过图解法确定闭环极点在复平面上的分布和运动情况。一旦闭环极点确定后，再考虑闭环零点，系统性能便可以确定。

4.1.3 根轨迹方程

闭环控制系统一般可用图 4.1.3 所示的结构图来描述。

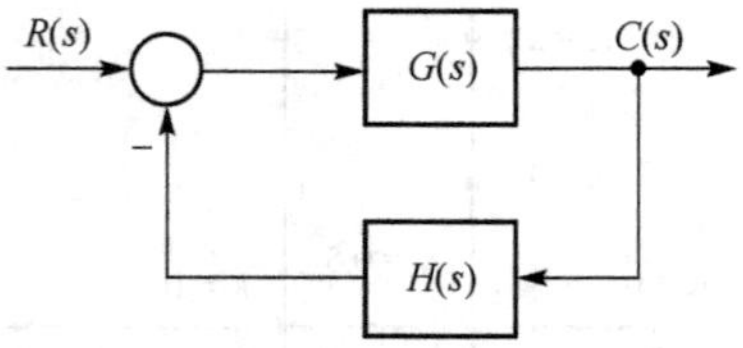

图 4.1.3 闭环控制系统结构图

开环传递函数可表示为

$$G(s)H(s)=\frac{K^*\prod_{i=1}^{m}(s-z_i)}{\prod_{j=1}^{n}(s-p_j)}$$

系统的闭环传递函数为

$$\Phi(s)=\frac{G(s)}{1+G(s)H(s)} \tag{4.1.1}$$

系统的闭环特征方程为

$$1+G(s)H(s)=0 \tag{4.1.2}$$

可得

$$G(s)H(s)=\frac{K^*\prod_{i=1}^{m}(s-z_i)}{\prod_{j=1}^{n}(s-p_j)}=-1 \tag{4.1.3}$$

显然，在 s 平面上凡是满足式(4.1.3)的点，都是根轨迹上的点，式(4.1.3)称为根轨迹方程。根据复数相等的关系，式(4.1.3)可以用幅值条件和相角条件来表示。

1. $K^* > 0$，即 K^* 从零到正无穷大变化时，对应 $180°$ 根轨迹

幅值条件：

$$|G(s)H(s)|=K^*\frac{\prod_{i=1}^{m}|(s-z_i)|}{\prod_{j=1}^{n}|(s-p_j)|}=1 \tag{4.1.4}$$

相角条件：

$$\angle G(s)H(s)=\sum_{i=1}^{m}\angle(s-z_i)-\sum_{j=1}^{n}\angle(s-p_j)=(2k+1)\pi,\quad k=0,\pm1,\pm2,\cdots \tag{4.1.5}$$

2. $K^*<0$，即K^*从零到负无穷大变化，对应$0°$根轨迹

幅值条件：
$$|G(s)H(s)|=|K^*|\frac{\sum_{i=1}^{m}|s-z_i|}{\sum_{j=1}^{n}|s-p_j|}=1 \tag{4.1.6}$$

相角条件：$\angle G(s)H(s)=\sum_{i=1}^{m}\angle(s-z_i)-\sum_{j=1}^{n}\angle(s-p_j)=2k\pi,\quad k=0,\ \pm1,\ \pm2,\cdots$ (4.1.7)

式中，$\sum_{i=1}^{m}\angle(s-z_i)$代表所有开环零点指向根轨迹上任何一点的向量与正实轴的夹角之和，$\sum_{j=1}^{n}\angle(s-p_j)$代表所有开环极点指向根轨迹上任何一点的向量与正实轴的夹角之和。

比较$180°$根轨迹和$0°$根轨迹，模值条件相同，相角条件相差$180°$。

比较式(4.1.4)和式(4.1.5)可以看出，幅值条件(4.1.4)与根轨迹增益K^*有关，而相角条件(4.1.5)却与K^*无关。同样，$K^*<0$时，幅值条件(4.1.6)与K^*有关，而相角条件(4.1.7)与K^*无关。所以，s平面上的某个点，只要满足相角条件，则该点必在根轨迹上。至于该点所对应的K^*值，可由幅值条件得出。这意味着：在s平面上满足相角条件的点，必定也同时满足幅值条件。因此，相角条件是确定根轨迹s平面上一点是否在根轨迹上的充分必要条件。

例 4.1.1 设某系统开环零极点分布如图 4.1.4 所示，判断点s_1是否在根轨迹上。其中，$\alpha_1=130°,\alpha_2=100°,\alpha_3=80°,\alpha_4=70°,\alpha_5=60°,(K^*>0)$。

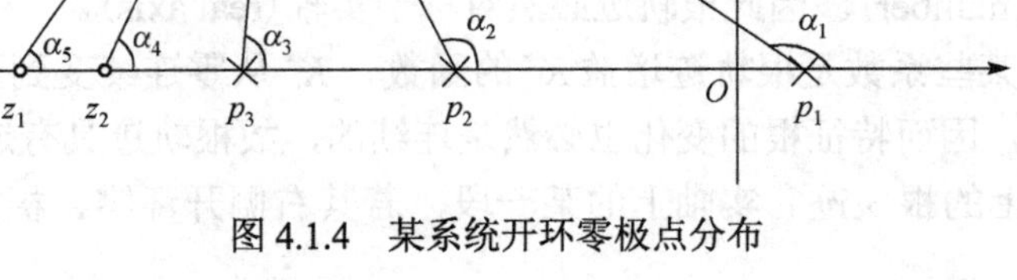

图 4.1.4 某系统开环零极点分布

解 根据相角条件表达式(4.1.5)有

$$\sum_{i=1}^{2}\angle(s_1-z_i)-\sum_{j=1}^{3}\angle(s_1-p_j)=130°-310°=-180°$$

满足相角条件，所以点s_1在根轨迹上。

应用相角条件，可以通过取点找到s平面上所有的闭环极点，但这种方法显然并不实用。实际绘制根轨迹是应用以根轨迹方程为基础建立起来的相应法则进行的。

4.2 绘制根轨迹的一般方法

4.2.1 180°根轨迹(常规根轨迹)

本小节讨论根轨迹增益K^*(或开环增益K)从零到正无穷大变化时绘制根轨迹的法则。熟练地掌握这些法则(rule)，可以方便快速地绘制系统的根轨迹。

法则 1 根轨迹的起点和终点。根轨迹起始于开环极点，终止于开环零点；如果开环零点个数m少于开环极点个数n，则有$(n-m)$条根轨迹终止于无穷远处。

根轨迹的起点(the starting point)、终点(the end point)分别是指根轨迹增益$K^*=0$和$K^*\to\infty$时的根轨迹点。将幅值条件式(4.1.4)改写为

$$K^*=\frac{\prod_{j=1}^{n}|(s-p_j)|}{\prod_{i=1}^{m}|(s-z_i)|}=\frac{s^{n-m}\prod_{j=1}^{n}|1-\frac{p_j}{s}|}{\prod_{i=1}^{m}|1-\frac{z_i}{s}|} \tag{4.2.1}$$

可见当$s=p_j$时，$K^*=0$；当$s=z_i$时，$K^*\to\infty$；当$|s|\to\infty$且$n\geqslant m$时，$K^*\to\infty$。

因此，若把有限值的零点称为有限零点，把无穷远处的零点称为无限零点，则开环零点包括有限开环零点和无限开环零点，而根轨迹必终止于开环零点。在把无穷远处的零点作为无限零点的意义下，开环零点数和极点数是相等的。

法则 2 根轨迹的分支数，对称性和连续性。根轨迹的分支数等于开环零点数m和开环极点数n中的最大值，根轨迹连续的，且对称于实轴。一般实际系统总有$n\geqslant m$，所以根轨迹的分支数等于系统的阶数n(或闭环极点数n，或开环极点数n)。

根轨迹是开环系统某一参数从零变到正无穷大时，闭环极点在s平面上的变化轨迹。因此，根轨迹的分支数必与闭环特征方程根的数目一致，即根轨迹分支数等于系统的阶数。实际系统都存在惯性，反映在传递函数上必有$n\geqslant m$。所以一般讲，根轨迹分支数就等于开环极点数。

实际系统的特征方程都是实系数方程，特征根必为实数(real number)或共轭复数(conjugate complex number)。因此根轨迹必然对称于实轴(real axis)。

特征方程中的某些系数是根轨迹增益K^*的函数，K^*从零连续变到无穷时，特征方程的系数是连续变化的，因而特征根的变化也必然是连续的，故根轨迹具有连续性。

法则 3 实轴上的根轨迹。实轴上的某一段，若其右侧开环零、极点个数之和为奇数，则该段必是根轨迹。

设系统开环零、极点分布如图 4.2.1 所示。图中，s_0是实轴上的点，$\varphi_i(i=1,2,3)$是各开环零点到s_0点向量的相角，$\theta_j(j=1,2,3,4)$是各开环极点到s_0点向量的相角。由图 4.2.1 可见，复数共轭极点到实轴上任意一点(包括s_0点)的向量之相角和为2π。对复数共轭零点，情况同样如此。因此，在确定实轴上的根轨迹时，可以不考虑开环复数零、极点的影响。图 4.2.1 中，s_0点左边的开环实数零、极点到s_0点的向量之相角均为零，而s_0点右边开环实数零、极点到s_0点的向量之相角均为π，故只有落在s_0右方实轴上的开环实数零、极点，才有可能对s_0的相

角条件造成影响，且这些开环零、极点提供的相角均为π。如果令$\sum\varphi_i$代表s_0点之右所有开环实数零点到s_0点的向量相角之和，$\sum\theta_j$代表s_0点之右所有开环实数极点到s_0点的向量相角之和，那么，s_0点位于根轨迹上的充分必要条件使下列相角条件成立：

$$\sum_{i=1}^{m_0}\varphi_i-\sum_{j=1}^{n_0}\theta_j=(2k+1)\pi,\quad k=0,\pm1,\pm2,\cdots$$

由于π与−π表示的方向相同，于是等效有

$$\sum_{i=1}^{m_0}\varphi_i+\sum_{j=1}^{n_0}\theta_j=(2k+1)\pi,\quad k=0,\pm1,\pm2,\cdots$$

式中，m_0、n_0分别表示在s_0右侧实轴上的开环零点和极点个数。$(2k+1)$为奇数，于是本法则得证。

不难判断，图4.2.1实轴上，区间(interval)$[p_1,z_1]$，$[p_4,z_2]$以及$(-\infty,z_3]$均为实轴上的根轨迹。

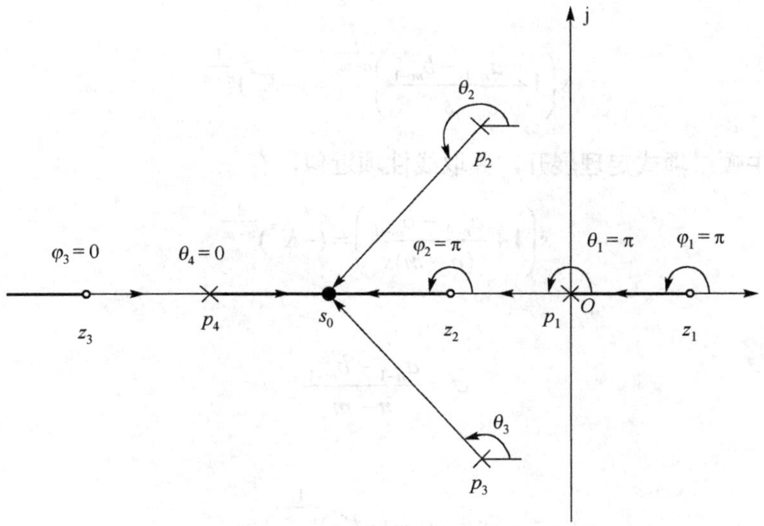

图4.2.1　实轴上的根轨迹

法则4　根轨迹的渐近线。当系统开环极点个数n大于开环零点个数m时，有$n-m$条根轨迹分支沿着与实轴夹角为φ_a、交点为σ_a的一组渐近线(asymptotic line)趋向于无穷远处，且有

$$\begin{cases}\varphi_a=\dfrac{(2k+1)\pi}{n-m}\\ \sigma_a=\dfrac{\sum\limits_{j=1}^{n}p_j-\sum\limits_{i=1}^{m}z_i}{n-m}\end{cases},\quad k=0,\pm1,\pm2,\cdots,\pm(n-m-1)\tag{4.2.2}$$

证明　因为根轨迹对称于实轴，因此渐近线也一定对称于实轴。根轨迹方程式(4.1.3)可写成

$$G(s)H(s)=\frac{K^*\prod_{i=1}^{m}(s-z_i)}{\prod_{j=1}^{n}(s-p_j)}=K^*\frac{s^m+b_{m-1}s^{m-1}+\cdots+b_1s+b_0}{s^n+a_{n-1}s^{n-1}+\cdots+a_1s+a_0}=-1 \tag{4.2.3}$$

式中，$b_{m-1}=\sum_{i=1}^{m}(-z_i)$，$a_{n-1}=\sum_{j=1}^{n}(-p_j)$ 分别为系统开环零点之和及开环极点之和。

当$K^*\to\infty$时，由于$n>m$，应有$s\to\infty$。式(4.2.3)可近似表示为

$$s^{n-m}\left(1+\frac{a_{n-1}-b_{m-1}}{s+b_{m-1}}\right)=-K^*$$

即有

$$s^{n-m}\left(1+\frac{a_{n-1}-b_{m-1}}{s}\right)=-K^*$$

或

$$s\left(1+\frac{a_{n-1}-b_{m-1}}{s}\right)^{\frac{1}{n-m}}=(-K^*)^{\frac{1}{n-m}}$$

将上式左端用牛顿二项式定理展开，并取线性项近似，有

$$s\left(1+\frac{a_{n-1}-b_{m-1}}{(n-m)s}\right)=(-K^*)^{\frac{1}{n-m}}$$

令

$$\sigma=\frac{a_{n-1}-b_{m-1}}{n-m}$$

有

$$s=-\sigma+(-K^*)^{\frac{1}{n-m}}$$

以$-1=1\times e^{j(2k+1)\pi}(k=0,\pm1,\pm2,\cdots)$代入上式，有

$$s=-\sigma+(K^*)^{\frac{1}{n-m}}e^{j\pi\frac{2k+1}{n-m}}$$

这就是当$s\to\infty$时根轨迹的渐近线方程。它表明渐近线与实轴的交点坐标为

$$\sigma_a=-\sigma=\frac{\sum_{j=1}^{n}p_j-\sum_{i=1}^{m}z_i}{n-m}$$

渐近线与实轴夹角为

$$\varphi_a=\frac{(2k+1)\pi}{n-m},\quad k=0,\pm1,\pm2,\cdots$$

本法则得证。

例 4.2.1 单位反馈系统开环传递函数为

$$G(s)=\frac{K^*(s+1)}{s(s+4)(s^2+2s+2)}$$

试根据以上基本法则，绘制实轴上的根轨迹以及根轨迹的渐近线。

解 将开环零、极点标在 s 平面上，如图 4.2.2 所示。根据法则 1，系统有 4 条根轨迹分支，且有 $n-m=3$ 条根轨迹趋于无穷远处，其渐近线与实轴的交点及夹角为

$$\begin{cases}\sigma_a=\dfrac{-4-1+\mathrm{j}1-1-\mathrm{j}1+1}{4-1}=-\dfrac{5}{3}\\[2mm]\varphi_a=\dfrac{(2k+1)\pi}{4-1}=\pm\dfrac{\pi}{3},\pi\end{cases}$$

三条渐近线如图 4.2.2 所示。

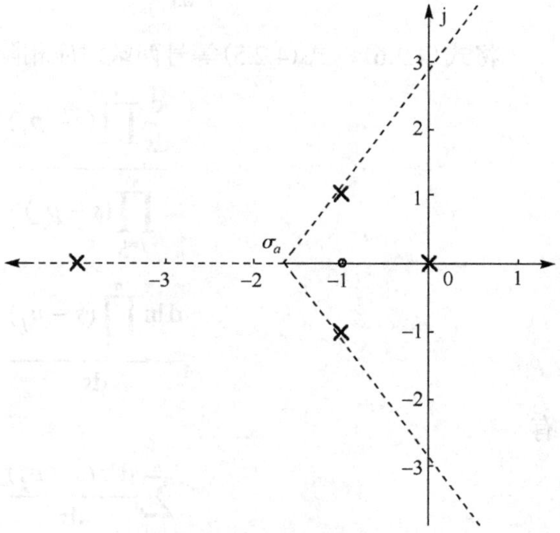

图 4.2.2 开环零极点及渐近线图

法则 5 根轨迹的分离点。两条或两条以上根轨迹分支在 s 平面上相遇又分离的点，称为根轨迹的分离点(separation point)。分离点坐标 d 是方程

$$\sum_{j=1}^{n}\frac{1}{d-p_j}=\sum_{i=1}^{m}\frac{1}{d-z_i} \tag{4.2.4}$$

的解。

证明 由根轨迹方程(4.1.3)，有

$$1+\frac{K^*\prod\limits_{i=1}^{m}(s-z_i)}{\prod\limits_{j=1}^{n}(s-p_j)}=0$$

所以闭环特征方程为

$$D(s)=\prod_{j=1}^{n}(s-p_j)+K^*\prod_{i=1}^{m}(s-z_i)=0$$

或

$$\prod_{j=1}^{n}(s-p_j)=-K^*\prod_{i=1}^{m}(s-z_i) \tag{4.2.5}$$

根轨迹在 s 平面相遇，说明闭环特征方程有重根(multiple root)出现。设重根为 d，根据代数中重根条件，有

$$\dot{D}(s)=\frac{\mathrm{d}}{\mathrm{d}s}\left[\prod_{j=1}^{n}(s-p_j)+K^*\prod_{i=1}^{m}(s-z_i)\right]=0$$

或

$$\frac{\mathrm{d}}{\mathrm{d}s}\prod_{j=1}^{n}(s-p_j)=-K^*\frac{\mathrm{d}}{\mathrm{d}s}\prod_{i=1}^{m}(s-z_i) \tag{4.2.6}$$

将式(4.2.6)、式(4.2.5)等号两端对应相除，得

$$\frac{\frac{\mathrm{d}}{\mathrm{d}s}\prod_{j=1}^{n}(s-p_j)}{\prod_{j=1}^{n}(s-p_j)}=\frac{\frac{\mathrm{d}}{\mathrm{d}s}\prod_{i=1}^{m}(s-z_i)}{\prod_{i=1}^{m}(s-z_i)}$$

$$\frac{\mathrm{d}\ln\prod_{j=1}^{n}(s-p_j)}{\mathrm{d}s}=\frac{\mathrm{d}\ln\prod_{i=1}^{m}(s-z_i)}{\mathrm{d}s} \tag{4.2.7}$$

有

$$\sum_{j=1}^{n}\frac{\mathrm{d}\ln(s-p_j)}{\mathrm{d}s}=\sum_{i=1}^{m}\frac{\mathrm{d}\ln(s-z_i)}{\mathrm{d}s}$$

于是有

$$\sum_{j=1}^{n}\frac{1}{s-p_j}=\sum_{i=1}^{m}\frac{1}{s-z_i}$$

从上式解出的 s 中，经检验可得分离点 d。本法则得证。

需要说明的是：因为根轨迹对称于实轴，所以分离点或位于实轴上，或共轭成对地出现在复平面上，以实轴上的分离点最为常见。在实轴上，如果两相邻开环极点之间是根轨迹，则这两个极点之间必有分离点；同样，若两相邻开环零点之间是根轨迹(其中一个可以是无限零点)，则这两个零点之间必有分离点。对于由两个开环极点(实数或共轭复数极点)和一个有限开环零点组成的二阶系统，只要有限零点没有位于两个实数极点之间，系统闭环根轨迹的复数部分，是以有限零点为圆心，有限零点到分离点的距离为半径的圆或圆的一部分。另外，对于无零点的系统，分离点的方程记为

$$\sum_{j=1}^{n}\frac{1}{d-p_j}=0 \tag{4.2.8}$$

例 4.2.2 控制系统开环传递函数为

$$G(s)H(s)=\frac{K^*(s+2)}{s(s+1)(s+4)}$$

试概略绘制系统根轨迹。

解 将系统开环零、极点标于 s 平面，如图 4.2.3 所示。

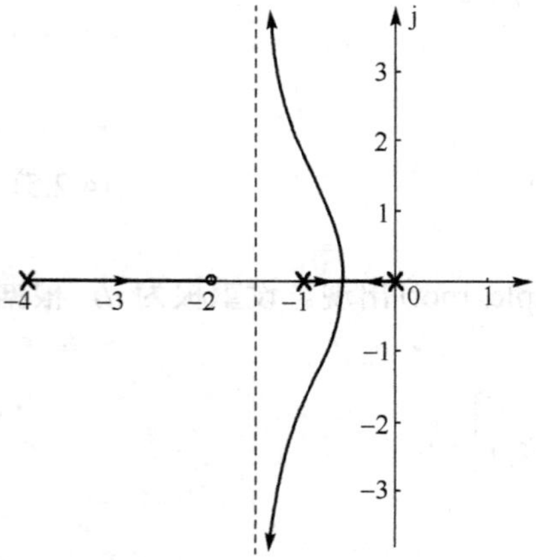

图 4.2.3 例 4.2.2 的根轨迹

根据法则，系统有 3 条根轨迹分支，且有 $n-m=2$ 条根轨迹趋于无穷远处。根轨迹绘制如下。

(1) 实轴上的根轨迹。根据法则 3，实轴上的根轨迹区段为

$$[-4,-2],\quad[-1,0]$$

(2)渐近线。根据法则 4，根轨迹的渐近线与实轴交点和夹角为

$$\begin{cases} \sigma_a = \dfrac{-1-4+2}{3-1} = -\dfrac{3}{2} \\ \varphi_a = \dfrac{(2k+1)\pi}{3-1} = \pm\dfrac{\pi}{2} \end{cases}$$

(3)分离点。根据法则 5，分离点方程为

$$\frac{1}{d} + \frac{1}{d+1} + \frac{1}{d+4} = \frac{1}{d+2}$$

经整理得

$$(d+4)(d^2+4d+2) = 0$$

解得 $d_1 = -4$，$d_2 = -3.414$，$d_3 = -0.586$，显然分离点位于实轴上 $[-1,0]$ 区间，故取 $d = -0.586$。

根据上述讨论，可绘制出系统根轨迹如图 4.2.3 所示。

法则 6　根轨迹与虚轴的交点。若根轨迹与虚轴(imaginary axis)相交，意味着闭环特征方程出现纯虚根(imaginary root)。故可在闭环特征方程中令 $s = \mathrm{j}\omega$，然后分别令方程的实部和虚部为零，从中求得交点的坐标值及其相应的 K^* 值。此外，根轨迹与虚轴相交表明系统在相应 K^* 值时，劳斯表出现全零行的特殊情况，故亦可用劳斯判据的处理办法求出交点的坐标值及其相应的 K^* 值。若除了纯虚根之外，其余的特征根均位于 s 平面的左半平面，则系统临界稳定，此处的根轨迹增益称为临界根轨迹增益。

例 4.2.3　某单位反馈系统开环传递函数为

$$G(s) = \frac{K^*}{s(s+1)(s+5)}$$

试概略绘制系统根轨迹。

解　根轨迹绘制如下。

(1)实轴上的根轨迹：

$$(-\infty,-5],\quad [-1,0]$$

(2)渐近线：

$$\begin{cases} \sigma_a = \dfrac{-1-5}{3} = -2 \\ \varphi_a = \dfrac{(2k+1)\pi}{3} = \pm\dfrac{\pi}{3}, \pi \end{cases}$$

(3)分离点：

$$\frac{1}{d} + \frac{1}{d+1} + \frac{1}{d+5} = 0$$

经整理得

$$3d^2 + 12d + 5 = 0$$

解出

$$d_1 = -3.5,\quad d_2 = -0.47$$

显然分离点位于实轴上 $[-1,0]$ 区间，故取 $d = -0.47$。

(4) 与虚轴交点。

方法 1 系统闭环特征方程为

$$D(s)=s^3+6s^2+5s+K^*=0$$

令 $s=\mathrm{j}\omega$，则

$$D(\mathrm{j}\omega)=(\mathrm{j}\omega)^3+6(\mathrm{j}\omega)^2+5(\mathrm{j}\omega)+K^*=-\mathrm{j}\omega^3-6\omega^2+\mathrm{j}5\omega+K^*=0$$

令实部、虚部分别为零，有

$$\begin{cases}K^*-6\omega^2=0\\5\omega-\omega^3=0\end{cases}$$

解得

$$\begin{cases}\omega=0\\K^*=0\end{cases}\qquad\begin{cases}\omega=\pm\sqrt{5}\\K^*=30\end{cases}$$

显然第一组解是根轨迹的起点，故舍去。根轨迹与虚轴的交点为 $s=\pm\mathrm{j}\sqrt{5}$，对应的根轨迹增益 $K^*=30$。

方法 2 用劳斯稳定判据求根轨迹与虚轴的交点。列劳斯表为

$$\begin{array}{c|cc}s^3 & 1 & 5\\ s^2 & 6 & K^*\\ s^1 & (30-K^*)/6 & 0\\ s^0 & K^* & \end{array}$$

当 $K^*=30$ 时，s^1 行元素全为零，系统存在共轭虚根。共轭虚根可由 s^2 行的辅助方程求得

$$F(s)=6s^2+K^*\big|_{K^*=30}=0$$

得 $s=\pm\mathrm{j}\sqrt{5}$ 为根轨迹与虚轴的交点。

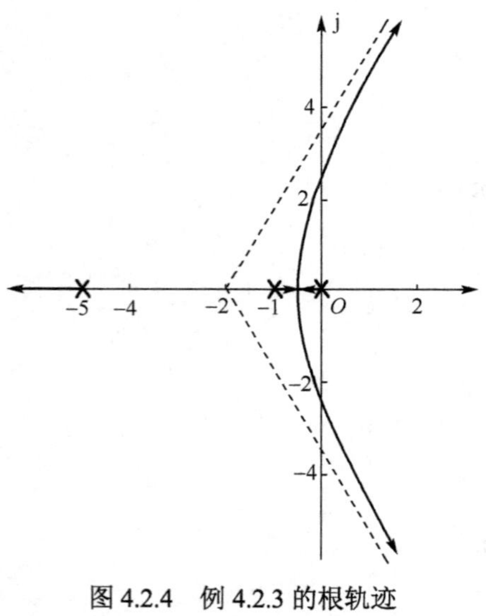

图 4.2.4　例 4.2.3 的根轨迹

根据上述讨论，可绘制出系统根轨迹，如图 4.2.4 所示。

法则 7　根轨迹的起始角和终止角。根轨迹离开开环复数极点处的切线与正实轴的夹角，称为起始角，以 θ_{p_l} 表示；根轨迹进入开环复数零点处的切线与正实轴的夹角，称为终止角，以 φ_{z_l} 表示。

起始角、终止角可直接利用相角条件求出，即

$$\begin{aligned}\theta_{pl}&=(2k+1)\pi+\sum_{i=1}^{m}\angle(p_l-z_i)-\sum_{\substack{j=1\\j\neq l}}^{n}\angle(p_l-p_j)\\\varphi_{zl}&=(2k+1)\pi+\sum_{j=1}^{n}\angle(z_l-p_j)-\sum_{\substack{i=1\\i\neq l}}^{m}\angle(z_l-z_i)\end{aligned}\tag{4.2.9}$$

下面举例说明起始角和终止角的计算。

例 4.2.4 设系统开环传递函数为

$$G(s)=\frac{K^*(s+1.5)(s+2+\mathrm{j})(s+2-\mathrm{j})}{s(s+2.5)(s+0.5+\mathrm{j}1.5)(s+0.5-\mathrm{j}1.5)}$$

试概略绘制系统根轨迹。

解 将开环零、极点标于 s 平面上，绘制根轨迹步骤如下。

(1) 实轴上的根轨迹：

$$[-1.5,0],\quad(-\infty,-2.5]$$

(2) 起始角和终止角：先求起始角。设 s 是由 p_2 出发的根轨迹分支对应 $K^*=\varepsilon$ 时的一点，s 到 p_2 的距离无限小，则矢量 $\overline{p_2s}$ 的相角即为起始角。作各开环零、极点到 s 的向量。由于除 p_2 之外，其余开环零、极点指向 s 的矢量与指向 p_2 的矢量等价，所以它们指向 p_2 的矢量等价于指向 s 的矢量。根据开环零、极点坐标可以算出各矢量的相角。由相角条件(4.1.5)得

$$\sum_{i=1}^{m}\varphi_i-\sum_{j=1}^{n}\theta_j=\varphi_1+\varphi_2+\varphi_3-\theta_{p2}-\theta_1-\theta_3-\theta_4=(2k+1)\pi$$

解得起始角 $\theta_{p_2}=79°$（图 4.2.5）。

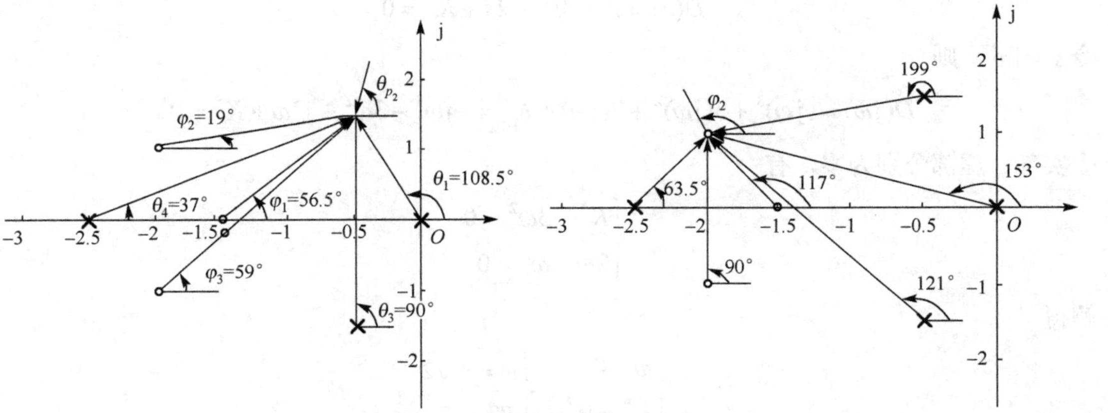

图 4.2.5 根轨迹的起始角和终止角

同理，作各开环零、极点到复数零点 $(-2+\mathrm{j})$ 的向量，可算出复数零点 $(-2+\mathrm{j})$ 处的终止角 $\varphi_2=145°$。作出系统的根轨迹如图 4.2.6 所示。

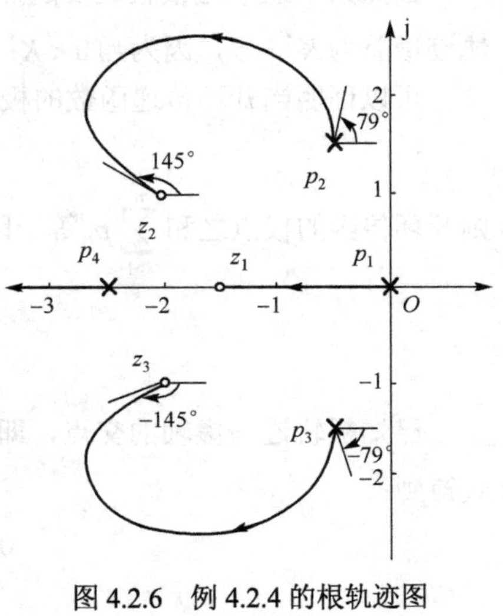

图 4.2.6 例 4.2.4 的根轨迹图

例 4.2.5 某单位反馈系统开环传递函数为

$$G(s)=\frac{K^*}{s(s+1)(s+2)}$$

试概略绘制系统根轨迹，并求临界稳定时的根轨迹增益及该增益对应的三个闭环极点。

解 系统有 3 条根轨迹分支，且有 $n-m=3$ 条根轨迹趋于无穷远处。绘制根轨迹步骤如下。

(1) 实轴轴上的根轨迹：

$$(-\infty,-2],\quad[-1,0]$$

(2) 渐近线：

$$\begin{cases}\sigma_a = \dfrac{-1-2}{3} = -1 \\ \phi_a = \dfrac{(2k+1)\pi}{3} = \pm\dfrac{\pi}{3}, \pi\end{cases}$$

(3) 分离点：

$$\frac{1}{d} + \frac{1}{d+1} + \frac{1}{d+2} = 0$$

经整理得

$$3d^2 + 6d + 2 = 0$$

故

$$d_1 = -1.577, \quad d_2 = -0.423$$

显然分离点位于实轴上$[-1,0]$区间，故取$d = -0.423$。

(4) 与虚轴交点。系统闭环特征方程为

$$D(s) = s^3 + 3s^2 + 2s + K^* = 0$$

令$s = \mathrm{j}\omega$，则

$$D(\mathrm{j}\omega) = (\mathrm{j}\omega)^3 + 3(\mathrm{j}\omega)^2 + 2(\mathrm{j}\omega) + K^* = -\mathrm{j}\omega^3 - 3\omega^2 + \mathrm{j}2\omega + K^* = 0$$

令实部、虚部分别为零，有

$$\begin{cases}K^* - 3\omega^2 = 0 \\ 2\omega - \omega^3 = 0\end{cases}$$

解得

$$\begin{cases}\omega = 0 \\ K^* = 0\end{cases}, \quad \begin{cases}\omega = \pm\sqrt{2} \\ K^* = 6\end{cases}$$

显然第一组解是根轨迹的起点，故舍去。根轨迹与虚轴的交点为$s_{1,2} = \pm\mathrm{j}\sqrt{2}$，对应的根轨迹增益为$K^* = 6$，因为当$0 < K^* < 6$时系统稳定，故$K^* = 6$为临界根轨迹增益。

可以证明当开环传递函数的极点个数n与开环传递函数的零点个数m满足：

$$m \leqslant n-2$$

则开环传函的极点之和$\sum_{i=1}^{n} p_i$等于闭环传函的极点之和$\sum_{i=1}^{n} s_i$，即

$$\sum_{i=1}^{n} p_i = \sum_{i=1}^{n} s_i$$

已知根轨迹与虚轴的交点，即两个闭环极点$s_{1,2} = \pm\mathrm{j}\sqrt{2}$，所以，第三个闭环极点可由下式得到：

$$0 - 1 - 2 = -\mathrm{j}\sqrt{2} + \mathrm{j}\sqrt{2} + s_3$$

$$s_3 = -3$$

系统根轨迹如图 4.2.7 所示。

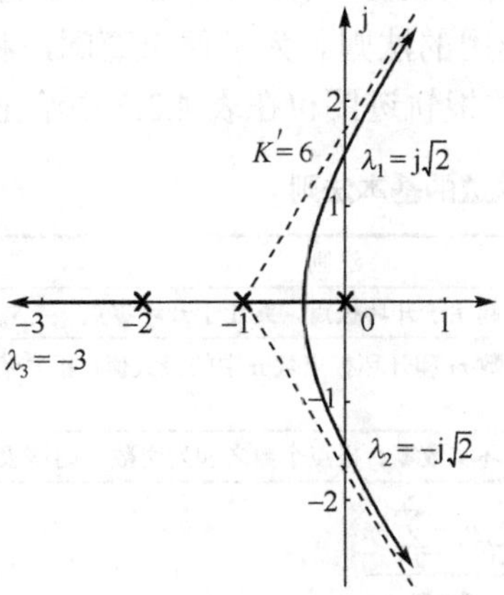

图 4.2.7　例 4.2.5 的根轨迹图

阅读：开环极点之和等于闭环极点之和

Matlab 软件提供了绘制系统根轨迹的函数，例 4.2.5 的根轨迹绘制程序如下：

```
num=1;  %对传递函数分子的描述
den=conv([1 0],conv([1 1],[1 2]));  %对传递函数分母多项式的描述
rlocus(num,den)  %绘制根轨迹
```

在绘制好的根轨迹上，用鼠标单击分离点时就可以显示分离点的信息，单击根轨迹与虚轴的交点时就可以显示交点处的信息，如图 4.2.8 所示。

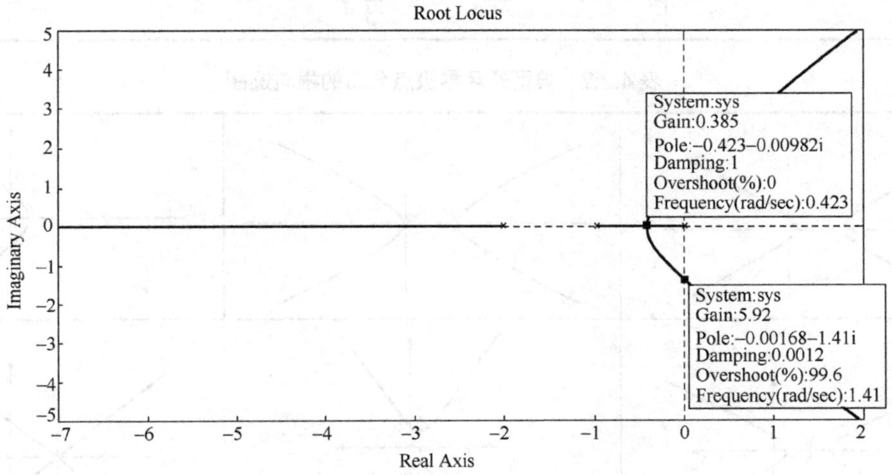

图 4.2.8　例 4.2.5 的根轨迹图

(1) 分离点处。

$$\begin{cases}\text{根轨迹读数：} d=-0.423-0.00982\mathrm{j}\text{，增益} K^*=0.385 \\ \text{计算值：} d=-0.423\text{，增益} K^*=0.385\end{cases}$$

(2) 与虚轴交点处。

$$\begin{cases}\text{根轨迹读数：} s_{1,2}=-0.00168\pm1.41\mathrm{j}\text{，增益} K^*=5.92 \\ \text{计算值：} s_{1,2}=\pm\sqrt{2}\mathrm{j}\text{，增益} K^*=6\end{cases}$$

可以看出，理论计算结果与根轨迹上的读数误差不大。

根据以上绘制根轨迹的法则，不难绘出系统的根轨迹。具体绘制某一根轨迹时，这 7 条法则并不一定全部用到，要根据具体情况确定应选用的法则。为了便于查阅，将这些法则统一归纳在表 4.2.1 之中，一些典型开环零极点分布的根轨迹图也在表 4.2.2 中给出。

表 4.2.1 绘制 180°根轨迹的基本法则

序号	内容	法则
1	根轨迹的起点和终点	根轨迹起始于开环极点，终止于开环零点
2	根轨迹的分支数，对称性和连续性	根轨迹的分支数等于开环零点数 m 和开环极点数 n 中的最大值，根轨迹是连续的，且对称于实轴
3	实轴上的根轨迹	实轴上的某一段，若其右侧开环实数零、极点个数之和为奇数，则该段必是根轨迹
4	根轨迹的渐近线	渐近线与实轴的交点 $\sigma_a=\dfrac{\sum_{j=1}^{n}p_j-\sum_{i=1}^{m}z_i}{n-m}$ 渐近线与实轴夹角 $\varphi_a=\dfrac{(2k+1)\pi}{n-m}$，$k=0$，$\pm1$，$\pm2$，…
5	根轨迹的分离点	分离点坐标 d 是方程 $\sum_{j=1}^{n}\dfrac{1}{d-p_j}=\sum_{i=1}^{m}\dfrac{1}{d-z_i}$ 的解，且满足 180°相角条件
6	根轨迹与虚轴的交点	将 $s=\mathrm{j}\omega$ 代入闭环特征方程，令其实部和虚部为零并求解，或列写劳斯表，令其出现全零行，求解辅助方程
7	根轨迹的起始角和终止角	$\theta_{pl}=(2k+1)\pi+\sum_{i=1}^{m}\angle(p_l-z_i)-\sum_{\substack{j=1\\j\neq l}}^{n}\angle(p_l-p_j)$ $\phi_{zl}=(2k+1)\pi+\sum_{j=1}^{n}\angle(z_l-p_j)-\sum_{\substack{i=1\\i\neq l}}^{m}\angle(z_l-z_i)$

表 4.2.2 典型开环零极点分布的根轨迹图

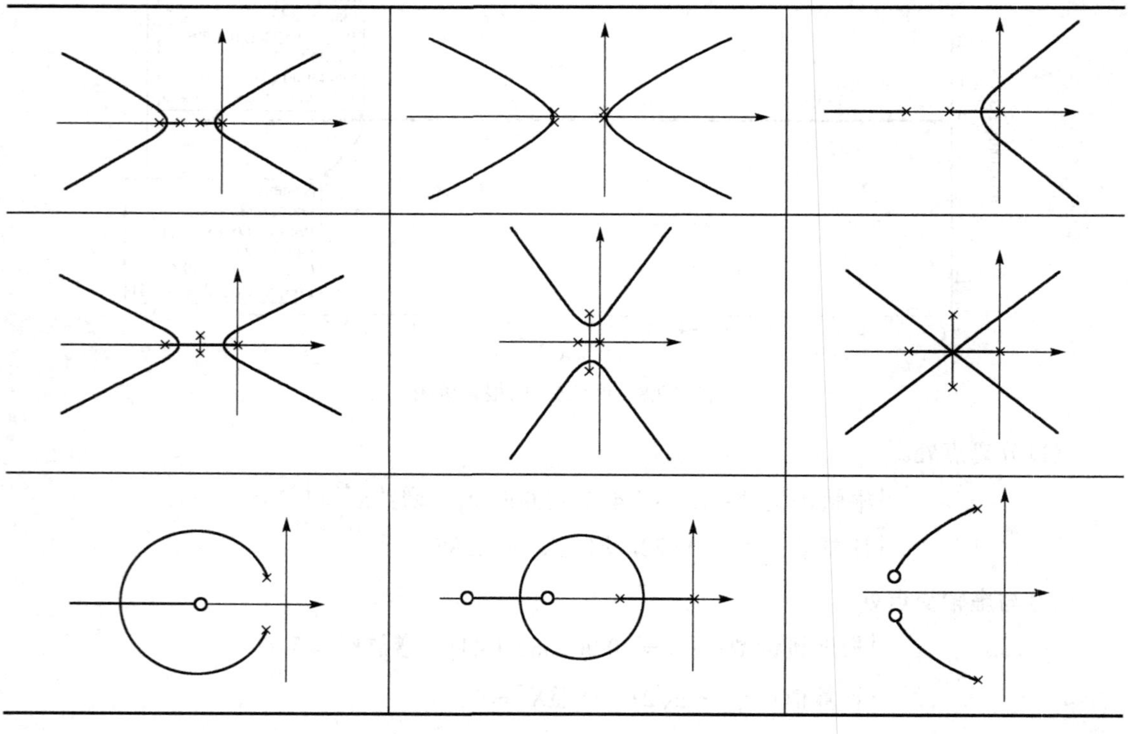

续表

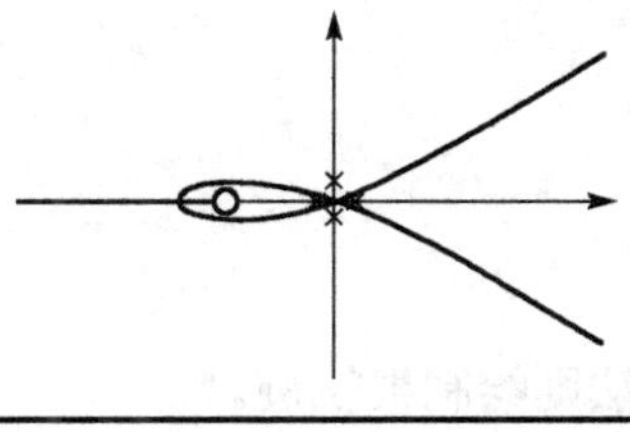	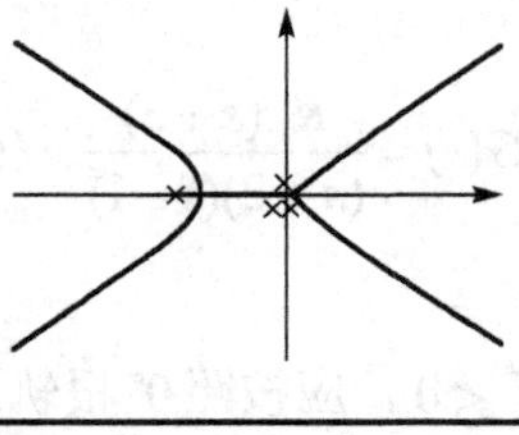	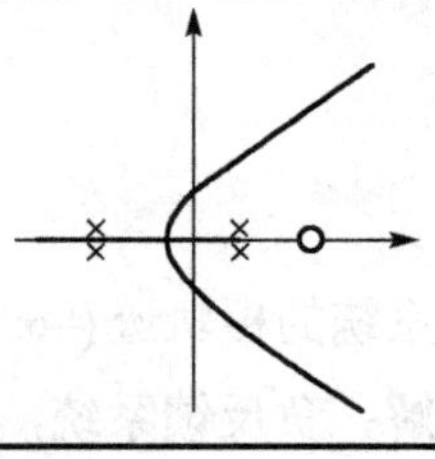

4.2.2 0°根轨迹

在图 4.1.3 所示的负反馈结构图中，若$K<0$（或$K^*<0$），其对应的根轨迹便为0°根轨迹。若图 4.1.3 所示的闭环系统是正反馈系统，并且$K>0$（或$K^*>0$），其对应的根轨迹也为0°根轨迹。

0°根轨迹的幅值条件和相角条件分别为

$$|G(s)H(s)|=|K^*|\frac{\sum\limits_{i=1}^{m}|s-z_i|}{\sum\limits_{j=1}^{n}|s-p_j|}=1 \tag{4.2.10}$$

$$\angle G(s)H(s)=\sum_{i=1}^{m}\angle(s-z_i)-\sum_{j=1}^{n}\angle(s-p_j)=2k\pi,\quad k=0,\ \pm1,\ \pm2,\cdots \tag{4.2.11}$$

0°根轨迹与180°根轨迹只是相角条件相差180°，因此可由绘制180°根轨迹基本法则，修改涉及相角条件的 5 条法则，即可得到绘制0°根轨迹的基本法则，见表 4.2.3。

表 4.2.3 绘制 0°根轨迹的基本法则

序号	内容	法则
1	根轨迹的起点和终点	根轨迹起始于开环极点，终止于开环零点
2	根轨迹的分支数，对称性和连续性	根轨迹的分支数等于开环零点数 m 和开环极点数 n 中的最大值，根轨迹连续且对称于实轴
3	实轴上的根轨迹	实轴上的某一段，若其右侧开环实数零、极点个数之和为 0 或偶数，则该段必是根轨迹
4	根轨迹的渐近线	渐近线与实轴的交点 $\sigma_a=\dfrac{\sum\limits_{j=1}^{n}p_j-\sum\limits_{i=1}^{m}z_i}{n-m}$ 渐近线与实轴夹角 $\varphi_a=\dfrac{2k\pi}{n-m}$，$k=0,\pm1,\pm2,\cdots$
5	根轨迹的分离点	分离点坐标 d 为方程 $\sum\limits_{j=1}^{n}\dfrac{1}{d-p_j}=\sum\limits_{i=1}^{m}\dfrac{1}{d-z_i}$ 的解，且满足 0° 相角条件
6	根轨迹与虚轴的交点	将 $s=\mathrm{j}\omega$ 代入闭环特征方程，令其实部和虚部为零并求解，或列写劳斯表，令其出现全零行，求解辅助方程。根轨迹与虚轴的交点对应的 $K^*<0$
7	根轨迹的起始角和终止角	$\theta_{pl}=2k\pi+\sum\limits_{i=1}^{m}\angle(p_l-z_i)-\sum\limits_{j=1,j\neq l}^{n}\angle(p_l-p_j)$ $\theta_{zl}=2k\pi+\sum\limits_{j=1}^{n}\angle(z_l-p_j)-\sum\limits_{i=1,i\neq l}^{m}\angle(z_l-z_i)$

例 4.2.6 闭环系统结构如图 4.2.9 所示。
其中

$$G(s)=\frac{K^*(s+3)}{(s+2)(s-1)}, H(s)=1$$

绘制系统的根轨迹 $(-\infty<K^*<0)$ 。

解 负反馈系统，且 $-\infty<K^*<0$ ，应按照 0° 根轨迹的基本法则绘制根轨迹。

$n=2, m=1$ ，两条根轨迹分支，一条渐近线。

根据表 4.2.3 中的第 3 条法则，可得实轴上的根轨迹为区间为：$[-3,-2]$ 和 $[1,\infty]$，如图 4.2.10 所示。

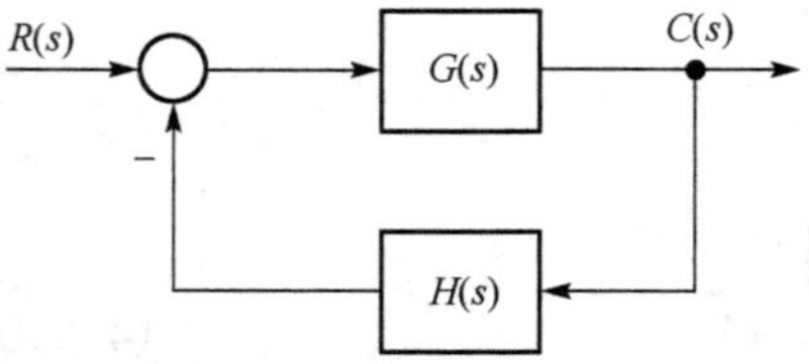

图 4.2.9 闭环系统结构图

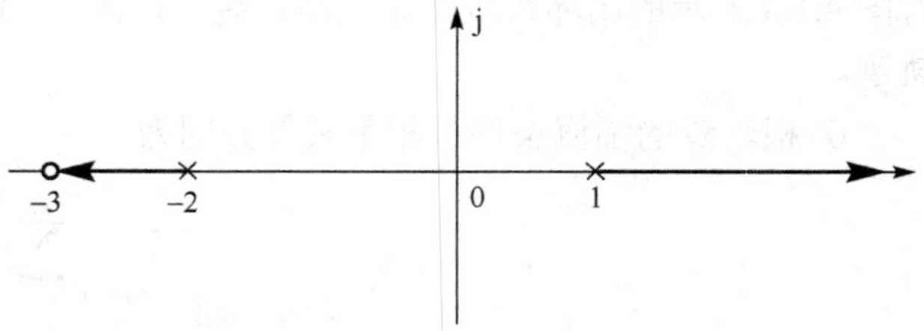

图 4.2.10 实轴上的根轨迹

渐近线与实轴的交点：$\sigma_a=2$

渐近线与实轴夹角：$\varphi_a=0^\circ$ (说明有一零点位于正实轴方向的无穷远处)

分离点：$\dfrac{1}{d+2}+\dfrac{1}{d-1}=\dfrac{1}{d+3}$， $\begin{cases} d_1=-1 \\ d_2=-5 \end{cases}$

分离点方程的两个解都不在实轴根轨迹上，故根轨迹不存在分离点。

与虚轴的交点：

特征方程 $s^2+(K^*+1)s+3K^*-2=0$

与虚轴的相交时应同时满足：

$$-\omega^2+3K^*-2=0 \text{ 和 } K^*=-1 \text{ 以及 } K^*<0$$

显然，不存在 $\omega>0$ 的解，故根轨迹与虚轴无交点。

系统的根轨迹为图 4.2.10。

4.2.3 参数根轨迹

前面介绍的仅是系统在负反馈条件下根轨迹增益 K^* 变化时的根轨迹绘制方法。在实际工程系统的分析、设计过程中，有时需要分析除系统的根轨迹增益 K^* 以外的其他参量(如时间常数、测速机反馈系数等)变化对系统性能的影响。

除根轨迹增益 K^* (或开环增益 K) 以外的其他参量从零变化到无穷大时绘制的根轨迹称为参数根轨迹。

绘制参数根轨迹的法则与绘制常规根轨迹的法则完全相同。只需要在绘制参数根轨迹之前，引入“等效开环传递函数”，将绘制参数根轨迹的问题化为绘制 K^* 变化时根轨迹的形式来处理。下面举例说明参数根轨迹的绘制方法。

例 4.2.7 单位反馈系统开环传递函数为

$$G(s)=\frac{\frac{1}{4}(s+a)}{s^2(s+1)}$$

试绘制 a 从零到无穷变化的根轨迹。

解 系统的闭环特征方程为

$$D(s)=s^3+s^2+\frac{1}{4}s+\frac{1}{4}a=0$$

构造等效开环传递函数，把含有可变参数的项放在分子上，即

$$G^*(s)=\frac{\frac{1}{4}a}{s\left(s^2+s+\frac{1}{4}\right)}=\frac{\frac{1}{4}a}{s\left(s+\frac{1}{2}\right)^2}$$

由于等效开环传递函数对应的闭环特征方程与原系统闭环特征方程相同，所以称 $G^*(s)$ 为等效开环传递函数，而借助于 $G^*(s)$ 的形式，可以利用常规根轨迹的绘制方法绘制系统的根轨迹。但必须明确，等效开环传递函数 $G^*(s)$ 对应的闭环极点与原系统的闭环极点相同，但对应的闭环零点与原系统的闭环零点并不一致。在确定系统闭环零点，估算系统动态性能时，必须利用原系统开环传递函数进行分析。

等效开环传递函数有 3 个开环极点：$p_1=0$，$p_2=p_3=-1/2$；系统有 3 条根轨迹，均趋于无穷远处。

(1) 实轴上的根轨迹：

$$\left[-\frac{1}{2},0\right],\quad\left(-\infty,-\frac{1}{2}\right]$$

(2) 渐近线：

$$\begin{cases}\sigma_a=\dfrac{-\frac{1}{2}-\frac{1}{2}}{3}=-\dfrac{1}{3}\\ \varphi_a=\dfrac{(2k+1)\pi}{3}=\pm\dfrac{\pi}{3},\pi\end{cases}$$

(3) 分离点：

$$\frac{1}{d}+\frac{1}{d+\frac{1}{2}}+\frac{1}{d+\frac{1}{2}}=0$$

解得

$$d=-1/6$$

由模值条件得分离点处的 a 值：

$$\frac{a_d}{4}=|d|\left|d+\frac{1}{2}\right|^2=\frac{1}{54}$$

$$a_d = \frac{2}{27}$$

(4) 与虚轴的交点。将 $s = \mathrm{j}\omega$ 代入闭环特征方程式，得

$$D(\mathrm{j}\omega) = (\mathrm{j}\omega)^3 + (\mathrm{j}\omega)^2 + \frac{1}{4}(\mathrm{j}\omega) + \frac{a}{4}$$
$$= \left(-\omega^2 + \frac{a}{4}\right) + \mathrm{j}\left(-\omega^3 + \frac{1}{4}\omega\right) = 0$$

则有

$$\begin{cases} \mathrm{Re}[D(\mathrm{j}\omega)] = -\omega^2 + \dfrac{a}{4} = 0 \\ \mathrm{Im}[D(\mathrm{j}\omega)] = -\omega^3 + \dfrac{1}{4}\omega = 0 \end{cases}$$

解得

$$\begin{cases} \omega = \pm\dfrac{1}{2} \\ a = 1 \end{cases}$$

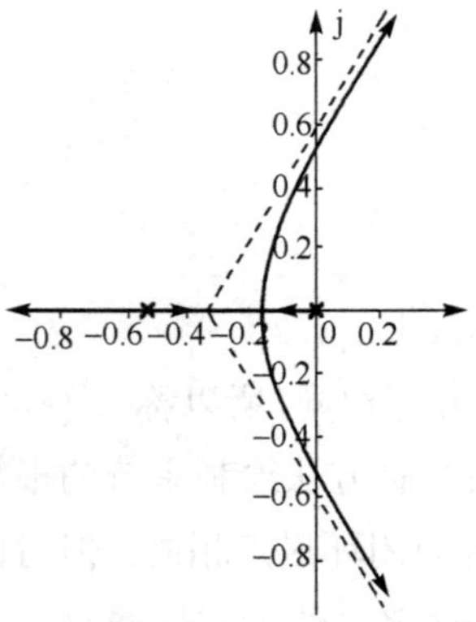

图 4.2.11　例 4.2.7 的根轨迹

系统根轨迹如图 4.2.11 所示。从根轨迹图中可以看出参数 a 变化对系统性能的影响：

(1) 当 $0 < a \leqslant 2/27$ 时，闭环极点落在实轴上，系统阶跃响应为非周期性响应。

(2) 当 $2/27 < a < 1$ 时，离虚轴近的一对复数闭环极点逐渐向虚轴靠近，系统阶跃响应为振荡收敛过程。

(3) 当 $a > 1$ 时，有闭环极点落在右半 s 平面，系统不稳定，阶跃响应振荡发散。

从原系统开环传递函数可见：$s = -a$ 是系统的一个闭环零点，其位置是变化的，计算系统性能必须考虑其影响。

4.3　根轨迹法设计实例

例 4.3.1　某无人驾驶汽车控制系统设计。

无人驾驶汽车是一种智能汽车，也可以称为轮式移动机器人，主要依靠车内以计算机系统为主的智能驾驶仪来实现无人驾驶。目前为止，世界上最先进的无人驾驶汽车已经测试行驶近五十万公里，其中最后八万公里是在没有任何人为安全干预措施下完成的。图 4.3.1 为某无人驾驶汽车控制系统框图，$G_p(s)$ 是车和前轮的数学模型：

$$G_p(s) = \frac{K^*}{s(s+10)}$$

采用比例-积分控制，若取比例系数 $K_p = 1$，

(1) 用根轨迹法确定系统稳定的 K_i 范围（$0 < K^* < \infty$）；

(2) 取积分系数 $K_i = 2$，用 Matlab 工具箱绘制系统的根轨迹，并确定闭环复数极点的阻尼系数 $\zeta = 0.59$ 时的闭环极点以及增益 K^*。

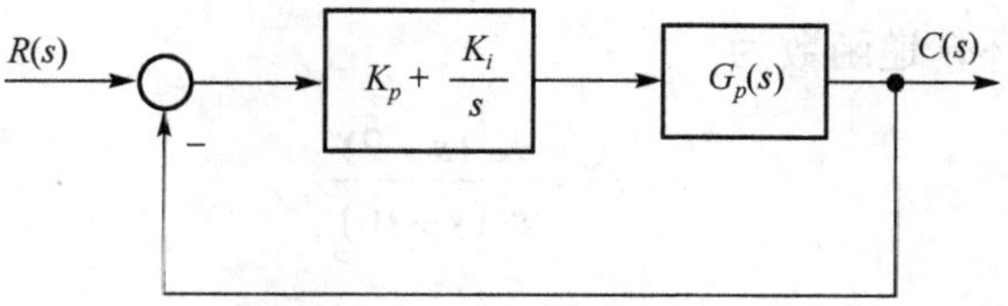

图 4.3.1　无人驾驶汽车控制系统框图

解　(1)系统的开环传递函数为

$$G(s)=\frac{K^*(s+K_i)}{s^2(s+10)}$$

系统有三条根轨迹分支，两条渐近线，开环极点为 $p_1=0, p_2=0, p_3=-10$，开环零点 $z=-K_i$。

渐近线其与实轴交点：

$$\sigma=\frac{\sum p_i-\sum z_j}{2}=\frac{-10+K_i}{2}$$

与正实轴夹角：$\varphi=\pm 90^\circ$

当 $K_i>10$ 时，$\sigma>0$，渐近线在虚轴右边，无论 K 取何值，系统总是不稳定的，如图 4.3.2 所示。

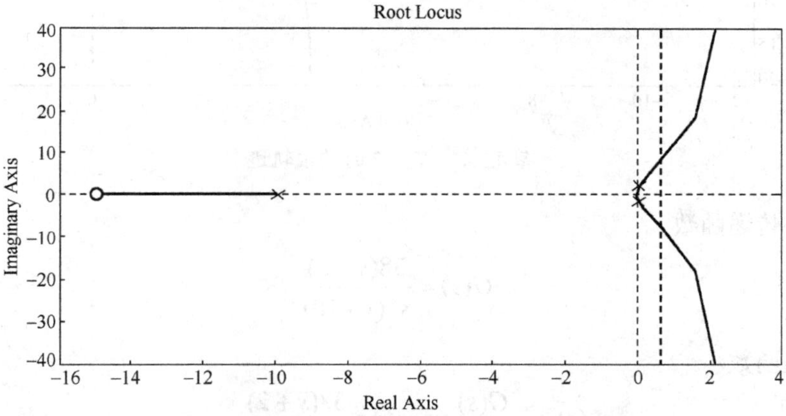

图 4.3.2　渐近线在虚轴右边时的根轨迹

当 $0<K_i<10$ 时，$\sigma<0$，渐近线在虚轴左边，在 $0<K<\infty$ 范围内，系统总是稳定的，如图 4.3.3 所示。

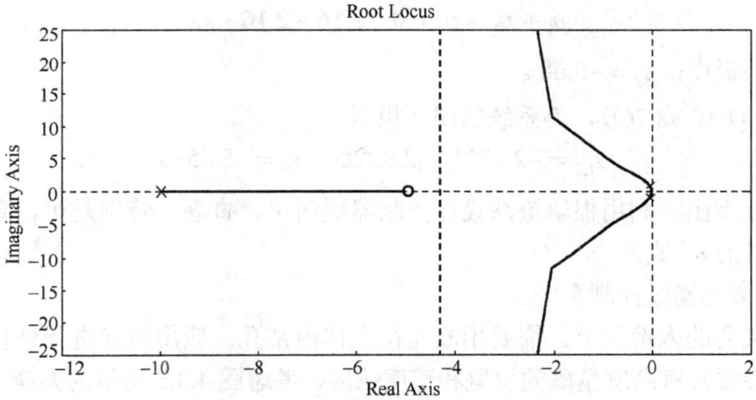

图 4.3.3　渐近线在虚轴左边时的根轨迹

(2) $K_i = 2$ 时，开环传递函数为

$$G(s) = \frac{K^*(s+2)}{s^2(s+10)}$$

在 Matlab 环境下运行：

```
rlocus([1  2],[1  10  0  0])
```

用鼠标单击根轨迹上的点就可得到阻尼比 $\zeta = 0.59$ 时的开环根轨迹增益，如图 4.3.4 所示，在轨迹上得到以下读数：$K^* = 38$，$\zeta = 0.588$，闭环极点 $s_{1,2} = -2.16 \pm \mathrm{j}2.97$。

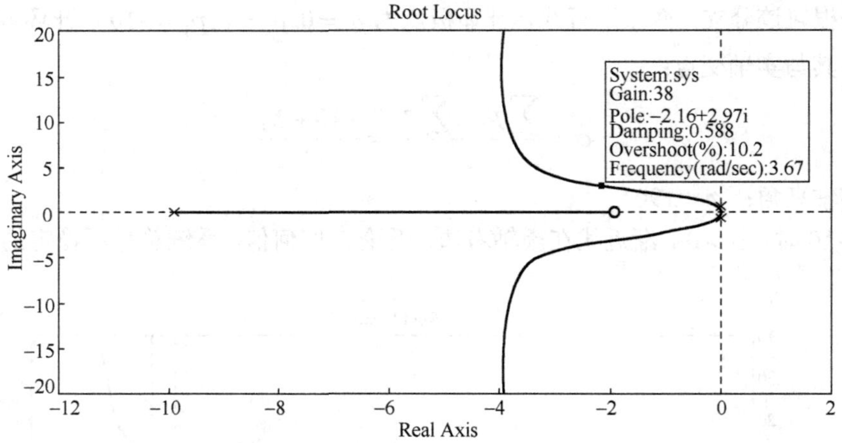

图 4.3.4　$K_i = 2$ 时的根轨迹

这时开环传递函数

$$G(s) = \frac{38(s+2)}{s^2(s+10)}$$

闭环传递函数

$$\Phi(s) = \frac{G(s)}{1+G(s)} = \frac{38(s+2)}{s^3+10s^2+38s+76}$$

因为 n=3，m=2，所以第三个闭环极点由 $\sum_{i=1}^{n} p_i = \sum_{i=1}^{n} s_i$ 算出，即

$$p_1 + p_2 + p_3 = 0 - 2.16 - 2.16 + s_3$$

得到第三个闭环极点：$s_3 = -5.68$。

运行 roots([1 10 38 76])，得系统的闭环极点：

$$s_{1,2} = -2.1711 \pm \mathrm{j}2.9528,\quad s_3 = -5.6578$$

从以上可以看出，利用根轨迹法设计控制器更简单、直观，特别是可以直接在轨迹上确定指定阻尼比时的 K^* 值。

例 4.3.2　激光操纵控制系统。

为了置入灵巧的人造关节，需要用激光在人体内钻孔。应用激光进行外科手术时，激光操纵控制系统必须具有高度精确的位置和速度响应。考虑图 4.3.5 所示的系统，用直流电机来操纵激光。试设计增益 K，使系统响应斜坡输入 $r(t) = At, A = 1\text{mm/s}$ 的稳态误差 $e_{ss} \leqslant 0.1\text{mm}$。

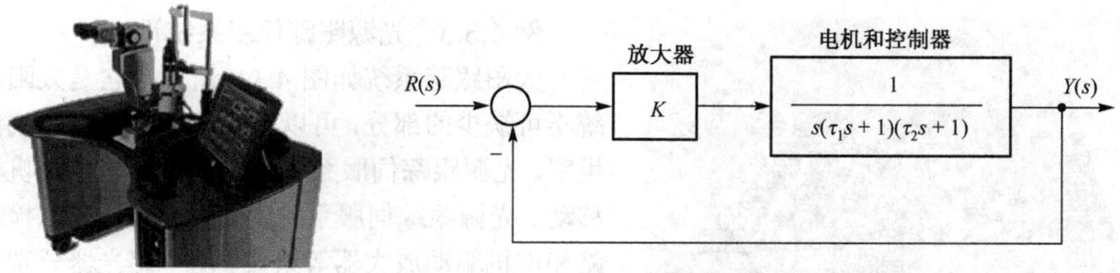

(a) 激光操纵手术系统　　(b) 激光操纵控制系统结构图

图 4.3.5　激光操纵控制系统

解　为了获得所要求的稳态误差和瞬态响应，电机和控制器参数为$\tau_1 = 0.1\text{s}, \tau_2 = 0.2\text{s}$。则系统传递函数为

$$\Phi(s) = \frac{K}{s(\tau_1 s+1)(\tau_2 s+1)+K} = \frac{K}{0.02s^3+0.3s^2+s+K} = \frac{50K}{s^3+15s^2+50s+50K}$$

系统在斜坡信号$R(s) = \dfrac{A}{s^2}$作用下的稳态误差为

$$e_{ss} = \frac{A}{K}$$

故要使稳态误差$e_{ss} \leqslant 0.1\text{mm}$，则应有$K \geqslant 10$。注意到$K$的取值应能保证系统的稳定性，绘制$K$从零到无穷变化的根轨迹如图4.3.6所示。根据劳斯判据或根轨迹与虚轴交点可计算出，系统稳定的条件是

$$0 \leqslant K \leqslant 15$$

$K = 10$时对应的闭环特征根为$s_1 = -0.5 \pm \text{j}5.96, s_3 = -13.98$。复根的阻尼系数为$\zeta = 0.085$，$\zeta\omega_n = 0.51$，可以认为是主导极点。根据主导极点得到系统的阶跃响应超调量为 76%，取误差带为 2%，调节时间为 7.8s。通过 Matlab 计算，可以得到实际三阶系统的超调量为 72%，调节时间为 7.9s。与近似结果相差不大，可见，复根确实是系统的主导极点。

系统对阶跃输入信号的响应是高频振荡的，不能用于外科手术，因此必须采用低速斜坡信号作为手术指令信号。系统对斜坡信号的响应如图 4.3.7 所示。

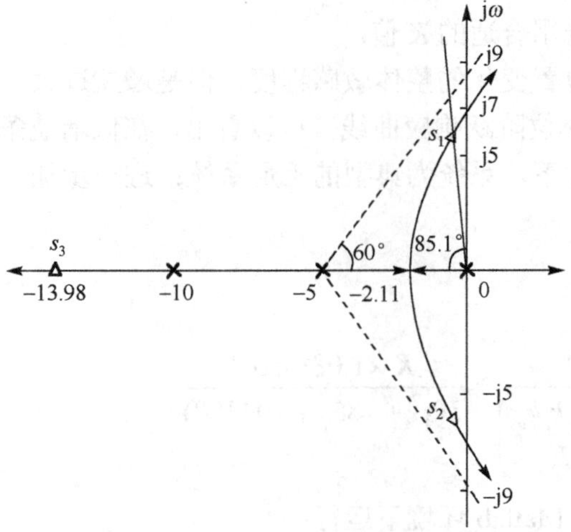

图 4.3.6　激光操纵控制系统的根轨迹

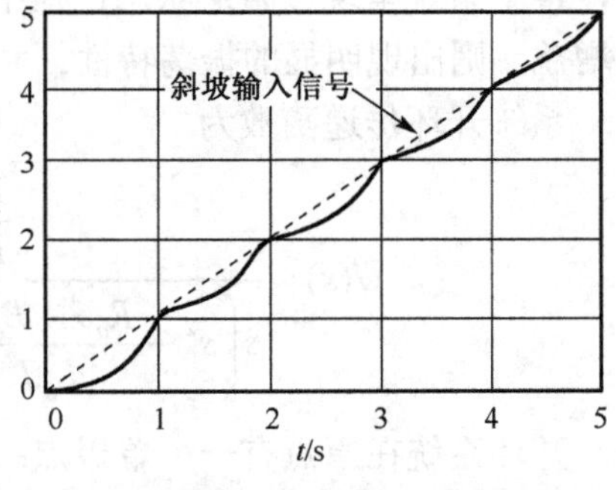

图 4.3.7　激光操纵控制系统的斜坡响应

例 4.3.3 光源跟踪伺服系统设计。

图 4.3.8 太阳能系统

太阳跟踪系统如图 4.3.8 所示，它是太阳能系统不可缺少的部分，可以有效地提高太阳光线的利用率。光源跟踪伺服系统用来模拟太阳电池帆板的移动。光源跟踪伺服系统由直流电机、光电检测电路和电机驱动放大器等组成。两个感光器分别安装在帆板的两边，用来检测光线是否垂直射向电池帆板。当光线满足垂直入射条件时，两个感光器受到的光辐射强度大致相同，否则将表明帆板偏向受辐射少的那一边。两个感光器受到的光辐射强度之差可以反馈到电机驱动器中，用来作为驱动电机的偏差信号，使太阳帆板转向正确的位置。

检测电路和功率放大器可以视为增益环节 K，单位为 V/rad。电机输出转速对输入的传递函数为

$$\frac{\omega_a}{V_a}=\frac{\dfrac{k_t}{L_aJ}}{s^2+\dfrac{R_aJ+L_aB}{L_aJ}s+\dfrac{R_aB+k_tk_v}{L_aJ}}$$

式中，ω_a 为电机转子角速度，V_a 为电机驱动电压，L_a 为转子绕组的等效电感，R_a 为转子绕组的等效电阻，k_t 为力矩常数，J 为转子和电机负载的转动惯量，B 为阻尼常数，k_v 为速度常数。光源跟踪伺服系统的结构图如图 4.3.9 所示。

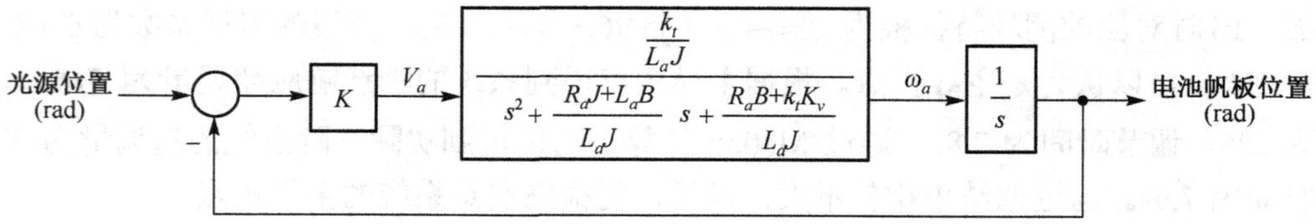

图 4.3.9 光源跟踪伺服系统结构图

取参数 $L_a=2.83\times10^{-3}, R_a=1.75, k_v=0.093, k_t=0.0924, J=3\times10^{-5}, B=5\times10^{-3}$，试用根轨迹法分析参数 K 的变化对系统性能的影响，并选用合适的 K 值。

解 增加系统增益将提高系统对输入光源位置变化的整体敏感程度，但是增益过大，可能破坏系统的稳定性。图 4.3.10 给出了系统的单位阶跃响应曲线，可以看出，在低增益条件下，整个系统呈现过阻尼状态；在中等增益条件下，系统为典型的阻尼系统；进一步加大系统增益，则出现明显的振荡特性。

系统开环传递函数为

$$G(s)=\frac{\dfrac{Kk_t}{L_aJ}}{s\left(s^2+\dfrac{R_aJ+L_aB}{L_aJ}s+\dfrac{R_aB+k_tk_v}{L_aJ}\right)}=\frac{K\times1.088\times10^6}{s(s^2+785s+204300)}$$

开环系统在原点有一个单极点：$p_1=0$，在 Matlab 环境下运行：

```
roots([ 1 785 204300])
```

得到开环系统的另外一对极点 $p_{2,3}=-392.5\pm 224.15\mathrm{j}$，接着运行：

```
rlocus([1],[1 785 204300 0])
```

得到 K 从零到无穷变化时的系统根轨迹，如图 4.3.11 所示。

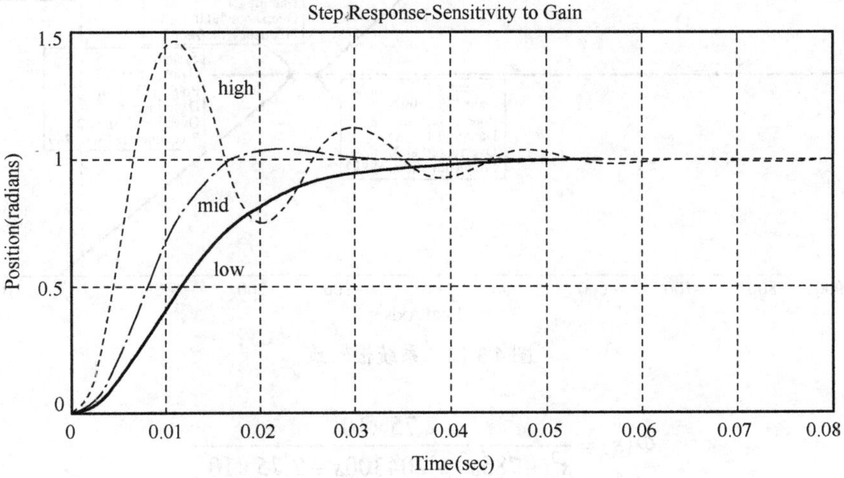

图 4.3.10　光源跟踪伺服系统的阶跃响应曲线

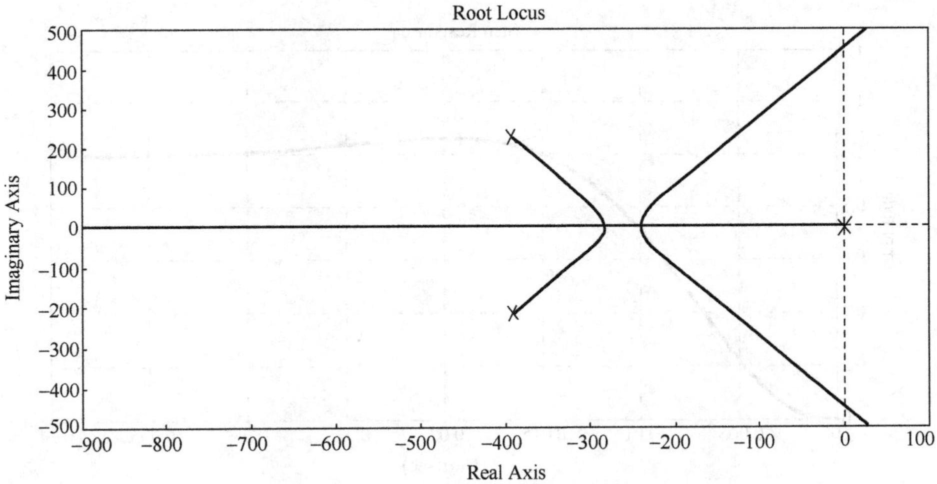

图 4.3.11　系统根轨迹

从图 4.3.11 可以看出，根轨迹有两个分离点。在 Matlab 环境下，用鼠标单击根轨迹上的分离点，如图 4.3.12 所示，得到两个分离点以及对应该点的增益：$d_1=-242$ 和 $K_1^*=1.76\times10^7$，$d_2=-282$ 和 $K_2^*=1.76\times10^7$。闭环系统临界稳定时的根轨迹增益 $K_c^*=1.6\times10^8$。

在复数极点的阻尼比为 0.6～0.8 范围内，系统可以获得较理想的动态性能。由图 4.3.12 上可看出，当复数极点的阻尼比 $\zeta=0.64$ 时，对应的超调量 $\sigma=7.3\%$，根轨迹增益 $K^*=2.75\times10^7$，此时的开环与闭环传递函数分别为

$$G(s)=\frac{2.75\times10^7}{s(s^2+785s+204300)}$$

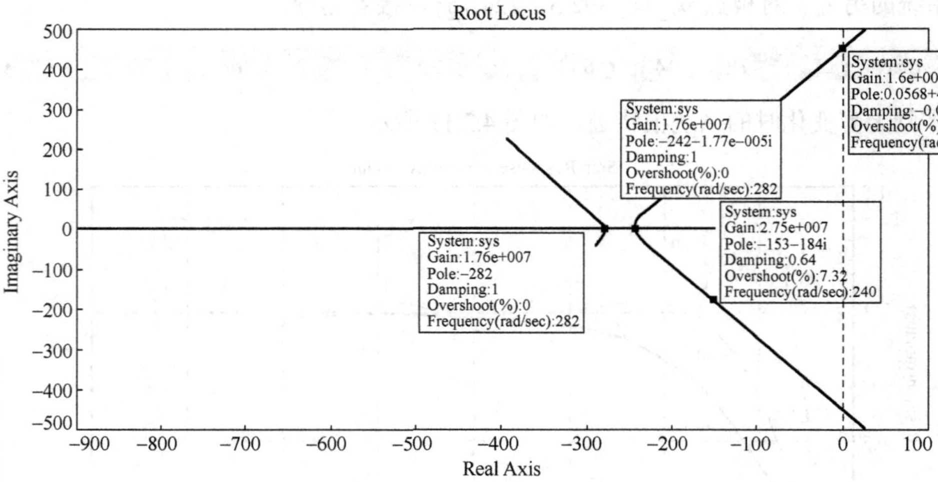

图 4.3.12　系统根轨迹

$$\Phi(s)=\frac{2.75\times10^{7}}{s^{3}+785s^{2}+204300s+2.75\times10^{7}}$$

其单位阶跃响应如图 4.3.13 所示。

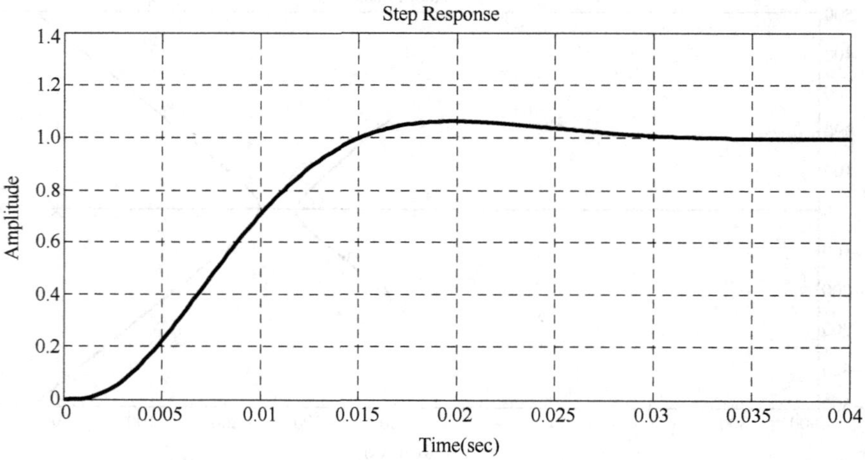

图 4.3.13　光源跟踪伺服系统的单位阶跃响应

习　题

4.1　系统的开环传递函数为

$$G(s)=\frac{K^{*}}{(s+1)(s+2)(s+4)}$$

试证明 $s_1=-1+\mathrm{j}\sqrt{3}$ 点在系统的根轨迹上，并求出相应的 K 值。

4.2　已知开环零、极点分布如题 4.2 图所示，试概略绘出相应的闭环根轨迹图。

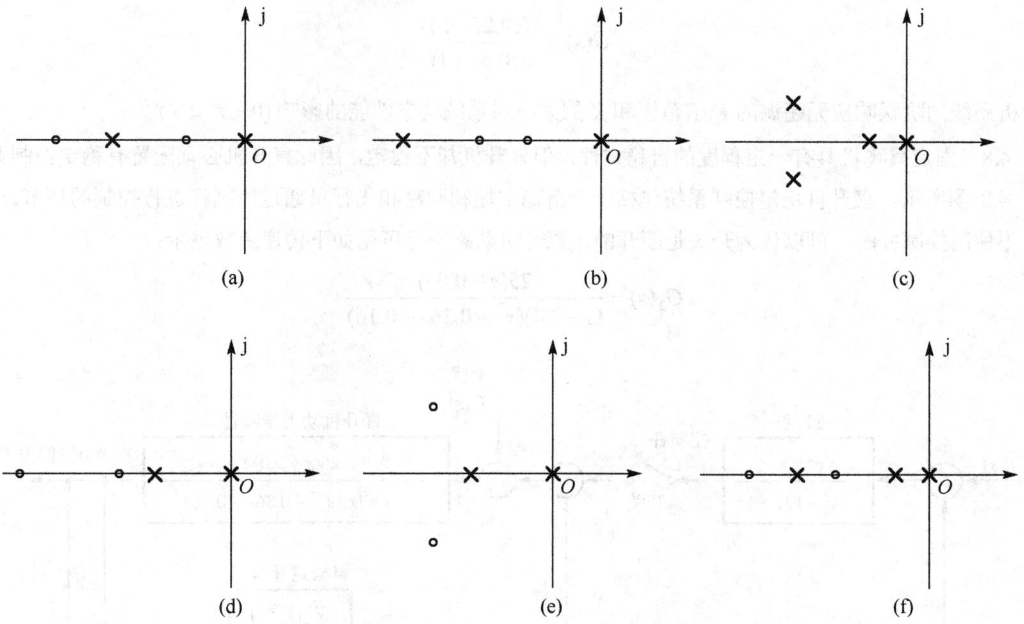

题 4.2 图　开环零、极点分布图

4.3　设单位负反馈系统开环传递函数如下，试概略绘出相应的闭环根轨迹图。

(1) $G(s)=\dfrac{K}{s(0.2s+1)(0.5s+1)}$

(2) $G(s)=\dfrac{K(s+1)}{s(2s+1)}$

(3) $G(s)=\dfrac{K^*(s+5)}{s(s+2)(s+3)}$

4.4　设单位负反馈控制系统的开环传递函数如下，要求：

(1) 确定 $G(s)=\dfrac{K^*}{s(s+1)(s+10)}$ 产生纯虚根的开环增益；

(2) 确定 $G(s)=\dfrac{K^*(s+z)}{s^2(s+10)(s+20)}$ 产生纯虚根为 $\pm \mathrm{j}1$ 的 z 值和 K^* 值；

(3) 概略绘制 $G(s)=\dfrac{K^*}{s(s+1)(s+3.5)(s+3+\mathrm{j}2)(s+3-\mathrm{j}2)}$ 的闭环根轨迹图(要求确定根轨迹的分离点、起始角和与虚轴的交点)。

4.5　已知系统的特征方程，试绘制系统的根轨迹。

(1) $s^3+2s^2+3s+Ks+2K=0 \quad (0<K<\infty)$

(2) $s^3+3s^2+(K+2)s+10K=0 \quad (0<K<\infty)$

4.6　设系统开环传递函数如下，试绘制 b 从零变到无穷时的根轨迹：

(1) $G(s)=\dfrac{20}{(s+4)(s+b)}$

(2) $G(s)=\dfrac{30(s+b)}{s(s+10)}$

4.7　已知单位负反馈系统的开环传递函数为

$$G(s)=\frac{K(0.25s+1)}{s(0.5s+1)}$$

试分析系统的阶跃响应无超调的 K 值范围和 K 的大小对系统动态性能的影响 $(0<K<\infty)$。

4.8 固定翼飞机具有一定程度的自稳定性，但直升机却不稳定，因此直升机必须配置有稳定控制系统。如题 4.8 图所示，直升机稳定控制系统包括一个自稳定控制回路和飞行员通过控制杆进行控制的环节。当飞行员不使用控制杆时，可以认为开关是断开的。直升机动态特性可用如下传递函数表示：

$$G_2(s)=\frac{25(s+0.03)}{(s+0.4)(s^2-0.36s+0.16)}$$

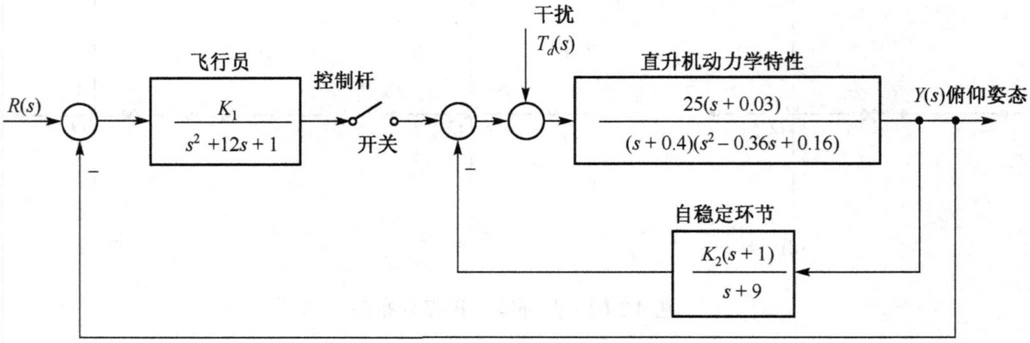

题 4.8 图 直升机控制系统

(1) 当飞行员控制回路断开时，用 Matlab 绘制自稳定回路的根轨迹图，在根轨迹图上确定复根的阻尼比为 0.707 时的增益 K_2，并确定此时系统对阵风干扰 $T_d(s)=1/s$ 的稳态误差；

(2) 考虑飞行员控制回路，并将 K_2 取为 (1) 中所确定的值，试画出 K_1 从零到无穷变化的根轨迹，确定使闭环系统临界稳定时的 K_1。

第5章　频率响应法

在前面章节的问题讨论中，普遍使用阶跃信号或斜坡信号作为系统的输入信号。本章将研究系统对正弦信号输入时的稳态响应，称为频率响应(frequency response)，作为数学模型的一种，在第2章介绍了频率特性以及有关概念。

在工业领域，反馈控制系统的设计大多数情况都是用频率响应方法来实现的。频率响应之所以备受欢迎，主要是因为当被控对象的模型存在不确定性时，它的设计方法容易调整。此外，使用频率响应更容易将实验信息应用于设计过程。对于正弦输入激励的系统，粗测其输出的幅值和相位就可设计出合适的控制律，并不需要对信息进行中间处理(如求极点和零点，或者传递函数)来求得系统的数学模型。

频率响应方法的主要内容是根据系统的开环频率特性的信息，研究闭环系统的稳定性；利用频率特性研究系统的结构和参数变化对系统性能的影响，并可指出改善系统性能的途径，进行补偿控制律的设计。频率响应也提供了一种通过实验建立系统数学模型的方法。

5.1　控制系统的频率响应

5.1.1　频率响应的概念

一个稳定的系统对正弦输入信号的稳态响应特性，就是系统的频率响应，也称频率特性，由幅频特性和相频特性组成。

假设系统的输入为$r(t)=A_1\sin(\omega t+\varphi_1)$，稳态输出为$c(t)=A_2\sin(\omega t+\varphi_2)$，则

幅频特性
$$A(\omega)=\frac{A_2(\omega)}{A_1} \tag{5.1.1}$$

相频特性
$$\varphi(\omega)=\varphi_2(\omega)-\varphi_1 \tag{5.1.2}$$

频率响应是
$$G(\mathrm{j}\omega)=A(\omega)\mathrm{e}^{\mathrm{j}\varphi(\omega)} \tag{5.1.3}$$

系统的稳态输出可以表达为

$$c(t)=A_1|G(\mathrm{j}\omega)|\sin(\omega t+\varphi_1+\angle G(\mathrm{j}\omega))$$

因此，只要求出频率特性$G(\mathrm{j}\omega)$的模$|G(\mathrm{j}\omega)|$(增益)和相角$\angle G(\mathrm{j}\omega)$，就可以确定系统的稳态输出$c(t)$。

仍以前面介绍的RC串联电路为例，则

传递函数　$G(s)=\dfrac{1}{RCs+1}$

频率特性　$G(\mathrm{j}\omega)=\dfrac{1}{\mathrm{j}\omega RC+1}$

幅频特性　$A(\omega)=|G(\mathrm{j}\omega)|=\dfrac{1}{\sqrt{(RC\omega)^2+1}}$

相频特性　$\varphi(\omega)=\angle G(\mathrm{j}\omega)=-\arctan(RC\omega)$

若 RC 电路的时间常数$T=10$，则可以得到表 5.1.1。

表 5.1.1 RC 串联电路的频率特性

ω	0	$\frac{1}{2T}$ (0.05)	$\frac{1}{T}$ (0.1)	$\frac{2}{T}$ (0.2)	$\frac{3}{T}$ (0.3)	$\frac{4}{T}$ (0.4)	$\frac{5}{T}$ (0.5)	∞
$A(\omega)$	1	0.89	0.707	0.45	0.32	0.24	0.19	0
$\varphi(\omega)$	0°	−26.6°	−45°	−63.5°	−71.5°	−76°	−78.7°	−90°

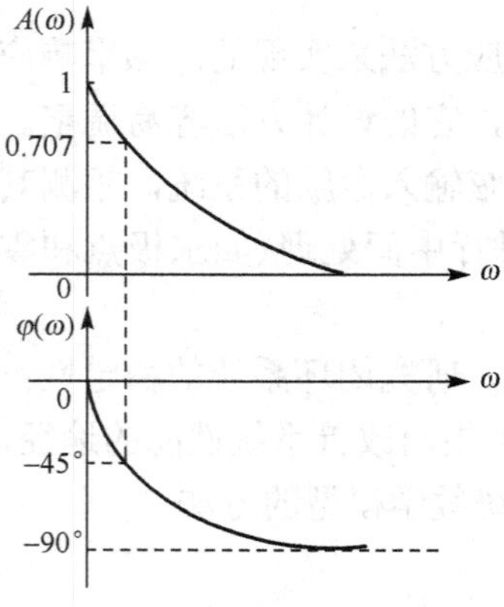

图 5.1.1 RC 电路的频率特性

根据表 5.1.1 给出的一些数据，可绘制出$A(\omega),\varphi(\omega)$曲线如图 5.1.1 所示，从图中可以看出，当频率较低即$\omega\approx 0$时：$A(\omega)\approx 1,\varphi(\omega)\approx 0$，这意味着输出电压和输入电压的幅值几乎相等，相位差很小。随着频率的增大，$A(\omega)$逐渐减小或者说放大倍数减小，说明输出电压的幅值在减小，相位差$\varphi(\omega)$滞后增大，当$\omega=1/T$时，输出幅值为输入幅值的 0.707 倍，相角落后 45°。当$\omega\to\infty$时，$A(\omega)\approx 0$，即电容两端的电压趋向于 0，相角落后 90°。所以 RC 网络只允许低频信号通过，具有低通滤波器的性质。同时也验证了电路中的结论：在直流输入时，$\omega=0$，电容相当于断路，其电压等于输入直流电压，放大倍数等于 1。在高频时，电容相当于短路，电压为 0，放大倍数为零。

当输入信号$r(t)=\sin(\omega t)$，而频率分别为$\omega=0.05$, $\omega=0.1$, $\omega=0.3$, $\omega=0.5$, $\omega=1$, $\omega=2$时，测得其电容两端的电压波形如图 5.1.2 所示。

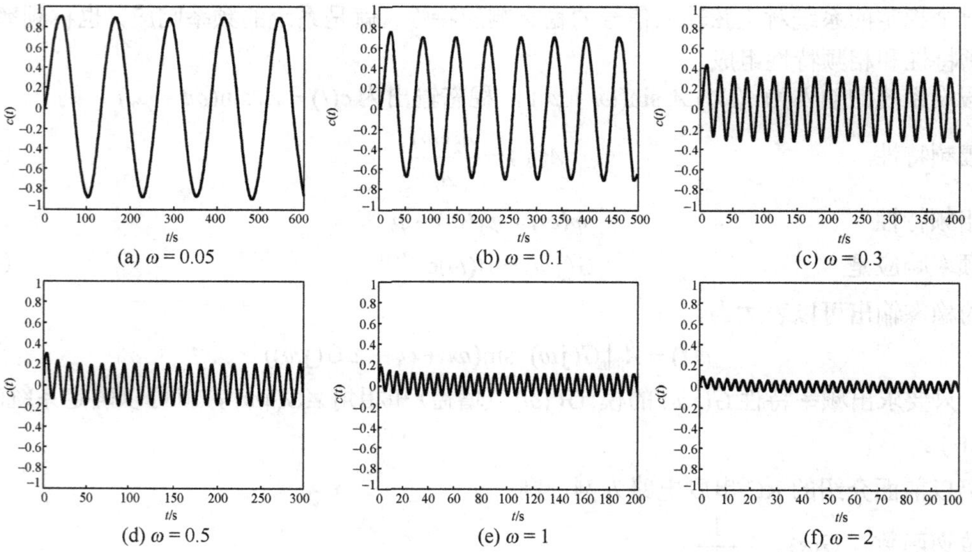

图 5.1.2 不同频率时的输出响应

明显看出，在响应的初始阶段，输出响应不是正弦信号，随着时间的增大，很快由暂态进入了稳态，输出为正弦波。随着ω的增大，稳态时的输出幅值逐渐变小，如$\omega=0.05$时，输出幅值$A_2\approx 0.9$，$\omega=0.5$时，输出幅值$A_2\approx 0.2$，$\omega=2$时，输出幅值$A_2\approx 0.05$。

图 5.1.3 为不稳定环节 $G(s)=\dfrac{25}{s^2-2s+25}$ 的频率响应，当输入为正弦信号时，其输出为增幅振荡，一直到幅值为无穷大。

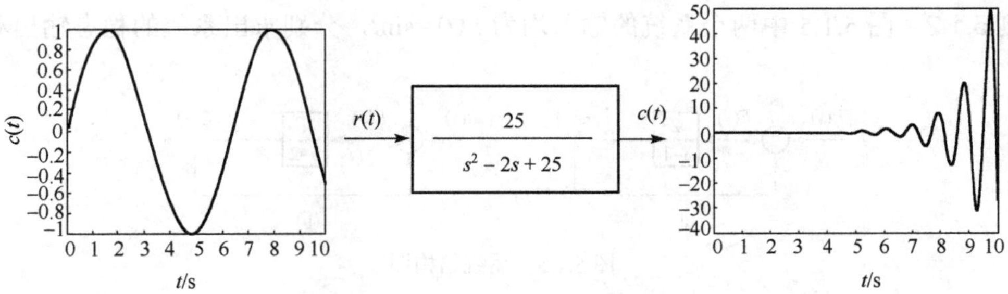

图 5.1.3　不稳定系统的正弦输出响应

计算机仿真给出了更直观的结果：只有稳定的线性定常系统，在正弦信号输入下其稳态输出是同频率的正弦信号。

5.1.2　利用频率响应的概念求稳态输出

例 5.1.1　某系统结构图如图 5.1.4 所示，求 $r(t)$ 作用下的稳态输出 $c(t)$。

(1) $r(t)=3\cos(2t+30^\circ)$

(2) $r(t)=3\sin(8t+20^\circ)$

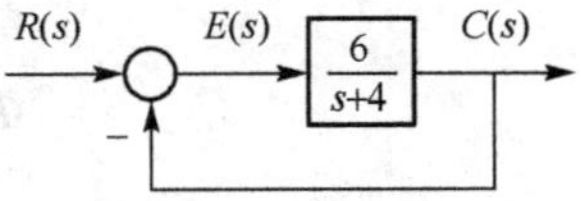

图 5.1.4　例 5.1.1 系统结构

解　明显系统是稳定的，设其稳态输出　$c(t)=A_2\cos(2t+\varphi_2)$

闭环传递函数　$\Phi(s)=\dfrac{C(s)}{R(s)}=\dfrac{G(s)}{1+G(s)}=\dfrac{6}{s+10}$

闭环频率特性　$\Phi(\mathrm{j}\omega)=\dfrac{6}{\mathrm{j}\omega+10}$

(1) $r(t)=3\cos(2t+30^\circ)$ 时，有

$$\Phi(\mathrm{j}2)=\frac{6}{\mathrm{j}2+10}=\frac{6}{\sqrt{2^2+10^2}}\angle-\left(\arctan\frac{2}{10}\right)=0.59\angle-11.3^\circ$$

$$\begin{cases}A(\omega)=0.59\\ \varphi(\omega)=-11.3^\circ\end{cases}，\ 即\begin{cases}\dfrac{A_2}{A_1}=\dfrac{A_2}{3}=0.59\\ \varphi_2-\varphi_1=\varphi_2-30^\circ=-11.3^\circ\end{cases}$$

求得　$\begin{cases}A_2=1.77\\ \varphi_2=18.7^\circ\end{cases}$

所以稳态输出　$c_{ss}=c_{ss}(t)=1.77\cos(2t+18.7^\circ)$

(2) $r(t)=3\sin(8t+20^\circ)$ 时，有

$$\Phi(\mathrm{j}8)=\frac{6}{\mathrm{j}8+10}=\frac{6}{\sqrt{8^2+10^2}}\angle\left(\arctan\frac{8}{10}\right)=0.47\angle-38.7^\circ$$

$$\begin{cases}A(\omega)=0.47\\ \varphi(\omega)=-38.7^\circ\end{cases}，\ 即\begin{cases}\dfrac{A_2}{A_1}=\dfrac{A_2}{3}=0.47\\ \varphi_2-\varphi_1=\varphi_2-20^\circ=-38.7^\circ\end{cases}$$

求得 $\begin{cases} A_2 = 1.41 \\ \varphi_2 = -18.7° \end{cases}$

所以稳态输出 $c_{ss} = c_{ss}(t) = 1.41\sin(2t - 18.7°)$

例 5.1.2 图 5.1.5 中两个系统的输入均为 $r(t)=\sin t$，分别求出系统的稳态输出和稳态误差。

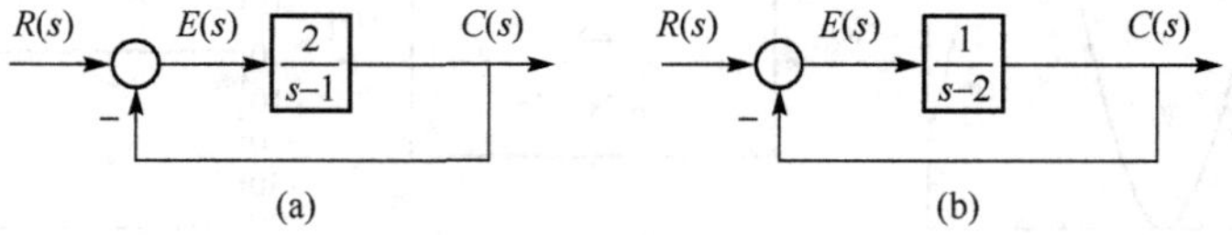

图 5.1.5 系统结构图

解 (1) 求图(a)的稳态输出 c_{ss}。

特征方程 $s-1+2=0$，系统稳定。

设稳态输出 $c_{ss} = A_2\sin(t+\varphi_2)$

闭环传递函数 $\Phi(s) = \dfrac{C(s)}{R(s)} = \dfrac{G(s)}{1+G(s)} = \dfrac{2}{s+1}$

频率特性 $\Phi(\mathrm{j}\omega) = \dfrac{2}{\mathrm{j}\omega+1}$

$$\Phi(\mathrm{j}) = \frac{2}{\mathrm{j}+1} = \frac{2}{\sqrt{1^2+1^2}}\angle-(\arctan 1) = \sqrt{2}\angle-45°$$

$\begin{cases} A(\omega) = \sqrt{2} \\ \varphi(\omega) = -45° \end{cases}$，即 $\begin{cases} \dfrac{A_2}{A_1} = \dfrac{A_2}{1} = \sqrt{2} \\ \varphi_2 - \varphi_1 = \varphi_2 - 0 = -45° \end{cases}$，$\begin{cases} A_2 = \sqrt{2} \\ \varphi_2 = -45° \end{cases}$

所以稳态输出 $c_{ss} = c_{ss}(t) = \sqrt{2}\sin(t-45°)$

下面求稳态误差 e_{ss}。

设稳态误差为 $e_{ss} = A_e\sin(t+\varphi_e)$

闭环传递函数 $\Phi_e(s) = \dfrac{E(s)}{R(s)} = \dfrac{1}{1+G(s)} = \dfrac{s-1}{s+1}$

频率特性 $\Phi_e(\mathrm{j}\omega) = \dfrac{\mathrm{j}\omega-1}{\mathrm{j}\omega+1}$

$$\Phi_e(\mathrm{j}) = \frac{\mathrm{j}-1}{\mathrm{j}+1} = 1\angle\varphi$$

$$\varphi = (180 - \arctan 1) - \arctan 1 = 135° - 45° = 90°$$

$\begin{cases} A(\omega) = 1 \\ \varphi(\omega) = 90° \end{cases}$，即 $\begin{cases} \dfrac{A_2}{A_1} = \dfrac{A_2}{1} = 1 \\ \varphi_2 - \varphi_1 = \varphi_2 - 0° = 90° \end{cases}$，$\begin{cases} A_2 = 1 \\ \varphi_2 = 90° \end{cases}$

所以稳态误差 $e_{ss} = e_{ss}(t) = \sin(t+90°) = \cos t$

(2) 求图(b)的稳态输出 c_{ss}。

特征方程 $s-2+1=0$，系统不稳定，系统输出响应中含有指数项 e^t，故稳态输出和稳态误差均为无穷大。

5.2 开环极坐标图

开环传递函数可以写为一般表达形式：

$$G(s)=\frac{K(\tau_1 s+1)(\tau_2^2 s^2+2\zeta_1\tau_2 s+1)\cdots(\tau_i s+1)}{s^{\nu}(T_1 s+1)(T_2^2 s^2+2\zeta_2 T_2 s+1)\cdots(T_j s+1)} \tag{5.2.1}$$

$G(s)$ 是由表 5.2.1 中的典型环节所组成。

表 5.2.1　典型环节及其传递函数

典型环节	传递函数	典型环节	传递函数
比例环节	K	比例-微分环节	$1+Ts$
积分环节（极点 $p=0$）	$\frac{1}{s}$	振荡环节	$\frac{1}{T^2s^2+2\zeta Ts+1}$
微分环节（零点 $z=0$）	s	二阶微分环节	$T^2s^2+2\zeta Ts+1$
惯性环节	$\frac{1}{Ts+1}$	不稳定环节	$\frac{1}{Ts-1}$，$\frac{1}{1-Ts}$ 等

5.2.1 典型环节的极坐标图

线性定常系统的开环传递函数一般是由表 5.2.1 中的典型环节构成，所以典型环节的频率特性绘制非常重要。

1. 比例环节

传递函数为

$$G(s)=K\quad(K>0) \tag{5.2.2}$$

频率特性为

$$G(\mathrm{j}\omega)=K\mathrm{e}^{\mathrm{j}0} \tag{5.2.3}$$

$$A(\omega)=K,\quad \varphi(\omega)=0^\circ \tag{5.2.4}$$

由于 $A(\omega)$ 和 $\varphi(\omega)$ 均为与 ω 无关的常数，故其极坐标图(polar plot)为图 5.2.1 中正实轴上的一个点。

思考若 $K<0$，其极坐标图如何？

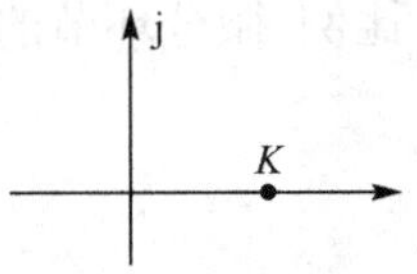

图 5.2.1　比例环节的极坐标图

2. 积分环节和微分环节

其主要特性见表 5.2.2。

表 5.2.2　积分环节和微分环节的频率特性

	$G(s)$	$G(\mathrm{j}\omega)$	$A(\omega)$	$\varphi(\omega)$
积分环节	$\frac{1}{s}$	$\frac{1}{\mathrm{j}\omega}$	$\frac{1}{\omega}$	-90°
微分环节	s	$\mathrm{j}\omega$	ω	90°

积分环节和微分环节的极坐标图如图 5.2.2 所示。

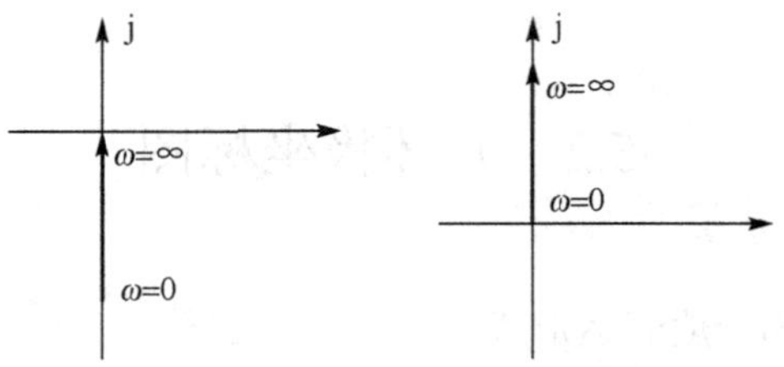

(a) 积分环节　　(b) 微分环节

图 5.2.2　积分环节和微分环节的极坐标图

3. 惯性环节和比例-微分环节

其主要特性见表 5.2.3。

表 5.2.3　惯性环节和比例-微分的频率特性

	$G(s)$	$G(\mathrm{j}\omega)$	$A(\omega)$	$\varphi(\omega)$
一阶惯性环节	$\dfrac{1}{Ts+1}$	$\dfrac{1}{\mathrm{j}T\omega+1}$	$\dfrac{1}{\sqrt{(T\omega)^2+1}}$	$-\arctan(T\omega)$
比例-微分环节	$Ts+1$	$\mathrm{j}T\omega+1$	$\sqrt{(T\omega)^2+1}$	$\arctan(T\omega)$

惯性环节的极坐标图中，

$$\omega=0,\quad A(\omega)=1,\quad \varphi(\omega)=0$$

$$\omega=1/T,\quad A(\omega)=0.707,\quad \varphi(\omega)=-45^\circ$$

$$\omega=\infty,\quad A(\omega)=0,\quad \varphi(\omega)=-90^\circ$$

在 $\omega\in[0,\infty)$ 的范围内多取些点即可得惯性环节的极坐标图 5.2.3(a)，可以证明其极坐标图满足以下方程：

$$\left[\operatorname{Re}G(\mathrm{j}\omega)-\frac{1}{2}\right]^2+[\operatorname{Im}G(\mathrm{j}\omega)]^2=\frac{1}{2}$$

比例-微分环节的极坐标图如图 5.2.3(b)所示。

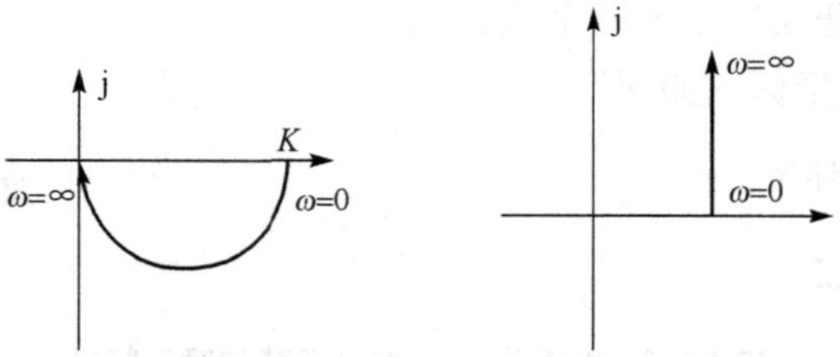

(a) 惯性环节　　(b) 比例-微分环节

图 5.2.3　惯性环节和比例-微分环节的极坐标图

4. 振荡环节

传递函数　$$G(s)=\frac{\omega_n^2}{s^2+2\zeta\omega_n s+\omega_n^2}=\frac{1}{\left(\dfrac{s}{\omega_n}\right)^2+2\zeta\dfrac{s}{\omega_n}+1}\quad(0<\xi<1)\tag{5.2.5}$$

频率特性 $$G(\mathrm{j}\omega)=\frac{1}{\left(\dfrac{\mathrm{j}\omega}{\omega_n}\right)^2+2\zeta\dfrac{\mathrm{j}\omega}{\omega_n}+1} \tag{5.2.6}$$

幅频特性 $$A(\omega)=\frac{1}{\sqrt{\left[1-\left(\dfrac{\omega}{\omega_n}\right)^2\right]^2+\left[2\zeta\dfrac{\omega}{\omega_n}\right]^2}} \tag{5.2.7}$$

相频特性 $$\varphi(\omega)=-\angle\left[\left(\frac{\mathrm{j}\omega}{\omega_n}\right)^2+2\zeta\frac{\mathrm{j}\omega}{\omega_n}+1\right]=-\angle\left[1-\left(\frac{\omega}{\omega_n}\right)^2+2\zeta\frac{\mathrm{j}\omega}{\omega_n}\right] \tag{5.2.8}$$

首先注意到，当 $\omega<\omega_n$ 时，角度 $\angle\left[\left(\dfrac{\mathrm{j}\omega}{\omega_n}\right)^2+2\zeta\dfrac{\mathrm{j}\omega}{\omega_n}+1\right]$ 在第一象限；当 $\omega>\omega_n$ 时，角度 $\angle\left[\left(\dfrac{\mathrm{j}\omega}{\omega_n}\right)^2+2\zeta\dfrac{\mathrm{j}\omega}{\omega_n}+1\right]$ 在第二象限。

所以有

$$\varphi(\omega)=\begin{cases}-\arctan\dfrac{2\xi\dfrac{\omega}{\omega_n}}{1-\left(\dfrac{\omega}{\omega_n}\right)^2}, & \omega<\omega_n,\quad \varphi(\omega)\text{在第四象限}\\ -90^\circ, & \omega=\omega_n\\ -180^\circ+\arctan\dfrac{2\xi\dfrac{\omega}{\omega_n}}{\left(\dfrac{\omega}{\omega_n}\right)^2-1}, & \omega>\omega_n\text{ ，}\ \varphi(\omega)\text{在第三象限}\end{cases}$$

$$\omega=0,\quad A(\omega)=1,\quad \varphi(\omega)=0$$

$$\omega=\omega_n,\quad A(\omega_n)=\frac{1}{2\zeta},\quad \varphi(\omega_n)=-90^\circ$$

$$\omega=\infty,\quad A(\omega)=0,\quad \varphi(\omega)=-180^\circ$$

通过描点法可绘制出振荡环节的极坐标图如图 5.2.4 所示。

显然，当 $\xi<0.5$ 时，$A(\omega_n)=\dfrac{1}{2\zeta}>1$；当 $\zeta=0.05$ 时，$A(\omega_n)=10$ 。

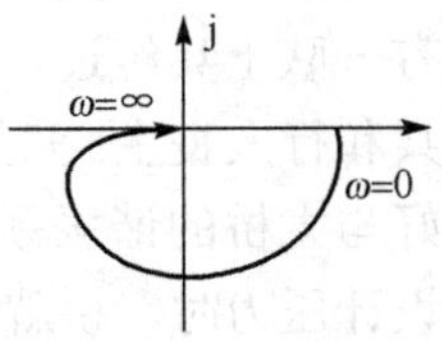

图 5.2.4 振荡环节的极坐标

5. 谐振频率与谐振峰值

如果幅频特性 $A(\omega)$ 在某一频率上具有峰值，则该频率称为谐振频率(resonant frequency)，对应的峰值称为谐振峰值(resonant peek)，如图 5.2.5 所示。

令 $$\frac{\mathrm{d}A(\omega)}{\mathrm{d}\omega}=0$$

可得谐振频率

$$\omega_r = \omega_n\sqrt{1-2\zeta^2} \tag{5.2.9}$$

对应的谐振峰值

$$A_m = A(\omega_r) = \frac{1}{2\zeta\sqrt{1-\zeta^2}} \tag{5.2.10}$$

当阻尼比 ζ 趋于零时，谐振频率 ω_r 趋近于 ω_n，而谐振峰值趋于无穷大，当 $\zeta = 0.01$ 时，稳态增益 $A(\omega_r) \approx 50$。其物理解释是当外输入正弦信号的幅值为 1、频率为 ω_r 时，其稳态输出的幅值为 $50 \times 1 = 50$。

由 $\omega_r = \omega_n\sqrt{1-2\zeta^2}$ 可知，系统发生谐振的前提条件为 $\omega_r > 0$，即 $0 \leqslant \zeta \leqslant 0.707$。

当 ω_n 不变，ζ 越小，谐振峰值越大，如图 5.2.6 所示。

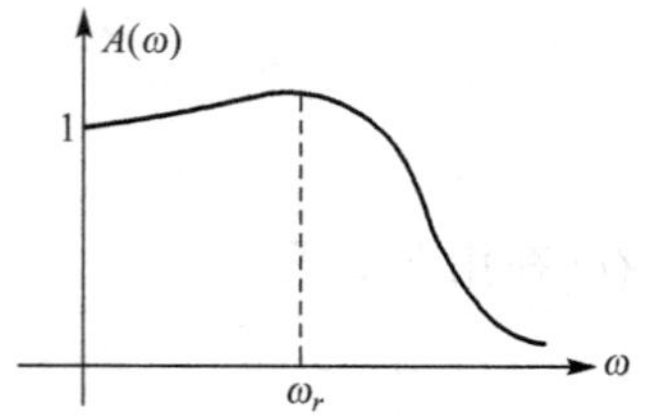

图 5.2.5 振荡环节的幅频特性

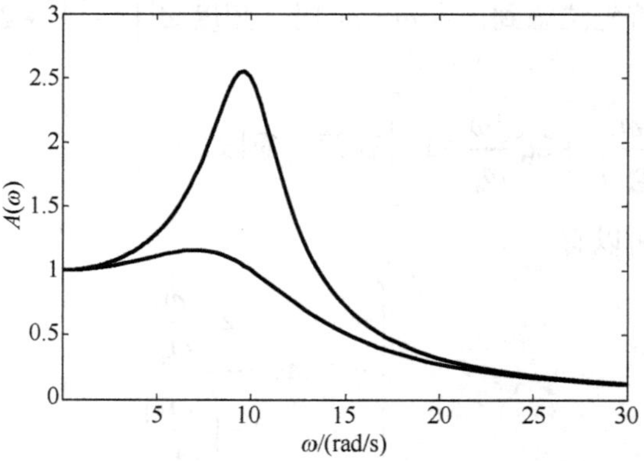

图 5.2.6 ζ 对 $A(\omega)$ 的影响

6. 谐振的解释

谐振频率 ω_r 是系统的固有特性，但不同于系统的固有频率 ω_n (natural frequency)。当系统外输入信号的频率等于谐振频率并且阻尼比 ζ 较小时，系统输出可能会出现很大的振荡，对系统产生不利的影响，这对工程设计人员尤其重要。例如，飞机设计者要保证飞机机翼或其他表面的固有频率远离空气气流造成的激励频率(外输入频率)，以避免产生谐振。与飞机相似，桥梁和其他建筑结构也会产生振荡，必须能够承受地震或者狂风造成的影响。1940 年建成的华盛顿州塔科马海峡大桥(见第 3 章图 3.3.1)，只要一刮风，这座桥就会振荡，最终不到半年时间，振荡变得非常严重，以至于最后垮塌。另一事件是在古代，法国昂热市一座大桥上有一队士兵经过，当他们在指挥官的口令下迈着整齐的步伐过桥时，桥梁突然断裂，造成官兵和行人丧生。究其原因是共振造成的，因为大队士兵迈正步走的频率(外输入信号的频率)正好与大桥的谐振频率接近，使桥的振动加强，当它的幅值达到最大以至超过桥梁可以承受的设计压力时，桥就断了。这就是大队人马过桥不能正步走的原因。

7. 二阶微分环节

传递函数

$$G(s) = \left(\frac{s}{\omega_n}\right)^2 + 2\zeta\frac{s}{\omega_n} + 1 \quad (0 < \xi < 1) \tag{5.2.11}$$

频率特性

$$G(\mathrm{j}\omega) = \left(\frac{\mathrm{j}\omega}{\omega_n}\right)^2 + 2\zeta\frac{\mathrm{j}\omega}{\omega_n} + 1 \tag{5.2.12}$$

幅频特性
$$A(\omega)=\sqrt{\left[1-\left(\frac{\omega}{\omega_n}\right)^2\right]^2+\left[2\zeta\frac{\omega}{\omega_n}\right]^2} \tag{5.2.13}$$

相频特性
$$\varphi(\omega)=\angle\left[\left(\frac{\mathrm{j}\omega}{\omega_n}\right)^2+2\zeta\frac{\mathrm{j}\omega}{\omega_n}+1\right]=-\angle\left[1-\left(\frac{\omega}{\omega_n}\right)^2+2\zeta\frac{\mathrm{j}\omega}{\omega_n}\right] \tag{5.2.14}$$

$$\varphi(\omega)=\begin{cases}\arctan\dfrac{2\xi\dfrac{\omega}{\omega_n}}{1-\left(\dfrac{\omega}{\omega_n}\right)^2}, & \omega<\omega_n,\ \varphi(\omega)\text{在第一象限}\\ 90^\circ, & \omega=\omega_n\\ 180^\circ-\arctan\dfrac{2\xi\dfrac{\omega}{\omega_n}}{\left(\dfrac{\omega}{\omega_n}\right)^2-1}, & \omega>\omega_n,\ \varphi(\omega)\text{在第二象限}\end{cases}$$

明显，二阶微分环节的极坐标图在一象限和第二象限，$\omega=0$ 时，$\varphi(\omega)=0^\circ$，$\omega\to\infty$ 时，$\varphi(\omega)\to180^\circ$。

8. 极坐标图总结(表 5.2.4)

比例环节，相角为 0°；
积分环节，滞后 90°；
微分环节，超前 90°；
一阶惯性环节，滞后 0°～90°；
一阶微分环节，超前 0°～90°；
二阶振荡环节，滞后 0°～180°；
二阶微分环节，超前 0°～180°。

表 5.2.4 典型环节的极坐标图

典型环节	极坐标	典型环节	极坐标
比例环节 K	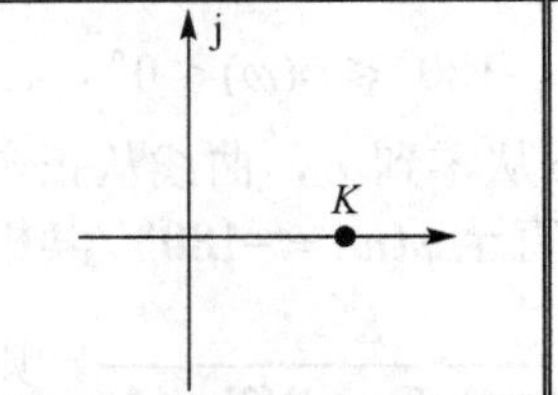	一阶惯性环节 $\frac{1}{Ts+1}$	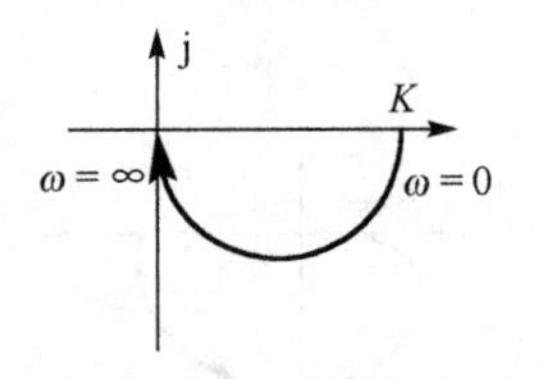
积分环节 $\frac{1}{s}$	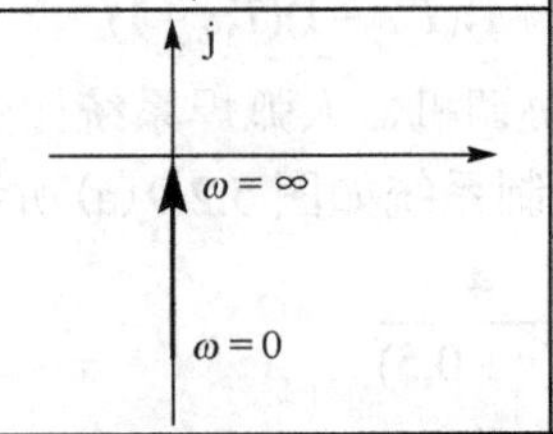	一阶微分环节 $1+Ts$	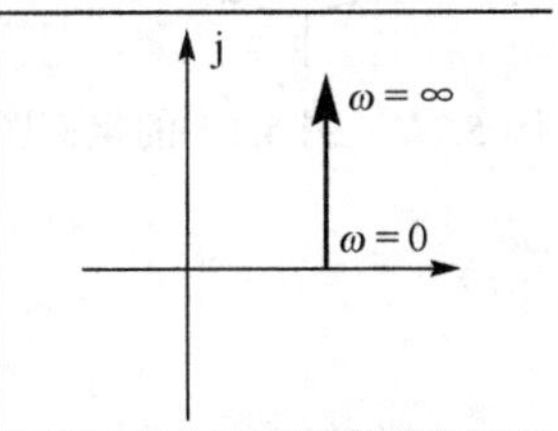

续表

典型环节	极坐标	典型环节	极坐标
微分环节 s	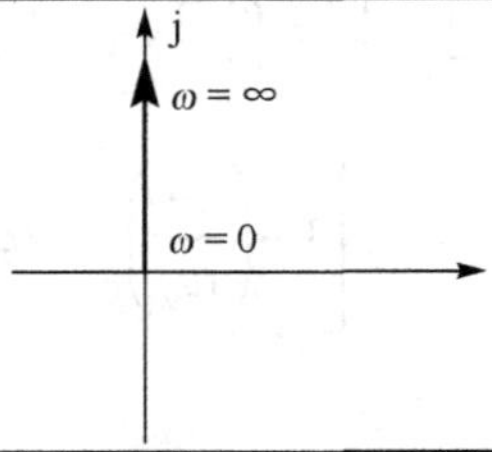	二阶振荡环节 $\frac{\omega_n^2}{s^2+2\zeta\omega_n s+\omega_n^2}$ $(0<\zeta<1)$	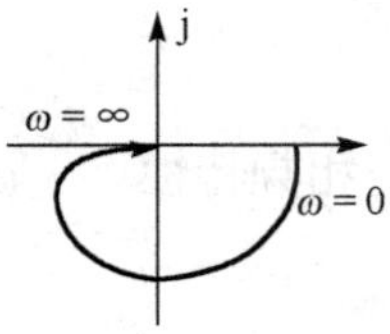

5.2.2 开环传递函数的极坐标图绘制

系统的极坐标绘制不论是开环、闭环还是某些(个)环节，只要其传递函数给出，其频率特性的绘制没有任何区别。此处，之所以介绍开环传递函数的极坐标绘制，原因是：判断闭环系统的稳定性是建立在系统开环频率特性基础之上。绘制开环极坐标可以通过一般的解析法，如取点、计算和作图来绘制系统的开环极坐标图。由于工程技术人员更习惯于简洁绘制而又不会丢失系统的重要特征，故本书主要结合工程需要，介绍概略绘制开环极坐标的方法。

概略绘制坐标图的三个重要步骤：

(1) 坐标图的起点($\omega=0$)和终点($\omega=\infty$)。

(2) 坐标图与实轴的交点 $\mathrm{Im}\,G(\mathrm{j}\omega)=0$ 或 $\angle G(\mathrm{j}\omega)=-180°$。

(3) 坐标图的变化范围(象限、单调性)。

例 5.2.1 $G(s)=\dfrac{K}{(T_1s+1)(T_2s+1)}$，概略绘制其坐标图($K>0$)。

解

$$G(\mathrm{j}\omega)=\frac{K}{(\mathrm{j}\omega T_1+1)(\mathrm{j}\omega T_2+1)}$$

$$A(\omega)=\frac{K}{\sqrt{(T_1\omega)^2+1}\cdot\sqrt{(T_2\omega)^2+1}}$$

$$\varphi(\omega)=-(\arctan T_1\omega+\arctan T_2\omega)$$

起点：$\omega=0, A(\omega)=K, \varphi(\omega)=0°$

终点：$\omega=\infty, A(\omega)=0, \varphi(\omega)=-180°$

$$\omega\uparrow 时，A(\omega)\downarrow \qquad |\phi(\omega)|\uparrow$$

相角变化范围：$-180°\leqslant\varphi(\omega)\leqslant 0°$，在四、三象限。

具体地，随着 ω 从零到 ∞，曲线从正实轴上穿过第四象限、负虚轴进入第三象限，直至 $\varphi(\omega)=-180°$，其极坐标图如图 5.2.7 所示。

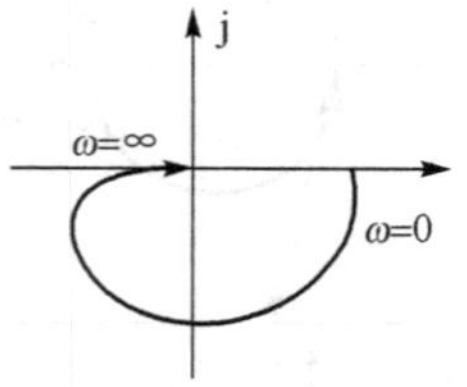

图 5.2.7 例 5.2.1 的坐标图

若 $G_1(s)=\dfrac{K}{(T_1s+1)(T_2s+1)(T_3s+1)}$，则其坐标图应如何？

例 5.2.2 双机协调机器人弧焊系统如图 5.2.8 所示，其中单个机器人关节的反馈控制系统如图 5.2.9(a)所示，其中

$$G(s)=\frac{4}{s(s+0.5)}$$

概略绘制其开环坐标图。

解
$$G(\mathrm{j}\omega)=\frac{4}{\mathrm{j}\omega(\mathrm{j}\omega+0.5)}$$
$$A(\omega)=\frac{4}{\omega\sqrt{\omega^2+0.5^2}}$$
$$\varphi(\omega)=-90^\circ-\arctan(2\omega)$$

起点：$\omega=0, A(\omega)=\infty, \varphi(\omega)=-90^\circ$

终点：$\omega=\infty, A(\omega)=0, \varphi(\omega)=-180^\circ$

$$\omega\uparrow \qquad A(\omega)\downarrow \qquad |\varphi(\omega)|\uparrow$$

相角变化范围：$-180^\circ\leqslant\varphi(\omega)\leqslant-90^\circ$，在三象限。

具体地，随着ω从零到∞，曲线从第三象限-90°变化到-180°。其极坐标图如图 5.2.9(b)所示。

图 5.2.8　双机协调机器人弧焊系统

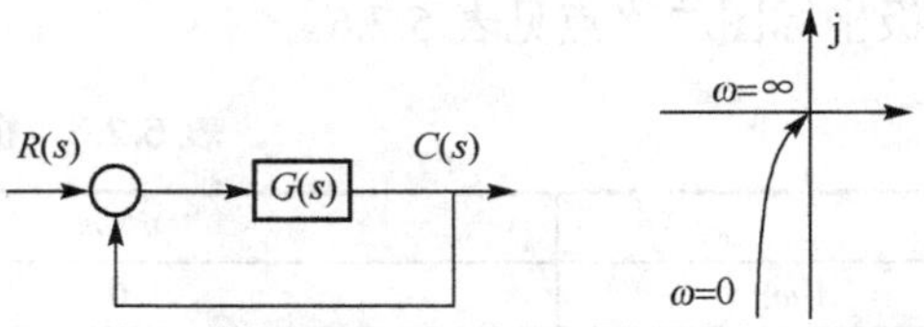

(a) 系统结构图　　(b) 开环极坐标图

图 5.2.9　例 5.2.2 的系统结构图和坐标图

例 5.2.3　设 I 型单位反馈控制系统的开环传递为
$$G(s)=\frac{K}{s(T_1s+1)(T_2s+1)}$$

试概略绘制开环极坐标图，并确定极坐标图与负实轴交点。

解　$$G(\mathrm{j}\omega)=\frac{K}{\mathrm{j}\omega(\mathrm{j}\omega T_1+1)(\mathrm{j}\omega T_2+1)}$$
$$A(\omega)=\frac{K}{\omega\sqrt{(T_1\omega)^2+1}\cdot\sqrt{(T_2\omega)^2+1}}$$
$$\varphi(\omega)=-(90^\circ+\arctan T_1\omega+\arctan T_2\omega)$$

起点：$\omega=0, A(\omega)=\infty, \varphi(\omega)=-90^\circ$

终点：$\omega=\infty, A(\omega)=0, \varphi(\omega)=-270^\circ$

$$\omega\uparrow \qquad A(\omega)\downarrow \qquad |\phi(\omega)|\uparrow$$

相角变化范围：$-270^\circ\leqslant\varphi(\omega)\leqslant-90^\circ$，极坐标在三、二象限，即从第三象限进入第二象限，如图 5.2.10 所示。

令$\varphi(\omega)=-180^\circ$，即　$\arctan T_1\omega+\arctan T_2\omega=90^\circ$

即$\dfrac{T_1\omega+T_2\omega}{1-\omega^2T_1T_2}=\tan 90^\circ=\infty$，得

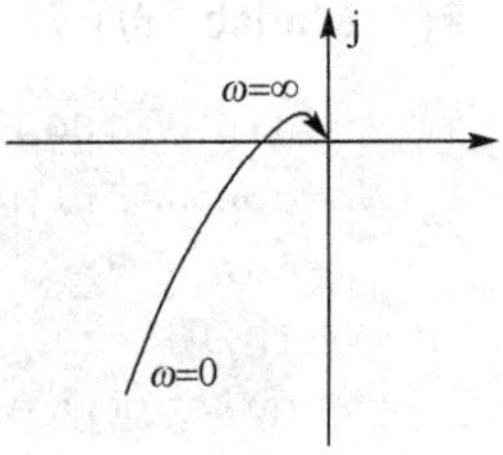

图 5.2.10　例 5.2.3 系统的极坐标

$$\omega = \frac{1}{\sqrt{T_1 T_2}}, \quad \mathrm{Re}\,G(\mathrm{j}\omega) = \frac{KT_1T_2}{T_1 + T_2}$$

极坐标图在 $\omega = \dfrac{1}{\sqrt{T_1T_2}}$ 时与负实轴的交点为 $\left(-\dfrac{KT_1T_2}{T_1+T_2}, 0\right)$。

总结：设开环传递函数的形式为（$K > 0$）

$$G(s) = \frac{K(\tau_1 s+1)(\tau_2^2 s^2 + 2\zeta_1\tau_2 s + 1)\cdots(\tau_i s+1)}{s^\nu (T_1 s+1)(T_2^2 s^2 + 2\zeta_2 T_2 s + 1)\cdots(T_j s+1)}$$

极坐标图的起点见表 5.2.5。

表 5.2.5　极坐标图的起点

ν	0（0 型系统）	1（Ⅰ型系统）	2（Ⅱ型系统）
$A(\omega)$	正实轴 K 点	负虚轴无穷远	负实轴无穷远
$\varphi(\omega)$	0°	−90°	−180°

增加一个积分环节，滞后角就增加 90°，但仍起始于无穷远处。

极坐标图的终点见表 5.2.6。

表 5.2.6　极坐标图的终点

	$n>m$	$n=m$
$A(\omega)$	0	常数
$\varphi(\omega)$	$-90°(n-m)$	0°

极坐标图所在象限：

正确写出相角 $\varphi(\omega)$ 的表达形式后，根据以下环节的特点判断极坐标图所在象限。

一个积分环节，滞后 90°；

一个微分环节，超前 90°；

一个一阶惯性环节，滞后 0°～90°；

一个一阶微分环节，超前 0°～90°；

一个二阶振荡环节，滞后 0°～180°；

一个二阶微分环节，超前 0°～180°。

例 5.2.4　某系统开环传递函数为

$$G(s) = \frac{100}{s(5s+1)(2s+1)}$$

利用 Matlab 绘制系统的极坐标图。

解　Matlab 程序如下：

```
w=0:0.1:1000;
b=conv([5 1],[2 1]);      %分母的两个因子相乘
m=10;
n=[b 0];                  %分母多项式系数
nyquist(m,n,w);
```

其极坐标图如图 5.2.11 所示。

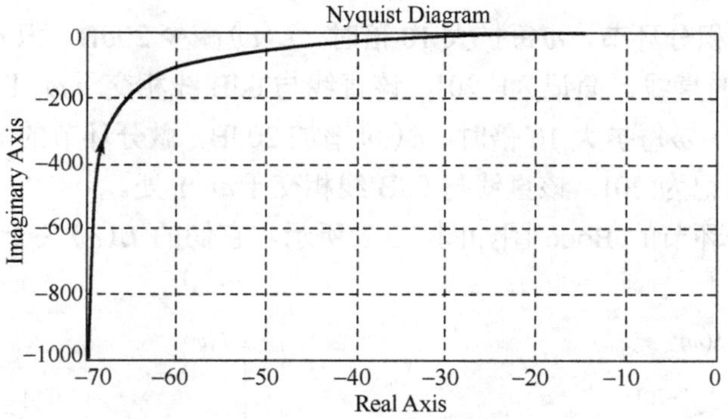

图 5.2.11　系统的开环极坐标图

5.3　开环 Bode 图

Bode 图也称对数频率特性图，包括对数幅频特性和对数相频特性两个部分。第 2 章已经介绍过，采用对数频率特性图主要有两个优点：一是将幅值的相乘、除转化为幅值的相加、减；二是可以扩展频率范围。

5.3.1　典型环节的 Bode 图

1. 比例环节

传递函数为　$G(s)=K \quad (K>0)$

频率特性为　$G(\mathrm{j}\omega)=K\mathrm{e}^{\mathrm{j}0}$

$$A(\omega)=K\,,\quad \varphi(\omega)=0^\circ$$

$$L(\omega)=20\lg A(\omega)=20\lg K$$

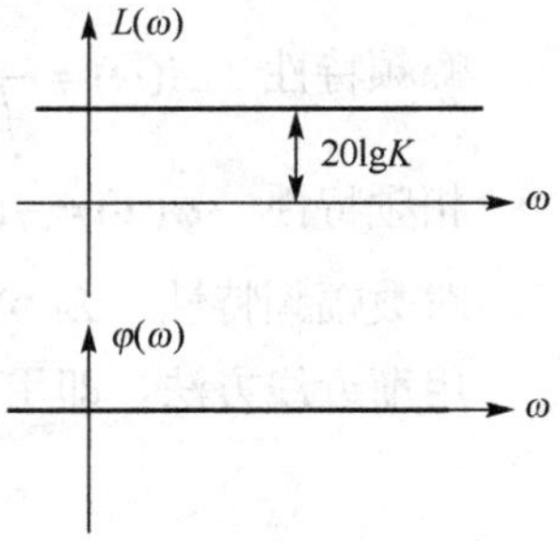

图 5.3.1　比例环节的 Bode 图

其 Bode 图如图 5.3.1 所示。

可以看出图 5.2.1 中的极坐标图与图 5.3.1 的 Bode 图对比，两图提供了相同的频率特性信息，只是形式不同。

2. 积分环节和微分环节（表 5.3.1）

表 5.3.1　积分环节和微分环节

	$G(s)$	$G(\mathrm{j}\omega)$	$A(\omega)$	$L(\omega)$	$\varphi(\omega)$
积分环节	$\frac{1}{s}$	$\frac{1}{\mathrm{j}\omega}$	$\frac{1}{\omega}$	$-20\lg\omega$	-90°
微分环节	s	$\mathrm{j}\omega$	ω	$20\lg\omega$	90°

积分环节 $L(\omega)=20\lg A(\omega)=-20\lg\omega$，而微分环节 $L(\omega)=20\lg A(\omega)=20\lg\omega$，它们的分贝值于表 5.3.2 中。

表 5.3.2　分贝值

ω	0.1	1	10	100	1000
积分环节 $L(\omega)$ /dB	20	0	−20	−40	−60
微分环节 $L(\omega)$ /dB	−20	0	20	40	60

明显看出，对于积分环节，ω每扩大10倍时，$L(\omega)$减少20dB，积分环节的Bode图是一条斜率为–20dB/dec的直线，简记为[–20]，该直线与0dB线相交于$\omega=1$处。

而对于微分环节，ω每扩大10倍时，$L(\omega)$增加20dB，微分环节的Bode图是一条斜率为20dB/dec的直线，简记为[20]，该直线与0dB线相交于$\omega=1$处。

积分环节和微分环节的Bode图如图5.3.2所示，它们的$L(\omega)$关于ω对称，它们的$\varphi(\omega)$也关于ω对称。

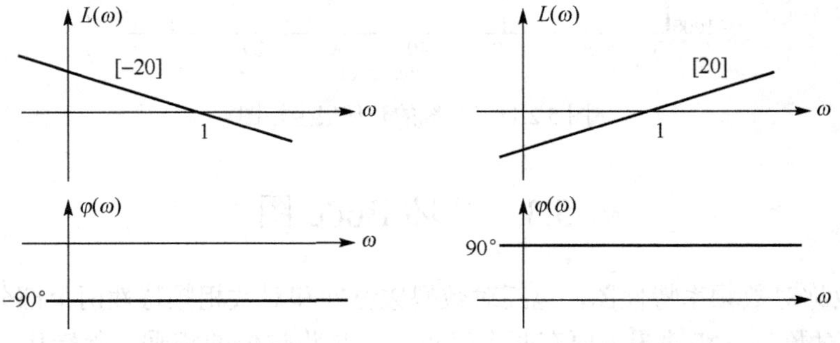

(a) 积分环节　　(b) 微分环节

图5.3.2　积分环节和微分环节的Bode图

3. 惯性环节和比例微分环节

惯性环节：$\dfrac{1}{Ts+1}$

幅频特性　$A(\omega)=\dfrac{1}{\sqrt{(T\omega)^2+1}}$

相频特性　$\varphi(\omega)=-\arctan(\omega T)$

对数幅频特性　$L(\omega)=20\lg A(\omega)=-20\lg\sqrt{(T\omega)^2+1}$

用渐近线方法，即用以下的$L_{渐}(\omega)$来近似$L(\omega)$：

$$L_{渐}(\omega)=\begin{cases}0, & \omega T\ll 1\\ -20\lg\omega T, & \omega T\gg 1\end{cases}$$

惯性环节的对数幅频渐近线$L_{渐}(\omega)$如图5.3.3(a)所示，由两条线段组成：当$\omega T\ll 1$时，$L_{渐}(\omega)$为与0dB线重合的线段；当$\omega T\gg 1$时，$L_{渐}(\omega)$为斜率为–20dB/dec的线段，两线段相交于横坐标$\omega_1=\dfrac{1}{T}$处，频率$\omega_1=\dfrac{1}{T}$称为转折频率(corner frequency)。$L(\omega)$与$L_{渐}(\omega)$最大误差发生在转折频率ω_1处，$\Delta L=L(\omega_1)-L_{渐}(\omega_1)=-3\text{dB}$。

比例-微分环节：$Ts+1$

幅频特性　$A(\omega)=\sqrt{(T\omega)^2+1}$

相频特性　$\varphi(\omega)=\arctan(\omega T)$

对数幅频特性　$L(\omega)=20\lg A(\omega)=20\lg\sqrt{(T\omega)^2+1}$

比例-微分环节的对数幅频渐近线$L_{渐}(\omega)$如图5.3.3(b)所示，与振荡环节的$L_{渐}(\omega)$对称于ω轴，$L(\omega)$与$L_{渐}(\omega)$最大误差发生在转折频率ω_1处，$\Delta L=L(\omega_1)-L_{渐}(\omega_1)=+3\text{dB}$。

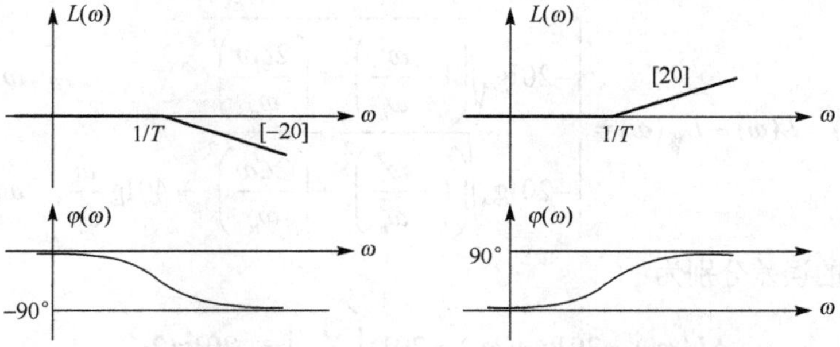

图 5.3.3　惯性环节和比例-微分环节的 Bode 图

4. 振荡环节

传递函数　$G(s)=\dfrac{\omega_n^2}{s^2+2\zeta\omega_n s+\omega_n^2}=\dfrac{1}{\left(\dfrac{s}{\omega_n}\right)^2+2\zeta\dfrac{s}{\omega_n}+1}$　$(0<\xi<1)$

幅频特性　$A(\omega)=\dfrac{1}{\sqrt{\left[1-\left(\dfrac{\omega}{\omega_n}\right)^2\right]^2+\left[2\zeta\dfrac{\omega}{\omega_n}\right]^2}}$

相频特性

$$\varphi(\omega)=\begin{cases}-\arctan\dfrac{2\xi\dfrac{\omega}{\omega_n}}{1-\left(\dfrac{\omega}{\omega_n}\right)^2}, & \omega<\omega_n,\quad \varphi(\omega)\text{在第四象限}\\ -90^\circ, & \omega=\omega_n\\ -180^\circ+\arctan\dfrac{2\xi\dfrac{\omega}{\omega_n}}{\left(\dfrac{\omega}{\omega_n}\right)^2-1}, & \omega>\omega_n,\quad \varphi(\omega)\text{在第三象限}\end{cases}$$

$$L(\omega)=20\lg A(\omega)=-20\lg\sqrt{\left(1-\frac{\omega^2}{\omega_n^2}\right)^2+\left(\frac{2\zeta\omega}{\omega_n}\right)^2}$$

$$L_{\text{渐}}(\omega)=\begin{cases}0, & \text{当}\dfrac{\omega}{\omega_n}\ll 1\text{时}\\ -40\lg\dfrac{\omega}{\omega_n}, & \text{当}\dfrac{\omega}{\omega_n}\gg 1\text{时}\end{cases}$$

振荡环节的对数幅频渐近线 $L_{\text{渐}}(\omega)$ 由两条线段组成：

当 $\omega T\ll 1$ 时，$L_{\text{渐}}(\omega)$ 为与 0dB 线重合的线段；当 $\omega T\gg 1$ 时，$L_{\text{渐}}(\omega)$ 为斜率为−40dB/dec 的线段，两线段相交于横坐标 $\omega=\omega_n$ 处，频率 ω_n 称为交接频率。

$$\Delta L(\omega)=L(\omega)-L_{渐}(\omega)=\begin{cases}-20\lg\sqrt{\left(1-\dfrac{\omega^2}{\omega_n^2}\right)^2+\left(\dfrac{2\zeta\omega}{\omega_n}\right)^2}, & \omega\leqslant\omega_n\\ -20\lg\sqrt{\left(1-\dfrac{\omega^2}{\omega_n^2}\right)^2+\left(\dfrac{2\zeta\omega}{\omega_n}\right)^2}+40\lg\dfrac{\omega}{\omega_n}, & \omega\geqslant\omega_n\end{cases}$$

在 ω_n 和 ω_r 的误差分别为

$$\Delta L(\omega_{\mathrm{n}})=20\lg A(\omega_n)=20\lg\left(\frac{1}{2\zeta}\right)=-20\lg(2\zeta)$$

$$\Delta L(\omega_r)=20\lg A(\omega_r)=20\lg\left(\frac{1}{2\zeta\sqrt{1-\zeta^2}}\right)=-20\lg\left(2\zeta\sqrt{1-\zeta^2}\right)$$

相频特性

$$\varphi(\omega)=-\arctan\frac{2\zeta\dfrac{\omega}{\omega_n}}{1-\left(\dfrac{\omega}{\omega_n}\right)^2}$$

$$\begin{cases}\varphi(\omega)=0^\circ, & \omega\ll\omega_n\\ \varphi(\omega)=-90^\circ, & \omega=\omega_n\\ \varphi(\omega)=-180^\circ, & \omega=\infty\end{cases}$$

振荡环节的 Bode 图如图 5.3.4(a)所示，而图 5.3.5 为不同阻尼比时振荡环节的 Bode 图。

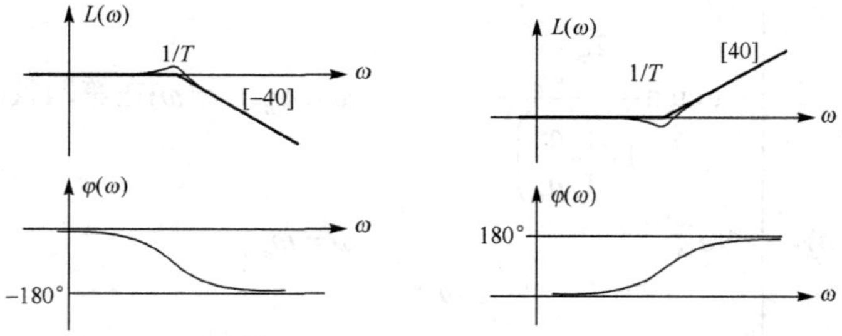

图 5.3.4　振荡环节和二阶微分环节的 Bode 图

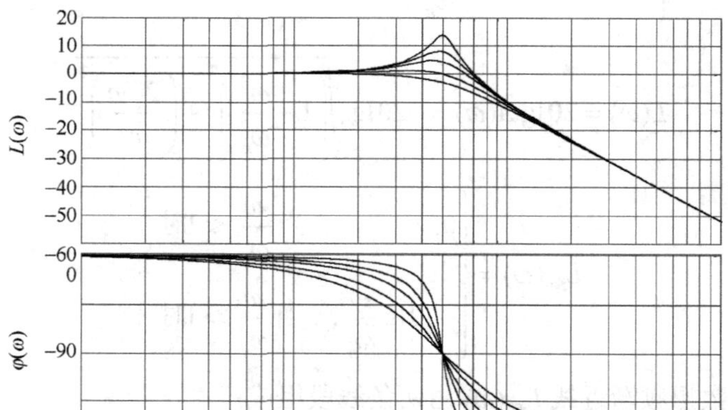

图 5.3.5　不同阻尼比时振荡环节的 Bode 图

振荡环节的公式小结：

$$\omega_r = \omega_n\sqrt{1-2\zeta^2}, \quad A(\omega_n)=\frac{1}{2\zeta}, \quad A(\omega_r)=\frac{1}{2\zeta\sqrt{1-\zeta^2}}$$

$$\Delta L(\omega_n)=-20\lg(2\zeta), \quad \Delta L(\omega_r)=-20\lg(2\zeta\sqrt{1-\zeta^2})$$

5. 二阶微分环节

传递函数　$G(s)=\left(\dfrac{s}{\omega_n}\right)^2+2\xi\dfrac{s}{\omega_n}+1 \quad (0<\zeta<1)$

由于二阶微分环节是振荡环节的倒数，所以其 $L(\omega)$ 和 $\varphi(\omega)$ 与振荡环节的 $L(\omega)$ 和 $\varphi(\omega)$ 只差一个负号，即分别关于振荡环节的 $L(\omega)$ 和 $\varphi(\omega)$ 对称于 ω 轴，其 Bode 图如图 5.3.4(b) 所示。

二阶微分环节的公式小结：

$$\omega_r = \omega_n\sqrt{1-2\zeta^2}, \quad A(\omega_n)=2\zeta, \quad A(\omega_r)=2\zeta\sqrt{1-\zeta^2}$$

$$\Delta L(\omega_n)=20\lg(2\zeta), \quad \Delta L(\omega_r)=20\lg(2\zeta\sqrt{1-\zeta^2})$$

例 5.3.1　绘制以下传递函数的 Bode 图。

$$G(s)=\frac{7500}{s^2+34.5s+7500}=\frac{1}{\dfrac{s^2}{7500}+\dfrac{34.5}{7500}s+1}$$

解　对照传递函数得

$$\omega_n=\sqrt{7500}=86, \quad \zeta=0.2$$
$$2\zeta\omega_n=34.5, \qquad \omega_n=86$$

由于阻尼比较小，故要进行修正，有

$$L(\omega_n)=20\lg A(\omega_n)=20\lg\left(\frac{1}{2\zeta}\right)=8\text{dB}$$

其 Bode 图如图 5.3.6 所示。

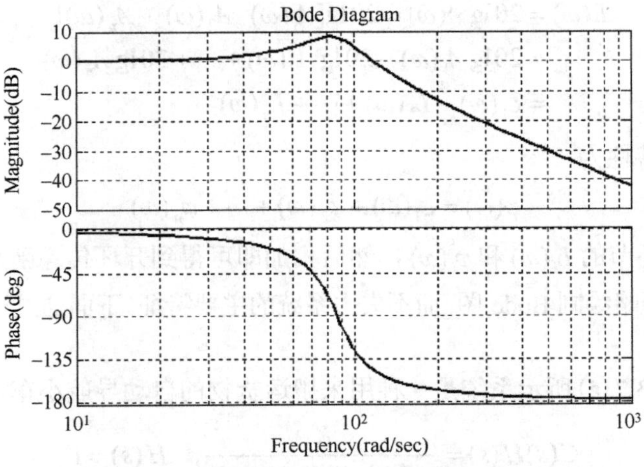

图 5.3.6　例 5.3.1 传递函数的 Bode 图

典型环节的 Bode 图汇总在表 5.3.3 中。

表 5.3.3 典型环节的 Bode 图

典型环节	Bode 图	典型环节	Bode 图
比例环节	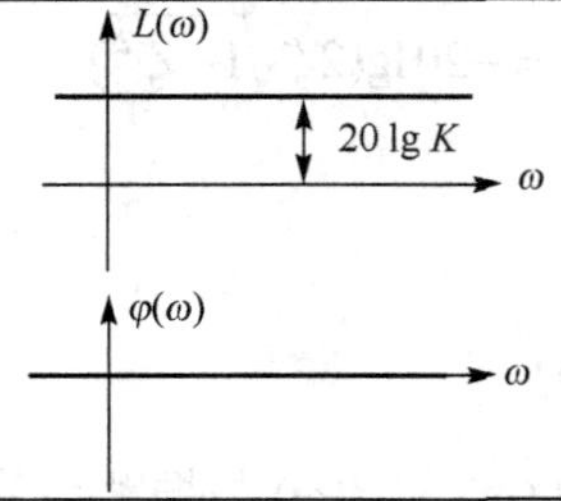	惯性环节	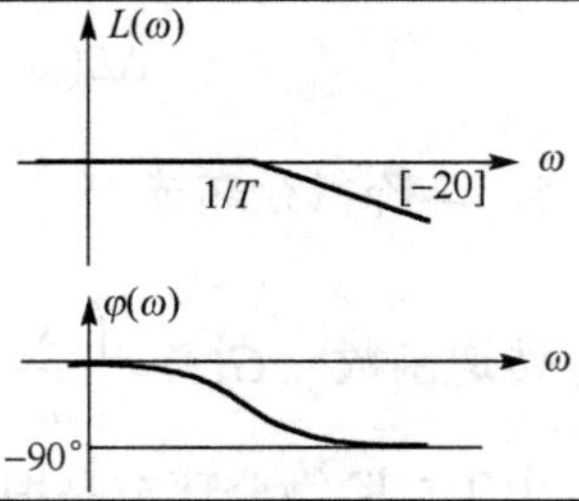
积分环节	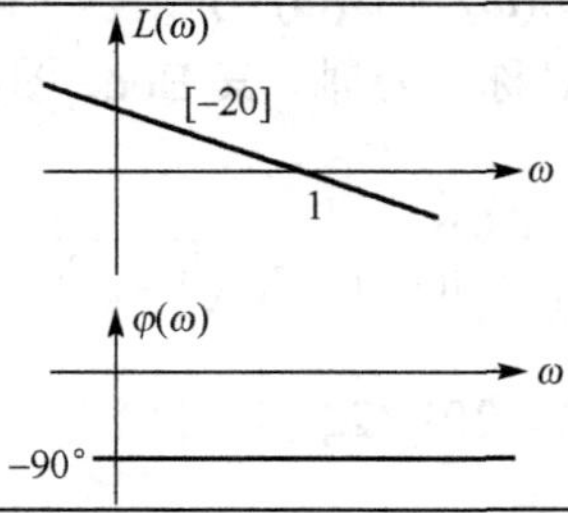	比例–微分环节	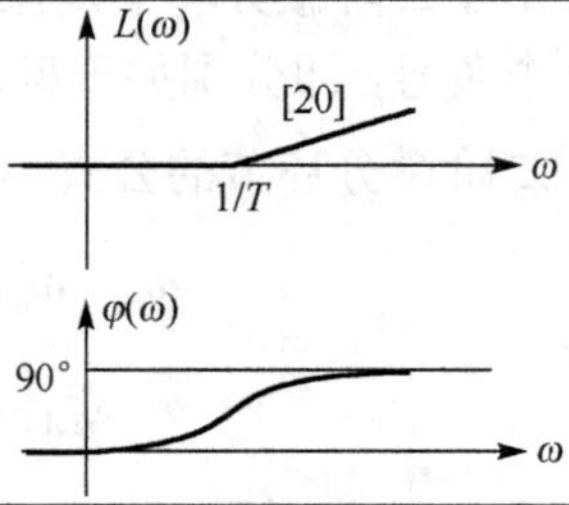
微分环节	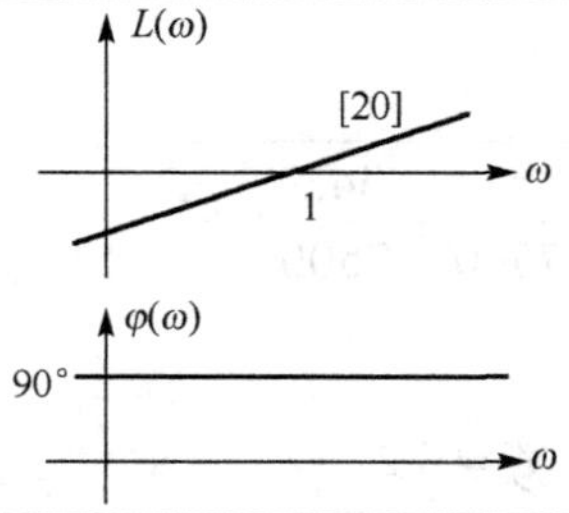	二阶振荡环节	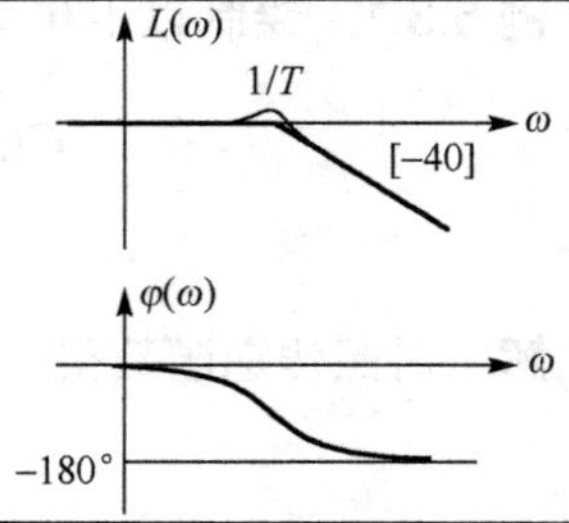

5.3.2 开环传递函数的 Bode 图绘制

假设开环传递函数由 n 个环节所组成，则开环频率特性为

$$G(\mathrm{j}\omega)=A(\omega)\mathrm{e}^{\mathrm{j}\varphi(\omega)}=A_1(\omega)\cdot A_2(\omega)\cdots A_n(\omega)\mathrm{e}^{\mathrm{j}[\varphi_1(\omega)+\varphi_2(\omega)+\cdots+\varphi_n(\omega)]}$$

开环对数幅频特性为

$$\begin{aligned}L(\omega)&=20\lg A(\omega)=20\lg[A_1(\omega)\cdot A_2(\omega)\cdots A_n(\omega)]\\&=20\lg A_1(\omega)+20\lg A_2(\omega)+\cdots+20\lg A_n(\omega)\\&=L_1(\omega)+L_2(\omega)+\cdots+L_n(\omega)\end{aligned}$$

开环对数相频特性为

$$\varphi(\omega)=\varphi_1(\omega)+\varphi_2(\omega)+\cdots+\varphi_n(\omega)$$

只要分别绘制每个环节的 $L_i(\omega)$ 和 $\varphi_i(\omega)$，然后相加即可得到开环传递函数的 Bode 图。然而，在工程应用中只需概略绘制 Bode 图，而不失去系统的主要特征。下面通过一个示例来总结 Bode 图的工程绘制方法。

例 5.3.2 图 5.3.7(a) 所示系统是一种用来搬运货物的自动导航小车，开环传递函数为

$$G(s)H(s)=\frac{K}{s(0.1s+1)(0.01s+1)},\quad H(s)=1$$

为使系统单位斜坡输入下的稳态误差为0.05，确定K值，并绘制其开环系统的Bode图。

解 根据稳态误差的要求，可确定K=20，系统的开环传递函数由四个典型环节组成：比例环节20，积分环节$\dfrac{1}{s}$，惯性环节$\dfrac{1}{0.1s+1}$，惯性环节$\dfrac{1}{0.01s+1}$，两个惯性环节的转折频率分别为$\omega_1=\dfrac{1}{0.1}=10$，$\omega_2=\dfrac{1}{0.01}=100$。先分别绘制每个环节的$L_i(\omega)$和$\varphi_i(\omega)$的渐近线，然后相加，即可得到其Bode图如图5.3.7(b)粗实线所示。

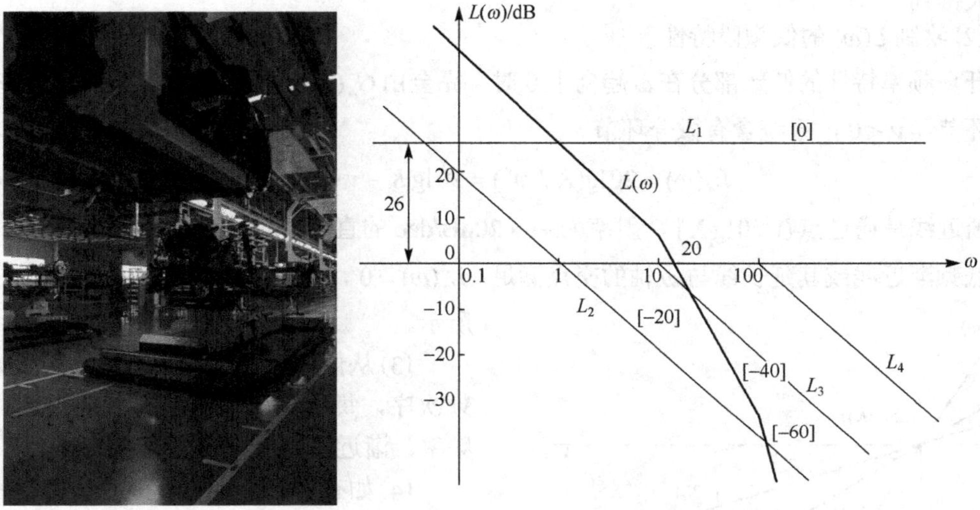

(a) (b)

图5.3.7 自动导航小车与其Bode图

明显看出：在整个频率范围内，比例和积分环节的L_1与L_2是连续的直线；其他两个惯性环节的L_3与L_4均为折线，且在小于它们各自的转折频率范围内其分贝值是0。因此，在$\omega\leqslant 10$的频率范围内，$L(\omega)$只取决于比例和积分环节$\dfrac{20}{s}$，而两个惯性环节对开环对数幅频曲线$L(\omega)$没有影响。当$\omega\geqslant 10$范围内，第一个惯性环节开始对$L(\omega)$有贡献，当频率在$\omega\geqslant 100$范围内，第二个惯性环节开始对$L(\omega)$有贡献。四条L_i相加后可得到系统的对数幅频曲线$L(\omega)$。

思考：如果在此基础上再增加一个惯性环节$\dfrac{1}{0.001s+1}$，其转折频率为$\omega_2=\dfrac{1}{0.001}=1000$，如何修改原来的$L(\omega)$？

显然，$\dfrac{1}{0.001s+1}$对$\omega\leqslant 1000$频率范围内的$L(\omega)$无影响，只要在原来的$L(\omega)$的基础上始于$\omega=1000$，斜率再减少−20dB即可。

开环对数幅频曲线$L(\omega)$穿过0dB线时的频率称为开环系统的截止频率(cut-off frequency)，用ω_c表示，它是系统开环频率特性中的一个很重要的参数。在截止频率ω_c处$L(\omega_c)=0$，$A(\omega_c)=1$或$|G(\mathrm{j}\omega_c)|=1$。

根据例5.3.2绘制Bode图的过程，可以归纳出绘制开环对数幅频曲线简洁方法。

(1)将开环传递函数$G(s)H(s)$写成典型环节的标准形式：

$$G(s)H(s)=\frac{K\prod(\tau_i s+1)\prod\left[\left(\frac{s}{\omega_{zi}}\right)^2+2\zeta_{zi}\left(\frac{s}{\omega_{zi}}\right)+1\right]}{s^{\nu}\prod(T_j s+1)\prod\left[\left(\frac{s}{\omega_{pi}}\right)^2+2\zeta_{pi}\left(\frac{s}{\omega_{pi}}\right)+1\right]}$$

并求出 K 的分贝值 $20\lg K$ 和各典型环节的交接(转折)频率 $\omega_1,\omega_2,\omega_3,\cdots$，并把交接频率依次从小到大排列。

(2) 绘制 $L(\omega)$ 的低频段特性。

开环频率特性的低频部分在 ω 趋向于 0 时，完全由 $G_a(s)=K/s^{\nu}$ 决定。$\nu>0$，系统含有积分环节，$\nu<0$，系统含有微分环节。

$$L_a(\omega)=20\lg(K/\omega^{\nu})=20\lg K-\nu\cdot 20\lg\omega$$

低频渐近线是通过点 $(1,20\lg K)$，斜率为 $-\nu\times 20$dB/dec 的直线；

低频渐近线或其延长线与 ω 轴的交点满足：$L_a(\omega)=0$，对应的频率为 $\omega=\sqrt[\nu]{K}$，如图 5.3.8 所示。

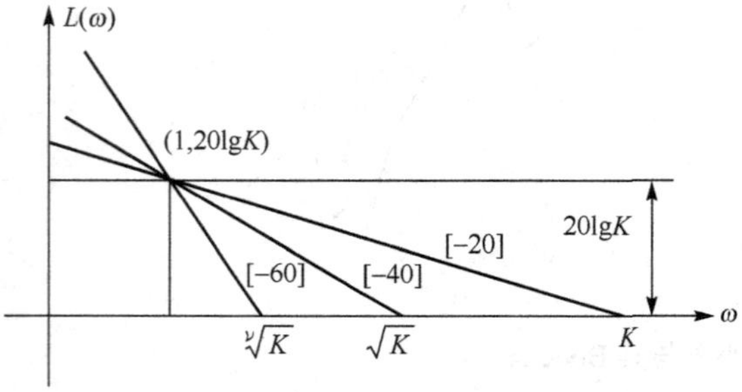

图 5.3.8　低频渐近线与 ν 的关系

(3) 从低频渐近线开始，按照从低频到高频次序，每遇到一个典型环节的交接(转折)频率，渐近线的斜率就要相应改变。

(4) 如有必要，应对误差曲线进行修正，得精确的对数幅频曲线。

绘制对数相频曲线方法如下。

一般是按照开环对数相频特性的表达式，先分别确定出低频和高频段的相角，然后参照开环对数幅频的频率范围，取几个 ω 值(最好就是典型环节的交接频率)，算出几个 $\varphi(\omega)$ 值，最后用逐点描绘的方法绘出系统的开环对数相频曲线。

例 5.3.3　试绘制单位负反馈系统的开环传递函数的渐近对数幅频曲线。

$$G(s)=\frac{10}{(0.1s+1)(s+1)(0.02s+1)}$$

解　$G(s)$ 由以下四个环节组成：

10	$20\lg 10=20$	斜率[0]
$\frac{1}{s+1}$	$\omega_1=1$	斜率变化[−20]，实际斜率[−20]
$\frac{1}{0.1s+1}$	$\omega_2=10$	斜率变化[−20]，实际斜率[−40]
$\frac{1}{0.02s+1}$	$\omega_3=50$	斜率变化[−20]，实际斜率[−60]

低频段为水平直线(斜率为零)，高度为 20dB；在水平直线的基础上，对应的斜率相应变化：在 $\omega_1=1$ 时，斜率为−20dB/dec 的直线，在 $\omega_2=10$ 时，斜率再降低−20dB，即为−40dB/dec 的直线，在 $\omega_3=50$ 时，斜率再降低−20dB，即为−60dB/dec 的直线。整个 Bode 图的低频斜率是[0]，高频斜率是[−60]。叠加后得到的对数幅频特性曲线如图 5.3.9 所示。

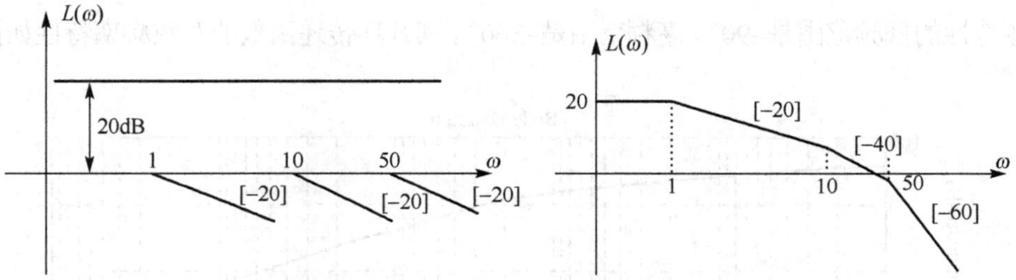

图 5.3.9　开环传递函数的渐近对数幅频曲线

例 5.3.4　已知单位反馈系统的开环传递函数为

$$G(s)=\frac{100(s+4)}{s(s+1)(s+10)(s^2+2s+4)}$$

试绘制系统的开环渐近对数频率特性(Bode 图)。

解　先将 $G(s)$ 化成典型环节串联组成的标准形式：

$$G(s)=\frac{10\left(\frac{s}{4}+1\right)}{s(s+1)\left(\frac{s}{10}+1\right)\left(\frac{s^2}{4}+\frac{s}{2}+1\right)}$$

系统型别是 I，低频渐近线的斜率为−20dB/dec，延长线与 0dB 线交点为 $\omega=10$，各环节的交接频率与斜率分别为

低频处：$\dfrac{10}{s}$　　过点(1,20lg10)，斜率[−20]

$\dfrac{1}{s+1}$　　交接频率 $\omega=1$，斜率变化[−20]，实际斜率[−40]

$\dfrac{1}{\left(\frac{s^2}{2^2}+\frac{s}{2}+1\right)}$　　交接频率 $\omega=2$，斜率变化[−40]，实际斜率[−80]

$\dfrac{1}{4}s+1$　　交接频率 $\omega=4$，斜率变化[+20]，实际斜率[−60]

$\dfrac{1}{\frac{s}{10}+1}$　　交接频率 $\omega=10$，斜率变化[−20]，实际斜率[−80]

整个对数幅频特性的低频斜率是[−20]，高频斜率是[−80]。

相频特性为

$$\varphi(\omega)=\arctan\frac{\omega}{4}-90^\circ-\arctan\frac{\omega}{10}-\arctan\omega-\arctan\left[(\omega/2)\Big/\left(1-\frac{\omega^2}{4}\right)\right]\quad(\omega\leqslant 2)$$

$$\varphi(\omega)=\arctan\frac{\omega}{4}-90^\circ-\arctan\frac{\omega}{10}-\arctan\omega-180^\circ+\left[\arctan(\omega/2)\Big/\left(\frac{\omega^2}{4}-1\right)\right]\quad(\omega>2)$$

$$\varphi(0)=-90^\circ,\quad \varphi(1)=-160^\circ,\quad \varphi(2)=-228^\circ$$
$$\varphi(4)=-289^\circ,\quad \varphi(10)=-319^\circ,\quad \varphi(\infty)=-360^\circ$$

整个相频特性的低频范围是–90°，高频范围是–360°，其开环传递函数的对数频率特性如图 5.3.10 所示。

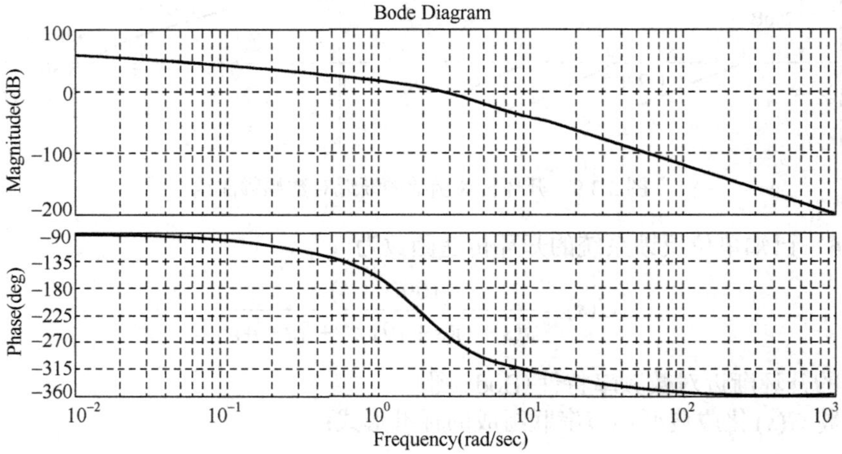

图 5.3.10　开环传递函数的渐近对数幅频曲线

5.3.3　用 Matlab 绘制系统的 Bode 图

例 5.3.5　分别绘两种情况系统下 $G(s)=\dfrac{T_1 s+1}{T_2 s+1}$ 的 Bode 图，$T_1>T_2$ 和 $T_1<T_2$。

解　$T_1>T_2$：取 $T_1=10$，$T_2=2$，$G(s)=\dfrac{10s+1}{2s+1}$

Matlab 语句为

```
Bode([10 1], [2  1]);
```

其 Bode 图如图 5.3.11 所示。由图可以看出，对数幅频特性 $L(\omega)$ 在低频和高频范围内的斜率均为[0]，低频分贝值为 0，高频分贝值为 14dB。从 $G(s)$ 的表达式可以看出，在低频时 $A(\omega)=1$，$L(\omega)=20\lg 1=0\text{dB}$，在高频时 $A(\omega)=\dfrac{T_1}{T_2}=5$，即 $L(\omega)=20\lg 5=14\text{dB}$。而相角 $\angle G(\mathrm{j}\omega)$ 在低频和高频范围内趋于 0，在中频范围内总是大于零。因而这种频率特性具有超前特性，往往用于系统的超前校正，以得到满意的设计目标。

$$T_1<T_2:\ T_1=2,\ T_2=10\text{时},\ G(s)=\frac{2s+1}{10s+1}$$

Matlab 语句为

```
Bode([2 1], [10  1]);
```

其 Bode 图如图 5.3.12 所示。显然频率特性具有滞后特性，详细分析类似前文。这种性质的频率往往用于系统的滞后前校正，以得到满意的设计目标。

例 5.3.6　某环节的传递函数 $G(s)=\dfrac{32}{s^2+4s+64}$。

(1) 绘制其 Bode 图；

(2) 若其输入信号的幅值都为 1 而频率分别为：1,7.5,15,20 的正弦信号，用 Matlab 给出其输出端波形。

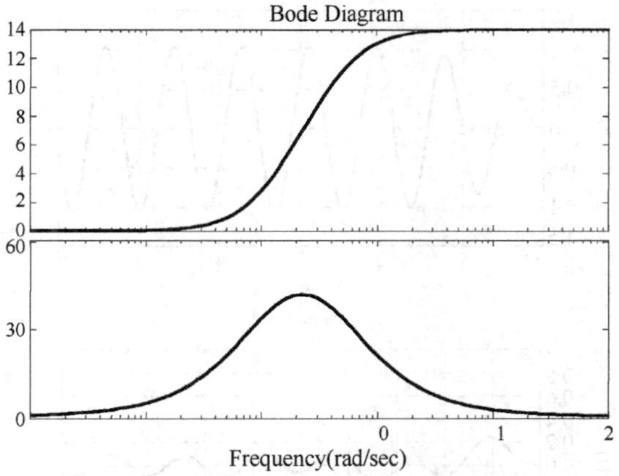

图 5.3.11　$T_1=10$ 和 $T_2=2$ 时的 Bode 图

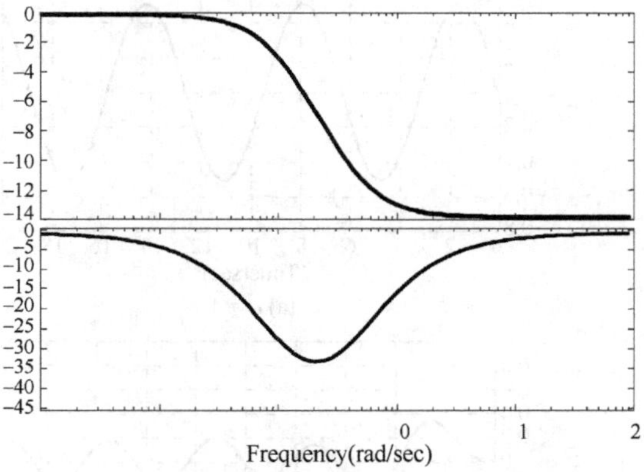

图 5.3.12　$T_1=2$ 和 $T_2=10$ 时的 Bode 图

解　(1)

```
bode(32,[1 4 64])
grid
```

其 Bode 图如图 5.3.13 所示。

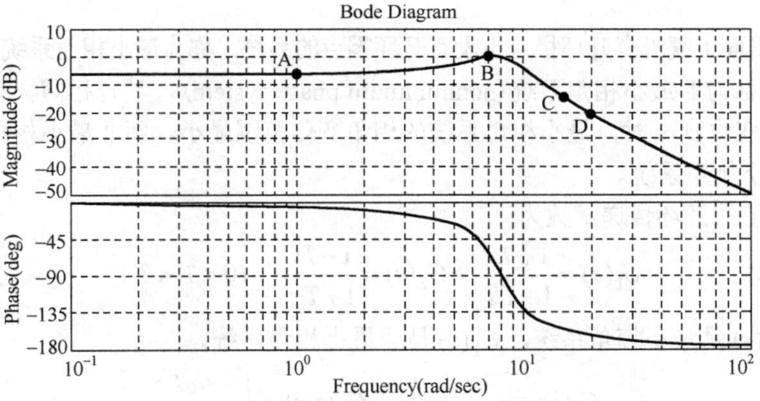

图 5.3.13　例 5.3.6 的 Bode 图

(2) 在 $G(s)$ 的输入端分别输入为 $r(t)=\sin t, r(t)=\sin 7.5t$ 和 $r(t)=\sin 15t$，以及 $r(t)=\sin 20t$，得到其输出 $c(t)$ 分别如图 5.3.14 所示。

由图 5.3.14 可以看出，四种频率下的稳态输出幅值分别约为 0.5，1.01，0.2 与 0.07，然后分别计算四个频率点的对数幅频值 $20\lg\dfrac{A_2}{A_1}$（$A_1=1$）：

$$20\lg 0.5=-0.6,\quad 20\lg 1.01\approx 0,\quad 20\lg 0.2=-14,\quad 20\lg 0.07=-21$$

分别对应图 5.3.13 中的 $L(\omega)$ 特性上的点 $\mathrm{A}(1,-0.6), \mathrm{B}(7.5,0), \mathrm{C}(15,-14), \mathrm{D}(20,-21)$。所以，计算值与在 Bode 图上的读值基本相同。

同时可以看出，输入信号的频率 $\omega=7.5$ 接近于系统的谐振频率 $\omega_r=7.7$，幅频特性的值接近于谐振峰值，所以此时的稳态输出幅值最大，大于 1，如图 5.3.14(b) 所示。

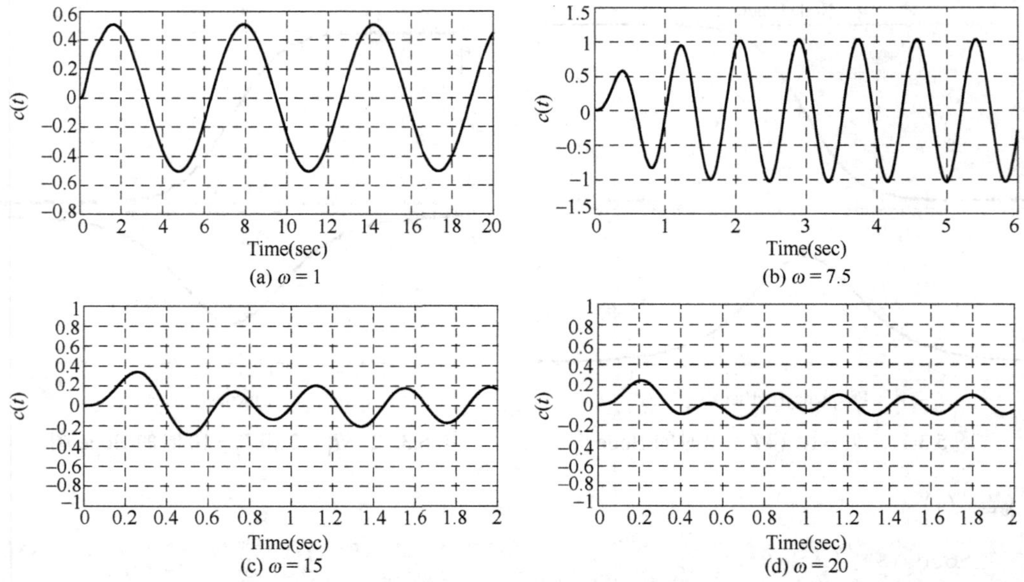

图 5.3.14　例 5.3.6 在不同频率输入下的输出响应

5.3.4　最小相角和非最小相角系统

在右半 s 平面上既没有开环极点也没有开环零点的系统，称为最小相角系统(minimum phase system)，否则称为非最小相角系统(nonminimum phase system)。具有相同幅频特性的两个系统，当 ω 从 0 变化到 ∞ 时，最小相角系统的相角变化范围最小，而非最小相角系统的相角变化范围大于最小相角系统。

设两个系统的开环传递函数为

$$G_1(s)=\frac{1+Ts}{1+T_1s},\quad G_2(s)=\frac{1-Ts}{1+T_1s}\quad (0<T<T_1)$$

根据定义，$G_1(s)$ 是最小相角系统，$G_2(s)$ 是非最小相角系统。

$$G_1(\mathrm{j}\omega)=\frac{1+\mathrm{j}\omega T}{1+\mathrm{j}\omega T_1},\quad G_2(\mathrm{j}\omega)=\frac{1-\mathrm{j}\omega T}{1+\mathrm{j}\omega T_1}$$

$$|G_1(\mathrm{j}\omega)|=|G_2(\mathrm{j}\omega)|=\sqrt{\frac{1+\omega^2T^2}{1+\omega^2T_1^2}}$$

$$\varphi_1(\omega)=\angle G_1(\mathrm{j}\omega)=\arctan(T\omega)-\arctan(T_1\omega)$$

$G_1(s)$ 的 Bode 图如图 5.3.12 所示，其最大滞后角 $\varphi_1(\omega)$ 可达 90°，即 $-90^\circ<\varphi_1(\omega)\leqslant 0^\circ$。

$$\varphi_2(\omega)=\angle G_2(\mathrm{j}\omega)=-\arctan(T\omega)-\arctan(T_1\omega)\quad (-180^\circ<\varphi_2(\omega)\leqslant 0^\circ)$$

明显，当 ω 从 0 变化到 ∞ 时，$\varphi_1(\omega)$ 的变化范围小于 $\varphi_2(\omega)$ 的变化范围。

最小相角系统的重要特征：系统的开环传函幅频特性与对数相频特性，存在唯一的对应关系，即一个幅频特性只能有一个相频特性与之对应，反之亦然。因此，可根据最小相角系统的对数幅频特性写出其对应的传递函数，而非最小相角系统就没有这个性质。

对于一个最小相角系统，在 $\omega\to\infty$ 时的相角为 $-90^\circ(n-m)$，其中 n 和 m 分别为传递函数的分母和分子的个数。这个结论对于非一个最小相角系统不适用。

但无论是最小相位还是非最小相位系统，在 $\omega \to \infty$ 时，其对数幅频特性 $L(\omega)$ 的斜率都等于 $-20(n-m)\text{dB/dec}$，在低频时的斜率为 $-v \times 20\text{dB/dec}$。

因此，如果在 $\omega \to \infty$ 时，系统的开环对数幅频特性 $L(\omega)$ 的斜率 $-20(n-m)\text{dB/dec}$，相角为 $-90^\circ(n-m)$，则系统一定是最小相角系统。

根据最小相角系统的特点，在工程应用中可以根据其对数幅频特性确定出系统的传递函数。

例 5.3.7 牵引力控制系统又称循迹控制系统，如图 5.3.15 所示。汽车在光滑路面制动时，车轮会打滑，甚至使方向失控。同样，汽车在起步或急加速时，驱动轮也有可能打滑，在冰雪等光滑路面上还会使方向失控而出危险。牵引力控制系统就是针对此问题而设计的。

图 5.3.15 汽车牵引力控制系统

牵引力控制系统依靠电子传感器探测到从动轮速度低于驱动轮时(这是打滑的特征)，就会发出一个信号，调节点火时间、减小气门开度、缉拿小油门、降挡或制动车轮，从而使车轮不再打滑。

汽车牵引力控制系统为最小相角系统，其开环渐近对数幅频曲线如图 5.3.16 所示，试写出该系统的传递函数。

解 由图 5.3.16 可知，低频段直线斜率为–20dB/dec，故系统包含一个积分环节。当 $\omega=1$ 时，纵坐标为 15dB，可知比例环节 K 满足 $20\lg K=15$，所以，$K=5.6$。因为 $\omega=2$ 时，近似渐近特性从–20dB/dec 变为–40dB/dec，故 $\omega=2$ 是惯性环节的交接频率，类似的分析可知，$\omega=7$ 是一阶微分环节的交接频率，于是系统的传递函数为

$$G(s)=\frac{5.6(s/7+1)}{s(s/2+1)}$$

例 5.3.8 某最小相角系统，其渐近对数幅频曲线如图 5.3.17 所示，试写出该系统的传递函数。

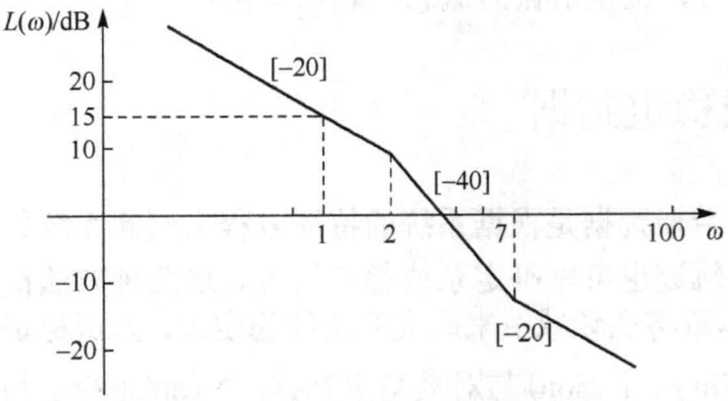

图 5.3.16 某牵引力控制系统的开环 Bode 图

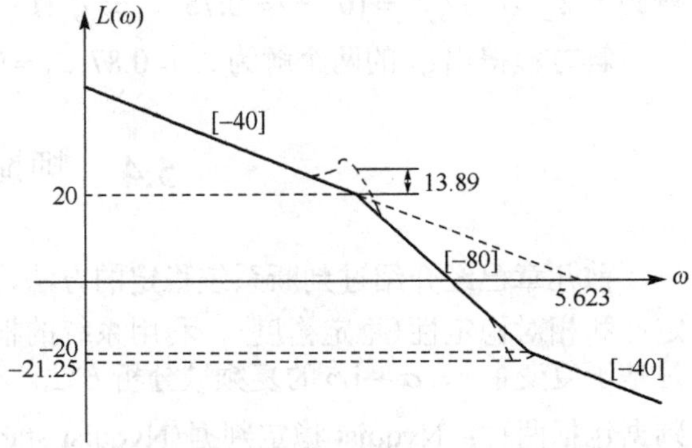

图 5.3.17 系统的开环 Bode 图

解 低频段 $\dfrac{K}{s^2}$，过点 $(1, 20\lg K)$，斜率[–40dB]，由于斜率由[–40dB]下降为[–80dB]，意

味着遇到振荡环节$\dfrac{1}{\left(\dfrac{s}{\omega_1}\right)^2+2\zeta_1\dfrac{s}{\omega_1}+1}$；斜率由[−80dB]改变为[−40dB]，意味着遇到二阶微分环节$\left(\dfrac{s}{\omega_2}\right)^2+2\zeta_2\dfrac{s}{\omega_2}+1$。

所以系统开环传递函数的形式为

$$G(s)=\frac{K\left[\left(\dfrac{s}{\omega_2}\right)^2+2\zeta_2\dfrac{s}{\omega_2}+1\right]}{s^2\left[\left(\dfrac{s}{\omega_1}\right)^2+2\zeta_1\dfrac{s}{\omega_1}+1\right]}$$

需要求的参数是$K,\omega_1,\zeta_1,\omega_2,\zeta_2$。

低频段过点[5.623,0]，所以有

$$L(\omega)=20\lg A(\omega)=20\lg\frac{K}{\omega^2}\bigg|_{\omega=5.623}=0\quad\Rightarrow K=31.62$$

低频段又过点$(\omega_1,20)$，所以有

$$L(\omega)=20\lg A(\omega)=20\lg\frac{K}{\omega^2}=20\lg\frac{31.62}{\omega_1^2}=20\quad\Rightarrow\omega_1=1.8$$

通过图 5.3.17 可知

$$L_{实际}(\omega_n)-L_{渐近}(\omega_n)=20\lg\frac{1}{2\zeta_1}=20\lg\frac{1}{2\zeta_1}-0=13.98\qquad\Rightarrow\xi_1=0.1$$

斜率为−80 的直线过两点$(\omega_1,20),(\omega_2,-20)$，因此有

$$\frac{-20-20}{\lg\omega_2-\lg\omega_1}=-80,\quad \lg\omega_2-\lg\omega_1=0.5\quad\Rightarrow\omega_2=5.7$$

$$L_{实际}(\omega_r)-L_{渐近}(\omega_r)=20\log A(\omega_r)=20\log 2\zeta_2\sqrt{1-\zeta_2^2}-0=-1.25$$

得到 $2\zeta_2\sqrt{1-{\zeta_2}^2}=10^{\frac{-1.25}{20}}=0.75\qquad\Rightarrow\zeta_2(1-{\zeta_2}^2)=0.375^2$

解方程得出ζ_2的两个解为$\zeta_2=0.87,\zeta_2=0.5$，根据谐振的概念，取$\zeta_2=0.5$。

5.4 频域稳定判据

前几章已经介绍过判断系统稳定的方法，劳斯判据是根据系统的特征方程来判断系统稳定性和相对稳定性(稳定裕度)，利用系统的根轨迹也可以确定系统稳定与否。这两种方法都是基于复变量$s=\sigma+\mathrm{j}\omega$的复频域分析方法。本章将在频域中来研究系统的稳定性。频域稳定判据包括两种：Nyquist 稳定判据(Nyquist stability criterion)与对数稳定判据。Nyquist 稳定判据是 H.Nyquist 在 1932 年提出的，根据开环系统的极坐标图来判断系统的稳定性。对数稳定判据是根据开环系统的 Bode 图来判断系统的稳定性。这两种方法统称为频域稳定判据，它们能够提供以下信息：

(1) 系统稳定与否？若不稳定，有多少根在 s 右半平面；

(2) 能够确定系统的稳定程度，即相对稳定性，以及给出提高系统稳定性的程度。

5.4.1 Nyquist 稳定判据的数学基础

Nyquist 稳定判据的数学基础是复变函数中的幅角原理。

1. 辅助函数

图 5.4.1 所示系统的开环传递函数表示为 $G(s)H(s)=\dfrac{N(s)}{D(s)}$，则系统的特征方程为 $1+G(s)H(s)=0$，即 $D(s)+N(s)=0$，为了导出 Nyquist 稳定判据，需要引入一个辅助函数：

$$F(s)=1+G(s)H(s)=\frac{D(s)+N(s)}{D(s)}$$

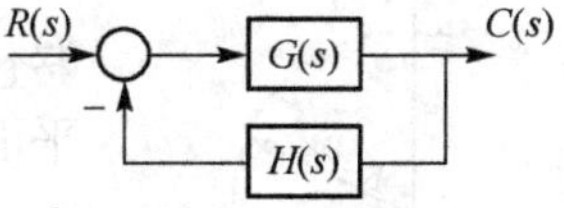

图 5.4.1 典型反馈控制系统

辅助函数 $F(s)$ 的重要性在于它的分子是闭环系统的特征多项式，包含闭环传递函数的全部极点，分母是开环系统的特征多项式，包含开环传递函数的全部极点。由于实际系统都有惯性，即开环传递函数分母 $D(s)$ 的阶次 n 大于等于其分子 $N(s)$ 的阶次 m，所以辅助函数 $F(s)$ 的零点数等于 $F(s)$ 的极点数。

设 $z_1,z_2,\cdots,z_n$ 为 $F(s)$ 的零点（也是闭环传递函数的极点），$p_1,p_2,\cdots,p_n$ 为 $F(s)$ 的极点（也是开环传递函数的极点），则 $F(s)$ 可以写为以下形式：

$$F(s)=\frac{\prod\limits_{i=1}^{n}(s-z_i)}{\prod\limits_{i=1}^{n}(s-p_i)}$$

由于 $F(s)$ 与开环传递函数只差常数 1，因此 $F(\mathrm{j}\omega)=1+G(\mathrm{j}\omega)H(\mathrm{j}\omega)$ 曲线与开环幅相曲线 $G(\mathrm{j}\omega)H(\mathrm{j}\omega)$ 曲线的关系如图 5.4.2(a) 所示。

2. 幅角原理

幅角原理有严格的数学证明，但本书只进行一些定性解释。

假设 $F(s)$ 的零、极点分布如图 5.4.2(b) 所示。在 s 右半平面上任取不通过 $F(s)$ 的零点和极点的一闭合路径 Γ。假设路径 Γ 包围了 $F(s)$ 的一个零点 z_1。在路径 Γ 上任取一点 s 作为试验点，则 $F(s)$ 的各零、极点到点 s 的向量如图 5.4.2 所示。当 s 沿路径 Γ 顺时针方向移动时，向量 $s-z_i$ 和 $s-p_i$ 的幅值和相角都发生变化，因而向量 $F(s)$ 的端点便在 $F(s)$ 平面上描绘出一个相应的闭合路径 Γ^1，称 Γ^1 为 Γ 的像或映射，如图 5.4.2(c) 所示。

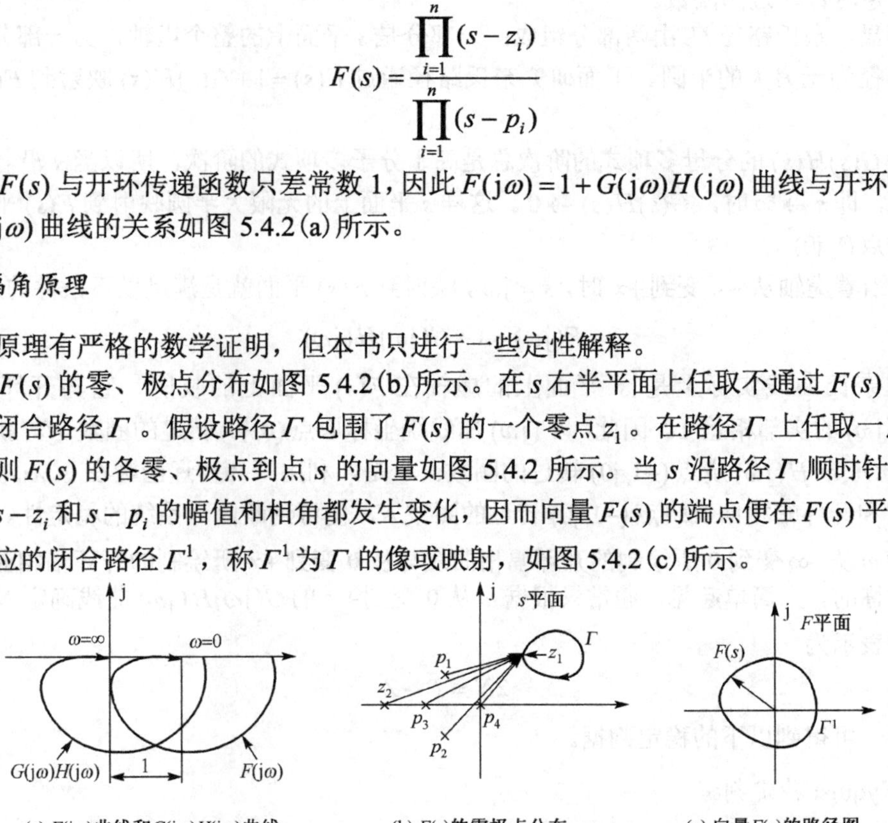

(a) $F(\mathrm{j}\omega)$曲线和$G(\mathrm{j}\omega)H(\mathrm{j}\omega)$曲线　(b) $F(s)$的零极点分布　(c) 向量$F(s)$的路径图

图 5.4.2 幅角原理的解释

很明显，在 s 平面内当 s 沿 Γ 顺时针移动一周时，未被包围的那些零、极点到 s 点的向量 $s-z_i$ 和 $s-p_i$（如图中，z_i 不含 z_1），其相角的变化量等于零；而被包围的向量 $s-z_1$ 其相角的变化量为 -2π。根据式可知，辅助函数 $F(s)$ 的相角变化量为

$$\Delta\angle F(s)=\Delta\left[\sum_{i=1}^{n}\angle(s-z_i)-\sum_{i=1}^{n}\angle(s-p_i)\right]=\Delta\angle(s-z_1)=-2\pi$$

即向量 $F(s)$ 在 $F(s)$ 平面绕坐标原点沿路径 Γ^1 顺时针转动了一圈。如果包围在路径 Γ 内的是 $F(s)$ 的一个极点 p_i，那么当 s 沿 Γ 顺时针移动一周时，则绕坐标原点沿路径 Γ^1 逆时针转动了一圈。

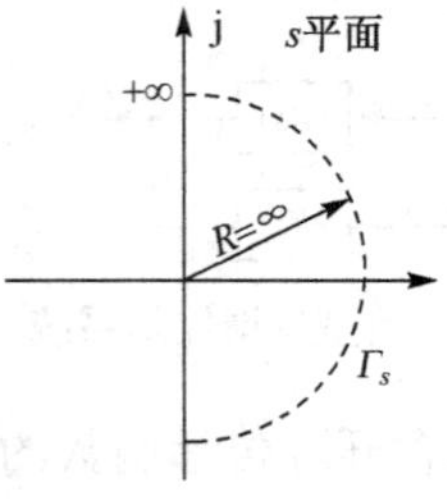

图 5.4.3 Γ_s 封闭曲线

为了确定 $F(s)$ 在 s 右半平面所有的零点个数，应将路径 Γ 扩展到能够包围整个右半 s 平面。这时，路径 Γ 就扩大为由虚轴和包围整个右半平面的无限大半圆组成，此时的路径用 Γ_s 表示，如图 5.4.3 所示，Γ_s 称为 Nyquist 路径，或奈氏路径，而映射 Γ_s^1 称为奈氏曲线。

根据以上分析，如果在包围整个 s 右半平面的封闭曲线 Γ_s 内，有 Z 个 $F(s)$ 的零点和 P 个 $F(s)$ 的极点，则点 s 沿 Γ_s 顺时针移动一周时，在 $F(s)$ 平面上，奈氏曲线 Γ_s^1 绕坐标原点逆时针转过的圈数 N 为

$$N=P-Z$$

式中，P 为 $F(s)$ 在 s 右半平面的极点数；Z 为 $F(s)$ 在 s 右半平面的零点数；N 为奈氏曲线绕坐标原点逆时针转过的圈数。

很明显，奈氏路径 Γ_s 由两部分组成：一部分是 s 平面上的整个虚轴，另一部分是 s 右半平面上半径为无穷大的半圆。下面研究奈氏路径通过 $F(s)=1+G(s)H(s)$ 映射到 $F(s)$ 平面上的情况。

因为 $G(s)H(s)$ 的分母多项式的阶次总是高于分子多项式的阶次，所以当 s 沿着无穷大的半圆移动，即 $s\to\infty$ 时，$G(s)H(s)\to 0$。这样 s 平面上的无限大半圆映射到 $F(s)$ 平面上，就成为一个点 $(1,\mathrm{j}0)$。

当 s 沿着虚轴从 $-\infty$ 变到 $+\infty$ 时，$s=\mathrm{j}\omega$，映射到 $F(s)$ 平面就是满足以下条件的奈氏曲线：

$$F(\mathrm{j}\omega)=1+G(\mathrm{j}\omega)H(\mathrm{j}\omega)$$

可见奈氏曲线实际上是 s 平面上的虚轴在 $F(s)$ 平面上的映射，它与开环幅相曲线 $G(\mathrm{j}\omega)H(\mathrm{j}\omega)$ 的实部相差 1。因此，$F(\mathrm{j}\omega)$ 曲线绕坐标原点 $(0,\mathrm{j}0)$ 转过的圈数 N，就等于开环幅相曲线 $G(\mathrm{j}\omega)H(\mathrm{j}\omega)$ 绕点 $(-1,\mathrm{j}0)$ 转过的圈数。于是，利用开环传递函数在 s 右半平面上的极点数 P 和开环幅相曲线绕点 $(-1,\mathrm{j}0)$ 转过的圈数 N，便可判断闭环系统的稳定性。

因为 ω 从 $-\infty$ 变到 0 所绘制的开环幅相曲线与从 0 变到 $+\infty$ 所绘制的开环幅相曲线，是关于实轴对称的。为简单起见，通常只根据 ω 从 0 变到 $+\infty$ 的 $G(\mathrm{j}\omega)H(\mathrm{j}\omega)$ 曲线确定 N 即可，因此圈数可表示为

$$2N=P-Z$$

因而，可得到以下的稳定判据。

3. Nyquist 稳定判据

定理 若开环传递函数 $G(s)H(s)$ 在右半 s 平面的极点数为 P，开环幅相曲线 $G(\mathrm{j}\omega)H(\mathrm{j}\omega)$

包围临界点 $(-1, \mathrm{j}0)$ 的圈数为 N，反时针包围点 $(-1, \mathrm{j}0)$ 的圈数为正，顺时针包围点 $(-1, \mathrm{j}0)$ 的圈数为负，则闭环系统特征方程正实部根的个数为

$$Z = P - 2N$$

若 Z 为 0，闭环系统稳定；若 Z 不为 0，闭环系统不稳定，有 Z 个特征根在 s 右半平面。

例 5.4.1 开环传递函数为

$$G(s) = \frac{K}{(T_1 s+1)(T_2 s+1)(T_3 s+1)} (T_1, T_2, T_3 > 0)$$

用 Nyquist 稳定判据判断系统的稳定性。

解 开环传递函数的极点数 $P=0$，幅相曲线如图 5.4.4 所示，没有包围点 $(-1, \mathrm{j}0)$，即 N=0。所以，Z=P–2N=0，系统是稳定的。

若在 K=10 时，开环幅相曲线与负实轴的交点为 0.8，试确定稳定的 K 值范围。

一种确定 N 的简单方法如下所示。

对于一些复杂的幅相曲线，用圈数的方法确定 N 往往容易出错。可用 N_+ 表示幅相曲线在点 $(-1, \mathrm{j}0)$ 左边至上而下穿越负实轴的次数，用 N_- 表示幅相曲线在点 $(-1, \mathrm{j}0)$ 左边至下而上穿越负实轴的次数，则有 $N = N_+ - N_-$，如图 5.4.5 所示。若幅相曲线的起点在 $(-1, \mathrm{j}0)$ 左边的负实轴上，则 N_+ 或 N_- 为 $\frac{1}{2}$。

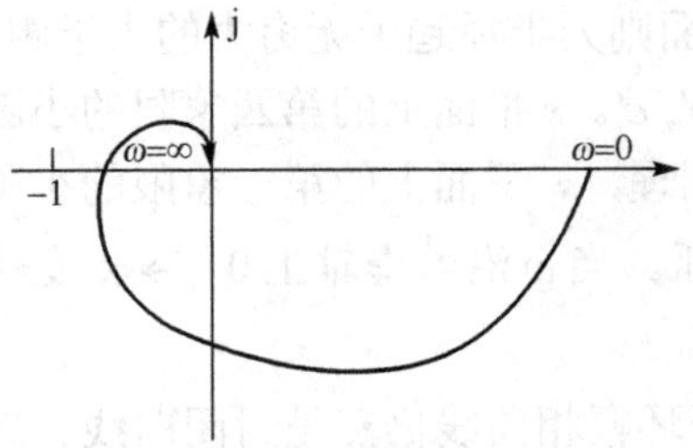

图 5.4.4 开环幅相曲线

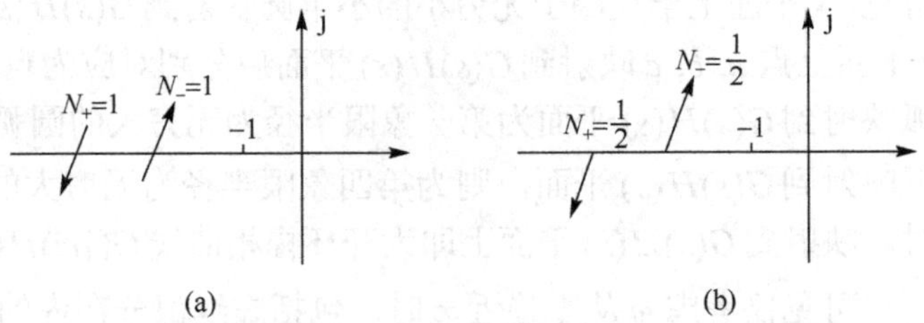

图 5.4.5 穿越概念的解释

又如，开环传递函数为 $G(s) = \dfrac{2}{s-1}$，用 Nyquist 稳定判据判断系统的稳定性。

其开环极坐标图如图 5.4.6 所示。起点在负实轴–1 的左边，所以 $N_+ = 1/2$，又 $P=1$, $N_- = 0$，所以 $N = N_+ - N_- = 1/2$, $Z = P - 2N = 0$ 系统稳定。

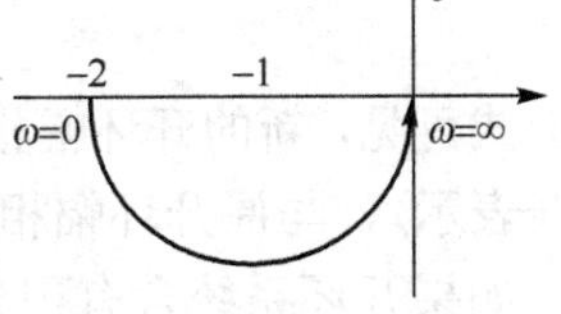

图 5.4.6 $G(s) = \dfrac{2}{s-1}$ 的极坐标图

4. *开环传递函数含有积分环节时的稳定判据*

当开环传递函数含有积分环节时，则辅助函数 $F(s) = 1 + G(s)H(s)$ 在坐标原点有 $s=0$ 的极点。此时的奈氏路径 Γ_s 会通过 $F(s)$ 在坐标原点的极点，违背了奈氏判据应用的前提条件。为了仍能应用奈氏判据，必须将虚轴上的奈氏路径稍作修改。

为了使奈氏路径 Γ_s 不通过 $F(s)$ 在坐标原点的极点，通常的办法是令 s 沿着半径 ε 为无穷小的半圆迂回过去，即在坐标原点附近沿着 $0^- \to 0 \to 0^+$ 的半圆移动，如图 5.4.7 所示。因此新的奈氏路径由四个部分组成：半径为 ε 的半圆弧，$\mathrm{j}0^+ \to \mathrm{j}0^\infty$ 的正虚轴，半径为 ∞ 的半圆弧，$\mathrm{j}0^{-\infty} \to \mathrm{j}0^-$ 的负虚轴。

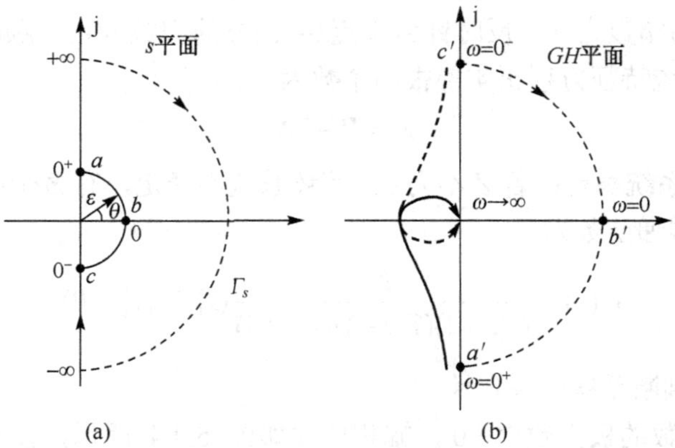

图 5.4.7　含有积分环节的奈氏路径

设系统的开环传递函数 $G(s)H(s)=\dfrac{K}{s(T_1s+1)(T_2s+1)}$，下面研究该Ⅰ型系统，当 s 沿着新的奈氏路径移动时，响应的开环幅相曲线有何变化？图中的小半圆可表示为

$$s=\varepsilon e^{j\theta}$$

当 $\varepsilon\to 0$ 时，$G(s)H(s)$ 可表示为

$$G(s)H(s)\approx\frac{K}{\varepsilon e^{j\theta}}=\frac{K}{\varepsilon}e^{-j\theta}=\infty\cdot e^{-j\theta}$$

可见，s 平面上半径趋于无穷小的小半圆映射到 $G(s)H(s)$ 平面则为半径趋于无穷大的大半圆。s 平面上点 a, b, c 映射到 $G(s)H(s)$ 平面后分别对应为点 a', b', c'。s 平面上的第四象限的小圆弧映射到 $G(s)H(s)$ 平面为第一象限半径为无穷大的圆弧。同理，s 平面上的第一象限的小圆弧映射到 $G(s)H(s)$ 平面，则为第四象限半径为无穷大的圆弧。当 ω 沿着虚轴上 $0^+\to\infty$ 变化时，映射到 $G(s)H(s)$ 平面上即为开环幅相曲线 $G(j\omega)H(j\omega)$。

可见仅考虑 ω 从零趋近 ∞ 时，包括虚线部分在内的新开环幅相曲线仍然是封闭曲线。虚线部分是通过从正实轴的无穷远处开始，顺时针补画半径为无穷大的 90° 圆弧而得到的。

若开环传递函数含有 ν 个积分环节，即 $G(s)H(s)=\dfrac{K}{s^\nu(T_1s+1)(T_2s+1)}$，当 s 沿着无限小的半圆移动时，有

$$G(s)H(s)\approx\frac{K}{\varepsilon^\nu e^{j\nu\theta}}=\frac{K}{\varepsilon^\nu}e^{-j\nu\theta}=\infty\cdot e^{-j\nu\theta}$$

由上式可见，新的开环幅相曲线应从正实轴开始，顺时针补半径为无穷大的 $\nu\times 90^\circ$ 的圆弧(用虚线表示)，与原开环幅相曲线形成完整的奈氏曲线。因而，可得到以下结论。

如果开环系统含有积分环节，则需要在原幅相曲线的基础上顺时针补一段半径无穷大、圆心角为 $\nu\times 90^\circ$ 的圆弧($\nu\neq 0$ 是积分环节的个数)，后再利用奈氏稳定判据继续判断系统的稳定性。

当开环增益大于 0 时，从正实轴的无穷远处开始，顺时针补 $\nu\times 90^\circ$ 的圆弧。

当开环增益小于 0 时，从负实轴的无穷远处开始，顺时针补 $\nu\times 90^\circ$ 的圆弧。

例 5.4.2　若开环传函数为 $G(s)=\dfrac{K}{s^2(Ts+1)}$（$K>0$），利用奈氏判据判断系统的稳定性。

解　开环幅相曲线为图 5.4.8(a)中的实线所示。$\nu=2$，$K>0$，所以应在正实轴的无穷

远处顺时针补180°的圆弧，如虚线所示。正好与原幅相曲线构成封闭曲线，也称 Nyquist 曲线，然后用 Nyquist 稳定判据判断系统的稳定性。

$$P=0,\ N_-=1,\ N_+=0,\ N=N_+-N_-=-1,\ Z=P-2N=2$$

闭环系统不稳定，在 s 右半平面的根的个数为 2。其根轨迹如图 5.4.8(b)所示，不论 $K(>0)$ 取什么值，系统都不稳定。

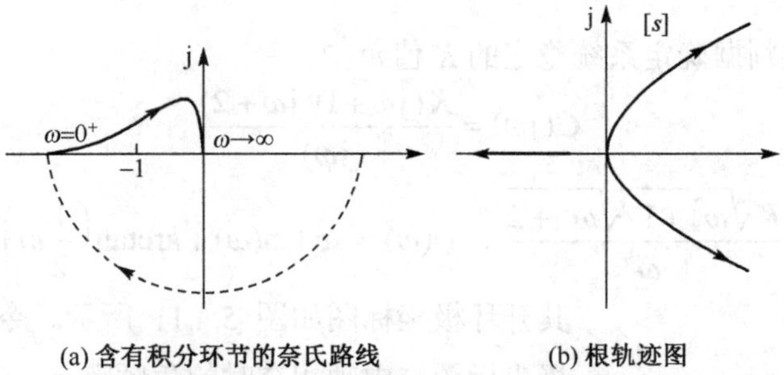

(a) 含有积分环节的奈氏路线　　(b) 根轨迹图

图 5.4.8　含有积分环节的系统奈氏判据

又如，某单位反馈系统的开环传递函数如下：

$$G(s)=\frac{K}{s^2(Ts-1)}\quad (K>0)$$

其开环幅相曲线为图 5.4.9(a)中的实线所示，$\nu=2$，开环增益为$-K<0$，所以应在负实轴的无穷远处顺时针补180°的圆弧，如图 5.4.9(a)虚线所示。

$$P=1,\ N-=1/2,\ N_+=0,\ N=N_+-N_-=-1/2,\quad Z=P-2N=2$$

闭环系统不稳定，在 s 右半平面的根的个数为 2。其根轨迹如图 5.4.9(b)，不论 $K(>0)$ 取什么值，系统都不稳定。

例 5.4.3　某单位反馈系统的开环传递函数如下：

$$G(s)=\frac{K}{s(T_1s+1)(T_2s+1)}$$

试用 Nyquist 稳定判据判别系统的稳定性。

解　其幅相曲线如图 5.4.10 所示，与实轴交点为$\left(-\frac{KT_1T_2}{T_1+T_2},\mathrm{j}0\right)$。

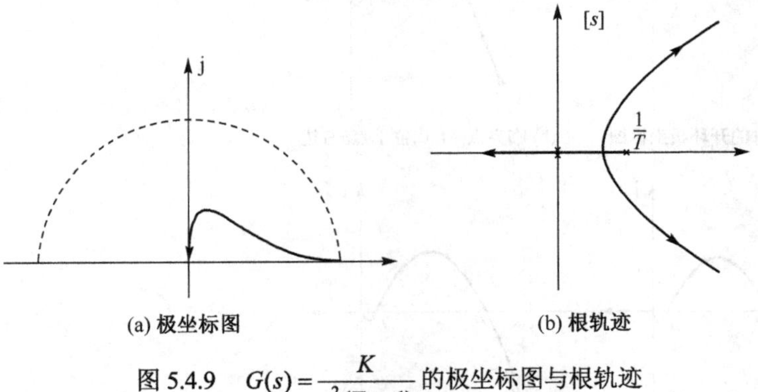

(a) 极坐标图　　(b) 根轨迹

图 5.4.9　$G(s)=\frac{K}{s^2(Ts-1)}$ 的极坐标图与根轨迹

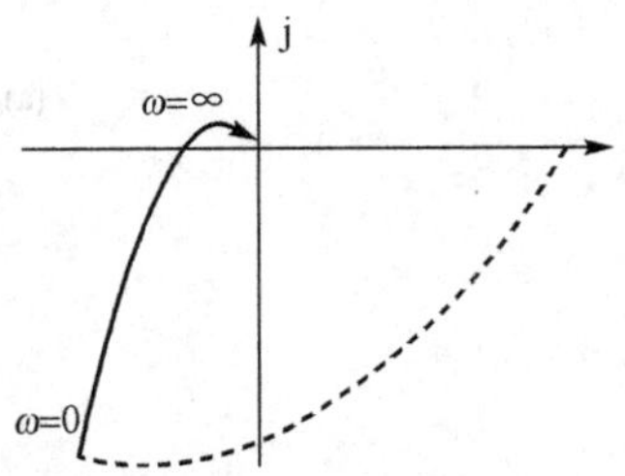

图 5.4.10　开环系统的极坐标图

$$\frac{KT_1T_2}{T_1+T_2}>1,\quad N=-1,\ P=0,\ Z=P-2N=2$$

$$\frac{KT_1T_2}{T_1+T_2}<1,\quad N=0,\ P=0,\ Z=P-2N=0$$

$$\frac{KT_1T_2}{T_1+T_2}=1,\ \text{临界稳定。}$$

例 5.4.4 某单位反馈系统的开环传递函数为$G(s)=\dfrac{K(s+1)(s+2)}{s^3}$，绘制系统的开环极坐标图，并用奈氏稳定判据确定系统稳定的 K 值范围。

解
$$G(\mathrm{j}\omega)=\frac{K(\mathrm{j}\omega+1)(\mathrm{j}\omega+2)}{(\mathrm{j}\omega)^3}$$

$$A(\omega)=\frac{K\sqrt{\omega^2+1}\cdot\sqrt{\omega^2+2}}{\omega^3},\quad \varphi(\omega)=\arctan(\omega)+\arctan\left(\frac{1}{2}\omega\right)-270^\circ$$

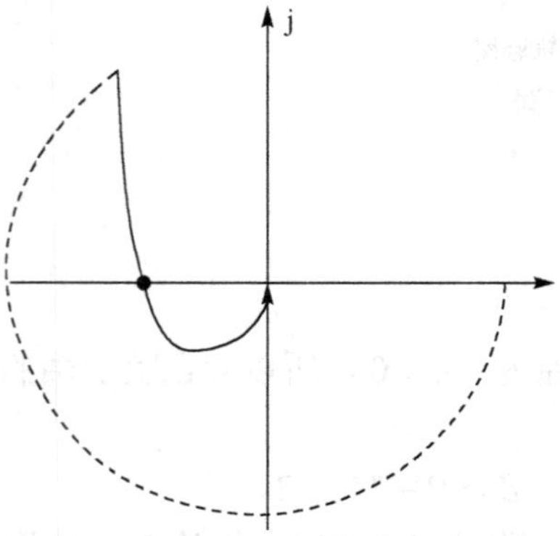

图 5.4.11　开环系统的极坐标图

其开环极坐标图如图 5.4.11 所示。令$\varphi(\omega)=-180^\circ$，得到极坐标图与虚轴相交时的角频率$\omega=\sqrt{2}$，代入$A(\omega)$即可得到极坐标图与虚轴的交点为$A(\omega)=\dfrac{3K}{2}$，所以系统的稳定条件是：$K>\dfrac{2}{3}$。

例 5.4.5 某最小相角系统在 K=50 时的开环极坐标图如图 5.4.12(a)所示，确定系统稳定的 K 值范围，其中点 $a(-50,0)$ 和点 $b(-20,0)$ 是极坐标图与负实轴的交点。

解 因为是最小相角系统，所以 P=0。K 的变化可使得点$(-1,0)$位于负实轴不同的线段上。共有三种情况：当$(-1,0)$位于点 b 右边时如图(b)所示，$N_+=1$，$N_-=1$，$N=N_+-N_-=0$，$Z=P-2N=0$，系统稳定。当$(-1,0)$位于点 a 左边时如图(c)所示，极坐标图与负实轴的两个交点 a,b 均位于点$(-1,0)$的右边，N=0，系统稳定；当$(-1,0)$位于点 a，b 之间时如图(d)所示，$N=-1$，$Z=P-2N=2$，系统不稳定。

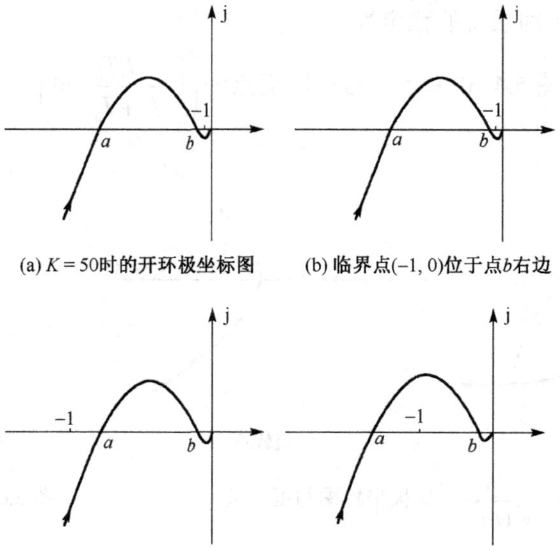

(a) $K=50$时的开环极坐标图　(b) 临界点(−1, 0)位于点b右边

(c) 临界点(−1, 0)位于点a左边　(d) 临界点(−1, 0)位于点a，b之间

图 5.4.12　开环系统的极坐标图

稳定的 K 值范围

$$0<K<1 \quad 和 \quad K>2.5$$

不稳定的 K 值范围

$$1\leqslant K\leqslant 2.5$$

5.4.2 对数频域稳定判据

对数频率稳定判据是利用开环 Bode 图判断系统的稳定性，与 Nyquist 稳定判据本质相同。两种判据所依据的公式都是 $Z=P-2N$，只不过对数频率稳定判据是根据系统的开环 Bode 图比较容易，同时还便于对系统进行校正，因此对数频率稳定判据应用更广。

首先根据极坐标图和 Bode 图的概念，归纳以下映射关系，如表 5.4.1 所示。

表 5.4.1　极坐标图与对数坐标图的映射关系

极坐标图（Nyquist 图）	对数坐标图（Bode 图）
单位圆：$A(\omega)=1$	0dB 线，$L(\omega)=0$
单位圆外：$A(\omega)>1$	0dB 线以上，$L(\omega)>0$
单位圆内：$A(\omega)<1$	0dB 线以下，$L(\omega)<0$
负实轴	$-180°$线
正实轴	$0°$线
$G(\mathrm{j}\omega)H(\mathrm{j}\omega)$ 穿过 $(-1,-\infty)$ 负实轴	在 $L(\omega)>0$ 的范围内，穿过$-180°$线

极坐标图与 Bode 图的映射关系如图 5.4.13 所示。

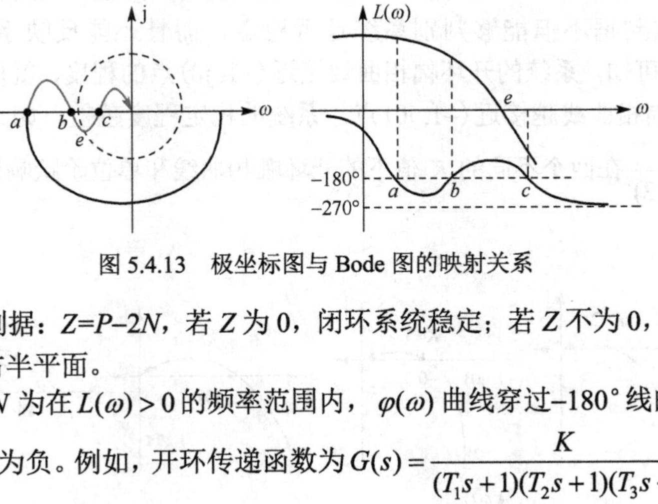

图 5.4.13　极坐标图与 Bode 图的映射关系

对数频域稳定判据：$Z=P-2N$，若 Z 为 0，闭环系统稳定；若 Z 不为 0，闭环系统不稳定，有 Z 个特征根在 s 右半平面。

其中 P 同前，N 为在 $L(\omega)>0$ 的频率范围内，$\varphi(\omega)$ 曲线穿过$-180°$线的次数。相角增加时，N 为正，反之 N 为负。例如，开环传递函数为 $G(s)=\dfrac{K}{(T_1s+1)(T_2s+1)(T_3s+1)}$，其开环 Bode 图如图 5.4.14 所示，判断系统稳定性。

因为，$N_+=0$，$N_-=1$，$N=-1$，$P=0$，所以 $Z=P-2N=2$，系统不稳定。

若开环传函 $G(\mathrm{j}\omega)$ 含有 $\nu(\nu\neq 0)$ 个积分环节时，应在对数相频曲线上向下补画一条 $\nu\times 90°$ 的虚线，且把虚线看成对数相频曲线的一部分：

开环增益大于 0 时，从低频段的 $0°$ 线开始，向下补 $\nu\times 90°$ 的虚线；

开环增益小于 0 时，从低频段的$-180°$ 线开始，向下补 $\nu\times 90°$ 的虚线。

例 5.4.6　设单位反馈系统的开环传递函数如下，试判别系统的稳定性。

$$G(s)=\frac{K\left(\dfrac{1}{3}s+1\right)}{s(s-1)}$$

解 其对数 Bode 图如图 5.4.15 所示，$N_+=1$，$N_-=1/2$，$N=N_+-N_-=-1/2$，$P=1$，$Z=P-2N=0$，闭环系统稳定。

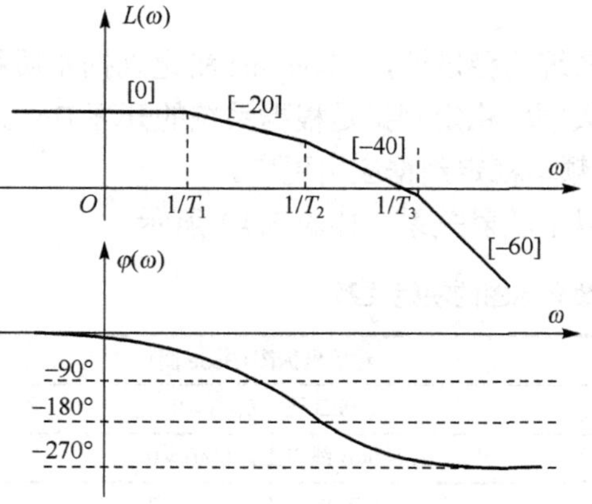

图 5.4.14 $G(s)=\dfrac{K}{(T_1s+1)(T_2s+1)(T_3s+1)}$ 的 Bode 图

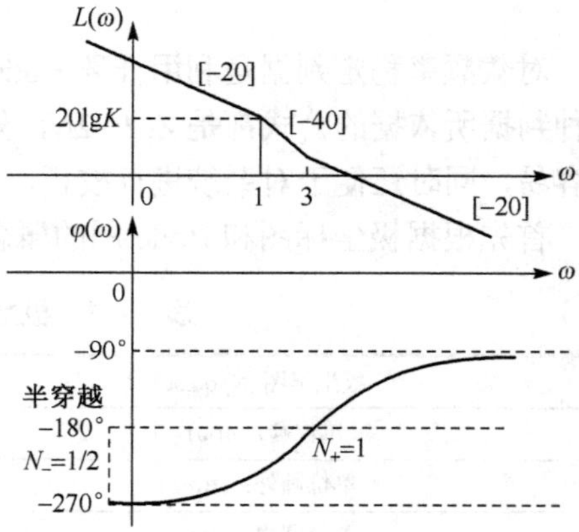

图 5.4.15 开环系统的 Bode 图

5.4.3 频域稳定裕度

要保证实际系统能够正常地工作，不仅要求系统稳定，而且还应具有一定的稳定裕度。

Nyquist 稳定判据不但能够判别系统是否稳定，而且还能反映系统的稳定程度；由 Nyquist 稳定判据可知，系统的开环幅相曲线接近(−1, j0)点的程度，就反映了系统稳定的程度。显然，开环幅相曲线越接近(−1, j0)点，系统的稳定程度越差。如某系统开环传递函数 $G(s)=\dfrac{K}{s(s+1)(s+2)}$ 在四个不同的 K 值下的开环幅相曲线和单位阶跃响应曲线的对应关系如图 5.4.16 所示。

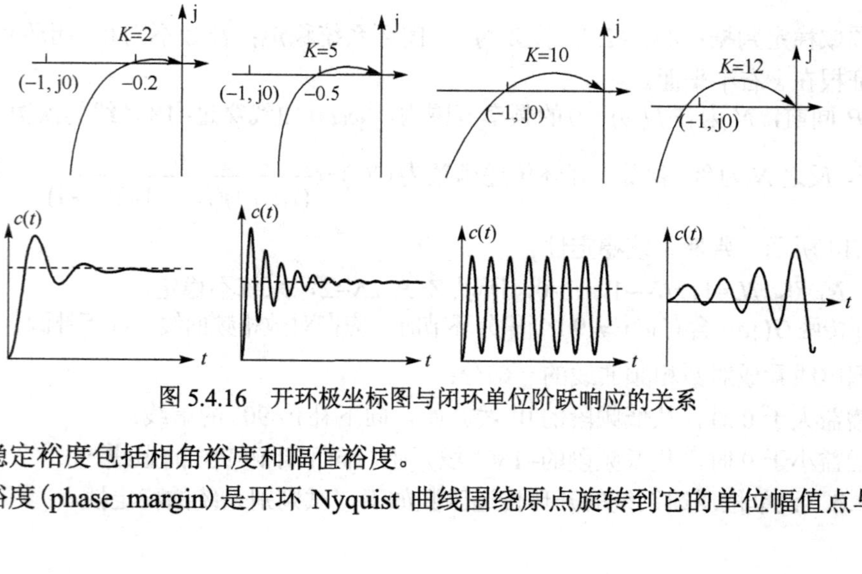

图 5.4.16 开环极坐标图与闭环单位阶跃响应的关系

频域稳定裕度包括相角裕度和幅值裕度。

相角裕度(phase margin)是开环 Nyquist 曲线围绕原点旋转到它的单位幅值点与(−1,0)点重合所需要的相位滞后量，这种相角滞后量将会导致系统由稳定变成临界稳定，如图 5.4.17 和图 5.4.18 所示。

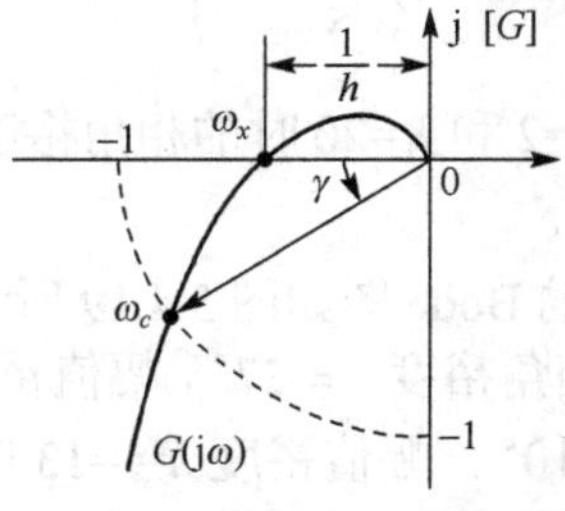

图 5.4.17　开环极坐标图与稳定裕度

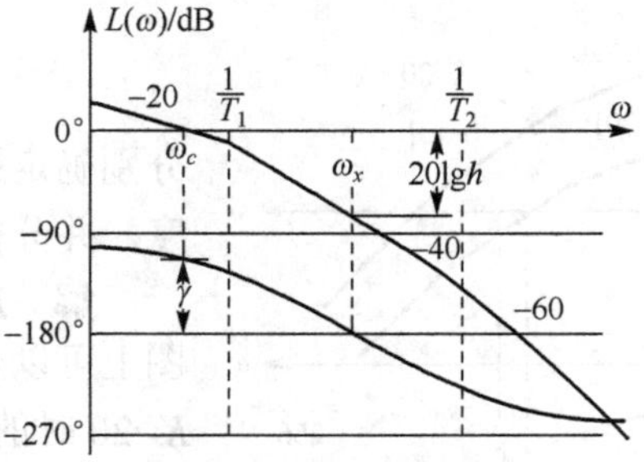

图 5.4.18　开环 Bode 图与稳定裕度

具体定义为：在开环截止频率 ω_c 上，系统由稳定达到临界稳定状态所需增加的相角滞后量，称为相角裕度，以 γ 表示：

$$\gamma = 180^\circ + \varphi(\omega_c) = 180^\circ + \angle G(\mathrm{j}\omega_c)H(\mathrm{j}\omega_c)$$

截止频率 ω_c 可以直接从 Bode 图上近似得到，也可令开环幅频特性 $A(\omega)=1$ 计算得到。

幅值裕度 (gain margin) 是指增益的容许放大倍数，当增益按照增益裕度增大后，将会导致系统由稳定变成临界稳定，如图 5.4.17 和图 5.4.18 所示。

其定义为：使 $|G(\mathrm{j}\omega_x)H(\mathrm{j}\omega_x)|=1$ 所应增大的开环增益倍数，称为幅值裕度，以 h 表示：

$$h = \frac{1}{|G(\mathrm{j}\omega_x)H(\mathrm{j}\omega_x)|}$$

或

$$20\lg h = -20\lg|G(\mathrm{j}\omega_x)H(\mathrm{j}\omega_x)| \quad (\mathrm{dB})$$

其中，对应 $\angle G(\mathrm{j}\omega_x)H(\mathrm{j}\omega_x) = -180^\circ$ 的频率称为相角交界频率。相角交界频率 ω_x 可以直接从 Bode 图上近似得到，也可令开环相频特性 $\varphi(\omega) = -180^\circ$ 计算得到。

以最小相角系统为例说明。

γ, h 表示系统在相角和幅值方面的稳定储备量。

$\gamma > 0$ 表明 Nyquist 曲线未包围 $(-1, \mathrm{j}0)$ 点，系统稳定；

$\gamma < 0$ 表明 Nyquist 曲线包围了 $(-1, \mathrm{j}0)$ 点，系统不稳定；

$\gamma = 0$ 表示 Nyquist 曲线正通过 $(-1, \mathrm{j}0)$ 点，系统临界稳定；

$h(\mathrm{d}B) > 0$ 表明 $L(\omega_x)$ 为负值，系统稳定；

$h(\mathrm{d}B) < 0$ 表明 $L(\omega_x)$ 为正值，系统不稳定；

$h(\mathrm{d}B) = 0$ 表明 $L(\omega_x)$ 为零，系统临界稳定。

显然，一阶系统和二阶系统最小相角系统的相角裕度总是大于 0，而幅值裕度 $h=\infty$，系统总是稳定的。

复域稳定裕度与频域稳定裕度的比较见表 5.4.2。

表 5.4.2　复域稳定裕度与频域稳定裕度的比较

	稳定边界	稳定裕度
复域	虚轴	s 左半平面闭环极点到虚轴距离
频域	$(-1, \mathrm{j}0)$	到 $(-1, \mathrm{j}0)$ 的距离

例 5.4.7 已知某控制系统的开环传递函数为

$$G(s)=\frac{K}{s(s+1)\left(\dfrac{1}{5}s+1\right)}$$

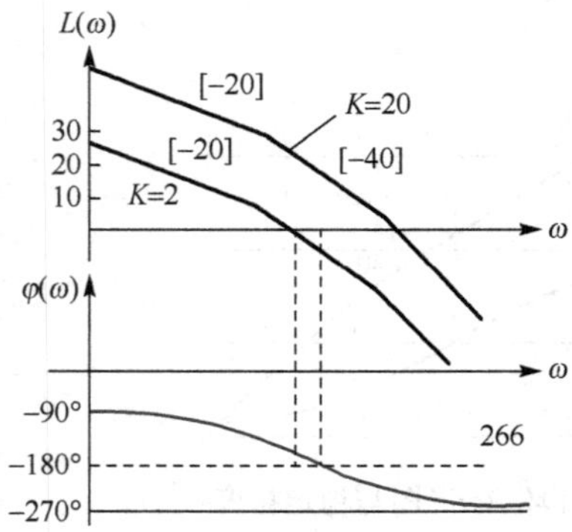

图 5.4.19 例 5.4.7 系统的 Bode 图

分别确定系统开环增益 K=2 和 K=20 时的相角裕度和幅值裕度，并分析系统的稳定性。

解 K=2 和 K=20 时的 Bode 图如图 5.4.19 所示。从 Bode 图上可以查到 K=2 时的相角裕度 $\gamma=27^\circ$，幅值裕度 h=8dB；K=20 时的相角裕度 $\gamma=-10^\circ$，幅值裕度 h= −13dB。所以，K=2 时系统稳定，K=20 时系统不稳定。

也可以用解析法来确定系统相角裕度与幅值裕度。

当 K=2 时的相角裕度 γ。先求截止频率 ω_c，令 $|G(\mathrm{j}\omega_c)H(\mathrm{j}\omega_c)|=1$，$\left|\dfrac{2}{\mathrm{j}\omega_c(\mathrm{j}\omega_c+1)\left(\dfrac{1}{5}\mathrm{j}\omega_c+1\right)}\right|=1$，得 $\omega_c=1.2247$。把 $\omega_c=1.2247$ 代入相角裕度 $\gamma=180+\varphi(\omega_c)=180^\circ-90^\circ-\arctan\omega_c-\arctan\dfrac{\omega_c}{5}$ 后，得 $\gamma=25.47^\circ$。

当 K=2 时的幅值裕度 h(dB)。先求交界频率 ω_x，令 $\varphi(\omega_x)=-90^\circ-\arctan\omega_x-\arctan\dfrac{\omega_x}{5}=-180^\circ$，得 $\omega_x=\sqrt{5}$。把 ω_x 代入 $20\lg h=-20\lg|G(\mathrm{j}\omega_x)H(\mathrm{j}\omega_x)|$ 后，得 $20\lg h=9.54\text{dB}$。

可以看出，计算与直接读图所得到的相角裕度与幅值裕度有误差，计算更为精确，但工程上更倾向于直接从图上查得。

当 K=20 时的相角裕度 γ。先求截止频率 ω_c，令 $|G(\mathrm{j}\omega_c)H(\mathrm{j}\omega_c)|=1$，$\left|\dfrac{20}{\mathrm{j}\omega_c(\mathrm{j}\omega_c+1)\left(\dfrac{1}{5}\mathrm{j}\omega_c+1\right)}\right|=1$，得 $\omega_c=3.9$。把 $\omega_c=3.9$ 代入相角裕度 $\gamma=180^\circ+\varphi(\omega_c)=180^\circ-90^\circ-\arctan\omega_c-\arctan\dfrac{\omega_c}{5}$ 后，得 $\gamma=-23.6^\circ$。

当 K=20 时的幅值裕度 h(dB)。交界频率 ω_x 与开环增益 K 无关，仍 $\omega_x=\sqrt{5}=2.236$。把 ω_x 代入 $20\lg h=-20\lg|G(\mathrm{j}\omega_x)H(\mathrm{j}\omega_x)|$ 后，得 $20\lg h=-10.5\text{dB}$，系统不稳定。

5.5 频域性能指标

如何把给定的一组时域性能指标转换为相应的频域性能指标，以便方便地在频域里进行控制系统的设计，即时域性能指标与频域性能指标是否有对应的关系？对于二阶系统，其时域性能指标与频域性能指标存在着准确的对应关系。

频域指标。闭环指标包括谐振频率 ω_r (resonant frequency)，谐振峰值 M_r (resonant peak)；开环指标包括相角裕量 γ，开环增益 K。

考虑典型的二阶系统，其闭环传递函数为 $\Phi(s)=\dfrac{\omega_n^2}{s^2+2\zeta\omega_n s+\omega_n^2}$，谐振频率为 $\omega_r=$

$\omega_n\sqrt{1-2\zeta^2}$，对应的谐振峰值为$M_r = M(\omega_r) = \dfrac{1}{2\xi\sqrt{1-\zeta^2}}$，带宽$\omega_b$。阻尼比越小，谐振峰值$M_r$越大。而在时域，阻尼比越小，超调量越大。在频域里，谐振频率、谐振峰值以及带宽(bandwidth)成为频域的主要性能指标。

根据超调量$\sigma\% = \mathrm{e}^{-\pi\zeta/\sqrt{1-\zeta^2}}$，可得

$$\sigma\% = \exp\left(-\pi\sqrt{\frac{M_r - \sqrt{M_r^2 - 1}}{M_r + \sqrt{M_r^2 - 1}}}\right)\cdot 100\% \tag{5.5.1}$$

M_r与ζ的关系曲线以及σ与ζ的关系曲线分别如图 5.5.1 所示。由此可以看出，在时域里σ大，反映在频域里M_r也大，反之亦然。因此，M_r是反映系统振荡程度的频域指标。通常对频域性能指标的要求为$M_r < 1.5$。

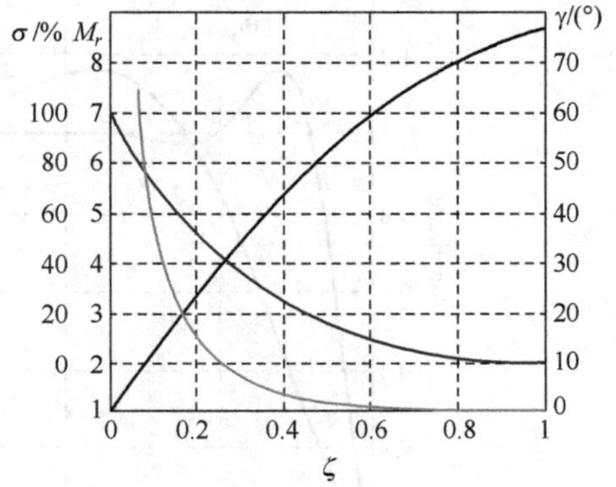

图 5.5.1　闭环系统的谐振峰值和超调量与阻尼比的关系

带宽ω_b是系统的另一个重要频域指标，定义为在闭环对数幅频特性$20\lg|\Phi(\mathrm{j}\omega)|$上，幅值增益从低频增益下降到 3db 时所对应的频率；或在幅频特性曲线$M(\omega) = |\Phi(\mathrm{j}\omega)|$上，幅值增益从低频增益下降到其 0.707 时所对应的频率。频率从 0 到ω_b的频率范围称为系统的带宽。带宽ω_b的大小，反映了系统的快速性和复现输入信号的能力。针对典型二阶系统，令$|\Phi(\mathrm{j}\omega)| = 0.707$，即可得到其带宽频率

$$\omega_b = \omega_n\sqrt{1-2\zeta^2+\sqrt{2-4\zeta^2+4\zeta^4}} \tag{5.5.2}$$

显然当ω_n不变时，阻尼比ζ越小，带宽ω_b越大，系统阶跃响应的速度越快。当阻尼比ζ不变时，ω_n越大，带宽ω_b越大，系统阶跃响应的速度越快。

例 5.5.1　考虑两个闭环系统的传递函数分别为

$$S_1:\ \Phi_1(s) = \frac{100}{s^2+10s+100}$$

$$S_2:\ \Phi_2(s) = \frac{900}{s^2+30s+900}$$

(1)用 Matlab 分别绘制两个闭环系统的 Bode 图，并从图上确定它们的带宽ω_b；

(2)用 Matlab 分别绘制两个闭环系统的单位阶跃响应，并分析带宽对系统动态性能的影响。

解　两个闭环系统的阻尼比相同：$\zeta = 0.5$，$\omega_{n1} = 10$，$\omega_{n2} = 30$，由公式(5.5.2)可知$\omega_{b2} > \omega_{b1}$，由图 5.5.2 也看出$\omega_{b2} > \omega_{b1}$。从时域响应可看出，系统$S_2$的阶跃响应过渡时间短，比系统$S_1$响应速度快些。

若仅从响应速度方面考虑，ω_b越大越好；但ω_b大也容易使系统引入高频噪声。因此，对带宽的要求往往是矛盾的，设计系统时要折中考虑。

一般人的音频范围为$f_0: 0\sim 20\mathrm{Hz}$。若扬声器的功率放大器有如图 5.5.3 所示的闭环幅频

特性，$M(\omega)$ 就比较理想。只允许用音频信号 $r(t)$ 通过，对于高于 20Hz 的噪声信号 $n(t)$ 进行衰减，图中，$R(\mathrm{j}\omega)$ 与 $N(\mathrm{j}\omega)$ 分别是 $r(t)$ 与 $n(t)$ 的傅里叶变换。

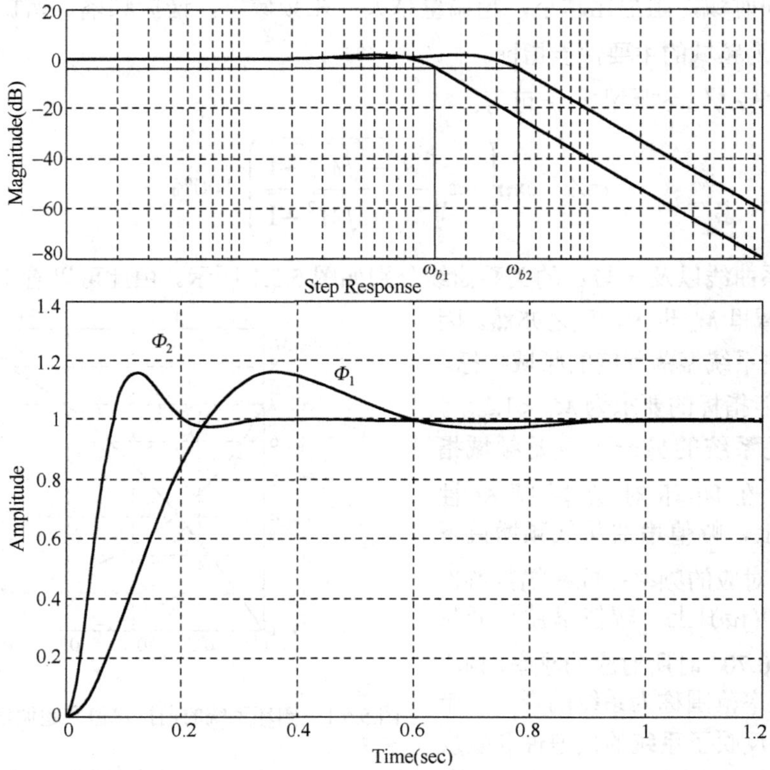

图 5.5.2　Bode 图以及对应的阶跃响应

在图 5.5.4 中，假设功率放大器的输入信号频率 $\omega_2 > \omega_1$，则接在放大器输出端的示波器上几乎看不到波形显示。

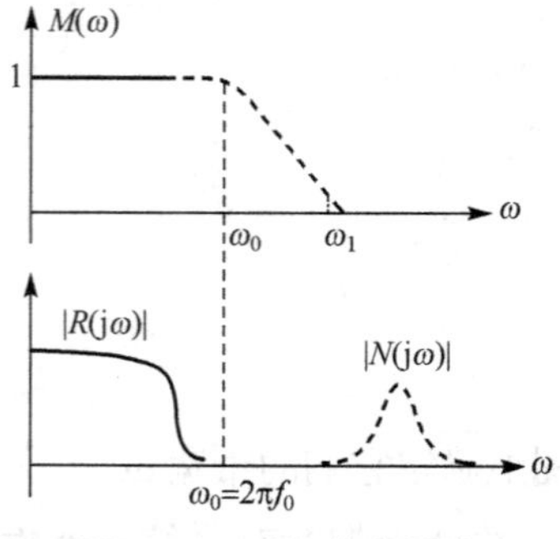

图 5.5.3　系统带宽的确定

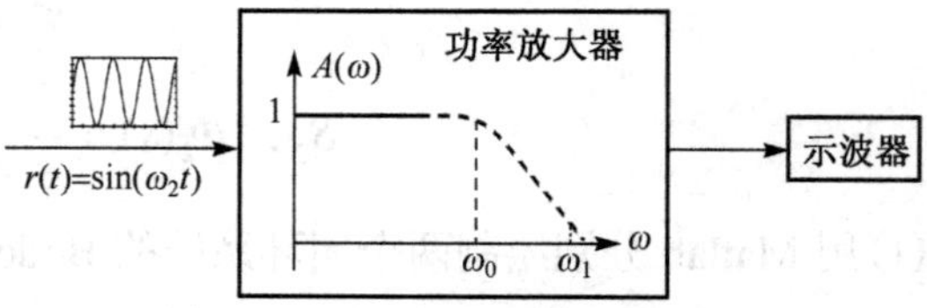

图 5.5.4　系统带宽的解释

开环频域指标。相角裕量γ与开环增益 K 为

$$G(\mathrm{j}\omega)=\frac{\omega_n^2}{\mathrm{j}\omega(\mathrm{j}\omega+2\zeta\omega_n)}=\frac{\omega_n^2}{\omega\sqrt{\omega^2+4\zeta^2\omega_n^2}}\angle-\arctan\frac{\omega}{2\zeta\omega_n}-90^\circ$$

$$|G(\mathrm{j}\omega_c)|=\frac{\omega_n^2}{\omega\sqrt{\omega^2+4\zeta^2\omega_n^2}}=1 \tag{5.5.3}$$

$$\omega_c = \omega_n(\sqrt{4\zeta^2+1}-2\zeta^2)^{\frac{1}{2}}$$

$$\begin{aligned}\gamma &= 180^\circ + \angle G(\mathrm{j}\omega_c) = 90^\circ - \arctan\frac{\omega_c}{2\zeta\omega_n} \\ &= \arctan\frac{2\zeta\omega_n}{\omega_c} = \arctan\left[2\zeta\left(\frac{1}{\sqrt{4\zeta^2+1}-2\zeta^2}\right)^{\frac{1}{2}}\right]\end{aligned} \tag{5.5.4}$$

γ，$\sigma\%$ 与 ζ 之间的关系如表 5.5.1 所示，对应数据如表 5.5.1 所示。

表 5.5.1　γ，$\sigma\%$与ζ之间的关系

γ/(°)	0	11.42	22.60	33.25	43.10	51.80	59.20	65.5	69.86	73.5
$\sigma\%$	100	72.9	52.7	37.2	25.3	16.3	9.5	4.32	1.5	0.15
ζ	0	0.1	0.2	0.3	0.4	0.5	0.6	0.7	0.8	0.9

例 5.5.2　汽车速度闭环控制系统如图 5.5.5(a)所示，控制器是通过仪器仪表或微型计算机实现，所以称为汽车自动驾驶仪。开环时汽车运动方程在例 2.1.4 已经给出，即 $\dot{v}+\frac{b}{m}v=\frac{1}{m}u$，或开环传递函数为 $G(s)=\frac{V(s)}{U(s)}=\frac{1}{ms+b}$，若采用如图 5.5.5(b)所示闭环控制系统结构(忽略发动机的动态特性，并将其增益合并到比例控制系数中)。

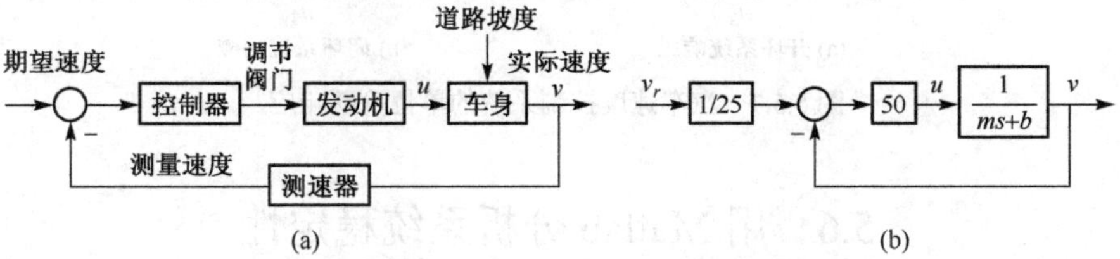

图 5.5.5　汽车速度闭环控制系统的框图与结构图

(1) 试分别绘制开环系统与闭环系统的 Bode 图，并比较两种情况下的带宽 ω_b，以说明闭环控制能提高系统的带宽。

(2) 用 Matlab 分别给出对应的单位阶跃响应，比较两种情况下的启动时间，并分析带宽 ω_b 对启动时间的影响($v_r(t)=10\text{m/s}$)。

解　$m=1000\text{kg}$，$b=50\text{N}\cdot\text{s/m}$

(1) 开环传递函数为 $G(s)=\frac{1/50}{20s+1}$，闭环传递函数 $\Phi(s)=\frac{1/50}{10s+1}$，在 Matlab 环境下分别运行 bode(0.02,[20 1])，bode(0.02,[10 1])，得到两种情况下的 Bode 图如图 5.5.6 所示。显然，闭环后，系统的带宽变大，能提高系统的快速性。

(2) 系统开环和闭环两种情况下的阶跃响应如图 5.5.7 所示。开环系统的调节时间或汽车启动时间约为 80s，闭环系统的汽车启动时间约为 40s。启动时间大为减少，这也从时域验证了带宽能提高系统的快速性。

如果要求在 10s 内速度从 0 加速到 100km/h，根据 $V=at$，可以计算得到所需要的加速度为 2.778m/s^2，如果汽车的质量为 1t，根据 $F=ma$，计算得到需要的平均驱动力为 2778N，考虑阻力(1000N)的影响，实际驱动力应是 3778N。

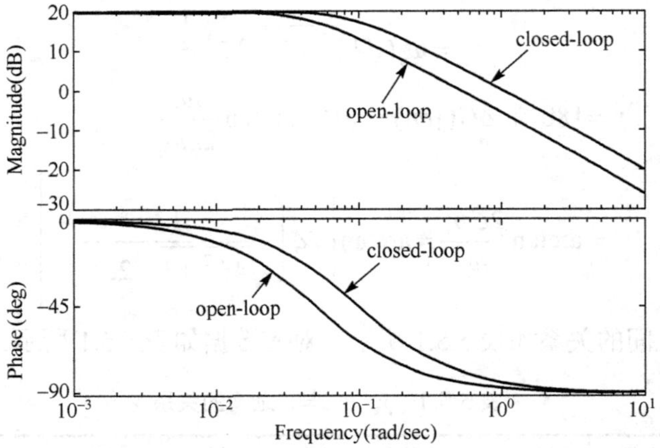

图 5.5.6　汽车速度控制系统的开环及闭环 Bode 图

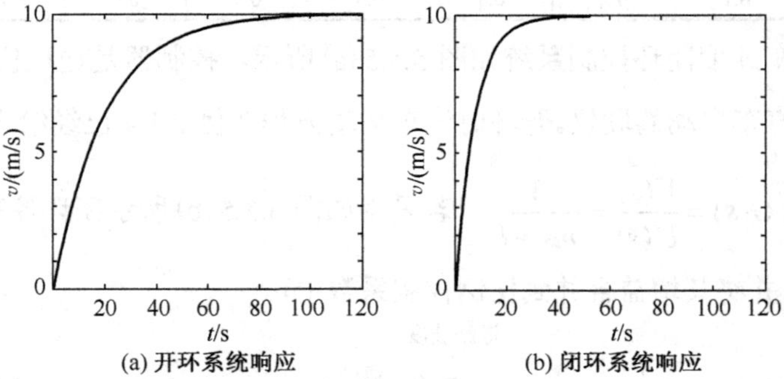

图 5.5.7　汽车速度控制系统的单位阶跃响应

5.6　用 Matlab 分析系统稳定性

例 5.6.1　已知某单位负反馈系统的开环传递函数为

$$G(s)=\frac{0.5(\tau s+1)}{s^2(Ts+1)}$$

分析系统的稳定性以及动态性能与τ,T之间的关系。

解　$A(\omega)=\dfrac{0.5\sqrt{(\tau\omega)^2+1}}{\omega^2\sqrt{(T\omega)^2+1}}$

$\varphi(\omega)=-180^\circ+\arctan(\tau\omega)-\arctan(T\omega)$

显然当$\tau<T$时，开环极坐标图位于第三象限，系统不稳定；当$\tau>T$时，极坐标图位于第二象限，系统稳定，下面只讨论系统稳定时参数T,τ对系统动态性能的影响。

(1) $K=0.5,T=0.5,\tau=3T=1.5$

$$S_1:\qquad G(s)=\frac{0.5(1.5s+1)}{s^2(0.5s+1)}$$

(2) $K=0.5,T=0.5,\tau=6T=3$

$$S_2:\qquad G(s)=\frac{0.5(3s+1)}{s^2(0.5s+1)}$$

(3) $K=0.5, T=0.5, \tau=12T=6$

$$S_3: \qquad G(s)=\frac{0.5(6s+1)}{s^2(0.5s+1)}$$

利用 Matlab 工具箱得到系统在三种参数下的开环 Bode 图，如图 5.6.1 所示，以及单位阶跃响应如图 5.6.2 所示，其中 $h=\dfrac{\tau}{T}$。

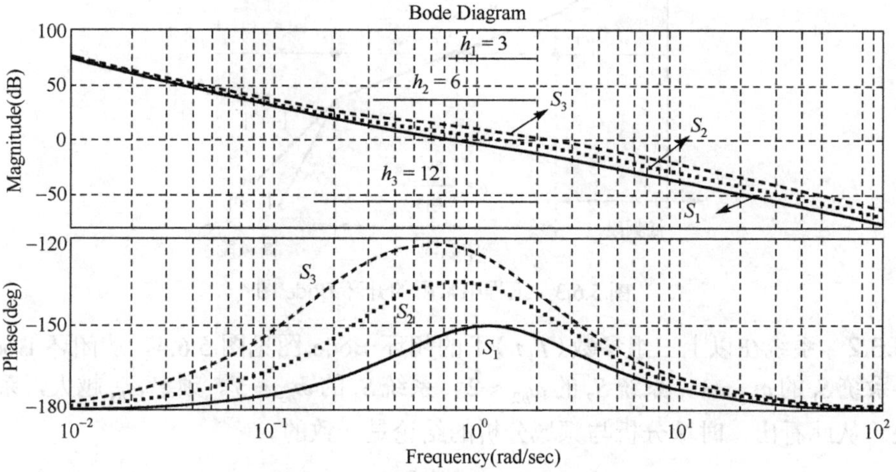

图 5.6.1 对应不同 h 时开环系统的 Bode 图(S_1:h=3,S_2:h=6,S_3:h=12)

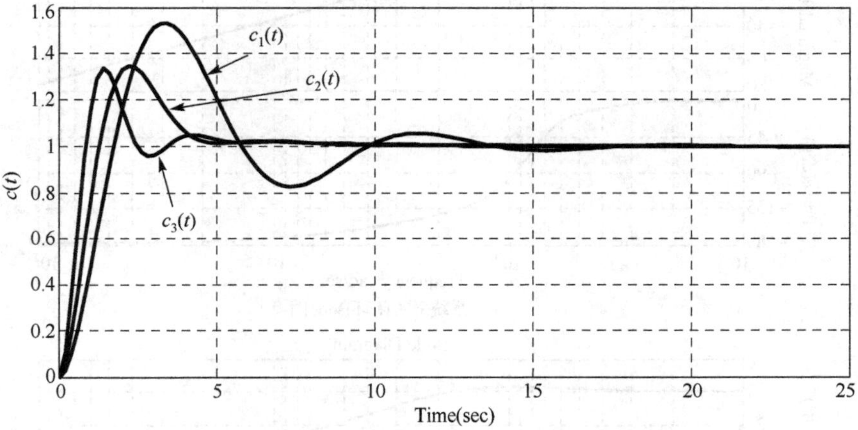

图 5.6.2 对应不同 h 的闭环系统的单位阶跃响应(S_1:h=3,S_2:h=6,S_3:h=12)

从图 5.6.2 看出，系统 S_3 调节时间小，超调量也小，其动态性能最好，S_1 的动态性能最差。$h=\dfrac{\tau}{T}=\dfrac{1/T}{1/\tau}=\dfrac{\omega_2}{\omega_1}$，其中 ω_1 是一阶微分环节的转折频率，ω_2 是惯性环节的转折频率，$\omega_1<\omega_2$。所以，h 也表示开环 Bode 图中频带(斜率为[−20])的宽度，如图 5.6.3 所示。h 越大，系统的动态性能越好，如系统 S_3 对应的 $h=12$，系统 S_2 对应的 $h=6$，系统 S_1 对应的 $h=3$。

在工程应用中，对于最小相角系统而言，一般将开环系统的 Bode 图设计为如图 5.6.3 的形式：低频斜率为[−40]，取得好的静态性能以及跟踪性能；中频段或截止频率 ω_c 处的斜率为

[−20]，确保系统的稳定性以及系统的动态性能；高频斜率为[−40]或[−60]，抑制高频噪声。当 $L(\omega)$ 在截止频率 ω_c 处的斜率为[−40]时，系统可能稳定，也可能不稳定；当 $L(\omega)$ 在截止频率 ω_c 处的斜率为[−60]时，系统则肯定不稳定。

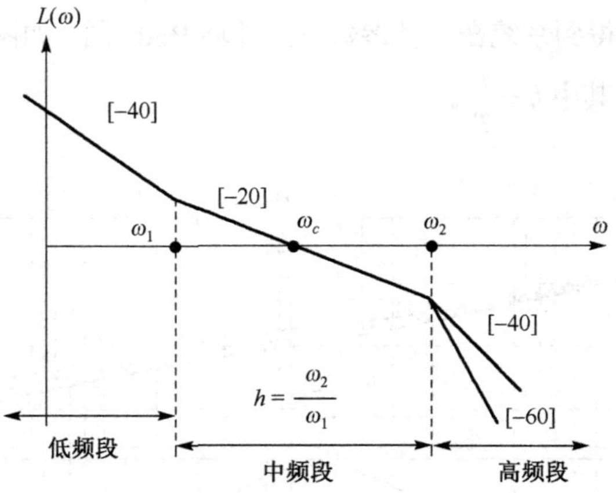

图 5.6.3　工程中常用的开环 Bode 图

例 5.6.2　系统在以上三组参数(T,τ)下的闭环 Bode 图见图 5.6.4。从闭环 Bode 图上可以看出：系统 S_1 的 $\omega_{b1}\approx 1$，系统 S_2 的 $\omega_{b2}\approx 2$，系统 S_3 的 $\omega_{b3}\approx 3$。频率 ω_{b3} 越大，系统的响应速度越快。从此看出，时域分析与频域分析的结论是一致的。

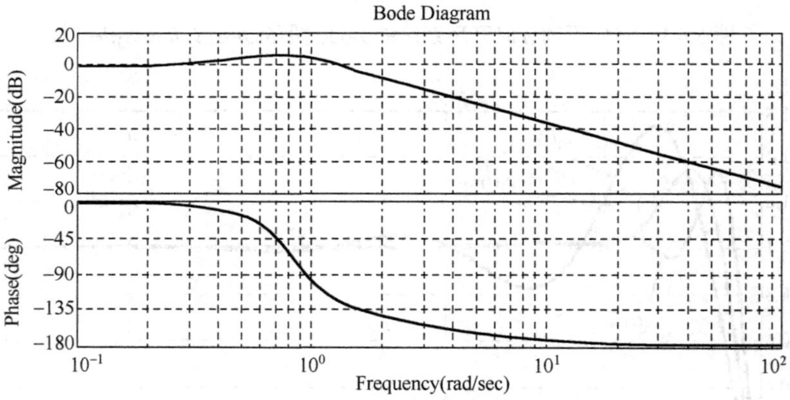

(a) 系统S_1的闭环Bode图

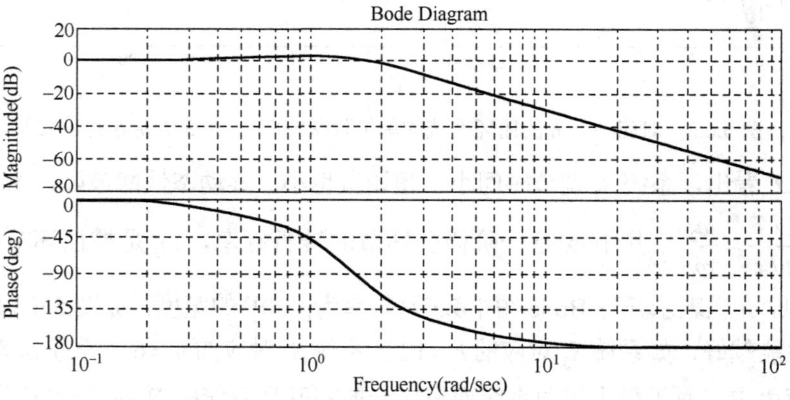

(b) 系统S_2的闭环Bode图

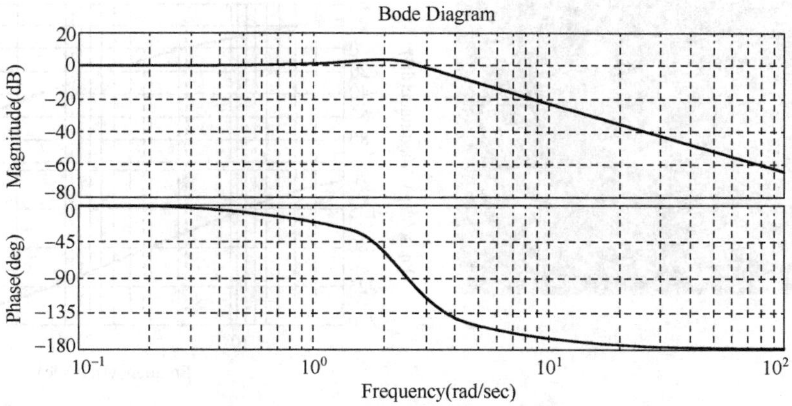

(c) 系统S_3的闭环Bode图

图 5.6.4　三种参数情况下的闭环 Bode 图

本例的部分 Matlab 程序为

```
n1=[0.5*1.5 0.5];d1=[0.5 1 0 0];
n2=[0.5*3 0.5];d2=[0.5 1 0 0];
n3=[0.5*6 0.5];d3=[0.5 1 0 0];
sys1=tf(n1,d1);
sys2=tf(n2,d2);
sys3=tf(n3,d3);
figure(1)
bode(sys1,'r',sys2,'b',sys3,'m') % open-loop system Bode of S1,S2,S3
grid
t=0:0.1:25;
c1=step(n1,[0.5 1 0.75 0.5],t);
c2=step(n2,[0.5 1 1.5 0.5],t);
c3=step(n3,[0.5 1 3 0.5],t);
figure(2)
plot(t,c1,t,c2,t,c3) % step responses of closed-loop system S1,S2,S3
grid
```

例 5.6.3　图 5.6.5 给出的大型天线可以用来接收卫星信号。为了能跟踪卫星的运动，必须保证天线的准确定向，天线指向控制系统采用电枢控制电机驱动天线。某天线指向系统的开环传递函数为$G(s)=\dfrac{K}{s(s+1)(0.1s+1)}$，利用 Matlab 绘 $K=4$ 时的 Bode 图，给出系统的稳定裕度。

解　运行程序为

```
num=[4];
den=[0.1 1.1 1 0];
bode(num,den)
```

运行后得到系统的开环 Bode 图如图 5.6.5 所示。

从 bode 图中近似确定 $\omega_c \approx 2, \gamma \approx 17^\circ, \omega_x \approx 3, h \approx 8\text{dB}$，或运行程序：

```
[Gm,P,Wx,Wc]=margin(4,[0.1 1.1 1 0])
```

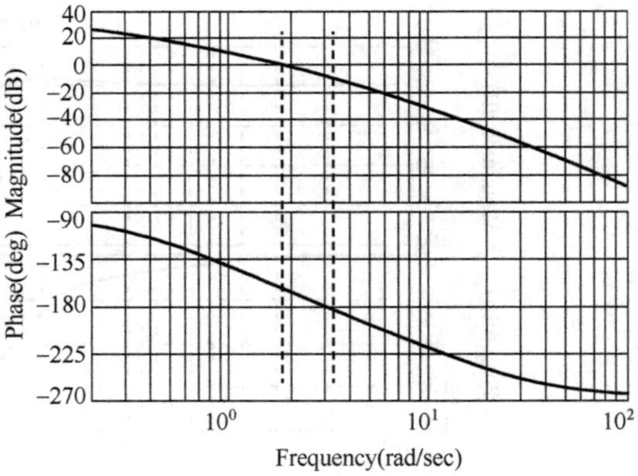

图 5.6.5　某天线指向系统及其开环 Bode 图

运行结果：

```
Gm=2.7500,P=17.7051,Wx=3.1623,Wc=1.8612
```

再运行：

```
20*log10(2.75)=8.7dB
```

所以，幅值裕度为 $h=8.7\text{dB},\gamma=17.7^\circ,\omega_x=3.123,\omega_c=1.82$ 。

注：关于语句 margin 的语法如下：

```
help margin
MARGIN  Gain and phase margins and crossover frequencies.
[Gm,Pm,Wcg,Wcp] = MARGIN(SYS) computes the gain margin Gm, the phase margin
Pm, and the associated frequencies Wcg and Wcp, for the SISO open-loop model SYS.
The gain margin Gm is defined as 1/G where G is the gain at the -180 phase
crossing.  The phase margin Pm is in degrees.
The gain margin in dB is derived by Gm_dB = 20*log10(Gm)
```

5.7　校正补偿及设计

就像在前几章所讨论过的，当比例控制无法得到满意的系统性能时，需要加入动态补偿环节，以提高系统的稳定性和稳态特性。比例-积分控制(PI)、比例-微分控制(PD)、超前补偿、滞后补偿是常用的控制方式。

5.7.1　典型补偿环节

1. PD 补偿(比例-微分补偿)

在介绍 PD 补偿以前，先分析 PD 环节的频率特性。

PD 补偿器的传递函数为 $G_c(s)=1+Ts$ ，Bode 图在低频时，$L(\omega)=0$ (广义放大倍数是 1)，$\varphi(\omega)=0^\circ$ ；在高频时，$L(\omega)$ 和 $\varphi(\omega)$ 随着频率的增大而增大，$\omega=\infty$时 $\varphi(\omega)=90^\circ$ ，其 Bode 图如图 5.7.1 所示。PD 补偿所产生的相角超前对系统的稳定性非常有利，但高频时的幅值增大是所不期望的，因为它对真实系统存在的高频噪声具有放大作用。

2. PI 补偿(比例-积分补偿)

PI 补偿器的传递函数为 $G_c(s)=1+\dfrac{1}{s}$，Bode 图如图 5.7.2 所示。在低频时，$L(\omega)$ 的斜率为[−20]，$\varphi(\omega)=-90^\circ$；在高频时，$L(\omega)$ 的斜率为[0]。对所有的频率，相角总是负的，具有滞后特性。低频段的高分贝值对减小或者消除稳态误差有利。

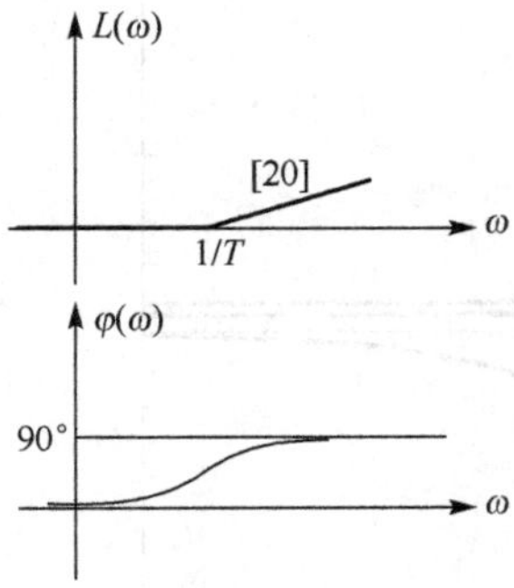

图 5.7.1　PD 的频率特性

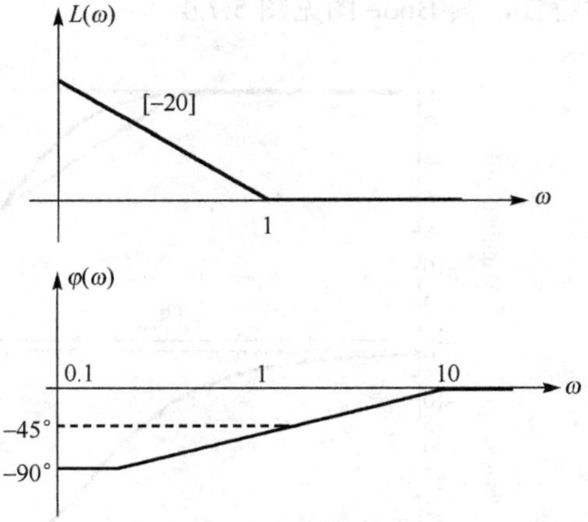

图 5.7.2　PI 的频率特性

3. 超前补偿(lead compensation)

相对于 PD 补偿，超前补偿既具有 PD 补偿所产生的相角超前作用，又克服了高频时 $L(\omega)$ 的斜率为[+20]对系统产生的不利影响。

超前补偿的传递函数为 $G(s)=\dfrac{\alpha Ts+1}{Ts+1}$，$\alpha>1$。

其 Bode 图已经介绍过，为方便起见，仍给出其 Bode 图，见图 5.7.3。在整个频率范围内 $\varphi(\omega)$ 总是大于零，即具有超前特性，而高频范围内 $L(\omega)$ 的斜率为[0]，即增益为常数，可以通过改变其他环节的放大倍数来满足必要的性能。

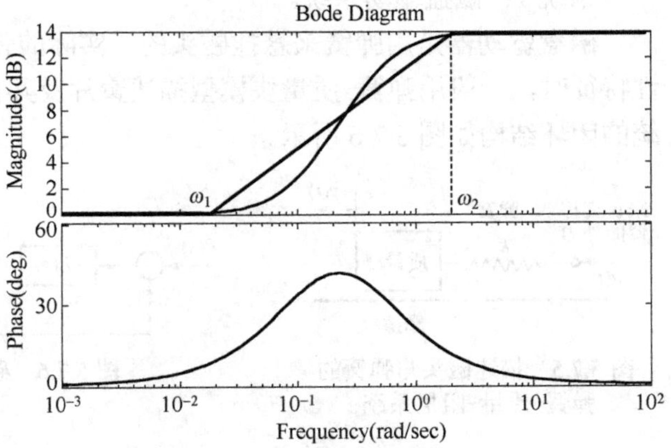

图 5.7.3　超前补偿的频率特性

$$\varphi(\omega)=\arctan(\alpha T\omega)-\arctan(T\omega)$$

$\varphi(\omega)$ 的最大值为

$$\omega_m=\frac{1}{T\sqrt{\alpha}}=\sqrt{\frac{1}{T}\cdot\frac{1}{\alpha T}}$$

式中，$\dfrac{1}{\alpha T}$ 和 $\dfrac{1}{T}$ 分别为两个环节的转折频率，即 $\omega_1=\dfrac{1}{\alpha T}$ 和 $\omega_2=\dfrac{1}{T}$。

$\omega_m=\sqrt{\omega_1\cdot\omega_2}$ 为两个交接频率的几何中心，相角的最大超前量为

$$\varphi_m=\varphi(\omega_m)=\mathrm{ar}\sin\frac{\alpha-1}{\alpha+1}$$

上式表明超前环节提供的最大相角 φ_m 仅与 α 有关，α 越大，超前量越大。在 ω_m 处对应的分贝值 $L(\omega_m)=20\lg|G_c(\mathrm{j}\omega_m)|=10\lg\alpha$。

4. 滞后补偿(lag compensation)

滞后补偿的传递函数　$G(s)=\dfrac{\alpha Ts+1}{Ts+1}(\alpha<1)$。在整个频率范围内 $\varphi(\omega)$ 总是小于零，即具有滞后特性，其 Bode 图见图 5.7.4。

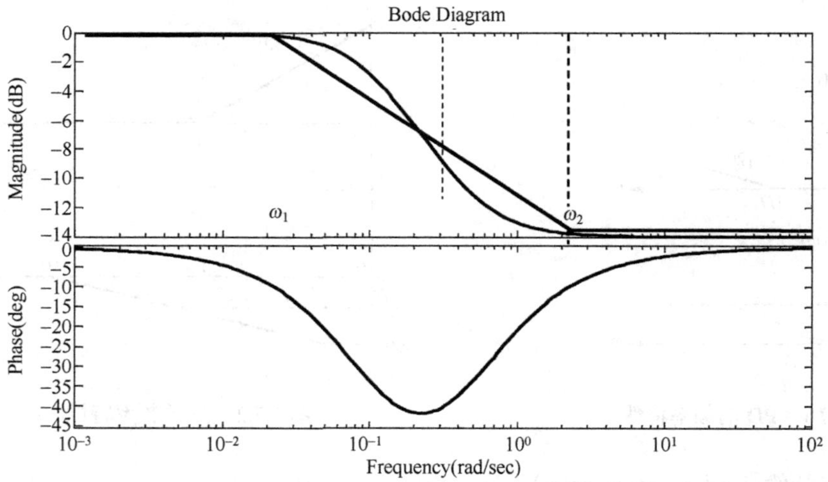

图 5.7.4　滞后补偿的频率特性

5.7.2　补偿设计实例

系统 1：磁盘驱动系统。

磁盘驱动器是用弹簧来悬挂磁头的，实际的弹簧片并不是刚性的，当考虑到弹簧片的弹性特征时，一般用弹簧-质量块模型描述簧片及其负载，如图 5.7.5 所示。这时的磁盘驱动系统的闭环结构如图 5.7.6 所示。

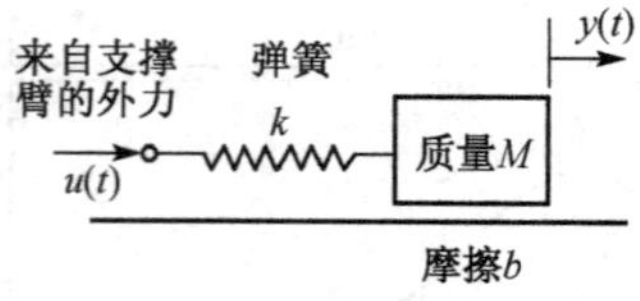

图 5.7.5　描述磁头与弹簧的弹簧-质量-阻尼系统

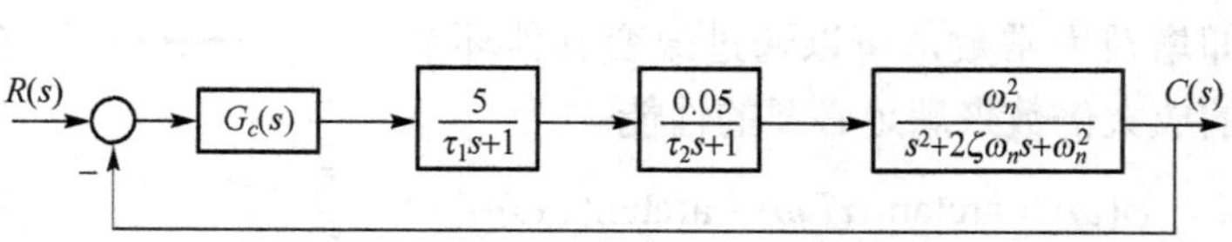

图 5.7.6　磁头与弹簧的弹簧-质量-阻尼系统的结构图

其中，$\tau_1=10^{-3}\,\mathrm{s}$，$\tau_2=0.05\mathrm{s}$，$\zeta=0.3$，$\omega_n=18.84\times10^3$，$G_c(s)$ 代表控制器；$G_1(s)=\dfrac{5}{\tau_1 s+1}$ 是电机线圈的数学模型，$G_2(s)=\dfrac{0.05}{\tau_2 s+1}$ 是支撑臂的数学模型，$G_3(s)=\dfrac{\omega_n^2}{s^2+2\zeta\omega_n s+\omega_n^2}$ 是磁头与簧片的数学模型。

若采用比例控制，比例系数为 K，即 $G_c(s)=K=400$，则系统的开环 Bode 图如图 5.7.7(a) 所示。从图中可以看出，对数幅频特性的低频斜率为 0，高频斜率为[−80]，截至频率 $\omega_c\approx1000$；

若采用比例积分控制，即$G_c(s)=K\left(1+\frac{1}{s}\right)=K\left(\frac{s+1}{s}\right)$，$K=400$，则系统的开环 Bode 图为图 5.7.7(b)所示，对数幅频特性的低频斜率为[−20]，高频斜率为[−80]，截至频率仍约为$\omega_c \approx 1000$。在$\omega > 100$的范围内，两种情况下的 Bode 图差别不大，原因可从图 5.7.2 中的$G_0(s)=\left(1+\frac{1}{s}\right)$Bode 图可看出，其对数幅频渐近线在$\omega > 1$是为 0dB，对数相频渐近线在$\omega = 1$时为$-45°$，$\omega = 10$时接近$0°$，所以对中、高频影响不大，只改变了低频特性，使系统的型别由 0 型(比例控制)变为 I 型(PI 控制)，从而改善了系统的稳态性能(第一种情况下$e_{ss} \neq 0$，第二种情况下$e_{ss}=0$)，而系统的快速性不受影响。两种情况下的阶跃响应曲线如图 5.7.8 所示，比例控制与 PI 控制的动态过程差别不大。当$t=0.02\text{s}$时，系统动态过程基本结束；而稳态误差有所区别，比例控制时$e_{ss} \neq 0$；PI 控制时，$e_{ss}=0$，如图 5.7.9 所示。

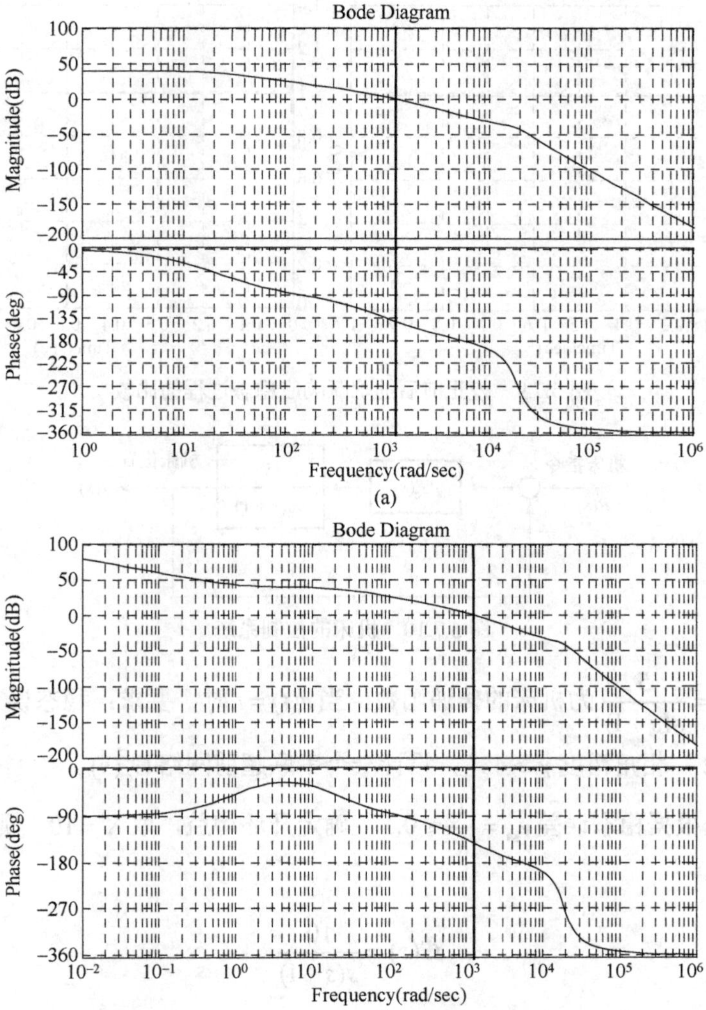

图 5.7.7　磁盘驱动系统校正前后的 Bode 图比较

系统 2：新设计的一种机床能够按照预期的路径运动，例如，它可以按照下面的运动规律运动：$r(t)=2-t+0.5t^2$。这种机床的控制系统如图 5.7.10 所示。

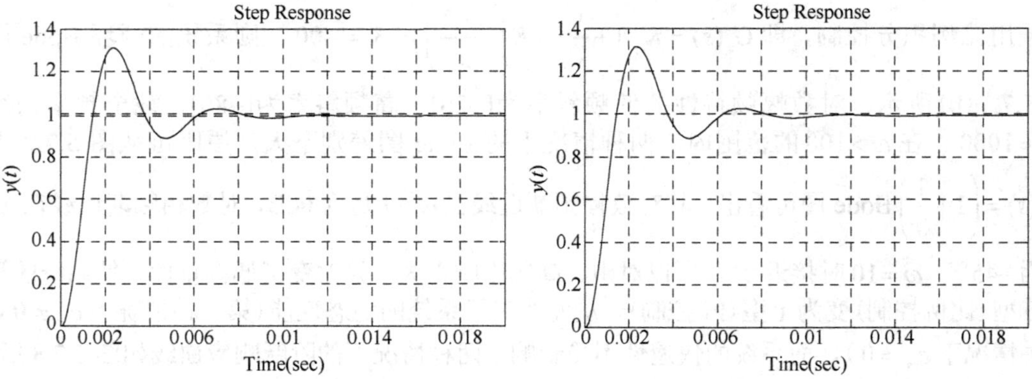

图 5.7.8　校正前后的阶跃响应动态过程的比较

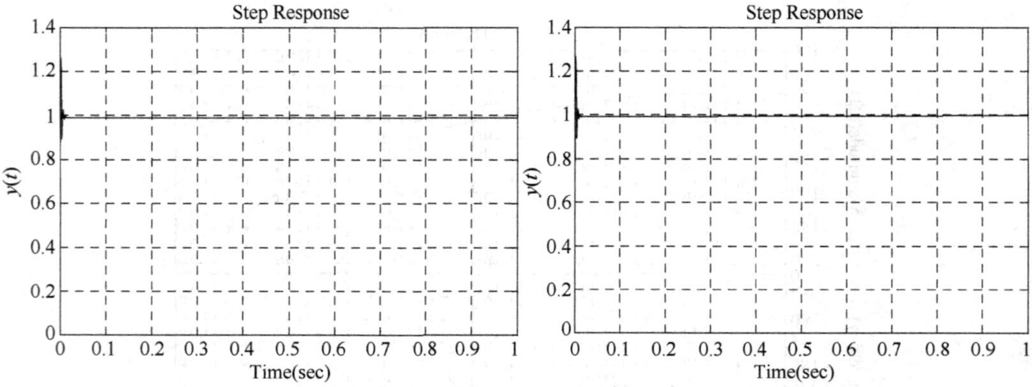

图 5.7.9　校正前后的阶跃响应稳态过程的比较

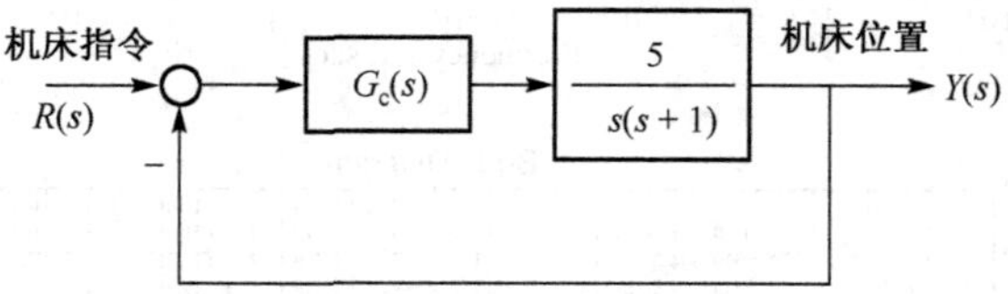

图 5.7.10　机床的控制系统

其中，$G(s)=\dfrac{5}{s(s+1)}$为机床的传递函数，当$r(t)=t$时，要求：稳态误差$e_{ss}\leqslant 0.1$，开环截止频率$\omega_c\geqslant 4.2$，相角裕度$\gamma\geqslant 45°$，设计一个串联超前网络$G_c(s)$。

解　(1)首先根据稳态误差$e_{ss}=\dfrac{1}{K}\leqslant 0.1$，确定开环增益，取$K=10$。则此时开环传递函数为

$$G(s)=\frac{10}{s(s+1)}$$

(2)根据$G(s)=\dfrac{10}{s(s+1)}$绘制的开环 Bode 图，如图 5.7.11 所示，由图可确定截止频率和相角裕度分别为

$$\omega_{c1}=3，\quad \gamma_1=18°$$

显然不满足指标 $\omega_c \geqslant 4.2$，相角裕度 $\gamma \geqslant 45^\circ$ 的要求。

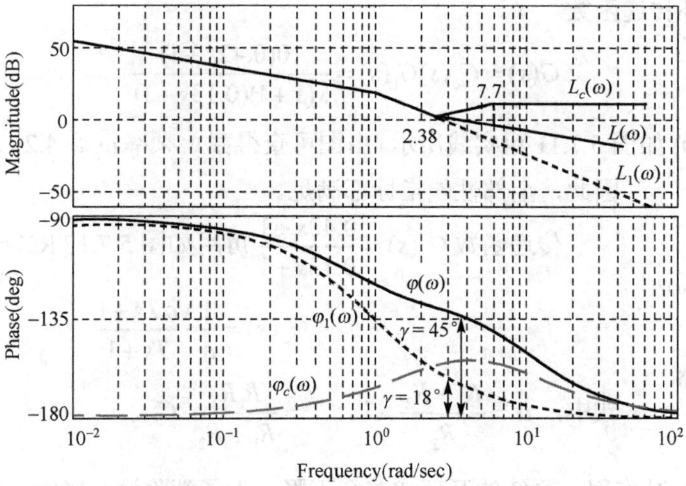

图 5.7.11　校正前后的 Bode 图

(3) 用串联超前网络校正。

用串联超前网络校正的本质，使在截止频率 $\omega_{c1} = 3$ 处 $\varphi_1(\omega)$ 曲线上叠加一个最大超前量 φ_m。理论上应

$$\varphi_m = \gamma - \gamma_1$$

但考虑到超前校正环节的 $L_c(\omega)$ 会引起新的截止频率 ω_c 增大，导致原系统的相角增大，所以应选择 $\varphi_m = \gamma - \gamma_1 + \Delta\gamma$，可取 $\Delta\gamma = 15^\circ \sim 20^\circ$，或更小些。一般可试取 $\Delta\gamma = 5^\circ$。本例，$\varphi_m = 45^\circ - 18^\circ + 5^\circ = 32^\circ$。

(4) 由 φ_m 确定 α。

由 $\varphi_m = \mathrm{arsin}\dfrac{\alpha - 1}{\alpha + 1}$，得 $\alpha = 3.2$。

(5) 确定校正后系统的截止频率 ω_c。

超前环节对应 φ_m 处的分贝值为

$$L(\omega_m) = 10\lg a = 10\lg 3.26 = 5.1\text{dB}$$

如果要求校正后系统的截止频率 $\omega_c = \omega_m$，则在频率 ω_c 处超前环节应把未校正为 −5.1dB 的幅值提高到 0dB。

由图 5.7.11 可查得 $\omega_c = 4.2$。

(6) 确定超前网络参数 T。

由 $\omega_m = \dfrac{1}{T\sqrt{\alpha}} = \sqrt{\dfrac{1}{T} \cdot \dfrac{1}{\alpha T}}$ 可知

$$T = \frac{1}{\omega_m \sqrt{\alpha}} = 0.13$$

所以

$$G_c(s) = \frac{0.42s + 1}{0.13s + 1}$$

(7) 校正后系统的性能指标的验证。

校正后的开环传递函数

$$G(s)=G_c(s)G_1(s)=\frac{10(0.42s+1)}{s(s+1)(0.13s+1)}$$

其中，$L(\omega)$ 和 $\varphi(\omega)$ 如图 5.7.11 粗实线所示。由图可查得截止频率 $\omega_c \geqslant 4.2$，相角裕度 $\gamma \geqslant 45^\circ$。因此，全部性能指标都满足。

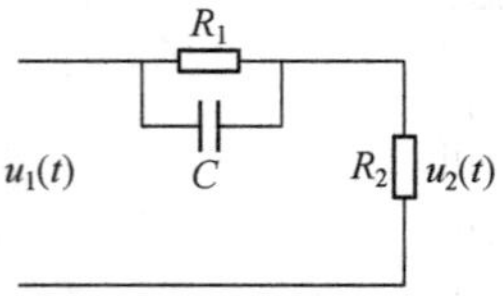

图 5.7.12　RC 电路

传递函数 $G_c(s)=\dfrac{0.42s+1}{0.13s+1}$ 可用如图 5.7.12 RC 电路实现。

$$G_c(s)=\frac{1}{\alpha}\cdot\frac{\alpha Ts+1}{Ts+1}$$

式中，$\alpha=\dfrac{R_1+R_2}{R_2}>1$，$T=\dfrac{R_1R_2}{R_1+R_2}\cdot C$。

考虑到 $\dfrac{1}{\alpha}$ 的衰减作用，系统的开环增益会下降，为了消除这一影响，应将开环增益再提高 α 倍。

校正前后两种情况下的单位阶跃响应和单位斜坡响应分别如图 5.7.13 和图 5.7.14 所示。

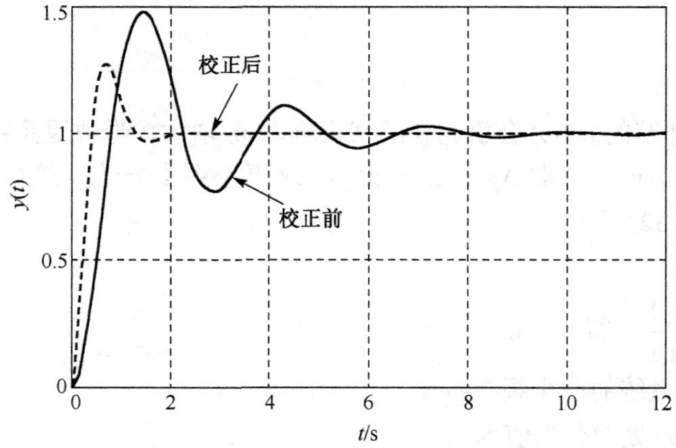

图 5.7.13　校正前后的单位阶跃响应

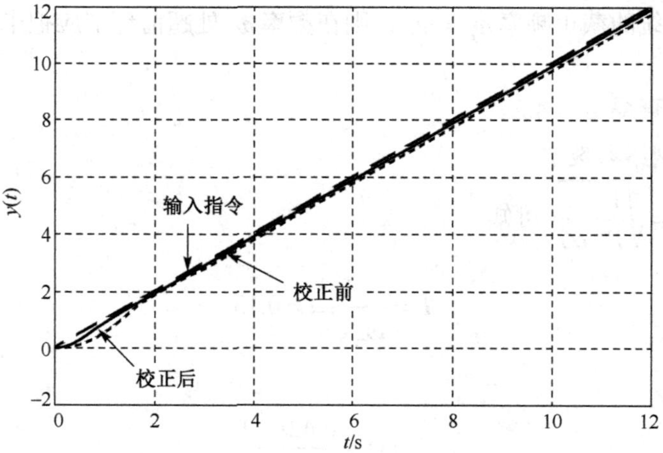

图 5.7.14　校正前后的单位斜坡响应

从阶跃响应曲线可以看出，校正后的系统调节过程变快，从斜坡响应曲线可以看出，校正后的系统位置跟踪误差变小，从而加工精度更高。

单位阶跃响应的运行程序：

```
step([5],[1 1 5])
step([4.2 10],[0.13 1.13 5.2 10])
```

单位斜坡响应的运行程序：

```
t=0:0.1:12;
u=t;
lsim(5,[1 1 5],u,t)
lsim([4.2 10],[0.13 1.13 5.2 10],u,t);
```

也可用 Simulink 求系统的阶跃响应和斜坡响应如图 5.7.13 和图 5.7.14 所示，Simulink 模型如图 5.7.15 和图 5.7.16 所示。

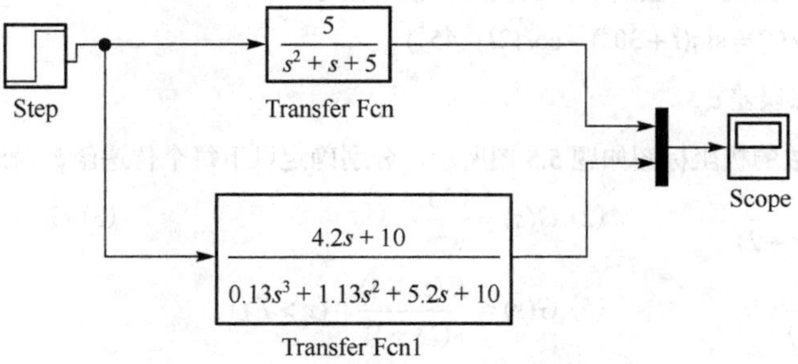

图 5.7.15　输入为单位阶跃函数的 Simulink 模型

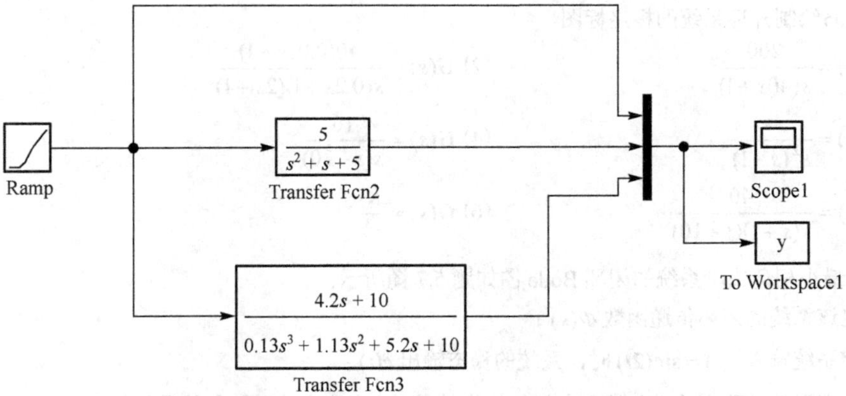

图 5.7.16　输入为单位斜坡函数的 Simulink 模型

其中，校正前的闭环传递函数为

$$\Phi_1(s)=\frac{5}{s^2+s+5}$$

校正后的闭环传递函数为

$$\Phi_2(s)=\frac{4.2s+10}{0.13s^3+1.13s^2+5.2s+10}$$

除了串联校正方法外，还有反馈校正和复合校正等方法，本书不做介绍。

习 题

5.1 已知系统的开环传递函数是 $G(s)=\dfrac{40(s+2)}{s(s+1)(s-10)}$ ，分别计算 $\omega=1$ 和 $\omega=10$ 时的开环频率特性的幅值 $A(\omega)$ 和相角 $\varphi(\omega)$ 。若 $H(s)=1$ ，再分别计算 $\omega=1$ 和 $\omega=10$ 时的闭环频率特性的幅值 $A_1(\omega)$ 和相角 $\varphi_1(\omega)$ 。

5.2 由于磁盘密度持续增大，从而要求计算机磁盘驱动系统更严格地控制磁头的位置。设磁头位置控制系统的传递函数为 $G(s)=\dfrac{K}{(s+1)^2}$，并分别计算 $\omega=0.5,\ 1,\ 2$ 时幅值 $|G(\mathrm{j}\omega)|$ 和相角 $\angle G(\mathrm{j}\omega)$ 。

5.3 典型二阶系统的开环传递函数 $G(s)=\dfrac{\omega_n^{\ 2}}{s(s+2\zeta\omega_n)}$ ，当 $r(t)=2\sin t$ 时，系统的稳态输出为 $c_{ss}=2\sin(t-45^\circ)$ ，试确定参数 ω_n ， ζ 。

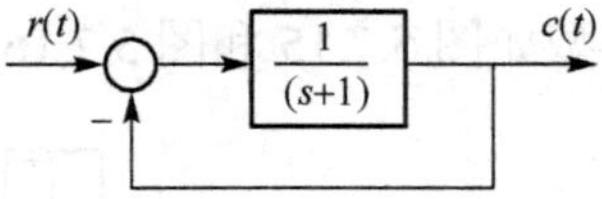

题 5.4 图

5.4 系统的结构图如题 5.4 图所示，试确定在输入信号

$$r(t)=\sin(t+30^\circ)-\cos(2t-45^\circ)$$

作用下的系统稳态误差 e_{ss} 。

5.5 开环传递函数的极坐标图如题 5.5 图所示，分别确定以下每个传递函数对应的极坐标图。

(1) $G(s)=\dfrac{100}{(s+1)(s+2)}$ (2) $G(s)=\dfrac{100}{s^2}$ (3) $G(s)=\dfrac{1000}{s(s^2+2s+100)}$

(4) $G(s)=\dfrac{2}{s(1-Ts)}$ (5) $G(s)=\dfrac{K(\tau s+1)}{s(Ts+1)}$ $(\tau>T)$

(6) $G(s)=\dfrac{K(\tau s+1)}{s(Ts+1)}$ $(\tau<T)$ (7) $G(s)=\dfrac{K(\tau s+1)}{s^2(Ts+1)}$ $(\tau<T)$

5.6 概略绘制开环系统的极坐标图。

(1) $G(s)=\dfrac{200}{s(40s+1)}$ (2) $G(s)=\dfrac{40(0.01s+1)}{s(0.2s+1)(2s+1)}$

(3) $G(s)=\dfrac{4}{s^2(s-1)}$ (4) $G(s)=\dfrac{16}{s(s-10)}$

(5) $G(s)=\dfrac{40}{s(s+1)(s+10)}$ (6) $G(s)=\dfrac{K}{s^3}$

5.7 某最小相角二阶系统的闭环 Bode 图如题 5.7 图所示：

(1)确定该系统的闭环传递函数 $\Phi(s)$ ；

(2)当该系统输入 $r(t)=\sin(2t)$ 时，系统的稳态输出 $c(t)$ ；

(3)若出现了系统稳态输出与输入之间的相位差是 90°，确定此时输入信号的频率。

5.8 已知系统的闭环传递函数 $\Phi(s)=\dfrac{2500}{s^2+100\zeta s+2500}$ 。

(1)用 Matlab 分别绘制在 $\zeta=0.05$ ， $\zeta=0.1$ ， $\zeta=0.2$ 时的极坐标图；

(2)确定系统谐振峰值 $|\Phi(\mathrm{j}\omega)|=6$ 时阻尼比以及谐振频率。

5.9 概略绘制开环系统的 Bode 图。

(1) $G(s)=\dfrac{200(s+1)}{s^2(40s+1)}$ (2) $G(s)=\dfrac{40(s+4)}{s(s+1)(s+10)}$

(3) $G(s)=\dfrac{16}{s(s+10)}$ (4) $G(s)=\dfrac{100}{s(s+2)(s-10)}$

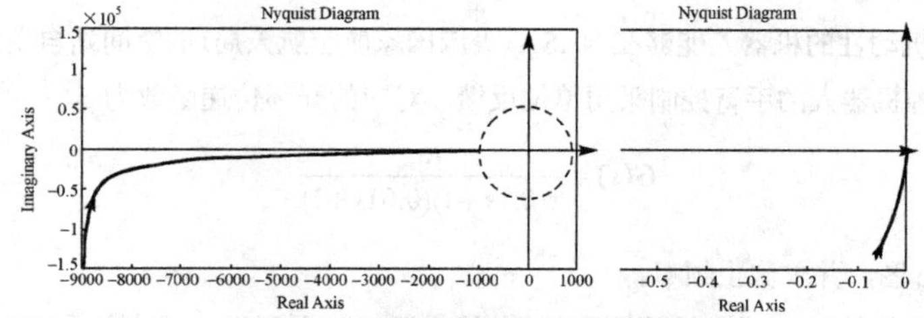

(a) 右图为原点高频处即虚线内的局部放大

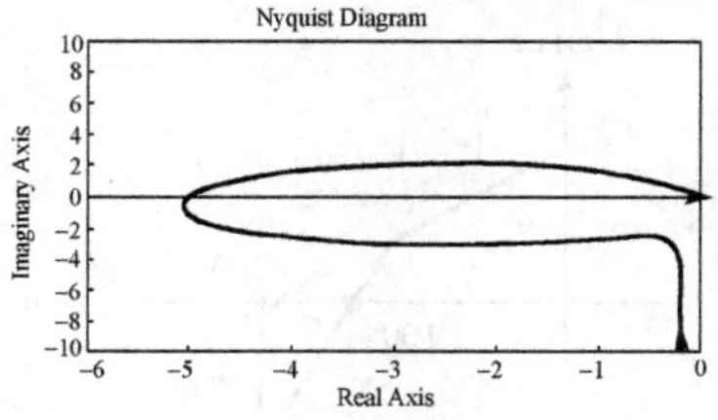

(b)

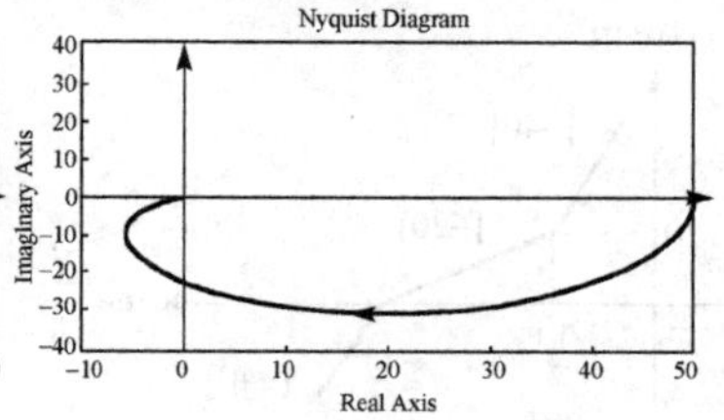

(c)

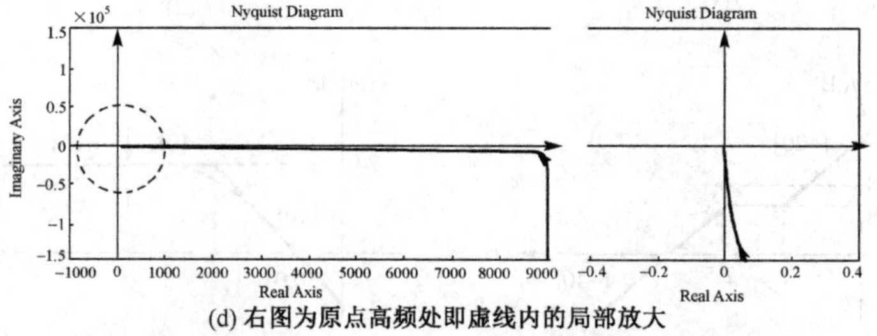

(d) 右图为原点高频处即虚线内的局部放大

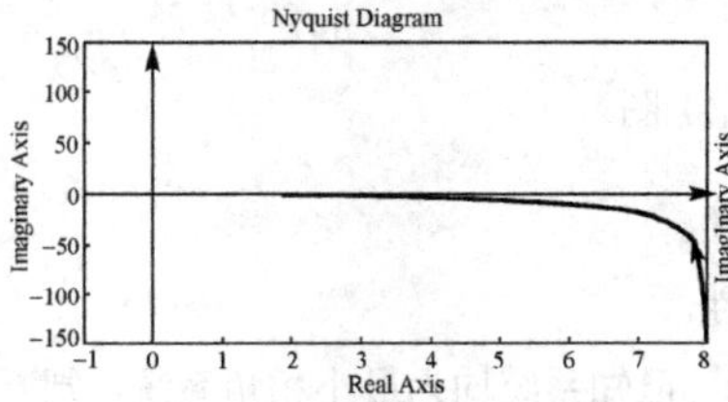

(e)

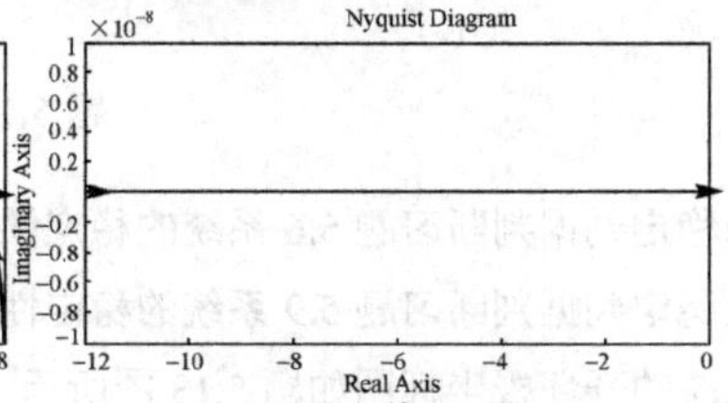

(f)

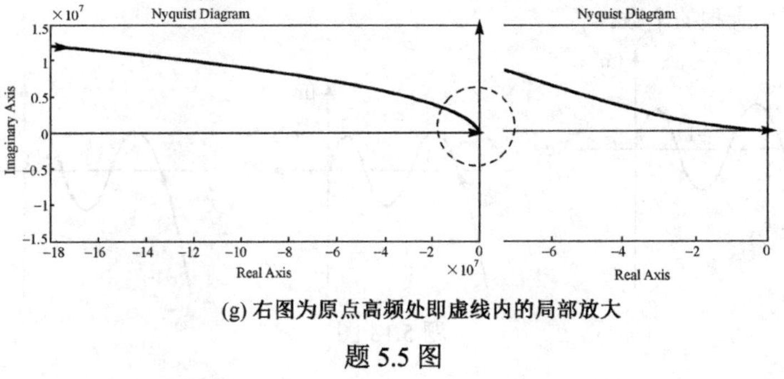

(g) 右图为原点高频处即虚线内的局部放大

题 5.5 图

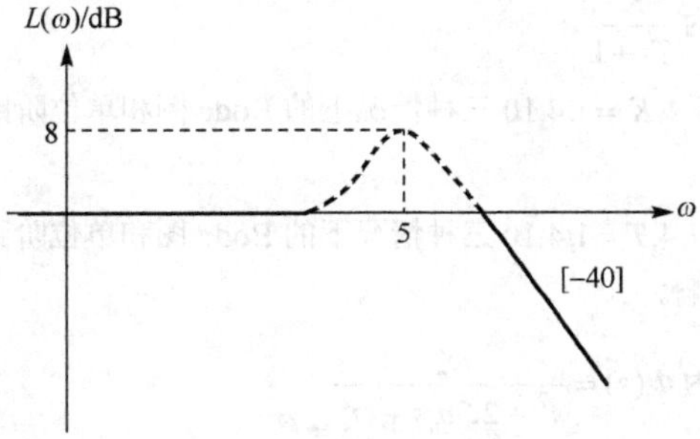

题 5.7 图　二阶系统的闭环 Bode 图

5.10　一种超强机动性的机器人能够在 NASA（美国国家航空航天局）的空间站自主行走，并能在不同的环境下完成操作。这种机器人的手臂控制采用单位反馈，对应的开环传递函数为

$$G(s)=\frac{K}{s(0.1s+1)(0.01s+1)}$$

绘制 K=100 时的 Bode 图，并求截止频率。

5.11　最小相角系统的开环对数幅频渐近特性曲线如题 5.11 图所示，试确定系统的开环传递函数。

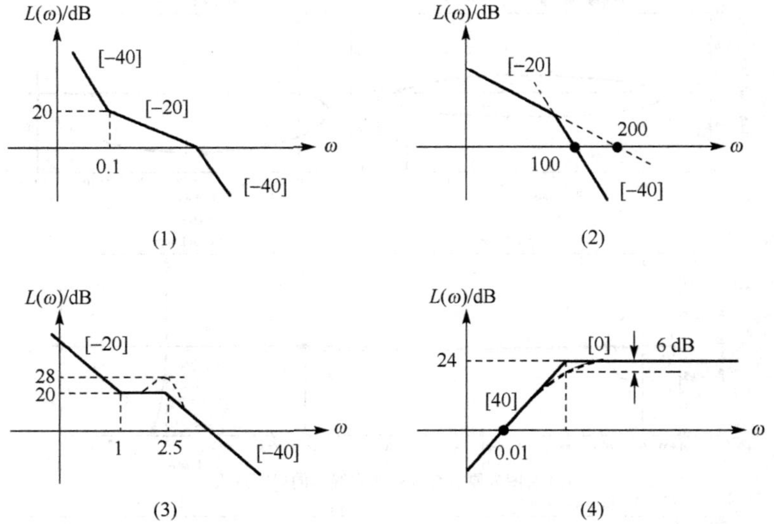

题 5.11 图

5.12　用奈氏稳定判据判断习题 5.6 系统的稳定性。

5.13　用对数稳定判据判断习题 5.9 系统的稳定性。

5.14　三个系统的开环极坐标图如题 5.13 图所示，已知系统均为最小相角系统，判断系统的稳定性，并指出系统在 s 右半平面上根的个数。

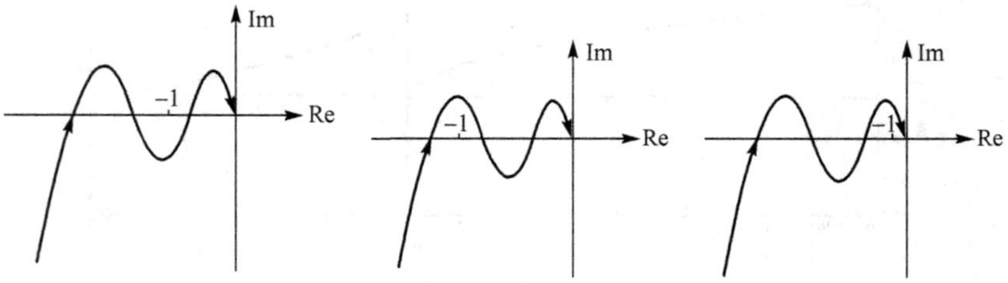

题 5.13 图

5.15　系统闭环传递函数为 $\dfrac{K}{Ts+1}$。

（1）用 Matlab 分别绘制 $T=4, K=1,4,10$ 三种情况下的 Bode 图和单位阶跃响应，并分析增益 K 的变化对带宽 ω_b 以及输出 $c(t)$ 的影响；

（2）用 Matlab 分别绘制 $K=4, T=1,4,10$ 三种情况下的 Bode 图和单位阶跃响应，并分析时间常数 T 的变化对带宽 ω_b 以及输出 $c(t)$ 的影响。

5.16　系统闭环传递函数为 $\Phi(s)=\dfrac{\omega_n^2}{s^2+2\zeta\omega_n s+\omega_n^2}$。

（1）用 Matlab 分别绘制 $\zeta=0.2, \omega_n=6,\ 10,\ 14$ 三种情况下闭环传递函数的 Bode 图和单位阶跃响应，并

分析无阻尼振荡频率 ω_n 的变化对带宽 ω_b 以及输出 $c(t)$ 的影响；

(2) 用 Matlab 分别绘制 $\omega_n = 4, \zeta = 0.1$, 0.4, 0.8 三种情况下闭环传递函数的 Bode 图和单位阶跃响应，并分析阻尼比 ζ 的变化对带宽 ω_b 以及输出 $c(t)$ 的影响。

5.17　假设某系统的输入信号 $r(t)=\sin(500t)$，扰动信号 $n(t)$ 的频率范围为 ω: 850~1300rad/s，若将其闭环系统的幅频特性曲线设计为题 5.17 图，问是否合适，为什么？

5.18　系统开环传函为 $G(s)=\dfrac{K}{s(0.1s+1)}$，求相角裕度为 60° 时的 K 值；然后用 Matlab 工具绘图确定系统的相角裕度与幅值裕度。

5.19　磁盘驱动器需要用电机来驱动读/写磁头，以使磁头在旋转的磁盘上对磁道进行准确定位，其闭环系统如题 5.19 图所示。

(1) 概略绘制开环系统的 Bode 图，并求出系统的稳定裕度，判断系统的稳定性；

(2) 设计 PI 控制器，使在 $r(t)=t$ 时的位置跟踪误差降低到 0.005，且稳定裕度不变。

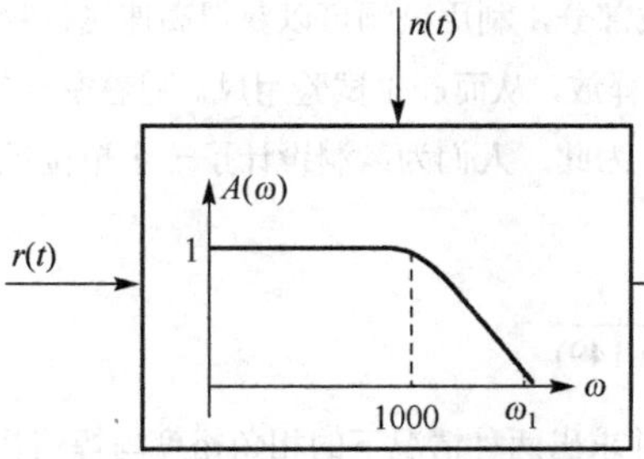

题 5.17 图

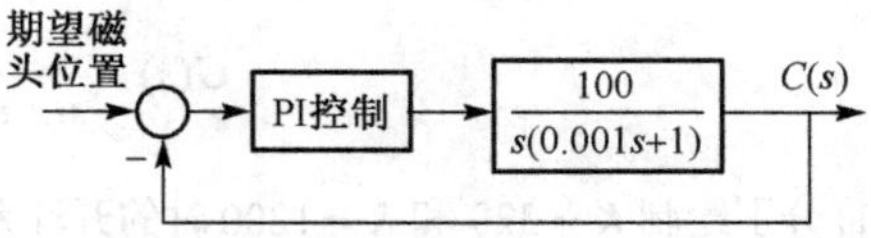

题 5.19 图

5.20　某系统的开环传递函数为 $G(s)=\dfrac{K}{s(s+1)(s+2)}$，绘制其极坐标图。

(1) 当 K=4 时，验证系统的增益裕度为 3.5dB；

(2) 如果希望系统的幅值裕度为 21.5dB，求出对应的 K 值与对应的相角裕度。

5.21　为了减少汽车尾气排放，人们已经研究了多种方案，其中最有应用前景的方案是将催化转换装置与发动机控制系统结合起来一并考虑。题 5.21 图给出了对应的闭环控制方案。废气传感器检测废气的浓度，并将测量结果与参考值相减，所得的偏差信号再由控制器处理。控制器的输出将调整化油器的真空度，从而达到最佳的空气、燃油混合比例（率），以适于催化转换器的最佳要求。系统的开环传递函数为：$G(s)=\dfrac{4(s+2)(s+7)}{s(s+5)(s+3)}$。

(1) 利用 Matlab 绘制开环系统 Bode 图，并求出系统的相角裕度和幅值裕度；

(2) 利用 Matlab 绘制闭环系统的单位阶跃响应曲线，并在仿真曲线上读数以确定系统的时间常数和调节时间。

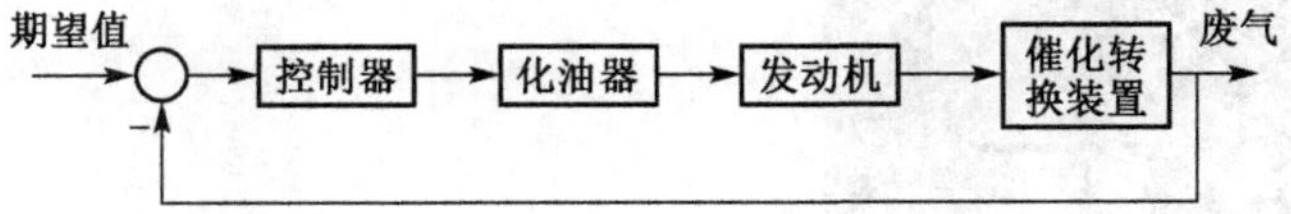

题 5.21 图

5.22　设计用来控制飞机俯仰姿态角 θ 的自动驾驶仪框图如题 5.22 图所示，升降舵偏转角 δ_e(°) 与俯仰角 θ(°) 的传递函数为 $\dfrac{\theta(s)}{\delta_e(s)}=\dfrac{50(s+1)}{(s^2+5s+40)}$，其控制器采用 PID 来实现。

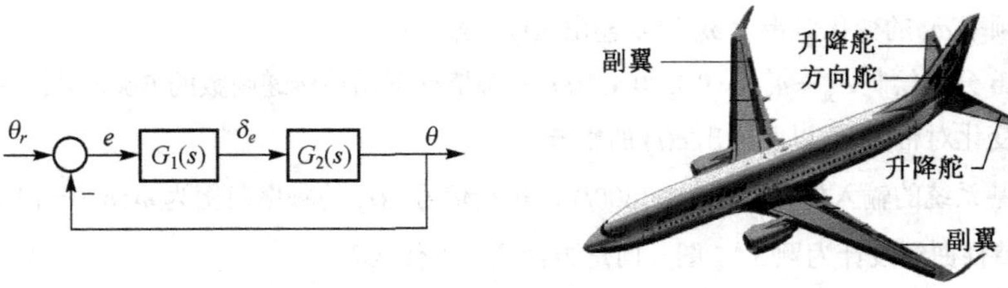

题 5.22 图　闭环系统结构图与飞机控制舵面

(1) 若要求超调量小于 10%，上升时间 $t_r < 0.5$，用 Simulink 确定 PID 参数；

(2) 绘制含 PID 和不含 PID 时，两种情况下的开环 Bode 图，并分析截至频率 ω_c 对系统输出的影响；

(3) 绘制两种情况下的闭环 Bode 图，并分析带宽频率 ω_b 对系统输出的影响。

5.23　风洞 (wind tunnel) 是通过人工产生和控制气流 (题 5.23 图)，以模拟飞行器或物体周围气体的流动，并可量度气流对物体的作用以及观察物理现象的一种管道状实验设备，它是进行空气动力实验最常用、最有效的工具。风洞实验是飞行器研制工作中的一个不可缺少的组成部分，利用风洞可以获得高速飞行物体的气动力参数。风洞以非常高的压强来压缩空气，然后经由阀门加以释放，从而产生试验用风。随着空气的流动，气压也随之下降，因此需要控制阀门的开度以保持恒定的风速。为此，人们为风洞设计了一个单位反馈控制系统，其开环传递函数为

$$G(s) = \frac{K(s+4)}{s(s+0.16)(s^2+14s+149)}$$

(1) 分别绘制 $K=320$ 和 $K=1200$ 时的开环系统 Bode 图，并求出两种情况下的相角裕度与幅值裕度，判断系统的稳定性；

(2) 分别绘制 $K=320$ 和 $K=1200$ 时的闭环系统 Bode 图，并确定两种情况下的带宽；

(3) 分别绘制 $K=320$ 和 $K=1200$ 时的单位阶跃响应曲线，确定两种情况下的调节时间与超调量；

(4) 对以上的结论进行分析比较。

5.24　开环系统的传递函数为 $KG(s) = \dfrac{K(s+1)}{s^2(s+10)^2}$，确定 K，使得系统的相角裕度 $\gamma \geqslant 30°$，并且具有尽可能大的带宽 (可用 Matlab 确定带宽)。

5.25　四轮驱动系统、主动减振系统、自主控制系统等新技术的出现，为提高汽车的驾驶性能提供了更多的选择。汽车和驾驶员的模型如题 5.25 图，其中 $r(t)$ 为与中心线的预期偏离距离，$y(t)$ 为与中心线的实际偏离距离，驾驶员负责预测汽车偏离中心线的情况。

(1) 绘制 K=1 时开环系统的 Bode 图和闭环系统的 Bode 图；

(2) 求 K=1 时单位斜坡响应时的稳态误差；

(3) 为使闭环系统的谐振峰值 $M(\omega_r) \leqslant 2$ 且带宽 ω_b 最大，确定 K 的取值。

题 5.23 图　风洞示意图

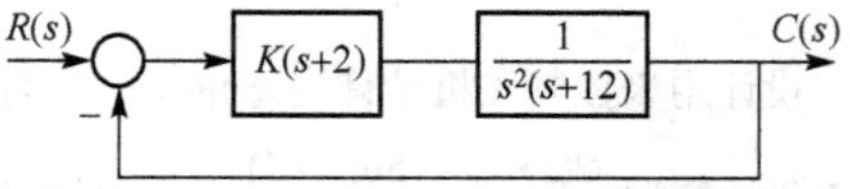

题 5.25 图　汽车和驾驶员模型

5.26 某化学浓度控制系统如题 5.26 图所示，系统接受颗粒装的进料，并通过调节阀来控制进料，以便保持恒定的产品浓度，画出系统的框图。假定容器输入输出间的传递函数 $G(s)=\dfrac{5}{5s+1}$，控制方式为 PI 控制，即 $G_c(s)=K_1+K_2/s$，阀门和传送器的传递函数 $G_0(s)=\dfrac{1}{1.5s+1}$。

(1) 当 $K_1=K_2=1$ 时，绘制系统的开环 Bode 图判断系统的稳定性，并给出系统的阶跃响应；

(2) 当 $K_1=0.1, K_2=0.04$ 时，绘制系统的开环 Bode 图，判断系统的稳定性，并给出系统的阶跃响应。

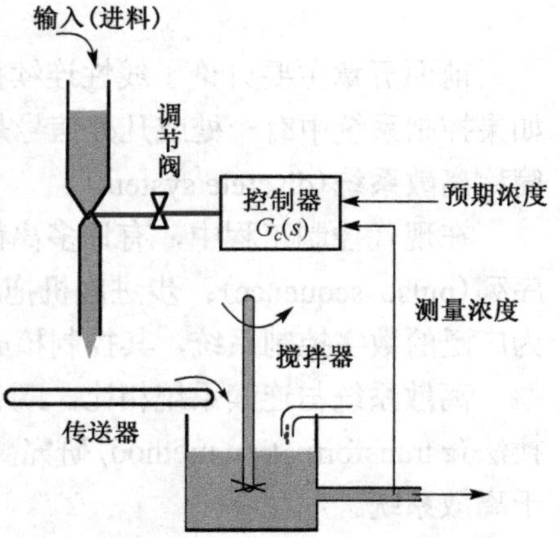

题 5.26 图 化学浓度控制系统

5.27 某发动机速度控制系统的框图如题 5.27 图所示。由于汽化器和减压管的能力有限，系统中存在 $T_t=1\text{s}$ 的时延。若发动机的时间常数为 $T_e=3\text{s}$，速度传感器的时间常数为 $T_m=0.4\text{s}$。

(1) 确定 K 值，使系统的稳态速度误差小于参考速度的 10%；

(2) 利用求得的 K 值，用 Nyquist 稳定判据判断系统的稳定性；

(3) 计算系统的幅值裕度和相角裕度。

5.28 在实际飞行过程中，空间飞行器的质量特性和结构都会发生很大的变化，从而引起飞行器的惯性发生显著变化。考虑如题 5.28 图给出的飞行器航向控制系统，其中控制器传递函数 $G_c(s)=\dfrac{775(s+10)}{s(s+2)}$，对象模型为 $G(s)=\dfrac{305}{s^2+10s+\omega_n^2}$，传感器模型 $H(s)=\dfrac{s+5}{s+1}$。

(1) 当 $\omega_n^2=15267$ 时，绘制开环 Bode 图，并求出幅值裕度和相角裕度；

(2) 当 $\omega_n^2=9500$ 时，绘制开环 Bode 图，并求出幅值裕度和相角裕度，分析 ω_n 的变化对系统带来的影响。

5.29 作为计算机的快速输出设备，打印机应在快速走纸过程中保持较高的定位精度。打印机系统可以近似为单位反馈系统，其电机与功放的传递函数为

$$G(s)=\frac{0.15}{s(s+1)(5s+1)}$$

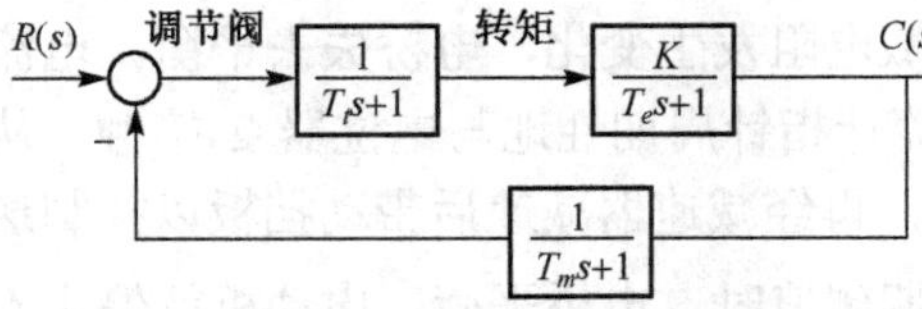

题 5.27 图 发动机速度控制系统

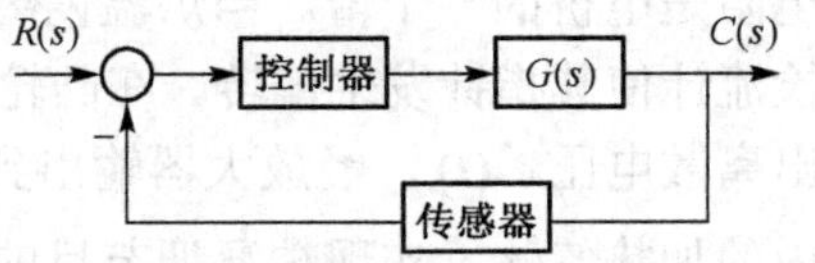

题 5.28 图 飞行器航向控制系统结构图

设计一个 $\alpha=10$ 的超前校正网络，使系统带宽为 $\omega=0.75$，相角裕度 $\gamma=30°$。

第 6 章　线性离散系统分析

前面五章主要讨论了线性连续控制系统的分析，本章将介绍线性离散控制系统的分析。如果控制系统中有一处或几处信号是一串脉冲或数字，则这样的系统称为离散时间控制系统，简称离散系统(discrete system)。

在现代控制工程中，有许多离散系统应用的例子，如雷达跟踪系统，其输入信号为脉冲序列(pulse sequence)；步进电机拖动的数控机床，其输出控制信号是脉冲序列；还有应用更为广泛的数字控制系统，其控制核心——计算机或微处理器的输入输出均为数字信号。

离散系统与连续系统相比，既有本质上的不同，又有分析研究方面的相似性。利用 z 变换法(z transformation method)研究离散系统，可以把连续系统中的许多概念和方法，推广应用于离散系统。

本章首先给出信号采样和保持的数学描述，然后介绍 z 变换理论、差分方程和脉冲传递函数，最后研究线性离散系统稳定性、稳态误差的分析方法以及数字 PID 控制。

6.1　离散系统的基本概念

通常，当离散控制系统中的离散信号是脉冲序列形式时，称为采样控制系统或脉冲控制系统；而当离散系统中的离散信号是数码序列形式时，称为数字控制系统或计算机控制系统。在理想采样及忽略量化误差情况下，采样控制系统近似于数字控制系统，将它们统称为离散系统。

6.1.1　采样控制系统

根据采样器(sampler)在系统中所处的位置不同，可以构成各种采样系统。图 6.1.1 为一炉温采样控制系统。其工作原理：炉温希望值由电位器 1 给定，炉温的实际值由热敏电阻测量，热敏电阻是电桥的一个臂。当炉温偏离给定值时，热敏电阻发生变化，电桥失去平衡，电流通过检流计使其指针发生偏转。在凸轮的作用下，检流计指针周期性地与电位器 2 接触，从而输出离散电压 $e^*(t)$，经放大器输出到电动机的两端，再经减速器减速后带动挡板以控制送入炉内的加热气体，实现炉温调节目的。当炉温达到期望值时，电桥平衡，电动机就停止不动，保持一定的挡板开度，等待炉温缓慢变化。

电桥既是给定元件，又是比较元件，把温度给定信号与反馈信号进行比较，其不平衡时输出的电压加到电流计上。

系统的框图如图 6.1.2 所示，是闭环离散系统，图中的信号 $e^*(t)$ 以及比例放大器输出信号 $Ke^*(t)$ 都是脉冲电压信号，$e^*(t)$ 如图 6.1.3 所示。脉冲的宽度 τ 是检流计指针与电位器接触的时间，T 是凸轮的周期，称为采样时间。电位器 2 与凸轮把连续信号变为脉冲，电动机把脉冲信号变为连续信号。

用得最多的闭环采样控制系统是如图 6.1.4 所示的典型结构，包括采样开关、控制器、保持器、测量元件以及被控对象。连续的误差信号 $e(t)$ 经过采样成为离散信号 $e^*(t)$，输入到控制器，通过一定的控制算法产生数字控制律$u^*(t)$，再经过保持器施加到被控对象。在采样控制系统中，采样器和保持器是两个特殊环节。

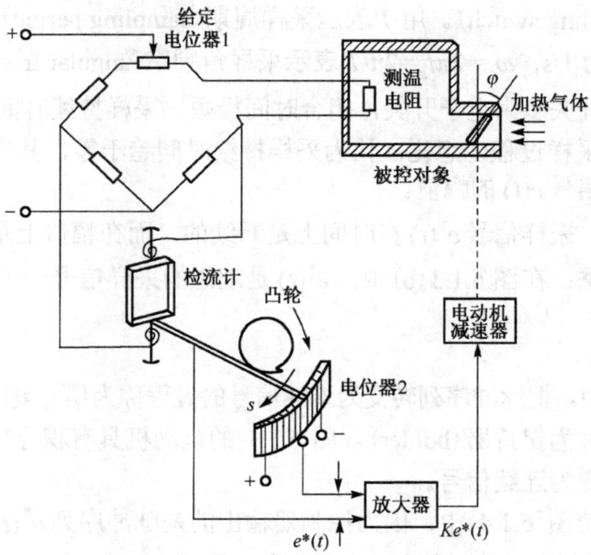

图 6.1.1 温度采样控制系统

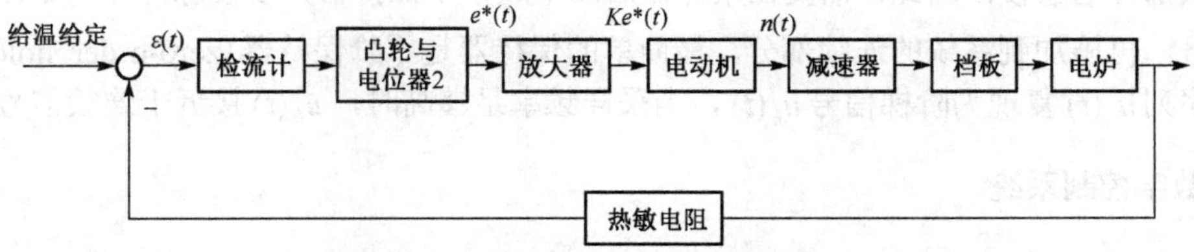

图 6.1.2 温度采样控制系统框图

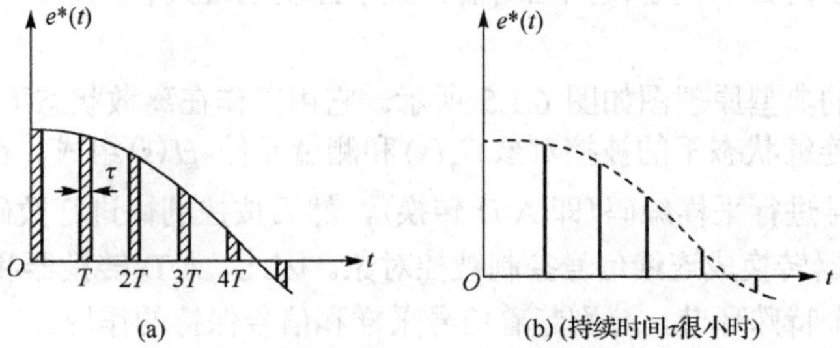

图 6.1.3 放大器的输入信号$e^*(t)$

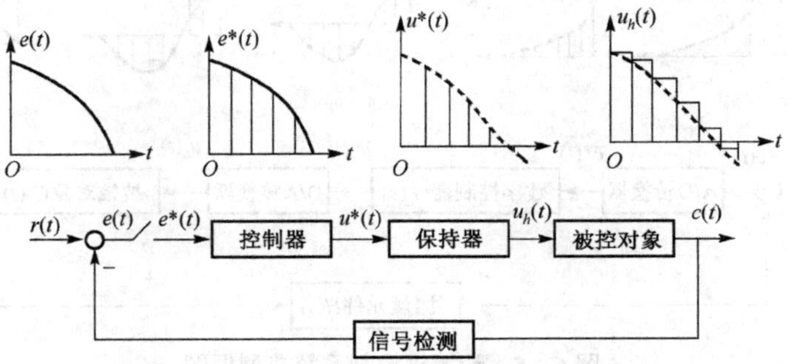

图 6.1.4 闭环采样控制系统框图

1. 信号采样

把连续信号转变为脉冲序列的过程称为采样过程，简称采样。实现采样的装置称为采样器，或采样开关(sampling switch)。用 T 表示采样周期(sampling period)，单位为 s。$f_s = 1/T$ 表示采样频率，单位为 1/s；$\omega_s = 2\pi f_s = 2\pi/T$ 表示采样角频率(angular frequency)，单位为 rad/s。在实际应用中，采样开关多为电子开关，闭合时间极短，采样持续时间 τ 远小于采样周期 T。为了简化分析，可将采样过程理想化：认为采样持续时间趋于零，其采样瞬时的脉冲强度等于相应采样瞬时误差信号 $e(t)$ 的幅值。

在图 6.1.3(a)中，采样信号 $e^*(t)$ 在时间上是断续的，而在幅值上是连续的，是离散的模拟信号，具有物理量纲；在图 6.1.3(b)中，$e^*(t)$ 是理想的采样信号。

2. 信号复现

在采样控制系统中，把脉冲序列转变为连续信号的过程称为信号复现(signal reproducing)，实现复现过程的装置称为保持器(holder)。图 6.1.1 的电动机具有积分环节，因而具有保持器的功能，把离散信号变为连续信号。

在典型的采样系统图 6.1.4 中，因为控制器输出的是脉冲序列 $u^*(t)$，如果直接加到连续系统上，则 $u^*(t)$ 中的高频分量会给系统中的连续部分引入噪声，影响控制质量，严重时还会加剧机械部件的磨损，因此，需要在采样器后面串联一个保持器，以使脉冲序列 $u^*(t)$ 复原成连续信号，再施加到系统的连续部分。最简单的保持器是零阶保持器(zero-order holder)，它将脉冲序列 $u^*(t)$ 复现为阶梯信号 $u_h(t)$，当采样频率足够高时，$u_h(t)$ 接近于连续信号。

6.1.2 数字控制系统

近年来，由于计算机科学与技术的迅速发展，以数字计算机为控制器的数字控制系统以其独特的优势在许多场合取代了模拟控制器。数字控制系统具有一系列的优越性，因而得到了广泛的应用。

数字控制系统的典型原理图如图 6.1.5 所示。它由工作在离散状态下的计算机(数字控制器) $G_c(s)$、工作在连续状态下的被控对象 $G_o(s)$ 和测量元件 $H(s)$ 组成。在每个采样周期中，计算机先对连续信号进行采样编码(即 A/D 转换)，然后按控制律进行数码运算，最后将计算结果通过 D/A 转换器转换成连续信号控制被控对象。因此，A/D 转换器和 D/A 转换器是计算机控制系统中的两个特殊环节，分别起着信号采样和信号保持的作用。

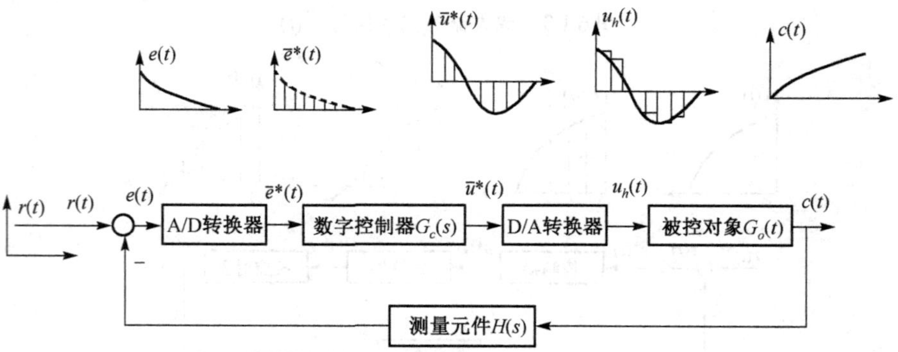

图 6.1.5 计算机控制系统典型框图

1. A/D 转换器

A/D 转换器是把连续的模拟信号转换为离散的数字信号的装置。A/D 转换包括两个过程：一是采样过程，即每隔采样周期 T 对连续信号 $e(t)$ 进行一次采样，得到采样信号 $e^*(t)$ 如图 6.1.6 所示；二是量化过程，在计算机中，任何数值都用二进制表示，因此，幅值上连续的离散信号 $e^*(t)$ 必须经过编码表示成最小二进制数的整数倍，成为离散数字信号 $\overline{e}^*(t)$，才能进行运算。数字计算机中的离散数字信号 $\overline{e}^*(t)$ 不仅在时间上是断续的，而且在幅值上也是按最小量化单位断续取值的。

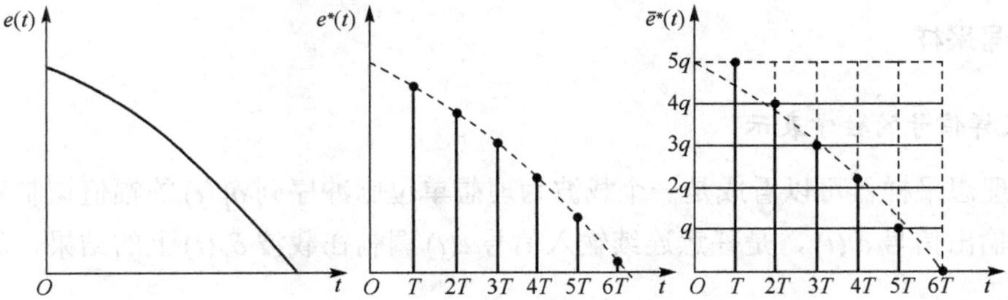

图 6.1.6　A/D 转换过程

2. D/A 转换器

D/A 转换器是把离散的数字信号转换为连续模拟信号的装置。D/A 转换也有两个过程：一是解码过程，把离散数字信号 $\overline{u}^*(t)$ 转换为离散的模拟信号 $u^*(t)$；二是复现过程，经过保持器将离散模拟信号 $u^*(t)$ 转换为连续模拟信号 $u_h(t)$（图 6.1.7）。

在图 6.1.5 的计算机控制系统中，A/D 转换器的输出 $\overline{e}^*(t)$ 以及 D/A 转换器的输入 $\overline{u}^*(t)$ 是不具有物理量纲的数字量信号，而图 6.1.4 的离散信号 $e^*(t)$ 和 $u^*(t)$ 都具有物理量纲。

从以上的介绍，容易理解脉冲信号与数字信号的区别。

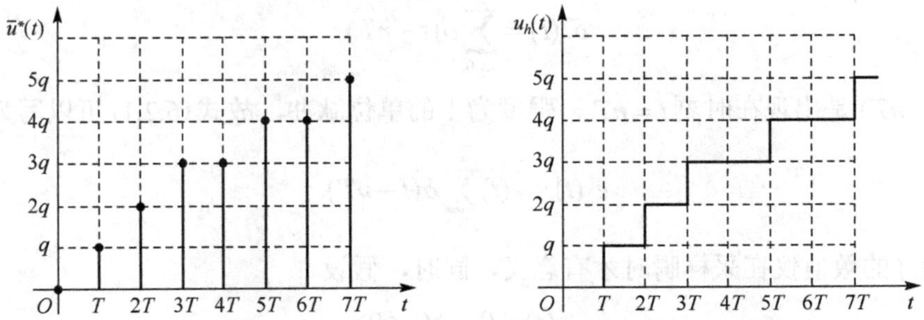

图 6.1.7　D/A 转换过程

6.1.3　离散控制系统的特点

信号采样后，采样点之间的信息会丢失，而且采样信号经保持器输出后会有一定的延迟。所以，与连续系统相比，在确定的条件下，离散控制系统的性能会有所降低。然而数字化带来的好处显而易见，离散控制系统较之相应的连续系统具有以下优点。

(1) 由数字计算机构成的数字控制器，控制律由软件实现，因此，与连续式控制装置相比，控制规律修改调整方便，控制灵活。

(2) 数字信号的传递可以有效地抑制噪声，从而提高了系统的抗干扰能力。

(3) 可以采用高灵敏度的控制元件，提高系统的控制精度。

(4) 可用一台计算机分时控制若干个系统，提高设备的利用率，经济性好。

6.2 信号采样与保持

采样器与保持器是离散系统的两个基本环节，为了定量研究离散系统，必须用数学方法对信号的采样过程和保持过程加以描述。

6.2.1 信号采样

1. 采样信号的数学表示

一个理想采样器可以看成是一个载波为理想单位脉冲序列 $\delta_T(t)$ 的幅值调制器，即理想采样器的输出信号 $e^*(t)$，是任意连续输入信号 $e(t)$ 调制在载波 $\delta_T(t)$ 上的结果，如图 6.2.1 所示。

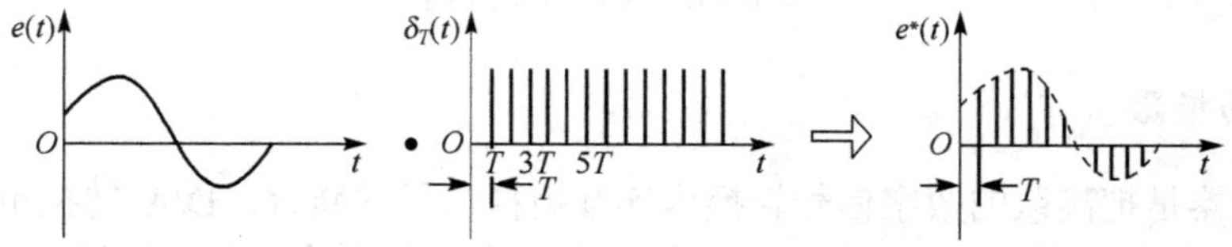

图 6.2.1 信号的采样

用数学表达式描述上述调制过程，则有

$$e^*(t) = e(t)\delta_T(t) \tag{6.2.1}$$

理想单位脉冲序列 $\delta_T(t)$ 可以表示为

$$\delta_T(t) = \sum_{n=0}^{\infty}\delta(t-nT) \tag{6.2.2}$$

式中，$\delta(t-nT)$ 是出现在时刻 $t=nT$，强度为 1 的单位脉冲，故式(6.2.1)可以写为

$$e^*(t) = e(t)\sum_{n=0}^{\infty}\delta(t-nT)$$

由于 $e(t)$ 的数值仅在采样瞬时才有意义，同时，假设

$$e(t)=0, \quad \forall t<0$$

所以 $e^*(t)$ 又可表示为

$$e^*(t) = \sum_{n=0}^{\infty}e(nT)\delta(t-nT) \tag{6.2.3}$$

需要说明的是，离散系统的采样周期 T 越小，离散控制越接近连续控制，控制效果也会越好。但是，采样周期 T 选得过小，将增加不必要的计算机负担，造成实现较复杂控制律的困难。反之，采样周期 T 选得过大，会给控制过程造成较大的误差，动态性能变坏，甚至失去稳定性，采样信号不能复现原连续信号。

2. 采样信号的拉普拉斯变换

对采样信号 $e^*(t)$ 进行拉普拉斯变换，可得

$$E^*(s)=L[e^*(t)]=L\left[\sum_{n=0}^{\infty}e(nT)\delta(t-nT)\right]=\sum_{n=0}^{\infty}e(nT)L[\delta(t-nT)] \tag{6.2.4}$$

根据拉氏变换的实数位移定理，有

$$L[\delta(t-nT)]=\mathrm{e}^{-nTs}\int_0^{\infty}\delta(t)\mathrm{e}^{-st}\mathrm{d}t=\mathrm{e}^{-nTs}$$

所以，采样信号的拉氏变换

$$E^*(s)=\sum_{n=0}^{\infty}\mathrm{e}(nT)\mathrm{e}^{-nTs} \tag{6.2.5}$$

6.2.2 零阶保持器

为了对连续被控对象进行控制，需要使用保持器将控制器输出的离散信号转换为连续信号。在工程实践中，普遍采用零阶保持器。零阶保持器把前一采样时刻 nT 的采样值 $e(nT)$ 一直保持到下一采样时刻 $(n+1)T$ 到来之前。

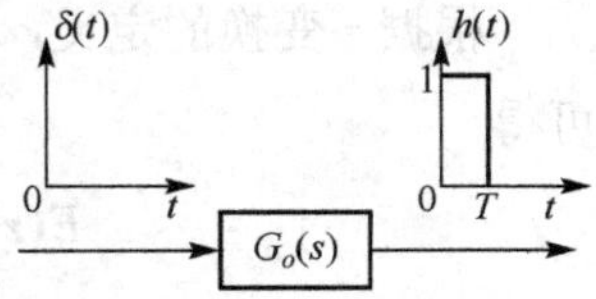

图 6.2.2 零阶保持器

给零阶保持器输入一个理想单位脉冲 $\delta(t)$，则其单位脉冲响应函数 $g_h(t)$ 是幅值为 1，持续时间为 T 的矩形脉冲，如图 6.2.2 所示。它可分解为两个单位阶跃函数的代数和，即

$$g_h(t)=1(t)-1(t-T) \tag{6.2.6}$$

对脉冲响应函数 $g_h(t)$ 取拉氏变换，可得零阶保持器的传递函数为

$$G_h(s)=\frac{1}{s}-\frac{\mathrm{e}^{-Ts}}{s}=\frac{1-\mathrm{e}^{-Ts}}{s} \tag{6.2.7}$$

6.3 z 变换理论

z 变换是从拉普拉斯变换引申出来的一种变换方法，是研究线性离散系统的重要数学工具。通过 z 变换，可以把熟悉的传递函数、频率特性、根轨迹法等概念应用于离散系统。

6.3.1 z 变换定义

由式(6.2.5)，采样信号 $e^*(t)$ 的拉氏变换为

$$E^*(s)=\sum_{n=0}^{\infty}e(nT)\mathrm{e}^{-nTs} \tag{6.3.1}$$

可见 $E^*(s)$ 为 s 的超越函数。为便于应用，进行变量代换得

$$z=\mathrm{e}^{Ts} \tag{6.3.2}$$

将式(6.3.2)代入式(6.3.1)，则采样信号 $e^*(t)$ 的 z 变换定义为

$$E(z)=E^*(s)\Big|_{s=\frac{1}{T}\ln z}=\sum_{n=0}^{\infty}e(nT)z^{-n} \tag{6.3.3}$$

z 变换定义式(6.3.3)有明确的物理意义：即变量 z^{-n} 的系数代表连续时间函数在采样时刻 nT 上的采样值。有时也将 $E(z)$ 记为

$$E(z)=Z[e^*(t)]=Z[e(t)]=Z[E(s)] \tag{6.3.4}$$

这些都表示对离散信号 $e^*(t)$ 的 z 变换。

应当注意，z 变换只反映信号在采样点上的信息，而不能描述采样点间信号的状态。因此 z 变换与采样序列对应，而不对应唯一的连续信号。不论什么连续信号，只要采样序列一样，其 z 变换就一样。

6.3.2 z 变换方法

常用的 z 变换方法有级数求和法和部分分式法。

1. 级数求和法

根据 z 变换的定义，将连续信号 $e(t)$ 按周期 T 进行采样，将采样点处的值代入式(6.3.3)，可得

$$E(z)=e(0)+e(T)z^{-1}+e(2T)z^{-2}+\cdots+e(nT)z^{-n}+\cdots$$

再求出上式的闭合形式，即可求得 $E(z)$。

例 6.3.1 对连续时间函数

$$e(t)=\begin{cases}a^{t/T}, & t\geqslant 0\\ 0, & t<0\end{cases}$$

按定义求其 z 变换 $E(z)$。

解 z 变换的定义：$E(z)=\sum\limits_{n=0}^{\infty}e(nT)z^{-n}$

本例中，$e(nT)=\begin{cases}a^n & (n=0,1,2,\cdots)\\ 0 & (n<0)\end{cases}$

所以，$E(z)=\sum\limits_{n=0}^{\infty}e(nT)z^{-n}=\sum\limits_{n=0}^{\infty}(az^{-1})^n=1+az^{-1}+(az^{-1})^2+(az^{-1})^3+\cdots$

若 $|z|>|a|$，则无穷级数是收敛的，利用等比级数求和公式，可得闭合形式为

$$E(z)=\frac{z}{z-a}\qquad |z|>|a|$$

2. 部分分式法(查表法)

已知连续信号 $e(t)$ 的拉氏变换 $E(s)$，将 $E(s)$ 展开成部分分式之和，即

$$E(s)=E_1(s)+E_2(s)+\cdots+E_n(s)$$

且每一个部分分式 $E_i(s), i=1,2,\cdots,n$ 都是 z 变换表中所对应的标准函数，其 z 变换即可查表得出

$$E(z)=E_1(z)+E_2(z)+\cdots+E_n(z)$$

例 6.3.2 已知连续函数的拉氏变换为

$$E(s)=\frac{s+2}{s^2(s+1)}$$

试求相应的 z 变换 $E(z)$。

解 将 $E(s)$ 展成部分分式

$$E(s)=\frac{2}{s^2}-\frac{1}{s}+\frac{1}{s+1}$$

对上式逐项查 z 变换表，可得

$$E(z)=\frac{2Tz}{(z-1)^2}-\frac{z}{z-1}+\frac{z}{z-e^{-T}}$$
$$=\frac{(2T+e^{-T}-1)z^2+[1-e^{-T}(2T+1)]z}{(z-1)^2(z-e^{-T})}$$

常用函数的 z 变换见表 6.3.1。由该表可见，这些函数的 z 变换都是 z 的有理分式。

表 6.3.1 z 变换表

序 号	$E(s)$	$e(t)$ 或 $e(k)$	$E(z)$
1	1	$\delta(t)$	1
2	e^{-kTs}	$\delta(t-kT)$	z^{-k}
3	$\frac{1}{s}$	$1(t)$	$\frac{z}{z-1}$
4	$\frac{1}{s^2}$	t	$\frac{Tz}{(z-1)^2}$
5	$\frac{1}{1-e^{-Ts}}$	$\sum_{k=0}^{\infty}\delta(t-kT)$	$\frac{z}{z-1}$
6	$\frac{1}{s+a}$	e^{-at}	$\frac{z}{z-e^{-aT}}$
7	$\frac{1}{(s+a)^2}$	$t\cdot e^{-at}$	$\frac{Tze^{-aT}}{(z-e^{-aT})^2}$
8	$\frac{a}{s(s+a)}$	$1-e^{-at}$	$\frac{(1-e^{-aT})z}{(z-1)(z-e^{-aT})}$
9	$\frac{\omega}{s^2+\omega^2}$	$\sin(\omega t)$	$\frac{z\cdot\sin(\omega T)}{z^2-2z\cos(\omega T)+1}$
10	$\frac{s}{s^2+\omega^2}$	$\cos(\omega t)$	$\frac{z(z-\cos(\omega T))}{z^2-2z\cos(\omega T)+1}$
11	$\frac{\omega}{(s+a)^2+\omega^2}$	$e^{-at}\sin(\omega t)$	$\frac{z\cdot e^{-aT}\sin(\omega T)}{z^2-2ze^{-aT}\cos(\omega T)+e^{-2aT}}$
12	$\frac{s+a}{(s+a)^2+\omega^2}$	$e^{-at}\cos(\omega t)$	$\frac{z^2-z\cdot e^{-aT}\cos(\omega T)}{z^2-2ze^{-aT}\cos(\omega T)+e^{-2aT}}$
13	$\frac{1}{s-\frac{1}{T}\ln a}$	$a^{t/T}$	$\frac{z}{z-a}$

6.3.3 z 变换的基本性质

应用 z 变换的基本性质，可以使 z 变换的应用变得简单方便，表 6.3.2 给出了常用的几种 z 变换性质。

表 6.3.2　z 变换的基本性质

1	线性性质：$Z[ae_1(t)\pm be_2(t)]=aE_1(z)\pm bE_2(z)$
2	实数位移定理：①滞后定理 $Z[e(t-kT)]=z^{-k}E(z)$； ②超前定理 $Z[e(t+kT)]=z^{k}[E(z)-\sum_{n=0}^{k-1}e(nT)z^{-n}]$
3	复数位移定理：$Z[a^{\mp bt}e(t)]=E(za^{\pm bT})$
4	初值定理：若 $\lim_{s\to 0}E(z)$ 存在，则原函数的初值 $e(0)=\lim_{n\to 0}e(nT)=\lim_{z\to\infty}E(z)$
5	终值定理：若 $\lim_{n\to\infty}e(nT)$ 存在，则 $\lim_{n\to\infty}e(nT)=\lim_{z\to 1}(z-1)E(z)$

由实数位移定理可见，算子 z 有明确的物理意义：z^{-k} 代表时域中的延迟算子，它将采样信号滞后 k 个采样周期；同理，z^{k} 代表超前环节，它把采样信号超前 k 个采样周期。实数位移定理的作用相当于拉氏变换中的微分或积分定理。应用实数位移定理，可将描述离散系统的差分方程转换为 z 域的代数方程。

6.3.4　z 反变换

已知 z 变换表达式 $E(z)$，求相应离散序列 $e(nT)$ 的过程，称为 z 反变换，记为

$$e(nT)=Z^{-1}[E(z)] \tag{6.3.5}$$

控制系统中当 $n<0$ 时，$e(nT)=0$，信号序列 $e(nT)$ 是单边的，对单边序列常用的 z 反变换法有部分分式法、幂级数法。

1. 部分分式法(查表法)

部分分式法又称查表法，根据已知的 $E(z)$，通过查 z 变换表找出相应的 $e^{*}(t)$，或者 $e(nT)$。考虑到 z 变换表中，所有 z 变换函数 $E(z)$ 在其分子上都有因子 z，所以，通常先将 $E(z)/z$ 展开成部分分式之和，然后将等式左边分母中的 z 乘到等式右边的各分式中，再逐项查表进行反变换。

例 6.3.3　设 $E(z)$ 为

$$E(z)=\frac{10z}{(z-1)(z-2)}$$

试用部分分式法求 $e(nT)$。

解　首先将 $\frac{E(z)}{z}$ 展开成部分分式，即

$$\frac{E(z)}{z}=\frac{10}{(z-1)(z-2)}=\frac{-10}{z-1}+\frac{10}{z-2}$$

把部分分式中的每一项乘上因子 z 后，得

$$E(z)=\frac{-10z}{z-1}+\frac{10z}{z-2}$$

查 z 变换表得

$$Z^{-1}\left[\frac{z}{z-1}\right]=1,\quad Z^{-1}\left[\frac{z}{z-2}\right]=2^{n}$$

最后可得

$$e^*(t)=\sum_{n=0}^{\infty}e(nT)\cdot\delta(t-nT)=\sum_{n=0}^{\infty}10(-1+2^n)\cdot\delta(t-nT)$$

或

$$e(nT)=10(-1+2^n)\text{，}\quad n=0,1,2,\cdots$$

波形图如图 6.3.1 所示的脉冲序列。

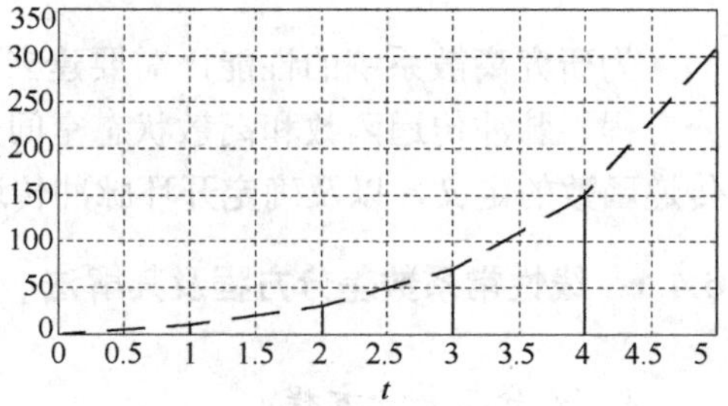

图 6.3.1　$e^*(t)$ 的波形

2. 幂级数法

z 变换函数的无穷项级数形式具有鲜明的物理意义，变量 z^{-n} 的系数代表连续时间函数在 nT 时刻上的采样值。若 $E(z)$ 是一个有理分式，则可以直接通过长除法，得到一个无穷项幂级数的展开式，故幂级数法又称长除法。根据 z^{-n} 的系数便可以得出时间序列 $e(nT)$ 的值。

例 6.3.4　设 $E(z)$ 为

$$E(z)=\frac{10z}{(z-1)(z-2)}$$

试用长除法求 $e(nT)$ 或 $e^*(t)$。

解

$$E(z)=\frac{10z}{(z-1)(z-2)}=\frac{10z}{z^2-3z+2}$$

先将分子、分母多项式均按降幂排列，再应用长除法，用分母去除分子，即

$$\begin{array}{r|l} & 10z^{-1}+30z^{-2}+70z^{-3}+150z^{-4}+\cdots \\ z^2-3z+2 & 10z \\ & \underline{-10z-30z^0\ +20z^{-1}} \\ & 30z^0\ -20z^{-1} \\ & \underline{-30z^0\ -90z^{-1}+60z^{-2}} \\ & 70z^{-1}-60z^{-2} \\ & \underline{-70z^{-1}-210z^{-2}+140z^{-3}} \\ & 150z^{-2}-140z^{-3} \end{array}$$

$E(z)$ 可写成

$$E(z)=0z^0+10z^{-1}+30z^{-2}+70z^{-3}+150z^{-4}+\cdots$$

所以　$e^*(t)=10\delta(t-T)+30\delta(t-2T)+70\delta(t-3T)+150\delta(t-4T)+\cdots$

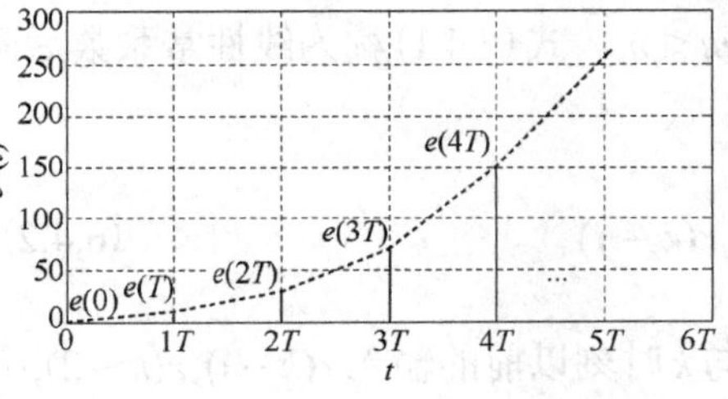

图 6.3.2　$e^*(t)$

其图形如图 6.3.2 所示的脉冲序列，结果与例 6.3.3 部分分式法的结果完全相同。

长除法以序列的形式给出 $e(0), e(T), e(2T), e(3T),\cdots$ 的数值，但不容易得出 $e(nT)$ 的闭合表达形式。

z 变换法是研究线性定常离散系统的一种有效工具，但是输出 z 变换函数 $C(z)$ 只确定了时间函数 $c(t)$ 在采样瞬时的数值，不能反映 $c(t)$ 在采样点间的信息。

6.4 离散系统的数学模型

为研究离散系统的性能，需要建立离散系统的数学模型。离散系统的数学模型主要有差分方程、脉冲传递函数和离散状态空间表达式三种。本节主要介绍差分方程及其解法，脉冲传递函数的定义，以及确定开环脉冲传递函数和闭环脉冲传递函数的方法。

6.4.1 线性常系数差分方程及其解法

1. *差分与差分方程*

差分：设连续函数为 $f(t)$，其采样函数为 $f(kT)$，简写成 $f(k)$。$f(k)$ 的一阶、二阶和 n 阶后向差分的定义分别为

$$\begin{aligned}
&\Delta f(k)=f(k)-f(k-1)\\
&\Delta^2 f(k)=\Delta[\Delta f(k)]\\
&\qquad\vdots\\
&\Delta^n f(k)=\Delta^{n-1}[\Delta f(k)]=\Delta^{n-1}[f(k)-f(k-1)]
\end{aligned}$$

由定义可得二阶和三阶后向差分：

$$\Delta^2 f(k)=\Delta[\Delta f(k)]=\Delta\big(f(k)-f(k-1)\big)=\Delta f(k)-\Delta f(k-1)=f(k)-2f(k-1)+f(k-2)$$

$$\Delta^3 f(k)=f(k)-3f(k-1)+3f(k-2)-f(k-3)$$

$f(k)$ 的一阶、二阶和 n 阶前向差分的定义为

$$\begin{aligned}
&\Delta f(k)=f(k+1)-f(k)\\
&\Delta^2 f(k)=\Delta[\Delta f(k)]\\
&\qquad\vdots\\
&\Delta^n f(k)=\Delta^{n-1}f(k+1)-\Delta^{n-1}f(k)
\end{aligned}$$

由定义可得二阶和三阶前向差分：

$$\Delta^2 f(k)=\Delta[\Delta f(k)]=\Delta\big(f(k+1)-f(k)\big)=\Delta f(k+1)-\Delta f(k)=f(k+2)-2f(k+1)+f(k)$$

$$\Delta^3 f(k)=f(k+3)-3f(k+2)+3f(k+1)-f(k)$$

差分方程：由各阶差分所组成的方程为差分方程。

对于 n 阶线性定常离散系统，若输入输出分别用 $r(k)$ 和 $c(k)$ 表示，则对应的差分方程为

$$c(k)+a_1c(k-1)+a_2c(k-2)+\cdots+a_nc(k-n)=b_0r(k)+\cdots+b_mr(k-m) \tag{6.4.1}$$

式中，a_i 和 b_j 为常数，$i=1,2,\cdots,n$，$j=0,1,2,\cdots,m$，$m\leqslant n$。式(6.4.1)称为线性常系数后向差分方程(backward difference equation)，亦可表示为

$$c(k)=-\sum_{i=1}^{n}a_ic_i(k-i)+\sum_{j=0}^{m}b_jr(k-j) \tag{6.4.2}$$

k 时刻的输出 $c(k)$，不但与 k 时刻的输入 $r(k)$ 有关，而且与 k 时刻以前的输入 $r(k-1),r(k-2),\cdots$ 有关，同时还与 k 时刻以前的输出 $c(k-1),c(k-2),\cdots$ 有关。$k=1$ 即系统初始运动时，

$\{c(-i), i=0,1,\cdots,n-1; r(-j), j=0,1,\cdots,m-1\}$为后向差分方程的初始条件。线性定常离散系统也可以用 n 阶前向差分方程(forward discrete equation)来描述，即

$$c(k+n)=-\sum_{i=1}^{n}a_i c(k+n-i)+\sum_{j=0}^{m}b_j r(k+m-j)$$

$k=0$ 即系统初始运动时，称$\{c(i), i=0,1,\cdots,n-1; r(j), j=0,1,\cdots,m-1\}$为前向差分方程的初始条件。在工程实际中，闭环控制律的设计一般先进行系统的数字仿真，因此需要把描述对象的微分方程转换为易于数字计算的差分方程，然后验证控制器的效果。

如何得到系统的差分方程？

例 6.4.1 已知系统的微分方程

$$a\frac{\mathrm{d}^2x(t)}{\mathrm{d}t^2}+b\frac{\mathrm{d}x}{\mathrm{d}t}+cx(t)=0$$

确定系统的差分方程。

解 $\dfrac{\mathrm{d}x(t)}{\mathrm{d}t}\approx\dfrac{x(t+\Delta t)-x(t)}{\Delta t}=\dfrac{x(kT+T)-x(kT)}{T}=\dfrac{x(k+1)-x(k)}{T}=\dfrac{\Delta x(k)}{T}$

$$\frac{\mathrm{d}x^2(t)}{\mathrm{d}t^2}\approx\frac{\Delta x^2(k)}{T^2}=\frac{x(k+2)-2x(k+1)+x(k)}{T^2}$$

注意到 $x(t)\approx x(kT)=x(k)$，所以微分方程近似为

$$a\cdot\frac{x(k+2)-2x(k+1)+x(k)}{T^2}+b\cdot\frac{x(k+1)-x(k)}{T}+cx(k)=0$$

整理得对应的差分方程：

$$\alpha x(k+2)+\beta x(k+1)+\gamma x(k)=0$$

式中，α、β、γ 与 a、b、c 以及采样周期 T 有关。

当然也可以利用输入 $R(z)$ 和输出 $C(z)$ 之间的关系确定系统的差分方程。

例 6.4.2 若 $C(z)=\dfrac{1+z^{-1}+2z^{-2}}{2+3z^{-1}+5z^{-2}+4z^{-3}}R(z)$，写出其对应的差分方程。

解

$$C(z)(2+3z^{-1}+5z^{-2}+4z^{-3})=R(z)(1+z^{-1}+2z^{-2})$$

$$2C(z)+3z^{-1}C(z)+5z^{-2}C(z)+4z^{-3}C(z)=R(z)+z^{-1}R(z)+2z^{-2}R(z)$$

根据 z 变换的性质，得到差分方程：

$$2c(k)+3c(k-1)+5c(k-2)+4c(k-3)=r(k)+r(k-1)+2r(k-2)$$

2. *差分方程的解法*

1) 迭代法(iteration method)

若已知差分方程式，并且给定输出序列的初值，则可以利用递推关系，在计算机上通过迭代一步一步地算出输出序列。

例 6.4.3 已知一阶系统的差分方程

$$c(k+1)+0.2c(k)=2r(k)$$

输入序列 $r(k)=1$，初始条件为 $c(0)=0$，试用迭代法求输出序列 $c(k)$，$k=0,1,2,3,4,5,\cdots$。

解 根据初始条件及递推关系，得

$$c(0)=0$$

$$c(1) = -0.2c(0) + 2r(0) = 2$$
$$c(2) = -0.2c(1) + 2r(1) = 1.6$$
$$c(3) = -0.2c(2) + 2r(2) = 1.68$$
$$c(4) = -0.2c(3) + 2r(3) = 1.664$$
$$\vdots$$

所以，$c^*(t) = 2\delta(t-T) + 1.6\delta(t-2T) + 1.68\delta(t-3T) + 1.664\delta(t-4T) + \cdots$

已知一阶系统是稳定的，则稳态输出 $c(\infty)$ 满足：

$$c(\infty) + 0.2c(\infty) = 2$$

$$c(\infty) = \frac{2}{1.2} = \frac{5}{3} = 1.66\cdots$$

其 $c^*(t)$ 如图 6.4.1 所示的脉冲序列。

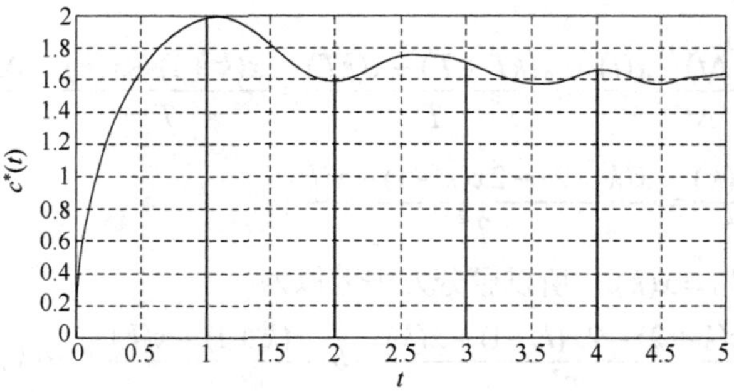

图 6.4.1　离散输出 $c^*(t)$

2) z 变换法

设差分方程如式(6.4.1)或式(6.4.2)所示，对差分方程两端取 z 变换，并利用 z 变换的实数位移定理，得到以 z 为变量的代数方程，然后对代数方程的解 $C(z)$ 取 z 反变换，可求得输出序列 $c(k)$。

例 6.4.4　试用 z 变换法解下列二阶差分方程。

$$c(k+2) - 2c(k+1) + c(k) = 0$$

设初始条件 $c(0) = 0,\quad c(1) = 1$。

解　根据实数位移定理，对差分方程的每一项进行 z 变换，有

$$Z[c(k+2)] = z^2C(z) - z^2c(0) - zc(1) = z^2C(z) - z$$
$$Z[-2c(k+1)] = -2zC(z) + 2zc(0) = -2zC(z)$$
$$Z[c(k)] = C(z)$$

于是，差分方程变换为关于 z 的代数方程

$$(z^2 - 2z + 1)C(z) = z$$

解出

$$C(z) = \frac{z}{z^2 - 2z + 1} = \frac{z}{(z-1)^2}$$

查 z 变换表，求出 z 反变换

$$c(t) = t / T$$

$$c^*(t)=\sum_{n=0}^{\infty}n\delta(t-nT)$$

例 6.4.5 试用 z 变换法解下列二阶差分方程。

$$x(k+2)+4x(k+1)+3x(k)=0, x(0)=0, x(1)=1$$

解 利用 z 变换的性质：

$$Z\left[x(k+2)\right]=z^2X(z)-z^2x(0)-zx(1)=z^2X(z)-z$$

$$Z\left[x(k+1)\right]=zX(z)-zx(0)=zX(z)$$

$$Z\left[x(k)\right]=X(z)$$

代入差分方程得

$$z^2X(z)-z+4zX(z)+3X(z)=0$$

$$X(z)=\frac{z}{(z+1)(z+3)} \quad \Rightarrow \frac{X(z)}{z}=\frac{1}{(z+1)(z+3)}=\frac{0.5}{z+1}-\frac{0.5}{z+3} \quad \Rightarrow X(z)=\frac{0.5z}{z+1}-\frac{0.5z}{z+3}$$

查 z 变换表，有

$$x(t)=0.5(-1)^{t/T}-0.5(-3)^{t/T}$$

$$x^*(t)=\sum_{n=0}^{\infty}x(nT)\delta(t-nT)=\sum_{n=0}^{\infty}\left[0.5(-1)^n-0.5(-3)^n\right]\delta(t-nT)$$

差分方程的解，可以提供线性定常离散系统在给定初始条件下或者输入序列作用下的输出响应序列特性，但不便于研究系统参数变化对离散系统性能的影响。因此，需要研究线性定常离散系统的另一种数学模型——脉冲传递函数。

6.4.2 脉冲传递函数

1. 脉冲传递函数定义

设离散系统如图 6.4.2 所示，如果系统的输入信号为 $r(t)$，采样信号 $r^*(t)$ 的 z 变换函数为 $R(z)$，系统连续部分的输出为 $c(t)$，采样信号 $c^*(t)$ 的 z 变换函数为 $C(z)$，则线性定常离散系统的脉冲传递函数定义为：在零初始条件下，系统输出采样信号的 z 变换 $C(z)$ 与输入采样信号的 z 变换 $R(z)$ 之比，记作

$$G(z)=\frac{C(z)}{R(z)}=\frac{\sum_{n=0}^{\infty}c(nT)z^{-n}}{\sum_{n=0}^{\infty}r(nT)z^{-n}} \tag{6.4.3}$$

所谓零初始条件，是指离散系统输入和输出的初始状态均为零：由后向差分方程描述的离散系统，零初始条件为 $\{c(-i)=0, i=0,1,\cdots,n-1\}, \{r(-j)=0, j=0,1,\cdots,m-1\}$；由前向差分方程描述的离散系统，零初始条件为 $\{c(i)=0, i=0,1,\cdots,n-1\}, \{r(j)=0, j=0,1,\cdots,m-1\}$。

式(6.4.3)表明，如果已知 $R(z)$ 和 $G(z)$，则在零初始条件下，线性定常离散系统的输出 z 变换为

$$C(z)=G(z)R(z)$$

输出采样信号为

$$c(nT)=Z^{-1}[C(z)]=Z^{-1}[G(z)R(z)]$$

输出是连续信号 $c(t)$ 的情况下，如图 6.4.3 所示。可以在系统输出端虚设一个开关，如图中虚线所示，它与输入采样开关同步工作，具有相同的采样周期。必须指出，虚设的采样开关是不存在的，它只表明了脉冲传递响应所能描述的只是输出连续函数 $c(t)$ 在采样时刻的离散值 $c^*(t)$。

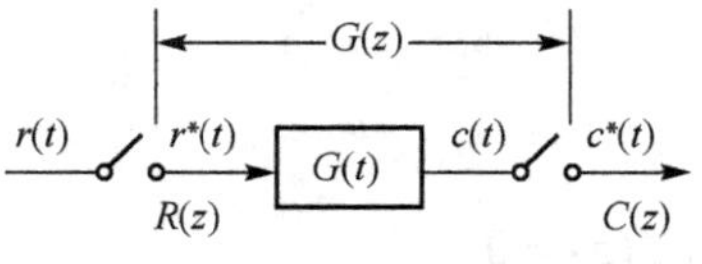

图 6.4.2　开环采样系统

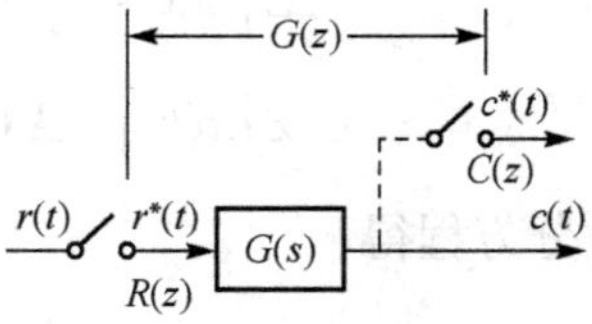

图 6.4.3　开环采样系统

2. 脉冲传递函数的性质

(1) 脉冲传递函数是复变量 z 的函数，一般是有理分式；

(2) 脉冲传递函数只与系统自身的结构、参数有关；

(3) 系统的脉冲传递函数与系统的差分方程有一一对应关系；

(4) 系统的脉冲传递函数是系统的单位脉冲响应序列的 z 变换；

(5) 系统的脉冲传递函数在 z 平面上有对应的零、极点分布；

(6) 系统的脉冲传递函数只表示离散系统的输出、输入在各采样点上的函数关系，反映系统对脉冲序列的传递特性。

3. 由传递函数求脉冲传递函数

传递函数 $G(s)$ 的拉普拉斯逆变换是单位脉冲函数 $k(t)$，将 $k(t)$ 离散化得到脉冲响应序列 $k(nT)$，将 $k(nT)$ 进行 z 变换可得到 $G(z)$，这一变换过程可表示如下：

$$G(s)\Rightarrow L^{-1}[G(s)]=k(t)\Rightarrow \text{离散化}\ k(t)=k(nT)\Rightarrow Z[k(nT)]=G(z)$$

上述变换过程表明，只要将 $G(s)$ 表示成 z 变换表中的标准形式，直接查表可得 $G(z)$。

由于利用 z 变换表可以直接从 $G(s)$ 得到 $G(z)$，而不必逐步推导，所以常把上述过程表示为 $G(z)=Z[G(s)]$，并称为 $G(s)$ 的 z 变换。这一表示应理解为根据上述过程求出 $G(s)$ 所对应的 $G(z)$，而不能理解为 $G(z)$ 是对 $G(s)$ 直接进行 z 变换的结果。

例 6.4.6　采样系统结构图如图 6.4.4 所示。

(1) 求系统的脉冲传递函数；

(2) 写出系统的差分方程；

(3) 画出系统的零极点分布图。

解　(1) 系统的脉冲传递函数为

$$G(z)=Z\left[\frac{1}{s(s+1)}\right]=\frac{(1-\mathrm{e}^{-T})z}{(z-1)(z-\mathrm{e}^{-T})}$$

$$=\frac{0.632z}{z^2-1.368z+0.368}=\frac{0.632z^{-1}}{1-1.368z^{-1}+0.368z^{-2}}$$

(2) 根据 $G(z)=\dfrac{C(z)}{R(z)}=\dfrac{0.632z}{1-1.368z^{-1}+0.368z^{-2}}$，有

$$(1-1.368z^{-1}+0.368z^{-2})C(z)=0.632z^{-1}R(z)$$

等号两端求 z 反变换可得系统差分方程为

$$c(k)-1.368c(k-1)+0.368c(k-2)=r(k-1)$$

(3) 系统零极点分布图如图 6.4.5 所示。

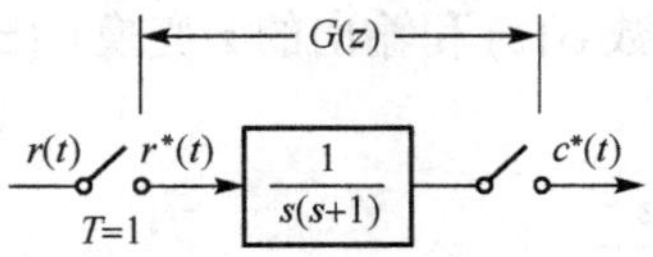

图 6.4.4　采样系统结构图

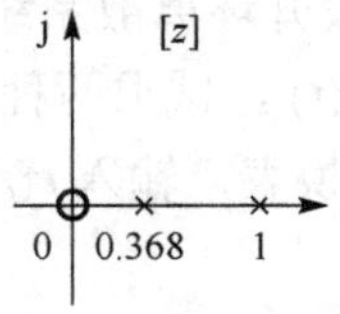

图 6.4.5　例 6.4.6 的零极点图

6.4.3　开环系统脉冲传递函数

当开环离散系统由几个环节串联组成时，由于采样开关的数目和位置不同，求出的开环脉冲传递函数也不同。

1. 串联环节之间有采样开关时

设开环离散系统如图 6.4.6 所示，在两个串联连续环节 $G_1(s)$ 和 $G_2(s)$ 之间，有理想采样开关。根据脉冲传递函数定义，有

$$Q(z)=G_1(z)R(z),\quad C(z)=G_2(z)Q(z)$$

其中，$G_1(z)$ 和 $G_2(z)$ 分别为 $G_1(s)$ 和 $G_2(s)$ 的脉冲传递函数。于是有

$$C(z)=G_2(z)G_1(z)R(z)$$

因此，开环系统脉冲传递函数为

$$G(z)=\frac{C(z)}{R(z)}=G_1(z)G_2(z) \tag{6.4.4}$$

式 (6.4.4) 表明，由理想采样开关隔开的两个线性连续环节串联时的脉冲传递函数，等于这两个环节各自的脉冲传递函数之积。这一结论，可以推广到 n 个环节相串联时的情形。

2. 串联环节之间无采样开关时

设开环离散系统如图 6.4.7 所示，在两个串联连续环节 $G_1(s)$ 和 $G_2(s)$ 之间没有理想采样开关隔开。此时系统连续部分的传递函数为

$$G(s)=G_1(s)G_2(s)$$

将它当作一个整体一起进行 z 变换，由脉冲传递函数定义

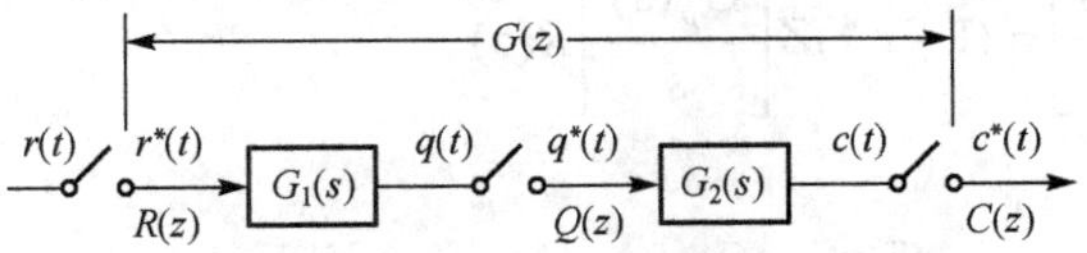

图 6.4.6　环节间有理想采样开关的串联开环离散系统

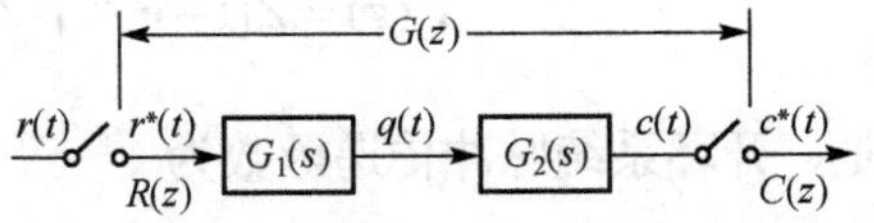

图 6.4.7　环节间无理想采样开关的串联离散系统

$$G(z)=\frac{C(z)}{R(z)}=Z[G_1(s)G_2(s)]=G_1G_2(z) \tag{6.4.5}$$

式(6.4.5)表明，没有理想采样开关隔开的两个线性连续环节串联时的脉冲传递函数，等于这两个环节传递函数乘积后的相应 z 变换。这一结论也可以推广到类似的 n 个环节相串联时的情形。

显然，式(6.4.4)与式(6.4.5)不等，即

$$G_1(z)G_2(z)\neq G_1G_2(z) \tag{6.4.6}$$

例 6.4.7 设开环离散系统如图 6.4.6、图 6.4.7 所示，其中，$G_1(s)=1/s, G_2(s)=a/(s+a)$，输入信号 $r(t)=1(t)$，试求两种系统的脉冲传递函数 $G(z)$ 和输出的 z 变换 $C(z)$。

解 查 z 变换表，输入 $r(t)=1(t)$ 的 z 变换为

$$R(z)=\frac{z}{z-1}$$

对如图 6.4.6 所示系统有

$$G_1(z)=Z\left[\frac{1}{s}\right]=\frac{z}{z-1}$$

$$G_2(z)=Z\left[\frac{a}{s+a}\right]=\frac{az}{z-\mathrm{e}^{-aT}}$$

因此

$$G(z)=G_1(z)G_2(z)=\frac{az^2}{(z-1)(z-\mathrm{e}^{-aT})}$$

$$C(z)=G(z)R(z)=\frac{az^3}{(z-1)^2(z-\mathrm{e}^{-aT})}$$

对如图 6.4.7 系统有

$$G_1(s)G_2(s)=\frac{a}{s(s+a)}$$

$$G(z)=G_1G_2(z)=Z\left[\frac{a}{s(s+a)}\right]=\frac{z(1-\mathrm{e}^{-aT})}{(z-1)(z-\mathrm{e}^{-aT})}$$

$$C(z)=G(z)R(z)=\frac{z^2(1-\mathrm{e}^{-aT})}{(z-1)^2(z-\mathrm{e}^{-aT})}$$

显然，在串联环节之间有、无同步采样开关隔离时，其总的脉冲传递函数和输出 z 变换是不相同的。但是，不同之处仅表现在其开环零点不同，极点仍然一样。

3. 环节前有零阶保持器

设有零阶保持器的开环离散系统如图 6.4.8(a)所示。将图 6.4.8(a)变换为图 6.4.8(b)所示的等效开环系统，则有

$$C(z)=Z[1-\mathrm{e}^{-sT}]\cdot Z\left[\frac{G_p(s)}{s}\right]=(1-z^{-1})Z\left[\frac{G_p(s)}{s}\right]R(z)$$

于是，开环系统脉冲传递函数为

$$G(z)=\frac{C(z)}{R(z)}=(1-z^{-1})Z\left[\frac{G_p(s)}{s}\right] \tag{6.4.7}$$

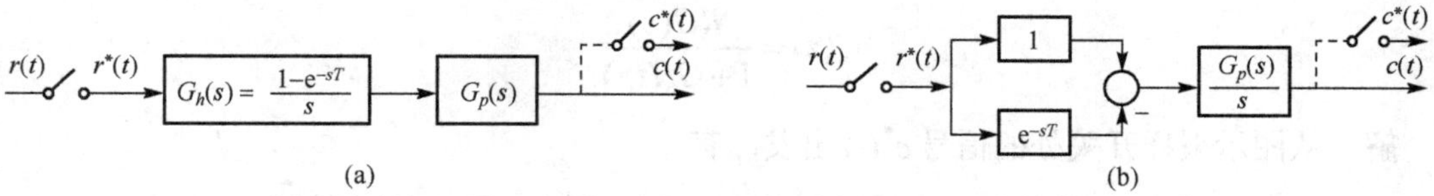

图 6.4.8　有零阶保持器的开环离散系统

6.4.4　闭环系统脉冲传递函数

由于采样器在闭环系统中可以有多种配置形式，因此闭环离散系统结构图形式并不唯一。图 6.4.9 是一种比较常见的闭环离散系统结构图。图中，虚线所示的虚设理想采样开关是为了便于分析而设置的，所有理想采样开关都同步工作，采样周期为 T。

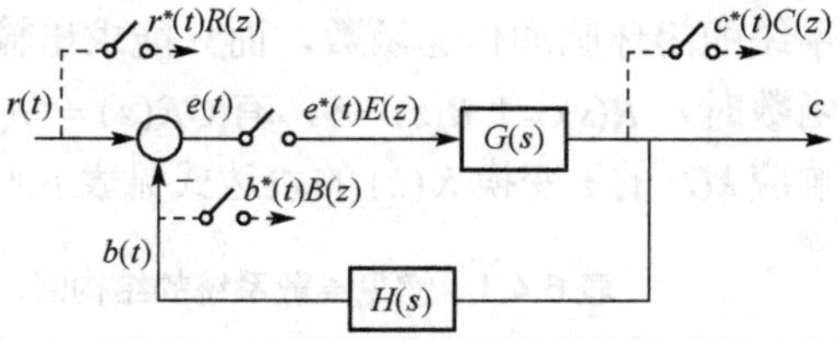

图 6.4.9　闭环离散系统结构图

由脉冲传递函数的定义及开环脉冲传递函数的求法，对图 6.4.9 可从采样开关的脉冲序列信号 $e^*(t)$ 出发，建立方程组如下：

$$\begin{cases} C(s)=G(s)E^*(s) \\ E(s)=R(s)-B(s) \\ B(s)=G(s)H(s)E^*(s) \end{cases}$$

即

$$\begin{cases} C(z)=G(z)E(z) \\ E(z)=R(z)-B(z) \\ B(z)=GH(z)E(z) \end{cases}$$

解上面联立方程，可得该闭环离散系统脉冲传递函数为

$$\Phi(z)=\frac{C(z)}{R(z)}=\frac{G(z)}{1+GH(z)} \tag{6.4.8}$$

闭环离散系统的误差脉冲传递函数为

$$\Phi_e(z)=\frac{E(z)}{R(z)}=\frac{1}{1+GH(z)} \tag{6.4.9}$$

式(6.4.8)和式(6.4.9)是研究闭环离散系统时经常用到的两个闭环脉冲传递函数。与连续系统相类似，令 $\Phi(z)$ 或 $\Phi_e(z)$ 的分母多项式为零，便可得到该闭环离散系统的特征方程：

$$D(z)=1+GH(z)=0 \tag{6.4.10}$$

式中，$GH(z)$ 为开环离散系统的开环脉冲传递函数，即从系统闭合环路的某个采样开关处断开后，环路开环的脉冲传递函数。

需要指出，闭环离散系统脉冲传递函数不能直接从 $\Phi(s)$ 和 $\Phi_e(s)$ 求 z 变换得来，即

$$\Phi(z)\neq Z[\Phi(s)],\quad \Phi_e(z)\neq Z[\Phi_e(s)]$$

这是因为采样器在闭环系统中有多种配置形式。

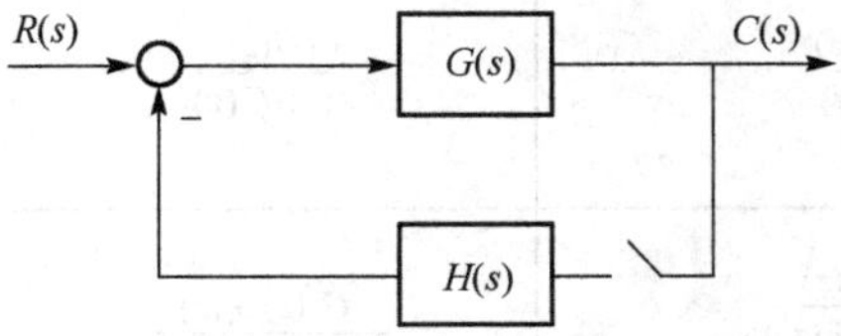

图 6.4.10　例 6.4.8 图

例 6.4.8　设闭环系统结构图如图 6.4.10 所示，试证其输出采样信号的 z 变换函数为

$$C(z)=\frac{RG(z)}{1+GH(z)}$$

解 从图示采样开关处的信号 $c^*(t)$ 出发，有

$$C(s)=G(s)[R(s)\ -H(s)C^*(s)]\ =G(s)R(s)-G(s)\ H(s)C^*(s)$$

$$C(z)=GR(z)-GH(z)C(z)$$

$$C(z)=\frac{GR(z)}{1+GH(z)}$$

由于误差信号 $e(t)$ 处没有采样开关，输入采样信号 $r^*(t)$ 便不存在，此时不可能求出离散系统的闭环脉冲传递函数，而只能求出输出采样信号的 z 变换函数 $C(z)$。当输入为单位脉冲函数时，$R(s)=1,R(z)=1$，有 $GR(z)=G(z)$。常见离散系统的结构图、输出 $C(z)$ 及单位脉冲响应 $k(t)$ 的 z 变换 $K(z)$ 的表达式见表 6.4.1。

表 6.4.1 常见离散系统的结构图、输出 $C(z)$ 及单位脉冲响应 $k(t)$ 的 z 变换表达式

结构	$C(z)$	$K(z)$
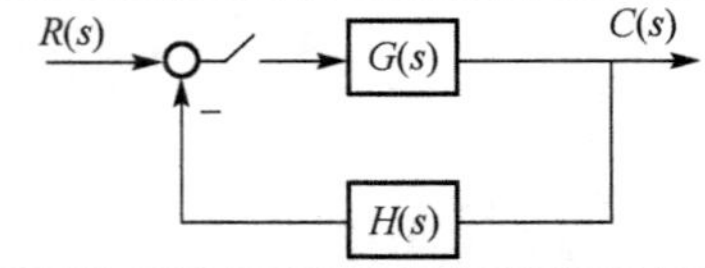	$\frac{G(z)\cdot R(z)}{1+GH(z)}$	$\frac{G(z)}{1+GH(z)}$
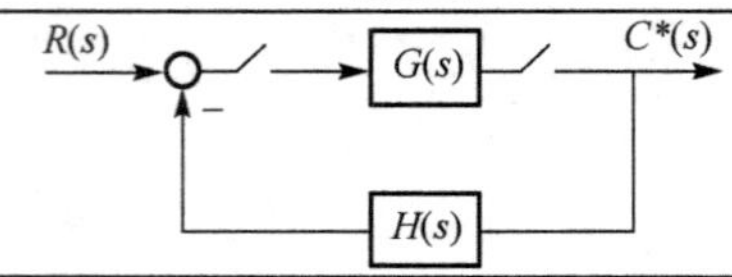	$\frac{G(z)\cdot R(z)}{1+G(z)H(z)}$	$\frac{G(z)}{1+GH(z)}$
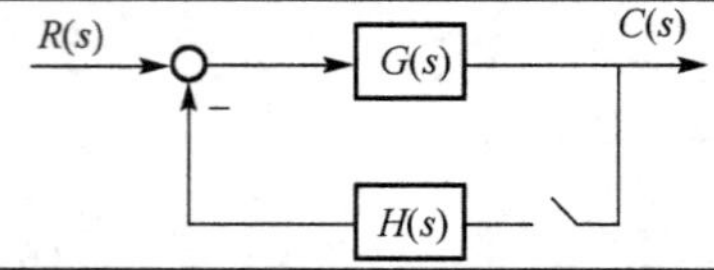	$\frac{GR(z)}{1+HG(z)}$ (无脉冲传函)	$\frac{G(z)}{1+GH(z)}$
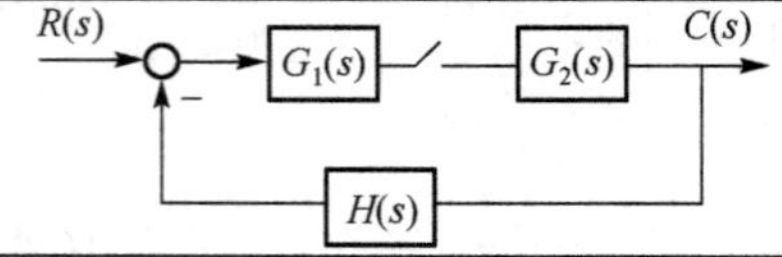	$\frac{G_2(z)\cdot G_1R(z)}{1+G_2HG_1(z)}$ (无脉冲传函)	$\frac{G_2(z)G_1(z)}{1+G_2HG_1(z)}$
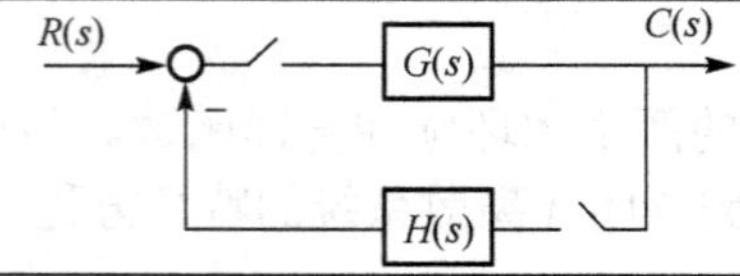	$\frac{G(z)\cdot R(z)}{1+G(z)\cdot H(z)}$	$\frac{G(z)}{1+G(z)H(z)}$
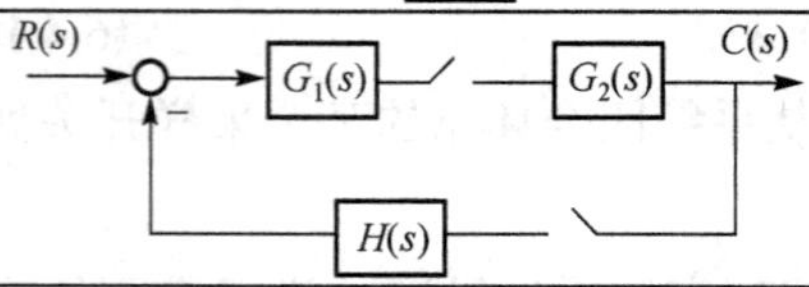	$\frac{G_2(z)\cdot G_1R(z)}{1+G_2(z)HG_1(z)}$ (无脉冲传函)	$\frac{G_2(z)G_1(z)}{1+G_2(z)HG_1(z)}$
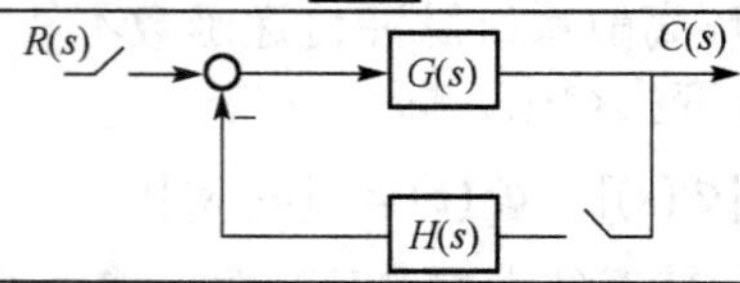	$\frac{G(z)\cdot R(z)}{1+GH(z)}$	$\frac{G(z)}{1+GH(z)}$
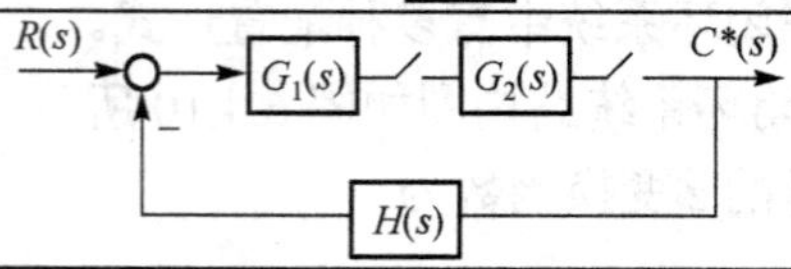	$\frac{G_2(z)G_1R(z)}{1+G_2(z)HG_1(z)}$ (无脉冲传函)	$\frac{G_2(z)G_1(z)}{1+G_2(z)HG_1(z)}$

6.5 离散系统的性能分析

与线性连续系统分析中的情况一样，稳定性和稳态误差是线性定常离散系统分析的重要内容。本节主要讨论如何在 z 域和 w 域中分析离散系统的稳定性，同时给出计算离散系统稳态误差的方法。

6.5.1 稳定性分析

在 z 平面上分析离散系统的稳定性，可以借助于连续系统在 s 平面上稳定性的分析方法。为此首先需要研究 s 平面与 z 平面的映射关系。

1. s 域到 z 域的映射

在 z 变换定义中，$z=e^{sT}$ (T 为采样周期)给出了 s 域到 z 域的映射关系。s 域中的任意点可表示为 $s=\sigma+j\omega$，映射到 z 域，则为

$$z=e^{(\sigma+j\omega)T}=e^{\sigma T}e^{j\omega T} \tag{6.5.1}$$

于是 s 域到 z 域的基本映射关系式为

$$|z|=e^{\sigma T},\quad \angle z=\omega T \tag{6.5.2}$$

当 $\sigma=0$ 时，$|z|=1$，ω 从 $-\infty$ 变到 ∞ 时，映射到 z 平面的轨迹是以原点为圆心的单位圆，即 s 平面的虚轴映射到 z 平面上是以原点为圆心的单位圆；当 $\sigma<0$ 时，$|z|<1$，则 s 平面的左半部分映射到 z 平面的单位圆内；当 $\sigma>0$ 时，$|z|>1$，则 s 平面的右半部分映射到 z 平面的单位圆外。

2. 线性定常离散系统稳定的充分必要条件

离散系统稳定性的概念与连续系统相同。如果一个线性定常离散系统的脉冲响应序列趋于零，则系统是稳定的，否则系统不稳定。

由 s 域到 z 域的映射关系及连续系统的稳定判据，可知：

(1) s 左半平面映射为 z 平面单位圆内的区域，对应稳定区域；

(2) s 右半平面映射为 z 平面单位圆外的区域，对应不稳定区域；

(3) s 平面上的虚轴，映射为 z 平面的单位圆的圆周，对应稳定区域与不稳定区域的边界。严格意义上，z 平面的单位圆的圆周归于不稳定区域。

假设离散控制系统在单位脉冲输入作用下，则输出脉冲序列 $c^*(t)$ 的 z 变换可以写为

$$C(z)=\frac{M(z)}{D(z)}$$

式中，$M(z)$和$D(z)$ 是 z 的多项式，并且 $D(z)$ 的阶数高于 $M(z)$ 的阶数。设 $p_i(i=1,2,\cdots,n)$ 为闭环特征方程 $D(z)=0$ 的互异特征根，即系统闭环脉冲传递函数 $\Phi(z)$ 的单极点，则

$$C(z)=\sum_{i=1}^{n}\frac{c_i z}{z-p_i} \tag{6.5.3}$$

对式(6.5.3)求 z 逆变换得

$$c(nT)=\sum_{i=1}^{n}c_i p_i^n$$

若使 $\lim\limits_{n\to\infty}c(nT)=0$，必须有 $|p_i|<1, i=1,2,\cdots,n$，即离散系统的所有闭环极点均应位于 z 平面上以原点为圆心的单位圆内。

另外，如果离散系统的所有闭环极点均位于 z 平面上以原点为圆心的单位圆内，即

$$|p_i|<1,\quad i=1,2,\cdots,n$$

则一定有

$$\lim_{k\to\infty}c(kT)=\lim_{k\to\infty}\sum_{i=1}^{n}c_i p_i^k\to 0$$

则系统闭环稳定。

综上所述，线性离散系统闭环稳定的充分必要条件是：离散系统所有闭环极点均分布在 z 平面上以原点为圆心的单位圆内，或者离散系统所有特征根的模均小于 1。

当离散系统具有闭环重极点时，上述闭环稳定的充分必要条件仍成立。

例 6.5.1 设离散系统如图 6.4.9 所示，其中 $G(s)=\dfrac{3}{s(s+1)}$，$H(s)=1$，试分析 $T=1\text{s}$ 和 $T=1.1\text{s}$ 时系统的闭环稳定性。

解 由 $G(s)$ 可求出开环脉冲传递函数，即

$$G(z)=\frac{3(1-\mathrm{e}^{-T})z}{(z-1)(z-\mathrm{e}^{-T})}$$

由系统闭环特征方程 $D(z)=1+G(z)=0$ 得

$$z^2+(2-4\mathrm{e}^{-T})z+\mathrm{e}^{-T}=0$$

当取 $T=1\text{s}$ 时，由 $z^2+0.528z+0.368=0$ 得闭环特征方程的根为

$$z_1=-0.264+\mathrm{j}0.546,\quad z_2=-0.264-\mathrm{j}0.546$$

因为

$$|z_1|=|z_2|=\sqrt{0.264^2+0.546^2}=0.606<1$$

所以 $T=1\text{s}$ 时离散系统闭环稳定。

当取 $T=2\text{s}$ 时，由 $z^2+1.460z+0.135=0$ 解得闭环特征方程的根为

$$z_1=-1.361,\quad z_2=-0.099$$

显然，$T=2\text{s}$ 时离散系统闭环不稳定。

应当指出，当例 6.5.1 中无采样器时，对应的二阶连续系统总是稳定的，引入采样器后，采样点之间的信息会丢失，系统的相对稳定性变差。当采样周期增加时，二阶离散系统有可能变得不稳定。

当系统阶数较高时，直接求解差分方程或特征方程的根是不方便的，希望寻找间接的稳定判据，这对于研究离散系统结构、参数、采样周期等对系统稳定性的影响，也是必要的。

3. 离散系统的稳定性判据

连续系统中的劳斯稳定判据，实质上是用来判断系统特征方程的根是否都在左半 s 平面，而离散系统的稳定性需要确定系统闭环特征方程的根是否都在 z 平面的单位圆内。因此在 z 域中不能直接套用劳斯判据，必须引入 z 域到 w 域的双线性变换，使 z 平面单位圆内的区域，映射成 w 平面上的左半平面，这种新的坐标变换，称为 w 变换。

如果令

$$z = \frac{w+1}{w-1} \tag{6.5.4}$$

则有

$$w = \frac{z+1}{z-1} \tag{6.5.5}$$

令复变量

$$z = x + \mathrm{j}y, \quad w = u + \mathrm{j}v$$

代入式(6.5.5)，得

$$u + \mathrm{j}v = \frac{(x^2+y^2)-1}{(x-1)^2+y^2} - \mathrm{j}\frac{2y}{(x-1)^2+y^2}$$

显然

$$u = \frac{(x^2+y^2)-1}{(x-1)^2+y^2}$$

由于上式的分母 $(x-1)^2+y^2$ 始终为正，因此可得

(1) $u=0$ 等价为 $x^2+y^2=1$，表明 w 平面的虚轴对应于 z 平面的单位圆周；

(2) $u<0$ 等价为 $x^2+y^2<1$，表明左半 w 平面对应于 z 平面单位圆内的区域；

(3) $u>0$ 等价为 $x^2+y^2>1$，表明右半 w 平面对应于 z 平面单位圆外的区域。

z 平面和 w 平面的这种对应关系，如图 6.5.1 所示。

经过 w 变换之后，判别闭环特征方程 $1+GH(z)=0$ 的所有根是否位于 z 平面上的单位圆内，转换为判别闭环特征方程 $1+GH(w)=0$ 的所有根是否位于左半 w 平面。后一种情况正好与在 s 平面上应用劳斯稳定判据的情况一样，所以根据 w 域中的特征方程系数，可以直接应用劳斯判据判断离散系统的稳定性，称为 w 域的劳斯稳定判据。

例 6.5.2 闭环离散系统如图 6.5.2 所示，其中采样周期 $T=0.1\text{s}$，试求系统临界稳定时 K 的值。

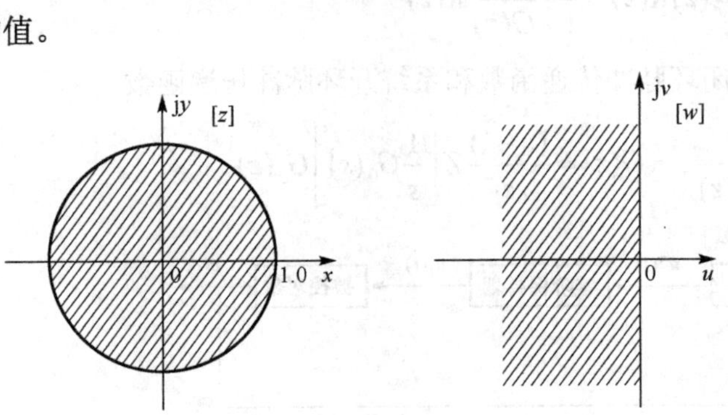

图 6.5.1 z 平面与 w 平面的对应关系

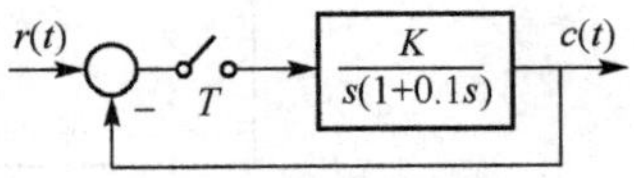

图 6.5.2 闭环离散系统

解 求出开环传递函数的 z 变换

$$G(z)=Z\left[\frac{K}{s(0.1s+1)}\right]=\frac{0.632Kz}{z^2-1.368z+0.368}$$

由闭环特征方程 $D(z)=1+G(z)=0$ 得

$$z^2+(0.632K-1.368)z+0.368=0$$

令 $z=(w+1)/(w-1)$，得

$$\left(\frac{w+1}{w-1}\right)^2+(0.632K-1.368)\left(\frac{w+1}{w-1}\right)+0.368=0$$

化简后，得 w 域特征方程

$$0.632Kw^2+1.264w+(2.736-0.632K)=0$$

列写劳斯表

$$\begin{array}{c|cc} w^2 & 0.632K & 2.736-0.632K \\ w^1 & 1.264 & 0 \\ w^0 & 2.736-0.632K & \end{array}$$

从劳斯表第一列系数可以看出，为保证系统稳定，必须有 $0<K<4.33$，故系统稳定的临界增益 $K=4.33$。

对于离散系统而言，采样周期 T 和开环增益都对系统稳定性有影响。当采样周期一定时，加大开环增益会使离散系统的稳定性变差，甚至使系统变得不稳定；当开环增益一定时，采样周期越长，丢失的信息越多，对离散系统的稳定性及动态性能均不利。

6.5.2 离散系统的稳态误差

连续系统中计算稳态误差的一般方法，在一定的条件下可以推广应用于离散系统。与连续系统不同的是，离散系统的稳态误差只对采样点而言。

设典型单位反馈离散控制系统如图 6.5.3 所示，其中 $G_c(s)$、$G_0(s)$ 分别为控制器和被控对象的传递函数，$e^*(t)$ 为系统误差脉冲序列，其 z 变换为

$$E(z)=\varPhi_e(z)R(z)=\frac{1}{1+G(z)}R(z)$$

式中，$\varPhi_e(z)$、$G(z)$ 分别为系统的误差闭环脉冲传递函数和系统开环脉冲传递函数

$$\varPhi_e(z)=\frac{E(z)}{R(z)}=\frac{1}{1+G(z)}, \quad G(z)=\frac{(z-1)}{z}Z\left[\frac{1}{s}G_0(s)\right]G_c(z)$$

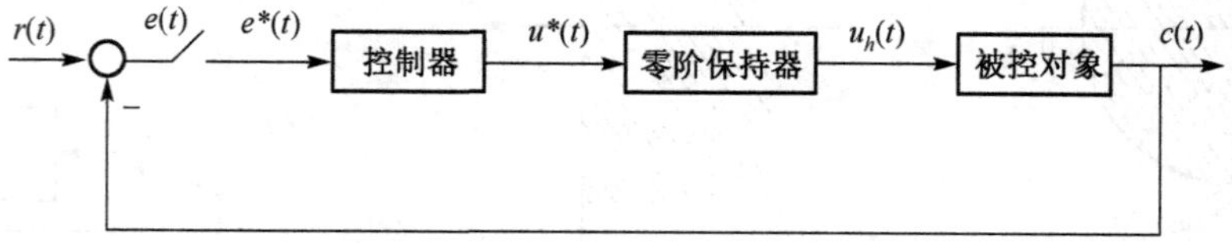

图 6.5.3 典型单位反馈离散控制系统

如果$\Phi_e(z)$的极点全部位于z平面上的单位圆内，即离散系统是稳定的，则可用z变换的终值定理求出采样点的稳态误差

$$e(\infty)=\lim_{t\to\infty}e^*(t)=\lim_{z\to 1}(1-z^{-1})E(z)=\lim_{z\to 1}\frac{(z-1)R(z)}{z[1+G(z)]} \tag{6.5.6}$$

式(6.5.6)表明，线性定常离散系统的稳态误差，与系统本身的结构和参数有关，与输入序列的形式及幅值有关，而且与采样周期的选取也有关。

例 6.5.3 已知离散系统结构图如图 6.5.4 所示，其中$K>0$，$T=0.1\text{s}$。

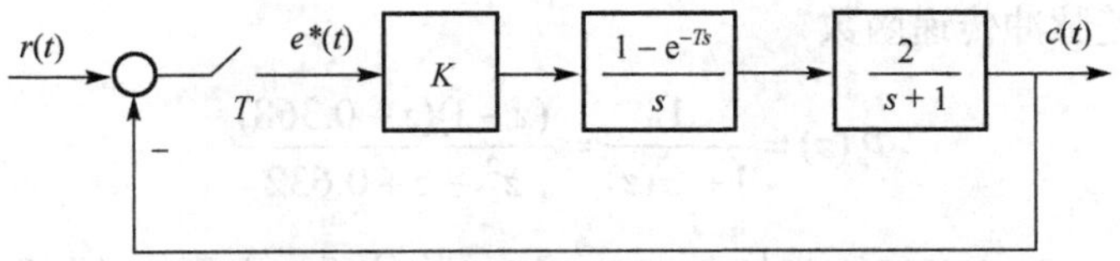

图 6.5.4 离散控制系统结构图

(1)试求系统的闭环脉冲传递函数$\dfrac{C(z)}{R(z)}$；

(2)求使系统稳定的K值范围；

(3)若$K=2$时，求单位阶跃输入时系统的稳态误差$e(\infty)$。

解 (1)被控对象的传递函数为 0 型系统，含有零阶保持器的开环脉冲传递函数为

$$G(z)=\frac{z-1}{z}Z\left[\frac{2K}{s(s+1)}\right]=\frac{2K(1-\mathrm{e}^{-T})}{z-\mathrm{e}^{-T}}$$

闭环脉冲传递函数为

$$\frac{C(z)}{R(z)}=\frac{G(z)}{1+G(z)}=\frac{2K(1-\mathrm{e}^{-T})}{z-\mathrm{e}^{-T}+2K-2K\mathrm{e}^{-T}}$$

(2)特征方程为$z-\mathrm{e}^{-T}+2K-2K\mathrm{e}^{-T}=0$，将$T=0.1\text{s}$代入后，特征方程为

$$z-0.9+0.2K=0$$

所以，稳定的K值范围为$0<K<9.5$。

(3)误差$E(z)=\dfrac{1}{1+G(z)}R(z)=\dfrac{z-\mathrm{e}^{-T}}{z+2K-(1+2K)\mathrm{e}^{-T}}\cdot\dfrac{z}{z-1}$，将$K=2$，$T=0.1$代入后得，稳态误差$e(\infty)=\lim\limits_{z\to 1}(1-z^{-1})E(z)=0.2$。

由本例可看出，尽管是被控对象是一阶的，但离散化后，系统的稳定性与K的大小有关。

例 6.5.4 设离散系统如图 6.5.3 所示，其中，

$$G_c(s)=1,\quad G_0(s)=\frac{1}{s(s+1)},\quad T=1\text{s}$$

(1)输入连续信号$r(t)$分别为$1(t)$和t，试求离散系统的稳态误差$e(\infty)$；

(2)求$r(t)=1(t)$时的$e(T)$及$e(2T)$。

解 被控对象的传递函数为Ⅰ型系统，含有零阶保持器的开环脉冲传递函数为

$$G(z)=\frac{z-1}{z}Z\left[\frac{1}{s^2(s+1)}\right]=\frac{z-1}{z}Z\left[\frac{1}{s^2}-\frac{1}{s}+\frac{1}{s+1}\right]$$

$$=\frac{z-1}{z}Z\left[\frac{Tz}{(z-1)^2}-\frac{z}{z-1}+\frac{z}{z-\mathrm{e}^{-T}}\right]=\frac{(T-1+\mathrm{e}^{-T})z+(-T\mathrm{e}^{-T}-\mathrm{e}^{-T}+1)}{(z-1)(z-\mathrm{e}^{-T})}$$

当$T=1$时，$G(z)=\dfrac{0.368z+0.264}{(z-1)(z-0.368)}$。

(1)系统的误差脉冲传递函数

$$\varPhi_e(z)=\frac{1}{1+G(z)}=\frac{(z-1)(z-0.368)}{z^2-z+0.632}$$

闭环极点$z_{1,2}=0.5\pm \mathrm{j}0.618$，$|z_1|=|z_2|=0.795$，均位于$z$平面的单位圆内，可以应用终值定理方法求稳态误差。

(2)当$r(t)=1(t)$，相应$r(nT)=1$时，$R(z)=\dfrac{z}{z-1}$，于是由式(6.5.6)求得

$$\lim_{n\to\infty}e(nT)=e(\infty)=\lim_{z\to 1}(z-1)\varPhi_e(z)R(z)$$

$$=\lim_{z\to 1}\frac{z}{1+G(z)}=\frac{1}{1+\lim\limits_{z\to 1}G(z)}=0$$

当$r(t)=t$，相应$r(nT)=nT$时，$R(z)=Tz/(z-1)^2$，于是由式(6.5.6)求得

$$\lim_{n\to\infty}e(nT)=e(\infty)=\lim_{z\to 1}(z-1)\varPhi_e(z)R(z)$$

$$=\lim_{z\to 1}\frac{1}{1+G(z)}\cdot\frac{Tz}{(z-1)}=\frac{T}{\lim\limits_{z\to 1}(z-1)G(z)}=1$$

(3)当$r(t)=1(t)$，相应$r(nT)=1(nT)$时，$R(z)=z/(z-1)$，有

$$E(z)=\varPhi_e(z)R(z)=\frac{z^2-0.368z}{z^2-z+0.632}$$

用长除法得

$$E(z)=1+0.632z^{-1}+0z^{-2}-0.399z^{-3}\cdots$$

则

$$e(T)=0.632,\quad e(2T)=0$$

由例 6.5.3、例 6.5.4 可以看出，零阶保持器的存在不改变系统的阶数，离散化后的系统阶数与被控对象的阶数相同。

思考：在典型输入信号作用下，典型单位反馈离散控制系统的稳态误差有何规律？是否与连续系统存在某种关联？

6.6 离散系统的数字 PID 控制

在连续系统中，控制器最常用的控制律是 PID 控制，已在前面介绍。在计算机控制系统中，数字 PID 是常用的控制律。

1. *数字 PID 的离散形式以及脉冲传递函数*

第三章介绍过模拟 PID 控制只是应用于连续系统，具体形式为

$$u(t) = K_p\left[e(t) + \frac{1}{T_i}\int_0^t e(t)\mathrm{d}t + T_d\frac{\mathrm{d}e(t)}{\mathrm{d}t}\right] \tag{6.6.1}$$

假设采样周期足够短，可进行以下近似变换：

$$t \approx kT$$

$$\int_0^t e(t)\mathrm{d}t \approx T\sum_{j=0}^{k} e(jT) = T\sum_{j=0}^{k} e(j)$$

$$\frac{\mathrm{d}e(t)}{\mathrm{d}t} \approx \frac{e(kT) - e[(k-1)T]}{T} = \frac{e(k) - e[(k-1)]}{T}$$

所以，有以下形式的数字 PID 算法：

$$u(k) = K_p e(k) + K_i\sum_{j=0}^{k} e(j) + K_d[e(k) - e(k-1)] \tag{6.6.2}$$

式中，$K_i = \dfrac{K_p}{TT_i}$，$K_d = \dfrac{K_p T_d}{T}$。

由 z 变换的性质有

$$Z\left\{\sum_{j=0}^{k} e(j)\right\} = Z[e(k) + e(k-1) + e(k-2) + \cdots + e(0)]$$

$$= (1 + z^{-1} + z^{-2} + \cdots + z^{-k})E(z) = \frac{1}{1-z^{-1}}E(z) \tag{6.6.3}$$

$$Z[e(k) - e[(k-1)]] = (1 - z^{-1})E(z) \tag{6.6.4}$$

由式(6.6.2)、式(6.6.3)以及式(6.6.4)便可得数字 PID 的脉冲传递函数：

$$\frac{U(z)}{E(z)} = K_p + \frac{K_i}{1-z^{-1}} + K_d(1 - z^{-1}) \tag{6.6.5}$$

说明 传递函数(6.6.5)的另一种推导方式，由(6.6.2)得

$$u(k-1) = K_p e(k-1) + K_i\sum_{j=0}^{k-1} e(j) + K_d[e(k-1) - e(k-2)] \tag{6.6.6}$$

由式(6.6.2)减去式(6.6.6)得

$$u(k) - u(k-1) = K_p[e(k) - e(k-1)] + K_i e(k) + K_d[e(k) - 2e(k-1) + e(k-2)]$$

两边进行 z 变换，有

$$(1-z^{-1})U(z)=K_p(1-z^{-1})E(z)+K_iE(z)+K_d(1-2z^{-1}+z^{-2})E(z)$$

所以数字 PID 的传递函数为

$$\frac{U(z)}{E(z)}=K_p+\frac{K_i}{1-z^{-1}}+K_d(1-z^{-1}) \tag{6.6.7}$$

2. 离散系统的数字 PID 控制实例

例 6.6.1 被控对象为 8kW 的电阻加热炉，采用单片机控制，结构如图 6.6.1 所示，系统中既有连续信号，又有数值信号，实际上是一个混合控制系统。由阶跃响应的飞升曲线测得对象特性为具有纯滞后的一阶惯性环节，为

$$G_p(s)=\frac{K\mathrm{e}^{-\tau s}}{Ts+1}=\frac{2.8\mathrm{e}^{-40s}}{178s+1}$$

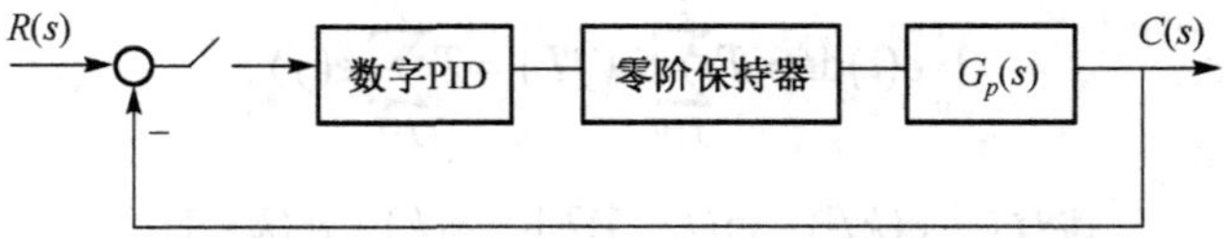

图 6.6.1 闭环温度控制系统

经过离散化后得到其含有零阶保持器的脉冲传递函数为

$$G_p(z)=\frac{0.563}{z^2-0.7987z}$$

采用数字 PI 控制，即

$$U(z)=\left[K_p+\frac{K_i}{1-z^{-1}}\right]E(z)$$

若对系统进行仿真，一般有两种方法：其一是把连续的对象进行离散化，在 Matlab 环境下采用离散系统工具箱进行仿真；其二是利用差分方程方法，把被控对象的传递函数转换为差分方程，进而可以利用高级程序语言进行编程，也可用汇编语言来实现，后者更适用于工程应用。

采用第一种方法实现的 Simulink 模型如图 6.6.2 所示，其中 $K_p=1, K_i=0.1, K_d=0$，单位阶跃响应以及控制如图 6.6.3 所示，由于采样时间很小，所以仿真曲线看起来是连续的。

一般用单片机实现温度控制时要用汇编语言实现 PID 数字算法，根据差分方程与脉冲传递函数的一一对应关系，可得到对象的差分方程描述

$$c(k+2)-0.7987c(k+1)=0.5636u(k) \tag{6.6.8}$$

采用 PI 控制，利用

$$\frac{U(z)}{E(z)}=K_p+\frac{K_i}{1-z^{-1}}$$

得到

$$u(k)=u(k-1)+(K_p+K_i)e(k)=K_pe(k-1) \tag{6.6.9}$$

又

$$e(k) = r(k) - c(k) \tag{6.6.10}$$

由式(6.6.8)、式(6.6.9)以及式(6.6.10)，利用 Matlab 语言或者汇编语言编程就可以实现系统的数字仿真。

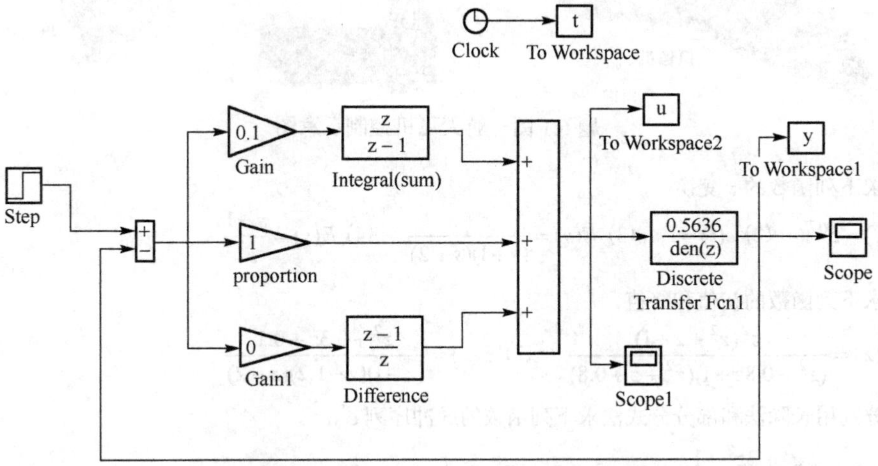

图 6.6.2 闭环数字控制系统的 Simulink 模型

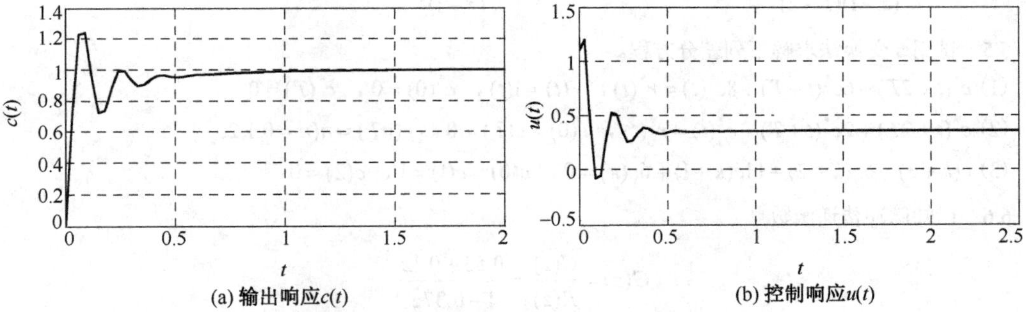

图 6.6.3 闭环数字控制系统的单位阶跃响应

说明 把对象的传递函数转换为差分方程时，既可以利用 z 变换方法，也可以在采样周期很小时，利用微分近似为差分的概念，如例 6.4.1 的方法。

本章只是介绍了基本的数字 PID 控制，针对实际系统存在的不确定性以及外界干扰，产生了许多改进型的数字 PID 控制算法，如积分分离 PID 算法、不完全微分 PID 算法、微分先行 PID 算法、带死区的 PID 算法等。随着智能控制的发展，还出现了许多智能 PID 算法，如自适应 PID 算法、模糊 PID 算法、神经网络 PID 算法、预测 PID 算法等。在工程应用中，可根据对象的特性和控制性能的要求选择合适的数字 PID 控制算法。

习 题

6.1 带有机械臂的航天飞机如题 6.1 图，利用视窗和电视摄像机，宇航员可以控制机械臂和机械臂顶端的手指，系统包含用于显示和控制的计算机。试讨论如何将数字控制应用于该系统，并画出系统的方块图。

题 6.1 图　航天飞机控制示意图

6.2　求下列函数的 z 变换。

(1) $e(t)=5^{t/T}$　(2) $e(t)=t$　(3) $E(s)=\dfrac{s+3}{(s+1)(s+2)}$　(4) $E(s)=\dfrac{s+1}{s^2}$

6.3　求下列函数的初值和终值。

(1) $E(z)=\dfrac{z^2(z^2+z+1)}{(z^2-0.8z+1)(z^2+z+0.8)}$　(2) $E(z)=\dfrac{z^2+0.3z+0.1}{(z-1)(z-1.2)(z-2)}$

6.4　分别用长除法和部分分式法求下列函数的脉冲序列 $e^*(t)$。

(1) $E(z)=\dfrac{z^3+2z^2+1}{z^3-1.5z^2+0.5z}$　(2) $E(z)=\dfrac{z}{(z-1)(z+2)}$

(3) $E(z)=\dfrac{10z}{(z-1)(z-2)}$　(4) $E(z)=\dfrac{Tz}{(z-1)^2}$

6.5　试用 z 变换法求解下列差分方程。

(1) $c^*(t+2T)-6c^*(t+T)+8c^*(t)=r^*(t)$，$r(t)=1(t)$，$c^*(0)=0$，$c^*(T)=0$

(2) $c^*(t+2T)+2c^*(t+T)+c^*(t)=r^*(t)$，$c(0)=c(T)=0$，$r(nT)=n(n=0,1,2,\cdots)$

(3) $c(k+3)+6c(k+2)+11c(k+1)+6c(k)=0$，$c(0)=c(1)=1$，$c(2)=0$

6.6　已知脉冲传递函数

$$G(z)=\frac{C(z)}{R(z)}=\frac{0.53+0.1z^{-1}}{1-0.37z^{-1}}$$

其中，$R(z)=z/(z-1)$，初始条件为零，试求 $c(nT)$。

6.7　设有单位反馈误差采样的离散系统，连续部分传递函数为

$$G(s)=\frac{1}{s^2(s+5)}$$

输入 $r(t)=1(t)$，采样周期 T=2s。试求：

(1) 输出 z 变换 $C(z)$；

(2) 采样时刻的输出响应 $c^*(t)$ 以及 $c(2T)$；

(3) 输出响应的终值 $c(\infty)$。

6.8　试判断下列系统的稳定性。

(1) 已知闭环离散系统的特征方程为

$$D(z)=(z+1)(z+0.5)(z+2)=0$$

(2) 已知闭环离散系统的特征方程为

$$D(z)=z^4+0.2z^3+z^2+0.36z+0.8=0$$

(3) 已知误差采样的单位反馈离散系统，采样周期 T=1s，开环传递函数为

$$G(s)=\frac{22.57}{s^2(s+1)}$$

6.9 设离散系统如题 6.9 图所示，采样周期 $T=1\ \mathrm{s}$，$G_h(s)$ 为零阶保持器。要求：

(1) 当 K=5 时，分别在 z 域和 w 域中分析系统的稳定性；

(2) 确定使系统稳定的 K 值范围；

(3) 若取 K=2，求单位阶跃输入时第二个采样时刻的误差以及稳态误差 $e(\infty)$。

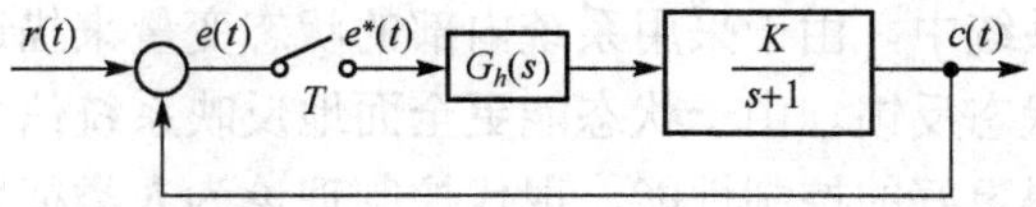

题 6.9 图

6.10 设离散系统如题 6.10 图所示，其中采样周期 T=0.2，K=10，$r(t)=1+t+t^2/2$，试计算系统的稳态误差 $e_{ss}(\infty)$。

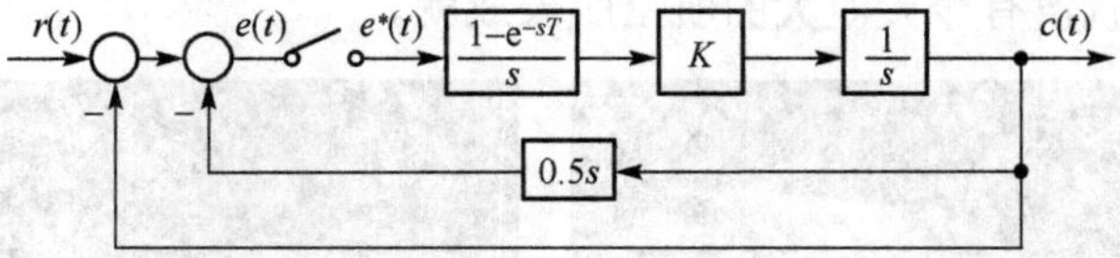

题 6.10 图

6.11 针对图 6.6.1 的闭环温度控制系统，

(1) 利用式 (6.6.8)、式 (6.6.9)、式 (6.6.10)，用 Matlab 进行仿真，给出系统的输出 $c(t)$ 以及控制 $u(t)$；

(2) 选择参数 K_p, K_i, K_d，使得系统的超调量小于 11%，调节时间不大于图 6.6.3 (a) 的调节时间。

第 7 章　状态反馈系统设计

状态变量以及状态空间属于现代控制理论范畴。与经典控制论一样，反馈是系统设计的主要方式。由于经典控制理论使用传递函数来描述系统特性，所以只能用系统输出作为反馈量。在状态空间描述的系统中，由于采用系统内部的状态变量来描述系统特性，因而除了输出反馈外，还经常采用状态反馈。由于状态能更全面地反映系统信息，一般情况下状态反馈比输出反馈会使系统取得更好的控制性能。现代控制理论为人类征服太空起了不可磨灭的作用，其发展的重要标志就是航空航天技术引入了状态空间法，如图 7.0.1 中航天器的太空对接技术。两个航天器要实现对接不是一件易事，它要求根据航天器的状态空间模型精确地控制航天器运行轨道和对航天器定向操纵，并涉及制导、跟踪和修正航线等复杂控制技术。因此，没有现代控制理论，就没有今天巨大的航空航天成就。

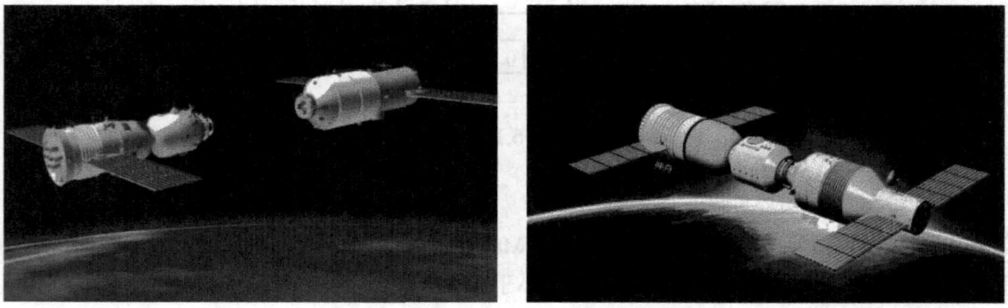

图 7.0.1　航天器太空对接示意图

在状态空间模型中，状态方程描述了输入 $u(t)$ 引起状态 $x(t)$ 的变化过程；输出方程则描述了由状态引起输出 $y(t)$ 的变化过程。可控性和可观性正是分别分析 $u(t)$ 对状态 $x(t)$ 的控制能力以及与输出 $y(t)$ 对 $x(t)$ 的反映能力。可控性与可观性这两个概念是用状态空间描述系统所带来的非常重要概念，它是状态反馈包括最优控制的设计基础。

本章内容是现代控制理论的入门知识，以线性定常系统为对象，首先给出系统可控性概念与判据、系统可观性概念与判据，然后介绍利用状态变量反馈方法设计控制器，重点介绍在 Matlab 环境下，如何利用状态反馈来配置系统的极点，给出控制律的设计方法。

7.1　系统的可控性与可观性

可控性所考查的是系统在 $u(t)$ 的控制下，状态变量的转移情况，而与输出无关，所以讨论系统的可控性时只需研究系统的状态方程而不必考虑输出方程。

7.1.1　系统的可控性

对于方程(7.1.1)所描述的系统，

$$\dot{x} = Ax + Bu \tag{7.1.1}$$

如果系统中存在控制输入 u，能使系统从任意初始状态 $x(t_0)$ 转移到任意指定的末端状态

$x(t)$，则称此状态是可控的。若系统的所有状态都是可控的，则称此系统是状态完全可控的，简称系统是可控的。

对于二阶系统，在 $t=0$ 时其初始状态为 $x_1(0)$ 与 $x_2(0)$，假设位于图 7.1.1 相平面的第三象限，若在输入 $u(t)$ 的作用下，能在时间 $[0 \quad t_f]$ 内，使初始状态 $x(0)$ 能够被驱动至原点 $x(t_f)=0$，即 $x_1(t_f)=0$ 与 $x_2(t_f)=0$，则称此状态 $x(0)$ 是可控的。若平面内任何一个状态 $x(t)$ 都能够被驱动至原点，则称系统是可控的。对于线性定常系统，状态可控与系统可控是一致的，否则状态可控并不说明系统可控。

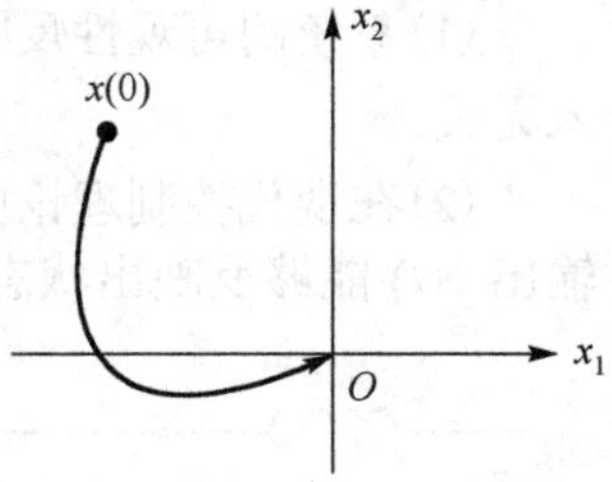

图 7.1.1　可控性示意图

由此可知可控性，是指外加控制 $u(t)$ 对被控系统状态变量 $x(t)$ 的支配能力。从控制系统设计的角度来看，只有当被控系统为完全可控时，才有可能设计适当的状态反馈使闭环控制系统具有任意指定的闭环极点。

例如，对于以下系统：

$$\begin{aligned}\dot{x}&=\begin{bmatrix}-6 & 0\\ 0 & -4\end{bmatrix}x+\begin{bmatrix}0\\ 2\end{bmatrix}\\ y&=[1 \quad 0]x\end{aligned} \tag{7.1.2}$$

由于 $\dot{x}_1=-6x_1$，$\dot{x}_2=-4x_2+2u$，所以状态 x_1 的变化不受控制输入 u 的任何影响，即状态 x_1 是不可控的，因而系统是不可控的。

若系统为

$$\begin{aligned}\dot{x}&=\begin{bmatrix}-6 & 2\\ 0 & -4\end{bmatrix}x+\begin{bmatrix}0\\ 2\end{bmatrix}\\ y&=[1 \quad 0]x\end{aligned} \tag{7.1.3}$$

因 $\dot{x}_1=-6x_1+2x_2$，$\dot{x}_2=-4x_2+2u$，u 对 x_1 的控制是通过 x_2 来实现的，所以系统(7.1.3)是可控的。

7.1.2　系统的可观性

在现代控制理论中，控制系统大多采用状态反馈形式，其反馈信息是由系统的状态变量组合而成。但并非系统的所有状态变量在实际中能够通过测量元件测量得到，于是提出能否通过对输出 $y(t)$ 的测量获得全部状态变量的信息，这便是系统的能观性问题。

考虑方程(7.1.4)所描述的系统，

$$\begin{aligned}\dot{x}&=Ax+Bu\\ y&=Cx\end{aligned} \tag{7.1.4}$$

所谓能观性，是指由系统的输出向量 $y(t)$ 识别状态向量 $x(t)$ 的能力，它回答了能否通过输出 $y(t)$ 的量测值来识别 $x(t)$ 的问题，也就是说状态的任意形式的运动均可由输出 $y(t)$ 完全反映。

在方程(7.1.2)中，$\dot{x}_1=-6x_1$，$\dot{x}_2=-4x_2+2u$，$y=x_1$。显然状态 x_1 是通过 y 测量出来、反映出来，故 x_1 是可观的，而状态 x_2 是不可观的。

在方程(7.1.3)中，$\dot{x}_1=-6x_1+2x_2$，$\dot{x}_2=-4x_2+2u$，$y=x_1$，系统既可控也可观。尽管输

出 $y(t)$ 与第二个状态 x_2 无直接关系，但 x_1 中体现了 x_2，即 x_2 通过 x_1 对 $y(t)$ 产生了影响，所以两个状态都可观，故系统可观。

需要强调的是：

(1) 系统的可观性反映的是系统输出对系统状态的识别能力，所以可观性与系统的控制输入无关。

(2) 在现代控制理论中，状态的可观性与状态的可测量是不同的概念。状态的可观性是指输出 $y(t)$ 能够反映出状态 $x(t)$ 的全部信息；而状态的可测量是指能够通过元器件将 $x(t)$ 测量出来。

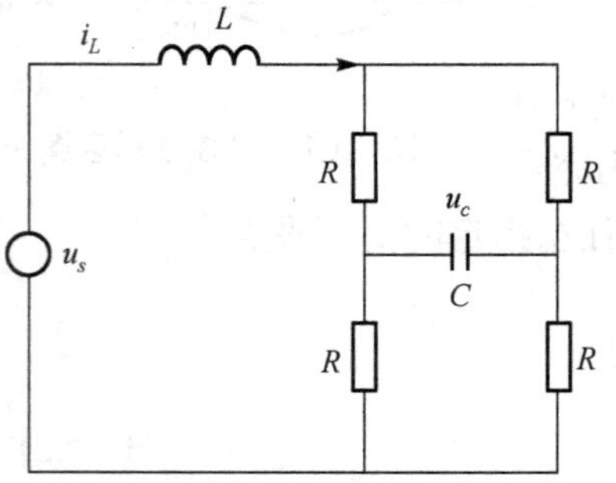

图 7.1.2　RLC 电路

下面通过一个实际电路来进一步理解系统可控、可观的概念。

例 7.1.1　RLC 电路如图 7.1.2 所示，u_s 为系统的电压输入信号，选取电感电流 i_L 与电容电压 u_c 为状态变量，选取 u_c 为系统输出变量，即 $y = u_c$。

解　设 $x_1 = i_L$，$x_2 = u_c$，由电桥电路的特点可以看出，如果初始条件 $u_c(0)=0$，则不论如何选择 u_s，当 $t \geqslant 0$ 时都有 $u_c(t) \equiv 0$，即 $x_2(t) \equiv 0$。因此输入 u_s 只能控制 i_L，即只能控制状态 x_1 而不能控制状态 x_2，所以系统不可控。由于输出 $y = u_c \equiv 0$（$t \geqslant 0$），因而输出 y 不能反映状态的 x_1 变化，故系统也是不可观的。

7.1.3　系统的可控性与可观性判据

对于线性定常连续系统，有

$$\begin{aligned} \dot{x} &= Ax + Bu \\ y &= Cx \end{aligned} \tag{7.1.5}$$

1. 可控性判据

线性定常连续系统完全可控的充分必要条件是：矩阵 $[B \quad AB \quad \cdots \quad A^{n-1}B]$ 的秩为 n，即

$$\mathrm{Rank}[B \quad AB \quad \cdots \quad A^{n-1}B] = n$$

矩阵 $[B \quad AB \quad \cdots \quad A^{n-1}B]$ 称为可控性矩阵，只有可控性矩阵的秩等于系统的阶数 n 时系统是可控的，否则系统是不可控的。

2. 可观性判据

线性定常连续系统完全可观的充分必要条件是

$$\mathrm{Rank}\begin{bmatrix} C \\ CA \\ \vdots \\ CA^{n-1} \end{bmatrix} = n$$

或

$$\mathrm{Rank}[C^{\mathrm{T}} \quad A^{\mathrm{T}}C^{\mathrm{T}} \quad (A^{\mathrm{T}})^2C^{\mathrm{T}} \quad \cdots \quad (A^{\mathrm{T}})^{n-1}C^{\mathrm{T}}] = n$$

矩阵$\begin{bmatrix} C \\ CA \\ \vdots \\ CA^{n-1} \end{bmatrix}$或$[C^{\mathrm{T}} \quad A^{\mathrm{T}}C^{\mathrm{T}} \quad (A^{\mathrm{T}})^2C^{\mathrm{T}} \quad \cdots \quad (A^{\mathrm{T}})^{n-1}C^{\mathrm{T}}]$称为可观性矩阵，只有可观性矩阵的秩等于系统的阶数$n$时系统是可观的，否则系统是不可观的。

例 7.1.2 以式(7.1.2)的二阶系统为例，$A=\begin{bmatrix} -6 & 0 \\ 0 & -4 \end{bmatrix}$，$B=\begin{bmatrix} 0 \\ 2 \end{bmatrix}$，$C=[1 \quad 0]$，判断系统的可控性与可观性。

解 $AB=\begin{bmatrix} -6 & 0 \\ 0 & -4 \end{bmatrix}\begin{bmatrix} 0 \\ 2 \end{bmatrix}=\begin{bmatrix} 0 \\ -8 \end{bmatrix}$，$CA=[1 \quad 0]\begin{bmatrix} -6 & 0 \\ 0 & -4 \end{bmatrix}=[-6 \quad 0]$

可控性矩阵$[B \quad AB]=\begin{bmatrix} 0 & 0 \\ 2 & -8 \end{bmatrix}$的秩为1，所以系统不可控。

可观性矩阵$\begin{bmatrix} C \\ CA \end{bmatrix}=\begin{bmatrix} 1 & 0 \\ -6 & 0 \end{bmatrix}$的秩为1，所以系统不可观。

例 7.1.3 以式(7.1.3)的二阶系统为例，$A=\begin{bmatrix} -6 & 2 \\ 0 & -4 \end{bmatrix}$，$B=\begin{bmatrix} 0 \\ 2 \end{bmatrix}$，$C=[1 \quad 0]$，判断系统的可控性与可观性。

解 $AB=\begin{bmatrix} -6 & 2 \\ 0 & -4 \end{bmatrix}\begin{bmatrix} 0 \\ 2 \end{bmatrix}=\begin{bmatrix} 4 \\ -8 \end{bmatrix}$，$CA=[1 \quad 0]\begin{bmatrix} -6 & 2 \\ 0 & -4 \end{bmatrix}=[-6 \quad 2]$

可控性矩阵$[B \quad AB]=\begin{bmatrix} 0 & 4 \\ 2 & -8 \end{bmatrix}$的秩为2，所以系统完全可控。

可观性矩阵$\begin{bmatrix} C \\ CA \end{bmatrix}=\begin{bmatrix} 1 & 0 \\ -6 & 2 \end{bmatrix}$的秩为2，所以系统完全可观。

需要强调的是：系统的外部描述(如传递函数)是对系统的一种不完全描述，它不能反映系统内部的某些特性。内部描述(状态空间模型)则是系统的一种完全的描述，它能完全表征系统的一切动力学特性。只有当系统可控与可观时，系统外部描述与内部描述才具有等价关系。所以系统的可控性与可观性是两个非常重要的概念。

7.2 用状态反馈配置闭环系统的极点

在现代控制理论中，控制系统的基本结构和经典控制理论一样，仍然是由被控对象和反馈控制器两部分构成的闭环系统。不过在经典控制理论中采用的是输出反馈，而在现代控制理论中则更多地采用状态反馈，这是因为状态反馈能够提供更丰富的系统信息和可供选择的自由度，因而使系统获得更为优异的性能。

状态反馈是将系统的每一个状态变量乘以相应的反馈系数，然后反馈到输入端与参考输入相加形成控制律，作为受控系统的控制输入。

首先假设系统的所有状态都是可测量的，这是状态反馈的前提条件。若考虑的系统是状态完全可控的，那么可以选取一个适当的状态反馈增益矩阵，将闭环系统的极点配置到任意期望的位置。由于系统的性能与系统的闭环极点密切相关，因而极点配置问题在系统设计中非常重要。

7.2.1 状态反馈与极点配置

考虑控制系统

$$\begin{aligned}\dot{x}&=Ax+Bu\\ y&=Cx\end{aligned}\tag{7.2.1}$$

式中，x 是 n 维向量，u 是 m 维向量，A 是 $n\times n$ 常数矩阵，B 是 $n\times m$ 常数矩阵。

设计状态反馈律为

$$u=-Kx+K_m r\tag{7.2.2}$$

式中，K 为 $m\times n$ 维矩阵，称为反馈增益矩阵；K_m 为 $m\times p$ 维矩阵，称为前馈增益矩阵；r 是 p 维向量，为系统的参考输入。K 和 K_m 是根据对系统的动态要求与稳态要求进行设计的常数矩阵。更具体地说，K 取决于系统的闭环极点，K_m 取决于系统的稳态跟踪性能。当 $K_m=0$ 时，说明不考虑系统的参考输入 r，此时闭环系统的状态 $x(t)$ 在初始条件 $x(0)$ 下的响应属于零输入响应。

图 7.2.1 (a) 给出了由方程 (7.2.1) 定义的系统，由于没有将状态 x 反馈给控制输入 u，所以系统是开环系统。在图 7.2.1 (b) 中，采用控制律 (7.2.2) 将状态 x 反馈给控制输入 u，系统是闭环系统。

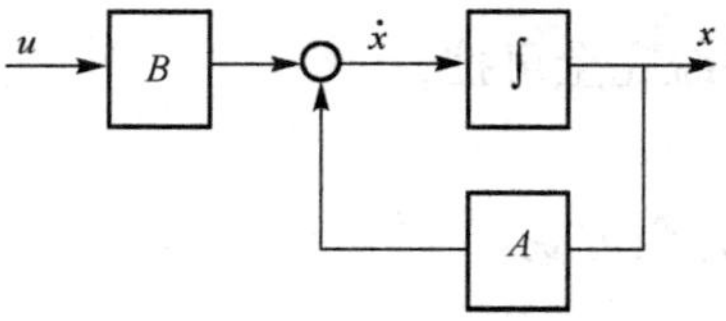

(a) 开环控制系统

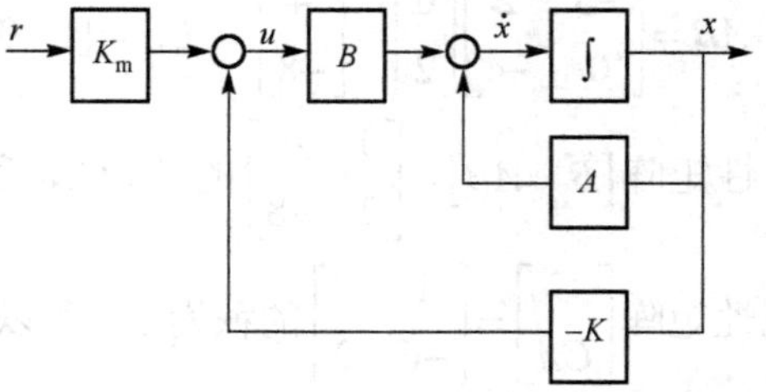

(b) 闭环控制系统

图 7.2.1 控制系统框图

将方程 (7.2.2) 代入方程 (7.2.1)，得到

$$\begin{aligned}\dot{x}&=Ax+B(-Kx+K_m r)\\ &=(A-BK)x+BK_m r\end{aligned}$$

即施加控制输入 $u=-Kx+K_m r$ 后，闭环系统为

$$\begin{aligned}\dot{x}&=(A-BK)x+BK_m r\\ y&=Cx\end{aligned}\tag{7.2.3}$$

如何选取增益矩阵 K，使闭环系统具有期望的极点？这就是闭环系统的极点配置问题。

对方程 (7.2.3) 的两边同时进行拉普拉斯变换，得到闭环系统的状态 x 到外输入 r 间的传递函数为

$$\varPhi(s)=\frac{Y(s)}{R(s)}=C[sI-(A-BK)^{-1}]B\tag{7.2.4}$$

只要系统是可控的，就可以把 $\varPhi(s)$ 的极点配置在期望的极点。

7.2.2 用 Matlab 工具箱进行控制律设计

下面主要介绍利用 Matlab 如何进行极点配置问题。

例 7.2.1 已知系统的状态方程为

$$\dot{x} = Ax + Bu$$

$$A = \begin{bmatrix} 0 & 1 & 0 \\ 0 & 0 & 1 \\ -1 & -5 & -6 \end{bmatrix}, \quad B = \begin{bmatrix} 0 \\ 0 \\ 1 \end{bmatrix}$$

利用状态反馈，将系统的极点配置为 $p_{1,2} = -2 \pm \mathrm{j}4$ 和 $p_3 = -10$，确定反馈增益矩阵 K。

解 首先检验系统的可控性。在 Matlab 环境下运行 rank([B A*B A*A*B])，可知矩形[B A*B A*A*B]的秩为 3，系统可控，可以任意极点配置。利用 Matlab 的极点配置语句 place，接着运行：

```
P=[-10 -2+4i -2-4i]
K=place(A,B,P)
```

得到 K=[199.0000 55.0000 8.0000]。

所以控制 $u = -Kx = -199x_1 - 55x_2 - 8x_3$

本例参考信号 $r(t) = 0$，选择初始条件 $x(0) = [1 \quad 2 \quad 0]$，得到系统的状态响应如图 7.2.2 所示。

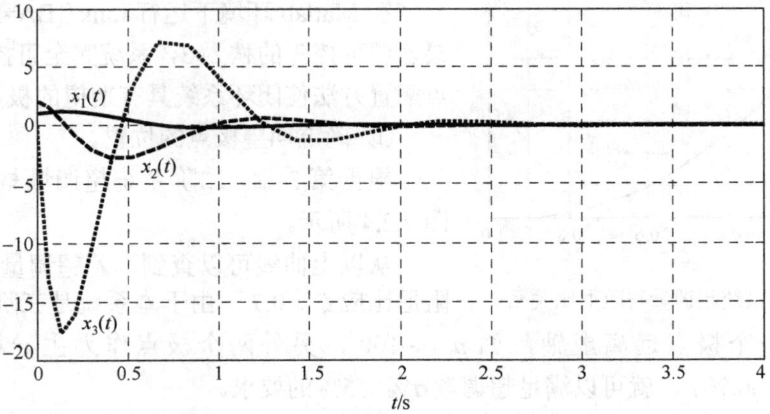

图 7.2.2 例 7.2.1 的系统状态响应

图 7.2.3 是对应例 7.2.1 的 Simulink 模型图。

例 7.2.2 设某控制系统的状态空间模型为

$$\begin{aligned} \dot{x}_1 &= x_2 \\ \dot{x}_2 &= -12x_2 + x_3 \\ \dot{x}_3 &= -6x_3 + u \\ y &= x_1 \end{aligned} \tag{7.2.5}$$

设计状态反馈控制器，使闭环系统满足以下性能指标：

(1) 输出 y 的超调量 $\sigma\% \leqslant 5\%$；

(2) 在阶跃信号作用下的系统稳态误差 $e_{ss} = 0$。

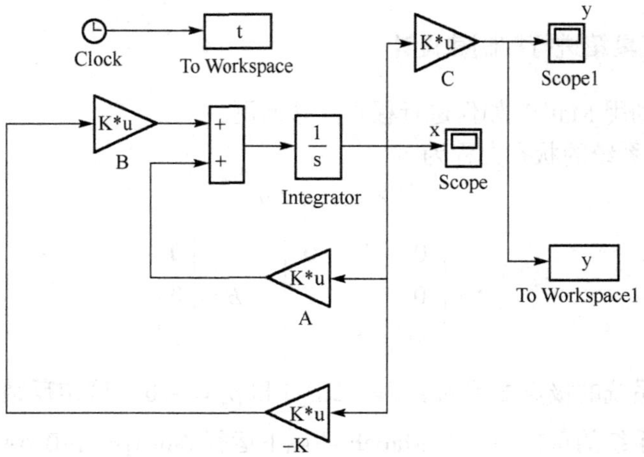

图 7.2.3 Simulink 模型图

解 $A=\begin{bmatrix}0 & 1 & 0\\0 & -12 & 1\\0 & 0 & -6\end{bmatrix}$，$B=\begin{bmatrix}0\\0\\1\end{bmatrix}$，$C=[1\quad 0\quad 0]$

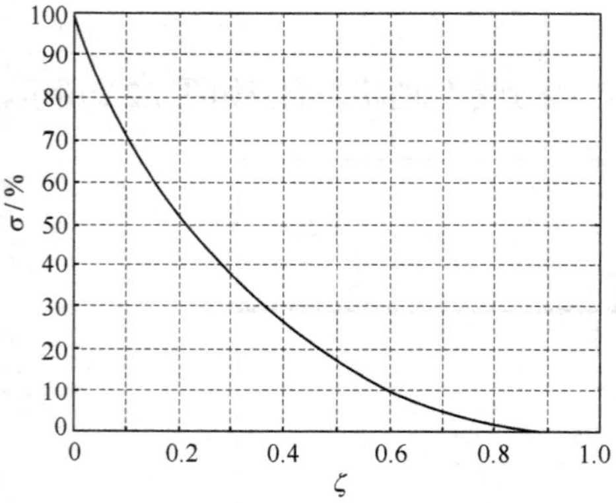

图 7.2.4 二阶系统超调量与阻尼比关系

本例输入 u 和输出 y 均为一维，所以外输入 r 可取为一维，因而矩阵 K_m 是一个常数。

(1) 先验证系统的可控性。

在 Matlab 环境下运行 rank([BA*BA*A*B])，结果表明可控阵的秩为 3，系统完全可控，可以通过极点配置方法使闭环系统具有期望的极点。

① 确定期望极点的位置。

根据第 3 章，二阶系统超调量与阻尼比关系为图 7.2.4 所示。

从以上曲线可以查到，若超调量 $\sigma\%\leqslant 5\%$，其阻尼比应 $\zeta\geqslant 0.7$。由于本系统是三阶系统，只要让闭环系统的一个极点远离虚轴，如 $p_1=-100$，另外两个极点作为主导极点。本例取 $p_{2,3}=-0.707\pm \mathrm{j}0.707$，就可以满足超调量 $\sigma\%\leqslant 5\%$ 的要求。

于是闭环系统期望的特征方程式为

$$(s+100)(s+0.707+\mathrm{j}0.707)(s+0.707-\mathrm{j}0.707)=s^3+114.1s^2+1510s+10000$$

② 确定反馈增益矩阵 K。

根据方程(7.2.2)，K 为 $m\times n$ 常数矩阵，本例 m=1，n=3

设反馈增益矩阵 K 为

$$K=[k_1\quad k_2\quad k_3]$$

利用 Matlab 语句 place 可得到 K，程序为

```
a=[0 1 0;0 -12 1;0 0 6];
b=[0;0;1];
p=[-100 -0.707+0.707i -0.707-0.707i];
K=place(a,b,p)
```

得到状态反馈矩阵为

```
K =[99.9698 -930.5683   83.4140]
```

或

$$k_1 = 99.9698,\quad k_3 = -930.5683,\quad k_3 = 83.4140$$

将 K 阵代入开环系统(7.2.5)得到闭环系统：

$$\dot{x} = \begin{bmatrix} 0 & 1 & 0 \\ 0 & -12 & 1 \\ -99.9698 & 930.5683 & -89.414 \end{bmatrix} x + \begin{bmatrix} 0 \\ 0 \\ 1 \end{bmatrix} K_m r \tag{7.2.6}$$

或

$$\dot{x} = A_0 x + \begin{bmatrix} 0 \\ 0 \\ 1 \end{bmatrix} K_m r \tag{7.2.7}$$

式中

$$A_0 = A - BK = \begin{bmatrix} 0 & 1 & 0 \\ 0 & -12 & 1 \\ -99.9698 & 930.5683 & -89.414 \end{bmatrix}$$

根据系统(7.2.7)，得闭环系统的传递函数 $\varPhi(s) = \dfrac{Y(s)}{R(s)} = C[sI - A_0)^{-1}]BK_m$

本例中 K_m 为常数。

(2)要求系统稳态误差 $e_{ss} = 0$。

利用第 2 章介绍的状态方程转换为传递函数的方法，运行

```
[num,den]=ss2tf(a0,b,c,d)
```

可得方程(7.2.7)的传递函数形式：

$$\varPhi(s) = \frac{K_m}{s^3 + 101.414s^2 + 142.3997s + 99.9698}$$

明显，系统静态放大倍数 $\varPhi(0) = \dfrac{K_m}{99.9698}$。若要稳态误差为零，静态放大倍数必须为 1，所以 $K_m = 99.9698$。

取 $r(t) = 10$，利用 Simulink 进行仿真，得到输出 $y(t)$ 如图 7.2.5 所示。

从仿真曲线上可以看出，稳态输出 $y(t) = 10$，与输入信号相同。系统输出同时满足了“y 的超调量 $\sigma\% \leqslant 5\%$ 以及系统稳态误差 $e_{ss} = 0$”的性能要求。

本例 Simulink 模型如图 7.2.6 所示。

需要说明的是，当系统的状态不能全部测量时，就要通过状态观测器来估计系统的状态，以实现状态反馈。理论证明只要系统是可观的，就可以设计状态观测器。关于状态观测器的介绍可参考有关教科书。

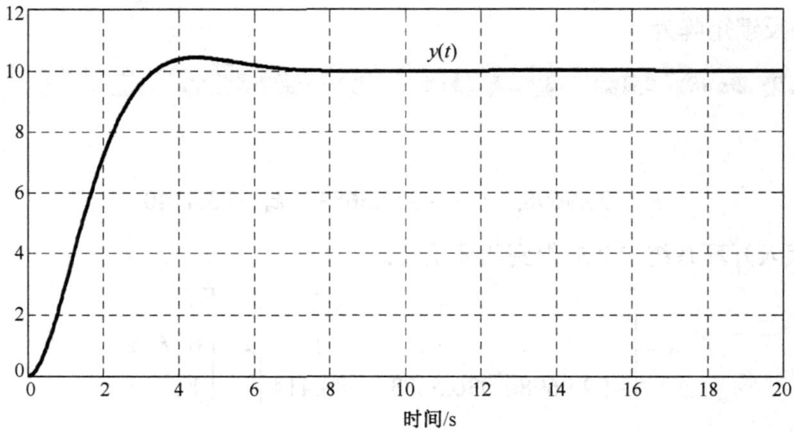

图 7.2.5　例 7.2.2 系统的输出相应 $y(t)$

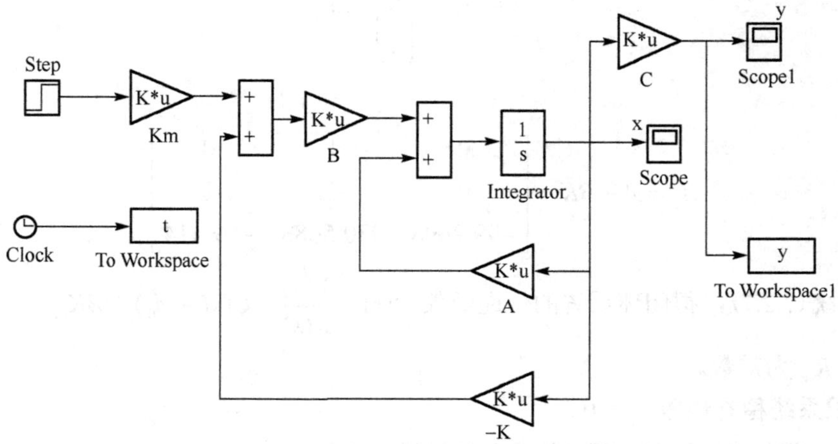

图 7.2.6　例 7.2.2 闭环系统的 Simulink 模型图

习　题

7.1　判断以下系统的可控性与可观性。

(1) $\dot{x}=\begin{bmatrix}a_1 & 0\\ 0 & a_2\end{bmatrix}x+\begin{bmatrix}0\\ b\end{bmatrix}u$

$y=[c_1\quad c_2]x$

(2) $\dot{x}=\begin{bmatrix}a_1 & 1\\ 0 & a_2\end{bmatrix}x+\begin{bmatrix}0\\ b\end{bmatrix}u$

$y=[c_1\quad c_2]x$

(3) $\dot{x}=\begin{bmatrix}a_1 & 1\\ 0 & a_2\end{bmatrix}x+\begin{bmatrix}b\\ 0\end{bmatrix}u$

$y=[c_1\quad c_2]x$

其中，各参数均为非零常数。

7.2　系统的状态方程为

$$\dot{x}=\begin{bmatrix}1 & -1 & 1\\ 0 & 1 & 1\\ 1 & 0 & 1\end{bmatrix}x+\begin{bmatrix}0\\ 0\\ 1\end{bmatrix}u$$

设计一状态反馈阵使闭环系统的极点配置为−1，−2，−3。

7.3　系统的状态空间模型为

$$\dot{x}=\begin{bmatrix}-2 & -4 & -6\\ 0 & 1 & -4\\ 0 & 1 & 1\end{bmatrix}x+\begin{bmatrix}1\\ 0\\ -1\end{bmatrix}u$$

$$y=[1\quad 0\quad 0]x$$

利用 Matlab 工具箱：

(1) 判断系统的可控性与可观性；

(2) 将状态方程转换为系统的传递函数形式，并判断系统的稳定性；

(3) 设计状态反馈控制 $u=-Kx$，使系统的主导极点为 $p_{1,2}=-0.707\pm 0.707\mathrm{j}$，另一个极点自己设计，并给出 $x(0)=[2\quad 0\quad 0]$ 时的状态 $x(t)$ 响应、输出响应 $y(t)$ 与控制信号 $u(t)$。

7.4　系统的开环传递函数为

$$G(s)=\frac{K(s+1)}{s(s-1)(s+6)}$$

利用 Matlab 工具箱：

(1) 将 $G(s)$ 转换为状态空间模型，然后判断系统的可控性、可观性；

(2) 若可控，采用状态反馈 $u=-Kx+K_m r$，使系统的极点配置为 $p_1=-50$, $p_{2,3}=-0.707\pm 0.707\mathrm{j}$，并使在阶跃信号作用下的稳态误差为零。

(3) 给出单位阶跃作用下的输出响应 $y(t)$ 曲线与状态响应 $x(t)$ 曲线。

7.5　某一级倒立摆如题 7.5 图所示。

(a)

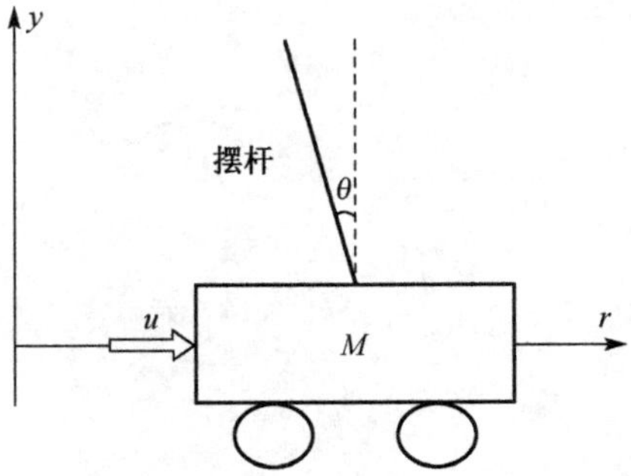

(b)

题 7.5 图　一级倒立摆实物图和原理图

它是一个自不稳定的系统。通过加在小车上的力为 u，使摆杆与竖直向上方向的夹角为 90°，即稳定地直立起来。设小车的位移为 r，摆杆与竖直向上方向的夹角为 θ，利用受力分析法得到系统状态方程形式：

$$\dot{x}=Ax+Bu$$

$$y=Cx$$

式中，$x=[r\quad \dot{r}\quad \theta\quad \dot{\theta}]$，$y=[r\quad \theta]$

$$A=\begin{bmatrix}0 & 1 & 0 & 0\\ 0 & -0.0893 & 0.732 & 0\\ 0 & 0 & 0 & 1\\ 0 & -0.2671 & 31.54 & 0\end{bmatrix},\quad B=\begin{bmatrix}0\\ 0.0892\\ 0\\ 2.6706\end{bmatrix},\quad C=\begin{bmatrix}1 & 0 & 0 & 0\\ 0 & 0 & 1 & 0\end{bmatrix}$$

(1)判断系统的可控性；

(2)利用状态反馈 $u=-Kx$ 配置系统的极点为：$p_{1,2}=-2\pm 2\mathrm{j}$，$p_{3,4}=-10\pm 12\mathrm{j}$，给出在初始状态为 $x(0)=[0\quad 0.5\quad 0.1\quad 0.01]$ 时的输出响应 $y(t)$，状态响应 $x(t)$ 以及控制 $u(t)$；

(3)利用状态反馈 $u=-Kx$ 配置系统的极点，在相同初始条件下使系统的输出响应的性能优于上面给出的极点配置。

7.6　已知飞机纵向运动方程为

$$\begin{aligned}\dot{v}&=-0.007v+0.012\alpha-9.81\theta\\ \dot{\alpha}&=-0.128v-0.54\alpha+q-0.06\delta_e\\ \dot{q}&=0.0653v+0.965\alpha-0.99q-12.57\delta_e\\ \dot{\theta}&=q\end{aligned}$$

式中，v 是速度，α 为迎角，q 为俯仰律，θ 为俯仰角，δ_e 是升降舵偏转角，是控制输入，用于控制飞机的俯仰运动。设计状态反馈 $u=-Kx$，使闭环系统的极点配置为 $p_1=-0.774$，$p_2=-39.91$，$p_{3,4}=-0.746\pm 0.73\mathrm{j}$，并给出初始条件 $\alpha(0)=1$ 时的状态响应曲线 $x(t)$ 与控制输入 $\delta_e(t)$，$x=[v\quad \alpha\quad q\quad \theta]^{\mathrm{T}}$。

第 8 章　非线性控制系统分析

8.1　引　　言

对实际控制系统研究发现，任何一个系统总是存在着不同程度的非线性因素。例如，放大元件的输入信号在一定范围内输入输出呈线性关系，但当输入信号超过一定范围时，输出就会出现饱和现象，如图 8.1.1(a)所示。又如执行元件电动机，由于总是存在摩擦力矩和负载力矩，因此只有当输入电压达到一定数值时才会转动，即存在不灵敏区。同时，当输入电压超过一定数值时，由于磁性材料的非线性，电动机的输出转矩又会出现饱和，如图 8.1.1(b)所示。各种传动机构，由于加工精度和装配的缺陷，在传动过程中总存在着间隙，其输入输出表现为间隙特性，如图 8.1.1(c)所示。当控制系统中包含具有非线性特性元件时，称为非线性系统。所谓线性系统，只是在忽略了非线性因素或在一定条件下进行线性化处理后的一种理想化的模型，但当实际系统本身与线性系统差别太大，或者要求较高的控制精度时，应采用非线性理论进行研究，因此有必要对非线性系统理论进行研究和分析。

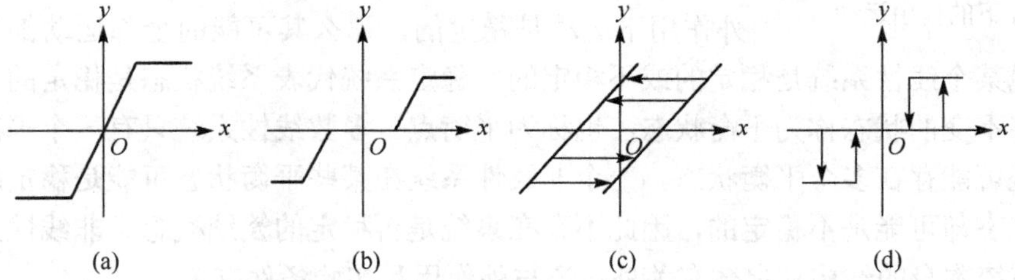

图 8.1.1　几种典型的非线性特性

8.2　非线性控制系统概述

非线性系统分为非本质非线性和本质非线性两种形式，所谓非本质非线性系统是指系统中的非线性特性，例如，图 8.1.1(a)所示饱和特性和 8.1.1(c)所示的间隙特性，在一定条件下可进行线性化处理，线性化后的系统可以用线性理论来研究。但是，如果系统的非线性特征明显且不能进行线性化处理，如图 8.1.1(d)所示的继电特性，必须采用非线性系统理论来分析，否则会产生较大的误差，甚至会导致错误的结论，这类系统称为本质非线性系统。

8.2.1　非线性系统的特点

与线性系统相比，非线性系统有许多特殊的现象，具有以下特点。

1. 叠加原理不能应用

对于一个线性系统，当输入 $r_1(t)$ 的响应为 $c_1(t)$，输入 $r_2(t)$ 的响应为 $c_2(t)$ 时，则在输入

$r(t)=ar_1(t)+br_2(t)$ 的作用下(其中 a、b 为常量)，系统的输出为 $c(t)=ac_1(t)+bc_2(t)$，这便是叠加原理。它表明多个外作用下产生的响应等于每个外作用产生的响应之和，且外作用扩大若干倍，输出也扩大若干倍。但对于非线性系统，例如，$\dfrac{\mathrm{d}c(t)}{\mathrm{d}t}+c(t)=r^2(t)$，$\dfrac{\mathrm{d}^2c(t)}{\mathrm{d}t^2}+\dfrac{\mathrm{d}c(t)}{\mathrm{d}t}c(t)=r(t)$，上述关系不成立。

线性系统的重要特征是满足叠加原理，非线性系统不具有这样的性质，是否满足叠加原理是两类系统的本质区别。

2. *运动形式*

线性系统自由运动的形式与初始条件、外作用的大小无关。如果线性系统在某一初始条件下的响应是振荡收敛的，则其在任意初始条件下的响应都是振荡收敛的。但对于非线性系统则不同，自由运动的响应形式可以随着初始条件或外作用的不同而不同。

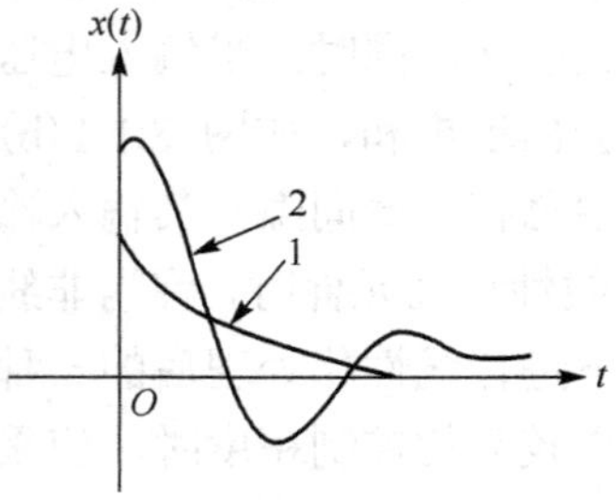

图 8.2.1　非线性系统在不同初始条件下的自由运动

图 8.2.1 所示为一个非线性系统在不同的初始条件下出现的不同响应形式，曲线 1 为非周期响应，曲线 2 为衰减振荡。

3. *稳定性问题*

线性系统的稳定性只与系统本身的结构和参数有关，而与初始条件与外作用无关。如果一个线性系统在某一初始条件和外作用下运动是稳定的，那么其可能的全部运动都是稳定的，所以可以说某个线性系统是稳定的或不稳定的。稳定系统代表系统状态是稳定的，线性系统理论将保持不变的状态称为平衡状态，也称为平衡点。多数线性系统只有一个平衡状态，而非线性系统可能存在多个平衡状态。一个非线性系统在某些平衡状态可能是稳定的，在另外一些平衡状态却可能是不稳定的，因此不存在系统是否稳定的笼统概念。非线性系统的稳定性除了与系统本身的结构和参数有关外，还与外作用和初始条件有关。

例如，一个非线性系统的微分方程为

$$\dot{x}(t)=-x(1-x) \tag{8.2.1}$$

当 $x\neq 0$ 且 $x\neq 1$ 时，将式(8.2.1)改写为

$$\frac{\mathrm{d}x}{x(1-x)}=-\mathrm{d}t \tag{8.2.2}$$

对式(8.2.2)两端分别积分可得：$\dfrac{x}{1-x}=C\mathrm{e}^{-t}$，即 $x(t)=\dfrac{C\mathrm{e}^{-t}}{1+C\mathrm{e}^{-t}}$。

设初始条件 $x(0)=x_0\neq 1$，可求得 $C=\dfrac{x_0}{1-x_0}$，从而得到该非线性微分方程的解 $x(t)$ 为

$$x(t)=\frac{x_0\mathrm{e}^{-t}}{1-x_0+x_0\mathrm{e}^{-t}}=\frac{x_0\mathrm{e}^{-t}}{1-x_0(1-\mathrm{e}^{-t})} \tag{8.2.3}$$

由式(8.2.3)可以看出：①当 $0<x_0<1$ 时，$x(t)$ 随着时间 t 的增大而趋近于零；②当 $x_0<0$ 时，$x(t)$ 随着时间 t 的增大而趋近于零；③当 $x_0>1$ 时，$x(t)$ 随着时间 t 的增大而增大，当 $t=\ln\dfrac{x_0}{x_0-1}$ 时，$x(t)$ 趋于无穷大。不同初始条件下该系统的响应如图 8.2.2 所示。

由图 8.2.2 可以看出该非线性系统有两个平衡状态 $x=0$ 和 $x=1$。$x=0$ 这个平衡状态是稳定的，因为在 $x=0$ 附近，从 $x_0<1$ 出发的运动最终都能回到 $x=0$ 这个平衡状态；而 $x=1$ 这个平衡状态是不稳定的，因为当 $x_0>1$ 时，系统的运动发散到无穷远处，当 $x_0<1$ 时，系统的运动最终回到 $x=0$ 处，它们都不再回到 $x=1$ 这个平衡状态。

4. 自激振荡问题

一个线性系统在没有外作用的情况下，如果产生周期运动，在物理上是不能实现的。例如，临界稳定的二阶线性系统自由运动 $x(t)=A\sin(\omega t+\varphi)$，为周期运动形式，但这种周期运动一旦在系统受到扰动时将被破坏，从而使系统运动趋向于稳定或趋向于不稳定，因此实际上该周期运动不稳定，是不能实现的。

非线性系统在外作用为零的情况下，完全可能产生一定频率和振幅的周期运动，且在系统受到扰动时，该周期运动仍然稳定，这种稳定的周期运动称为自激振荡，简称自振，它是非线性系统理论研究的重要问题。

例如，著名的范德波尔(van der Pol)振荡器是一个具有非线性电阻的 RLC 电路，为典型的非线性系统，其自由运动 $x(t)$ 可以用二阶非线性微分方程描述 $\ddot{x}-2\rho(1-x^2)\dot{x}+x=0$（其中 $\rho>0$），这就是著名的范德波尔方程。该方程可以表示为 $\ddot{x}+2\rho(x^2-1)\dot{x}+x=0$，与二阶线性系统微分方程 $\ddot{x}+2\xi\omega_n\dot{x}+\omega_n{}^2x=0$ 相比较，非线性系统的等效阻尼比为 $\rho(x^2-1)$。当 $|x|<1$ 时，等效阻尼比 $\rho(x^2-1)<0$，表明系统在运动过程从外界得到能量，因此具有发散的运动形式；当 $|x|>1$ 时，等效阻尼比 $\rho(x^2-1)>0$，表明系统在运动过程中消耗能量，因此具有收敛的运动形式。由于非线性阻尼比随着 x 值而变化，使得上述两种运动形式交替进行，致使 $x(t)$ 的运动既不能无限发散，又不能无限收敛，所以呈现出稳定的周期运动的形式，即自激振荡，如图 8.2.3 所示。

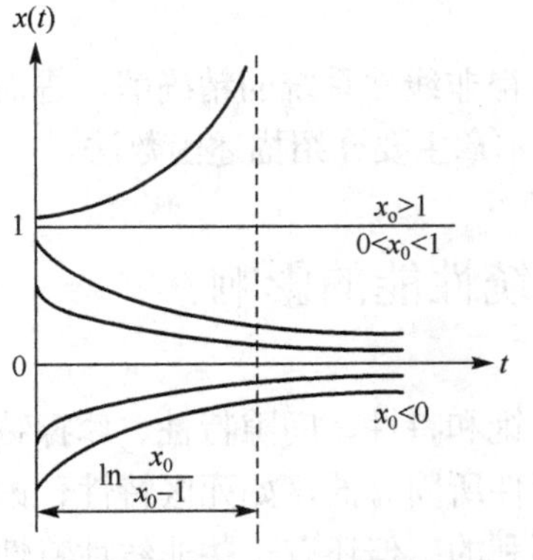

图 8.2.2　对不同初始条件的响应

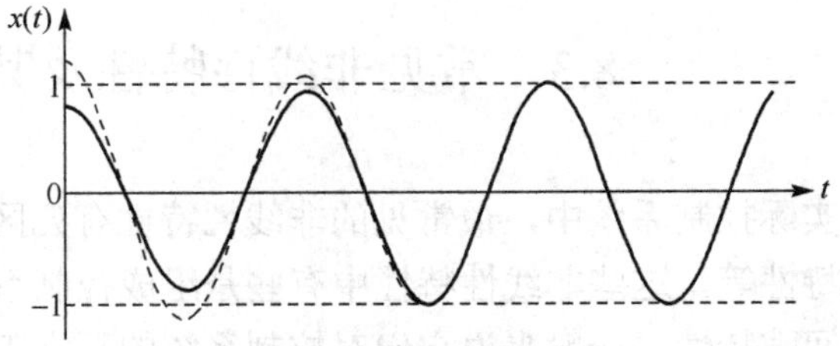

图 8.2.3　范德波尔振荡器的输出信号

自激振荡是非线性系统的特有现象，多数情况下在系统正常工作时不希望产生，以避免这种自激振荡对系统产生的破坏作用。但在某些情况下，也可以通过引进自振来改善系统的性能。

5. 对正弦信号响应的复杂性

在线性系统中，当输入信号为正弦信号时，其输出的稳态值是与输入信号同频率的正弦信号，只是两者的幅值和相角一般不同，可以用频率特性来描述系统的动态特性。但在非线

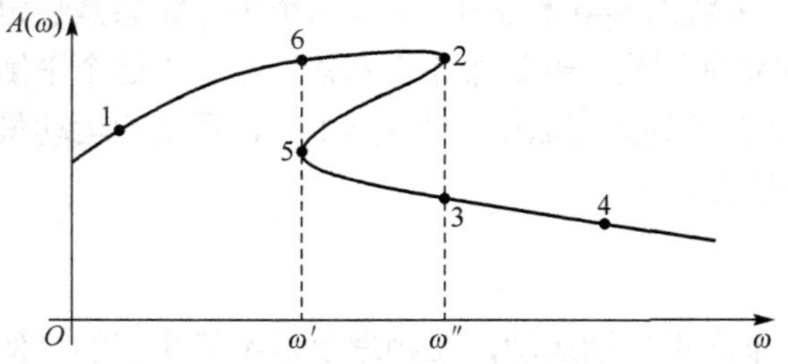

图 8.2.4　跳跃谐振和多值响应

性系统中，当输入是正弦信号时，输出量除了包含与输入同频率的正弦信号外，还常包含倍频、分频等谐波分量。某些非线性系统在输入信号的幅值不变而频率由小到大或大到小变化时，其输出的幅值与频率之间可能会发生跳跃谐振和多值响应现象，如图 8.2.4 所示。

此外，非线性系统在一定条件下还会出现分行、混沌等一些奇特的现象，在此不再赘述，感兴趣的读者可以参阅其他文献。

8.2.2 非线性系统的分析与设计方法

非线性系统的研究远比线性系统复杂，涉及多方面的知识，缺乏能统一处理的有效数学工具，目前还没有一套通用的理论体系和研究方法。

在工程上广泛应用的非线性系统分析方法有描述函数法和相平面法。

1. 描述函数法

描述函数法是线性系统频域分析法在非线性系统中的推广。它通过对非线性特性在正弦信号作用下的输出进行谐波线性化得到描述函数，分析非线性系统的稳定性和自激振荡。这种方法简单有效，且不受系统阶次的限制。

2. 相平面法

相平面法是一种求解非线性常微分方程的图解方法。它通过绘制相平面轨迹图，对系统时间响应特性进行分析，讨论系统参数对时间响应的影响。它是时域分析法在非线性系统中的推广应用，仅适用于一、二阶非线性系统。

此外，在非线性系统研究中，数字计算机仿真可以求得非线性系统的精确解，进而分析非线性系统的性能，已成为研究非线性系统的重要手段。本章主要介绍描述函数法。

8.3 常见非线性特性及其对系统性能的影响

实际控制系统中，最常见的非线性特性有死区特性、饱和特性、间隙特性、摩擦特性和继电特性等。这些非线性特性中有些是组成控制系统的元件所固有的，如死区特性、饱和特性和间隙特性，一般来说它们对控制系统的正常工作是不利的；但还有一些非线性特性如继电器特性等，则是为了改善控制系统的性能而人为加入的，这些非线性特性的加入能使系统具有更为优良的性能。

本节将从物理概念上对这些常见的非线性特性对系统的影响进行定性分析和简要说明，虽然不够严谨，但所得的结论对从事实际系统的调试工作具有一定的参考价值。

1. 死区特性

死区又称不灵敏区，当输入信号在很小的范围时输出为零，只有在输入信号超过一定值后才有输出。一般控制系统中的测量元件、放大元件和执行元件都存在不灵敏区，例如作为控制系统中的检测部件的测速发电机、自整角机，由于其电刷和换向器存在摩擦产生死区。又如，作为执行机构的伺服电机由于要克服摩擦和负载转矩，因此需要有一定的启动电压，这个电压称作伺服电机的死区，且摩擦和负载转矩越大，伺服电机的死区也越大。

死区特性的典型形式如图 8.3.1 所示，当输入信号 x 较小在 $x \leqslant |\Delta|$ 时，输出 y 为零；当输入信号大于一定值在 $x > |\Delta|$ 时，其输出与输入为线性关系，Δ 区域为死区或不灵敏区范围。

其数学表达式为

$$y(t)=\begin{cases}0, & |x(t)| \leqslant \Delta \\ k[x(t)-\Delta \operatorname{sign} x(t)], & |x(t)| > \Delta\end{cases} \tag{8.3.1}$$

式中

$$\operatorname{sign} x(t)=\begin{cases}1, & x(t)>0 \\ -1, & x(t)<0\end{cases}$$

一个系统可能有多个元件都存在死区，则总的死区可以折算。如图 8.3.2 所示的系统，k_1、k_2、k_3 分别为测量元件、放大元件和执行元件的传递系数，Δ_1、Δ_2、Δ_3 分别为它们的死区。若将放大元件和执行元件的死区折算到测量元件的位置，则总死区 Δ 如式(8.3.2)所示，即

$$\Delta=\Delta_1+\frac{\Delta_2}{k_1}+\frac{\Delta_3}{k_1 k_2} \tag{8.3.2}$$

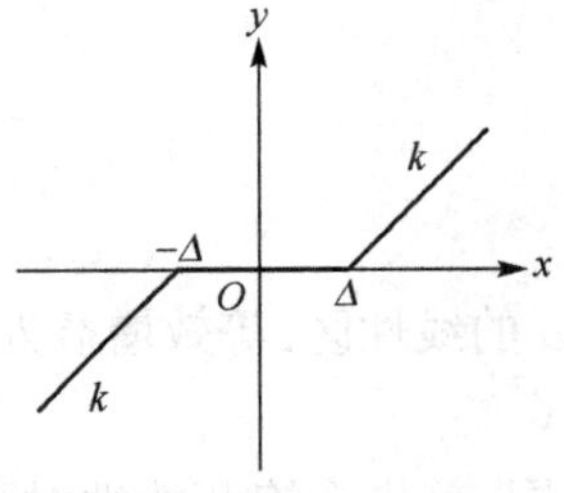

图 8.3.1　死区非线性特性

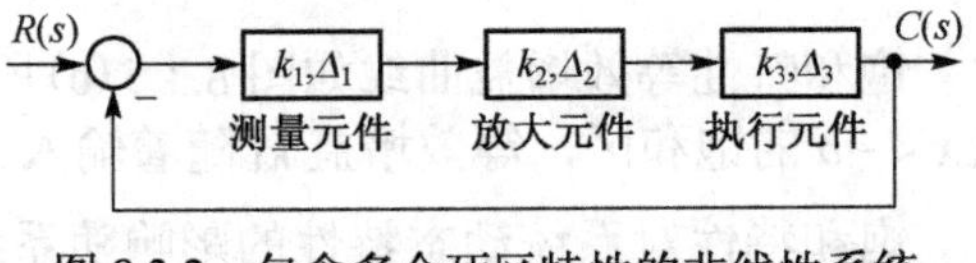

图 8.3.2　包含多个死区特性的非线性系统

由式(8.3.2)可见，处于系统前向通路最前面的测量元件，其死区对系统造成的影响最大，而放大元件和执行元件死区对系统的不良影响可以通过提高该元件前级的传递系数来减小。

死区特性等效于在系统中加入一个变增益元件，如图 8.3.3 所示。当 $x \leqslant \Delta$ 时，系统无输出，等效增益 $k_1=0$；当 $x>\Delta$ 时，系统输出为 $y=k(x-\Delta)$，等效增益为 $k_1=k(x-\Delta)/x$；当 $x \to \infty$ 时，$k_1=k$。

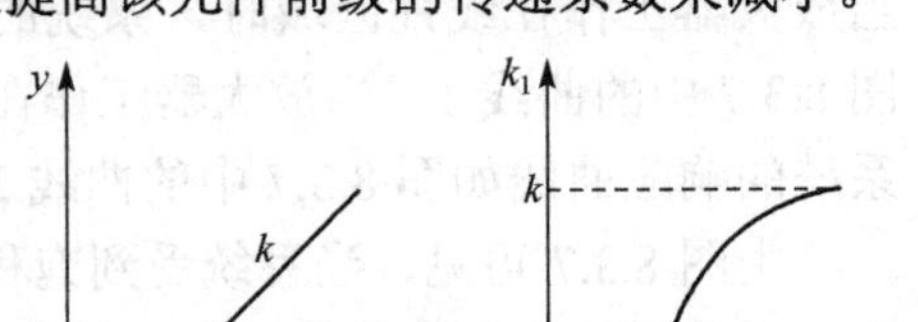

图 8.3.3　死区特性的等效增益曲线

死区特性对系统最主要的影响是增大了系统的稳态误差，降低了稳态精度。而当输入信号是斜坡函数时，死区的存在还会造成系统输出量在时间上的滞后，从而降低了系统的跟踪速度。另外，死区的存在会造成系统等效开环增益的下降，减弱了过渡过程的振荡性，从而可提高系统动态过程的平稳性。因为在过渡过程中，当系统前向通道的信号小于死区，前向通道相当于断开，外界由于不是连续给系统提供能量，这样总的能量的交换要小于无死区的情况，所以减弱了过渡过程的振荡性。同时死区也能滤除输入端中小幅振荡的干扰信号，提高了系统的抗干扰能力。

2. 饱和特性

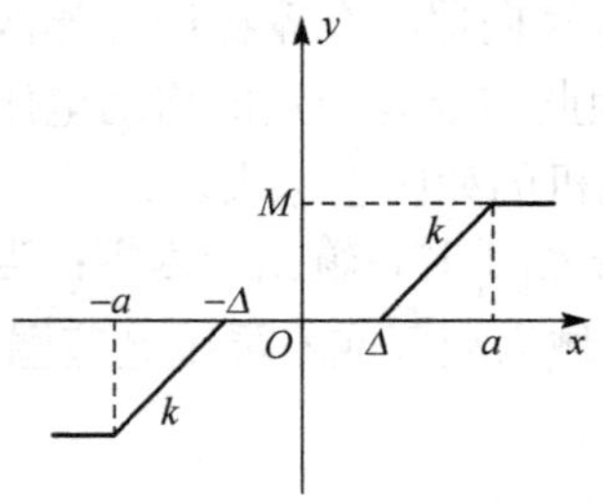

图 8.3.4 具有不灵敏区的饱和特性

饱和特性是最常见的一种非线性特性，几乎各类放大器都存在饱和现象。执行元件中的电动机，不仅具有死区特性，同时当电压超过一定数值时，由于磁性材料的非线性，电动机输出转矩还会出现饱和特性，如图 8.3.4 所示。很多元部件由于受到行程和能源功率等条件的限制，也都具有饱和特性。

理想化的饱和特性如图 8.3.5(a)所示，当输入信号在 $x \leqslant |a|$ 时，输出与输入呈线性关系，当输入信号大于一定值在 $x > |a|$ 时，其输出将保持不变。

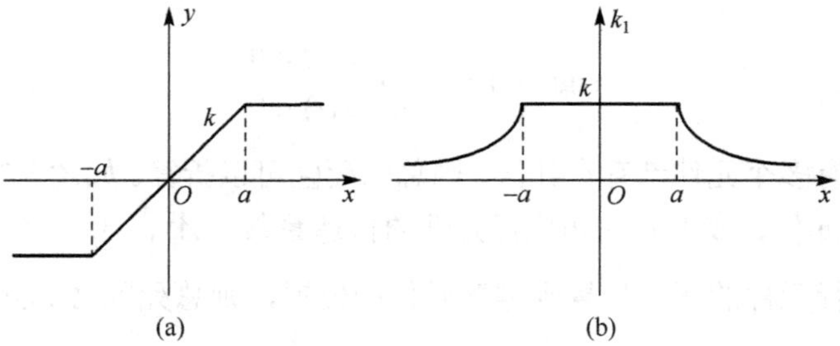

图 8.3.5 饱和特性及其等效增益曲线

其数学表达式为

$$y(t)=\begin{cases} ka, & x(t)>a \\ kx(t), & |x(t)| \leqslant a \\ -ka, & x(t)<-a \end{cases} \tag{8.3.3}$$

饱和特性等效增益曲线如图 8.3.5(b)所示，在 $-a \leqslant x \leqslant a$ 的线性区，等效增益为 k；在 $x > a$ 或 $x < -a$ 的饱和区，等效增益 k_1 随着输入 $x(t)$ 的变化而变化。

饱和特性对系统动态特性的影响随系统结构不同而不同。首先看饱和特性对稳定系统的影响，分析一个位置伺服系统的时间响应，系统结构图如图 8.3.6 所示。假设输入信号 $r(t)=1(t)$，当放大器工作在线性区域时，系统的响应曲线如图 8.3.7 中的曲线 1；当放大器工作在饱和区时，系统的响应曲线如图 8.3.7 中的曲线 2。

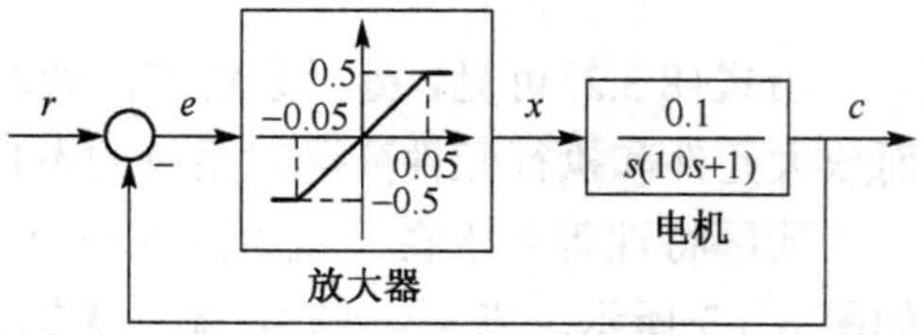

图 8.3.6 某位置伺服系统的结构图

由图 8.3.7 可见，当系统受到饱和特性的限制后，将使系统在大信号作用之下的等效增益降低，从而使系统超调量变小，平稳性变好，快速性下降。

若线性部分为不稳定的系统，在无饱和现象出现时输出为振荡发散，当有饱和现象出现后，系统输出会有所收敛，出现自激振荡现象。例如，某单位反馈位置伺服系统结构图如图 8.3.8 所示，电机的传递函数为 $G(s)=\dfrac{0.3}{s(0.05s+1)(0.02s+1)}$，此电机由具有增益 $k=260$ 的放大器驱动。当放大器的输入 $|e|>2$ 时，处于饱和区。当系统无饱和特性存在时，由于线性系统为不稳定的系统，输出响应曲线如图 8.3.9 中的曲线 1，为振荡发散；当饱和现象出现后，输出响应曲线如图 8.3.9 中的曲线 2，输出响应有所收敛，出现自激振荡现象。

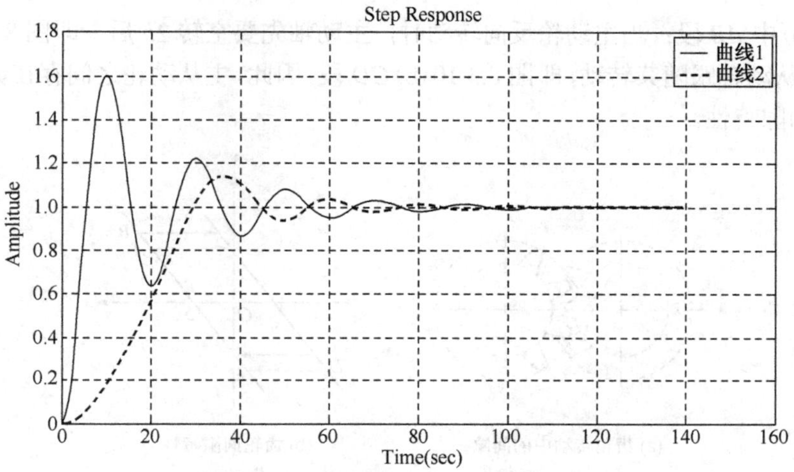

图 8.3.7　位置伺服系统的响应曲线

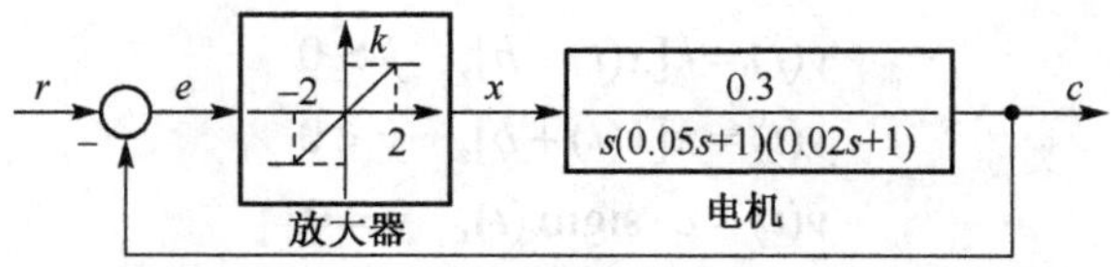

图 8.3.8　某单位反馈位置伺服系统结构图

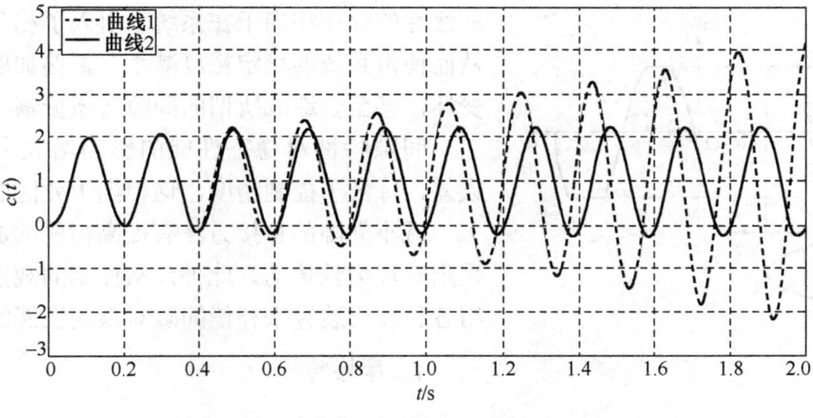

图 8.3.9　图 8.3.8 系统的响应曲线

总之，饱和特性对系统动态性能的影响是比较复杂的，粗略地可以用线性系统中增益减少对系统性能产生的变化来分析。由于饱和特性等效增益随着输入信号的加大而减小，因此，饱和特性的存在使系统开环增益减小，降低了系统的稳态精度。

3. 间隙特性

系统的传动机构，无论传动形式是齿轮、链条、钢索还是杠杆，由于加工精度和装配上的限制，在传动过程中总存在着间隙，它是控制系统中常见的非线性因素。例如，在齿轮传动中，为保证主动轮灵活不发生卡死现象，必须允许有少量的间隙，但间隙不应过大。由于间隙的存在，当主动轮正转时，其位置位于两齿中间，如图 8.3.10(a)所示，从动轮是不动的，只有在主动轴转过间隙 b 以后，一对齿轮啮合，从动轴才随主动轴以线性关系转动，即图 8.3.10(b)中 AB 段；当主动轮反向转动时，主动轴先要空转 $2b$ 后，即图 8.3.10(b)BC 段时，才能推动从动轴跟随其转动，即图 8.3.10(b)CD 段，因此，主从动轮之间存在如图 8.3.10(b)所示的环状间隙特性。

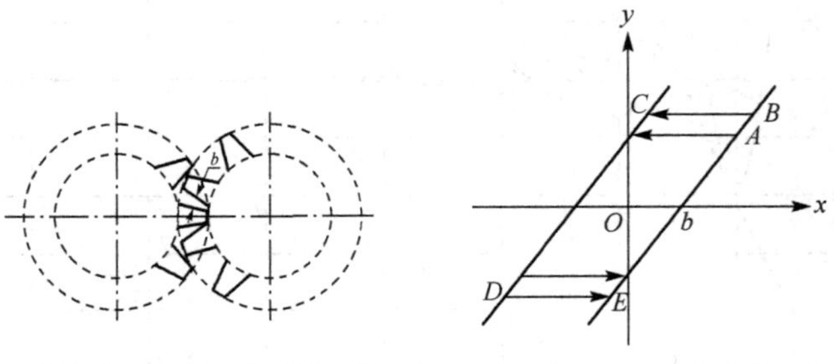

(a) 齿轮传动中的间隙　　(b) 齿轮间隙特性

图 8.3.10　齿轮传动中的间隙及间隙特性

其数学表达式为

$$
\begin{aligned}
y(t) &= k[x(t)-b], \quad \dot{y}>0 \\
y(t) &= k[x(t)+b], \quad \dot{y}<0 \\
y(t) &= c\cdot \operatorname{sign}x(t), \quad \dot{y}=0
\end{aligned}
\tag{8.3.4}
$$

假设间隙特性的输入为正弦信号 $x(t)=A\sin\omega t$，则输出响应 $y(t)$ 的波形如图 8.3.11 所示。由图中可以看出，输出响应在相位上滞后于输入信号 φ 角，因此可以得出这样的结论，间隙非线性的存在相当于在系统中引入了相角滞后环节，从而使得系统的稳定裕度减小，振荡加剧，动态性能变坏，甚至会造成所谓的间隙自激振荡。

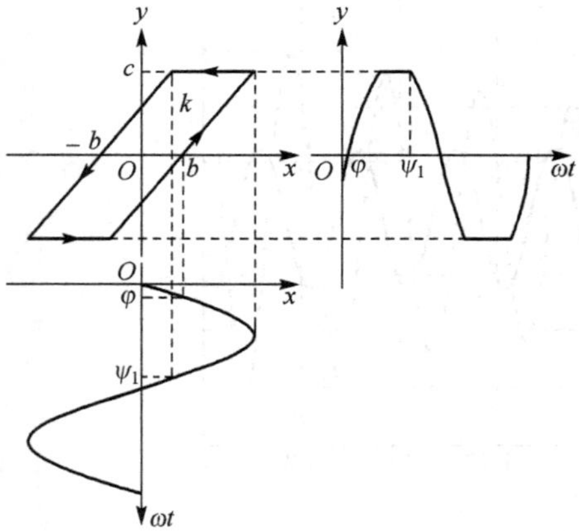

图 8.3.11　间隙特性的输入输出波形

间隙特性对稳态性能的影响增大了系统的稳态误差，降低了控制精度，这相当于死区的影响。

减小间隙的直接方法有提高齿轮的加工精度，或采用双片齿轮传动。此外，从控制的观点看，可以采用各种校正装置来补偿间隙对系统性能的影响。

4. **摩擦特性**

在机械传动机构中，摩擦是必然存在的物理现象。当传动机构由静止状态启动时，必须克服机构中的静摩擦力矩，启动后为保持转速或进行加速，必须克服动摩擦力矩。一般静摩擦力矩要大于动摩擦力矩，它们与转速的关系见图 8.3.12，图中 M_1 为静摩擦力矩，M_2 为动摩擦力矩，ω 为转速。

摩擦对系统的影响要根据具体情况而定。例如，对于随动系统，从静态方面看，摩擦特性相当于在系统中引入了死区环节，从而造成系统的稳态误差加大，降低了稳态精度。对动态过程的影响，主要是在系统运动速度太低时出现低速运动的不平滑性，即使系统响应出现低速爬行现象，如图 8.3.13 所示，且静摩擦力与动摩擦力差值越大，越容易产生爬行。实际随动系统在启动、制动中存在的这种低速爬行现象对系统是有害的，它使系统不能准确地捕捉目标，必须加以消除。

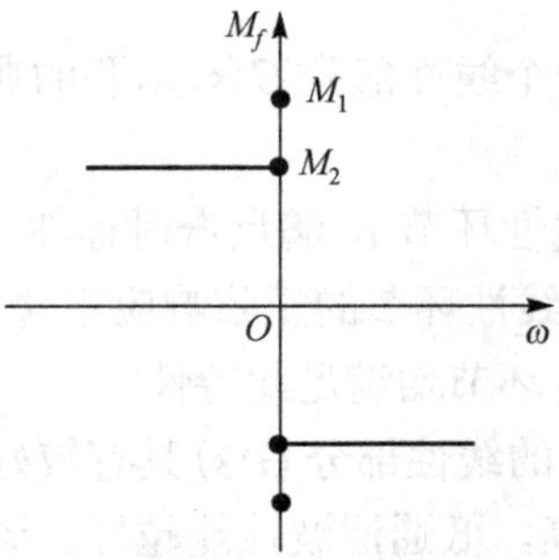

图 8.3.12　摩擦力矩示意图

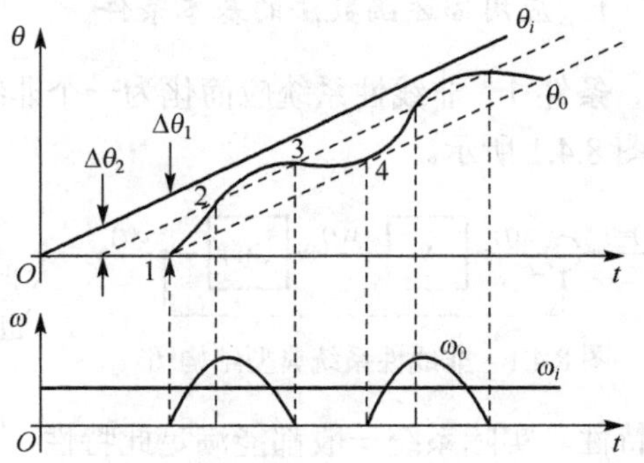

图 8.3.13　低速爬行现象

5. 继电特性

继电特性如图 8.3.14 所示，其特性中包含了死区、滞环及饱和特性，输入和输出之间不完全是单值关系，h 为吸合电流，mh 为释放电流。实际继电特性多为图 8.3.14(a)所示为带滞环和死区的三位置继电特性。当 h=0 时，吸合电流和释放电流都很小，称为理想继电特性，如图 8.3.14(b)所示。当 $m=1$时，吸合电流与释放电流相等，称为带死区的三位置继电特性，如图 8.3.14(c)所示。当 $m=-1$时，可得具有带滞环的两位置理想继电特性，如图 8.3.14(d)所示。

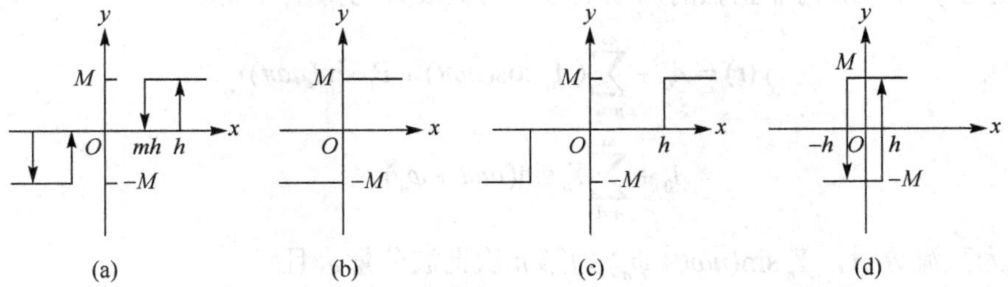

图 8.3.14　继电非线性特性

继电特性对系统的影响类似于死区、饱和及非单值非线性特性的综合效果，会使系统振荡加剧，稳态误差增大，甚至产生自激振荡或不稳定。继电特性能够使被控制的执行装置在最大输入信号下工作，可以充分发挥其调节能力，故可以利用继电特性实现系统的最优控制，如快速跟踪等。

以上只是对系统前向通道中包含某个典型非线性特性的情况进行了定性地讨论，所得结论在其他情况下不一定适用，在遇到具体问题时还应做具体分析。

8.4　描述函数法

8.4.1　描述函数的基本概念

非线性系统通常包含常见的非线性环节，当非线性系统满足一定的假设条件时，非线性环节在正弦信号作用下的输出信号可用一次谐波分量表示，由此可得到非线性环节的近似等效频率特性，即描述函数。此时非线性环节就可用一个线性环节来近似代替，从而就可以用线性系统的频域分析法来近似分析非线性系统的性能，这种方法称为描述函数法。

1. 应用描述函数法的基本条件

条件 1 非线性系统应简化为一个非线性环节 N 和一个线性部分 $G(s)$ 串联的典型结构，如图 8.4.1 所示。

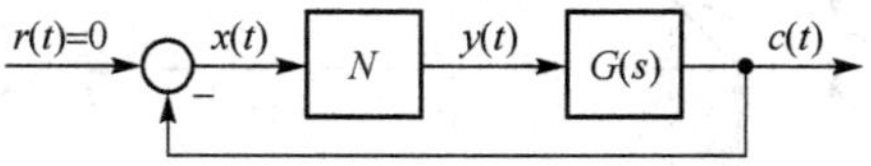

图 8.4.1 非线性系统典型结构图

条件 2 非线性环节 N 满足奇对称性，即 $y(x)=-y(-x)$，以保证非线性环节的正弦响应不含直流分量，通常典型的非线性环节均满足此特性。

条件 3 系统的线性部分 $G(s)$ 具有较好的低通滤波特性。实际系统一般都能满足此特性，且 $G(s)$ 阶次越高，低通滤波性能越好。该特性可以保证非线性环节的输出 $y(t)$ 中高次谐波分量被充分衰减，从而可近似认为 $y(t)$ 只有基波分量通过。

2. 描述函数的定义

设非线性环节输入输出描述为

$$y=f(x) \tag{8.4.1}$$

当输入信号 $x(t)$ 为正弦信号

$$x(t)=A\sin(\omega t) \tag{8.4.2}$$

则其输出信号 $y(t)$ 一般为非正弦的周期信号，将其展开为傅里叶级数，即

$$\begin{aligned} y(t) &= A_0+\sum_{n=1}^{\infty}(A_n\cos(n\omega t)+B_n\sin(n\omega t)) \\ &= A_0+\sum_{n=1}^{\infty}Y_n\sin(n\omega t+\varphi_n) \end{aligned} \tag{8.4.3}$$

式中，A_0 为直流分量，$Y_n\sin(n\omega t+\varphi_n)$ 为第 n 次谐波分量，且

$$A_0=\frac{1}{2\pi}\int_0^{2\pi}y(t)\mathrm{d}(\omega t) \tag{8.4.4}$$

$$A_n=\frac{1}{\pi}\int_0^{2\pi}y(t)\cos(n\omega t)\mathrm{d}(\omega t)\quad (n=1,2,\cdots) \tag{8.4.5}$$

$$B_n=\frac{1}{\pi}\int_0^{2\pi}y(t)\sin(n\omega t)\mathrm{d}(\omega t)\quad (n=1,2,\cdots) \tag{8.4.6}$$

$$Y_n=\sqrt{A_n^2+B_n^2} \tag{8.4.7}$$

$$\varphi_n=\arctan\frac{A_n}{B_n} \tag{8.4.8}$$

根据描述函数法基本条件 2，非线性环节 N 为奇对称，则 $A_0=0$。又根据描述函数法基本条件 3，系统的线性部分 $G(s)$ 具有良好的低通滤波特性，则非线性环节输出 $y(t)$ 中的高次谐波分量被大幅度衰减，因此 $y(t)$ 可以近似用它的一次谐波分量 $y_1(t)$ 代替，即

$$y(t)\approx y_1(t)=A_1\cos(\omega t)+B_1\sin(\omega t)=Y_1\sin(\omega t+\varphi_1) \tag{8.4.9}$$

式(8.4.9)表明，当非线性环节输入为正弦信号时，其输出为与输入信号同频率的正弦信号，不同在幅值和相角上。

类似线性系统频率特性的概念，定义非线性环节在正弦信号作用下，非线性环节稳态输出信号的一次谐波分量和输入信号的复数比为描述函数，它一般为输入正弦信号幅值 A 的函数，用 $N(A)$ 表示，其数学表达式为

$$N(A)=\left|N(A)\right|\mathrm{e}^{\mathrm{j}\angle N(A)}=\frac{Y_1}{A}\mathrm{e}^{\mathrm{j}\varphi_1}=\frac{\sqrt{A_1^2+B_1^2}}{A}\angle\arctan\frac{A_1}{B_1} \tag{8.4.10}$$

式中，A 为非线性环节输入正弦信号的幅值，Y_1 为非线性环节输出信号的一次谐波分量幅值，φ_1 为非线性环节输出信号的一次谐波分量与输入正弦信号的相位差，且

$$A_1=\frac{1}{\pi}\int_0^{2\pi}y(t)\cos(\omega t)\mathrm{d}(\omega t) \tag{8.4.11}$$

$$B_1=\frac{1}{\pi}\int_0^{2\pi}y(t)\sin(\omega t)\mathrm{d}(\omega t) \tag{8.4.12}$$

应当指出，如果非线性环节不包含储能元件，描述函数 N 与输入正弦信号幅值 A 有关，记为 $N(A)$；若非线性环节包含储能元件，则描述函数 N 为输入正弦信号幅值 A 和频率 ω 的函数，记为 $N(A,\omega)$。

8.4.2 典型非线性特性描述函数

1. 饱和特性

饱和特性及其在正弦信号输入下的输出波形如图 8.4.2 所示。

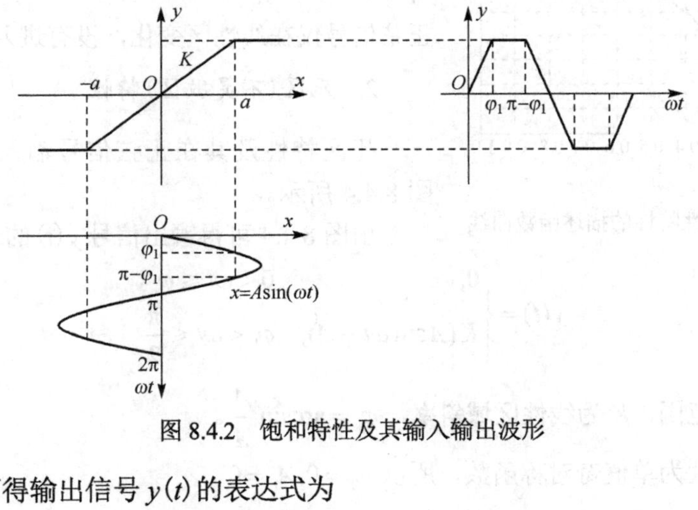

图 8.4.2 饱和特性及其输入输出波形

由图 8.4.2 可得输出信号 $y(t)$ 的表达式为

$$y(t)=\begin{cases}KA\sin(\omega t), & 0<\omega t\leqslant\varphi_1\\ Ka, & \varphi_1<\omega t\leqslant\dfrac{\pi}{2}\end{cases} \tag{8.4.13}$$

式中，K 为饱和特性线性区域斜率，a 为线性区域范围，$\varphi_1=\arcsin\dfrac{a}{A}$。

由于饱和特性为单值且关于原点对称的奇函数，所以 $A_0=0,A_1=0$。

计算 B_1 得

$$B_1=\frac{1}{\pi}\int_0^{2\pi}y(t)\sin(\omega t)\mathrm{d}(\omega t)=\frac{4}{\pi}\int_0^{\frac{\pi}{2}}y(t)\sin(\omega t)\mathrm{d}(\omega t)$$
$$=\frac{4}{\pi}\left[\int_0^{\varphi_1}KA\sin^2(\omega t)\mathrm{d}(\omega t)+\int_{\varphi_1}^{\frac{\pi}{2}}Ka\sin(\omega t)\mathrm{d}(\omega t)\right]$$
$$=\frac{4KA}{\pi}\left(\frac{\omega t}{2}-\frac{1}{4}\sin(2\omega t)\right)\Bigg|_0^{\varphi_1}+\frac{4Ka}{\pi}(-\cos(\omega t))\Bigg|_{\varphi_1}^{\frac{\pi}{2}}$$
$$=\frac{2KA}{\pi}\left[\arcsin\frac{a}{A}+\frac{a}{A}\sqrt{1-\left(\frac{a}{A}\right)^2}\right] \tag{8.4.14}$$

由于 $A_1=0$，所以 $Y_1=\sqrt{A_1^2+B_1^2}=B_1,\varphi_1=\arctan\frac{A_1}{B_1}=0$ 。于是，饱和特性的描述函数为

$$N(A)=\frac{Y_1}{A}\angle\varphi_1=\frac{B_1}{A}$$
$$=\frac{2K}{\pi}\left[\arcsin\frac{a}{A}+\frac{a}{A}\sqrt{1-\left(\frac{a}{A}\right)^2}\right]\quad(A\geqslant a) \tag{8.4.15}$$

根据式(8.4.15)，以 $\frac{a}{A}$ 为自变量，$\frac{N(A)}{K}$ 为因变量的函数曲线如图 8.4.3 所示。

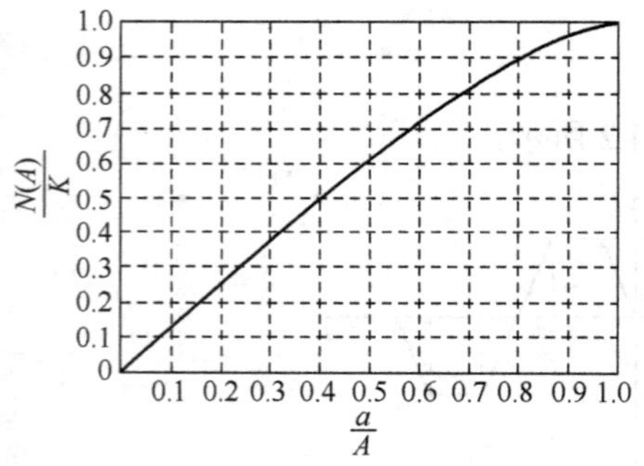

图 8.4.3　饱和非线性特性的描述函数曲线

从图 8.4.3 可以看出，当 $\frac{a}{A}=0$ 时，$\frac{N(A)}{K}=0$；当 $\frac{a}{A}\to 1$ 时，$\frac{N(A)}{K}\to 1$；当 $\frac{a}{A}<1$ 时，即 $A<a$ 时，输入正弦信号仅在线性区变化，没有进入饱和区。

2. 死区(不灵敏区)特性

死区特性及其在正弦信号输入下的输出波形如图 8.4.4 所示。

由图 8.4.4 可得输出信号 $y(t)$ 的表达式为

$$y(t)=\begin{cases}0, & 0<\omega t\leqslant\varphi_1\\ K(A\sin\omega t-\varDelta), & \varphi_1<\omega t\leqslant\frac{\pi}{2}\end{cases} \tag{8.4.16}$$

式中，$\varDelta$ 为死区范围，K 为线性区域斜率，$\varphi_1=\arcsin\frac{\varDelta}{A}$ 。

由于死区特性为单值奇对称函数，所以 $A_0=0,A_1=0$ 。

计算 B_1 得

$$B_1=\frac{1}{\pi}\int_0^{2\pi}y(t)\sin(\omega t)\mathrm{d}(\omega t)=\frac{4}{\pi}\int_0^{\frac{\pi}{2}}y(t)\sin(\omega t)\mathrm{d}(\omega t)$$
$$=\frac{4}{\pi}\left[\int_{\varphi_1}^{\frac{\pi}{2}}K(A\sin(\omega t)-\varDelta)\sin(\omega t)\mathrm{d}(\omega t)\right]$$
$$=\frac{2KA}{\pi}\left[\frac{\pi}{2}-\arcsin\frac{\varDelta}{A}-\frac{\varDelta}{A}\sqrt{1-\left(\frac{\varDelta}{A}\right)^2}\right] \tag{8.4.17}$$

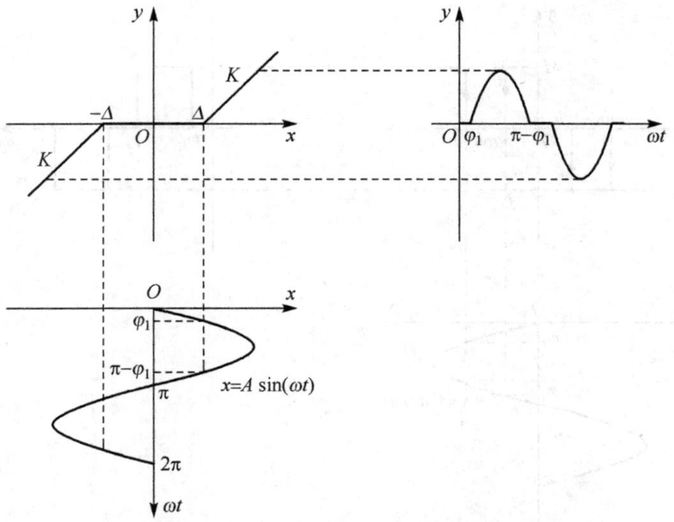

图 8.4.4　死区非线性特性及其输入输出波形

于是死区特性的描述函数为

$$N(A)=\frac{Y_1}{A}\angle\varphi_1=\frac{B_1}{A}$$

$$=\frac{2K}{\pi}\left[\frac{\pi}{2}-\arcsin\frac{\Delta}{A}-\frac{\Delta}{A}\sqrt{1-\left(\frac{\Delta}{A}\right)^2}\right]\quad(A\geqslant\Delta)\tag{8.4.18}$$

根据式(8.4.18)，以$\dfrac{\Delta}{A}$为自变量，$\dfrac{N(A)}{K}$为因变量的函数曲线如图 8.4.5 所示。

从图 8.4.5 可以看出，当$\dfrac{\Delta}{A}>1$，即$A<\Delta$时，$\dfrac{N(A)}{K}=0$，这是因为输入正弦信号的幅值未超出死区，非线性特性无输出所致。

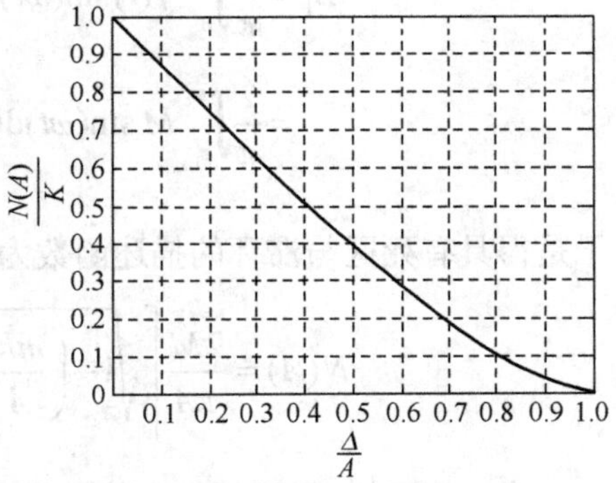

图 8.4.5　死区非线性特性的描述函数曲线

3. 继电特性

具有死区与滞环的继电特性以及对正弦信号输入下的输出波形如图 8.4.6 所示。

由图 8.4.6 可得输出信号$y(t)$的表达式为

$$y(t)=\begin{cases}0, & 0<\omega t\leqslant\varphi_1\\ M, & \varphi_1<\omega t\leqslant\varphi_2\\ 0, & \varphi_2<\omega t\leqslant\pi\end{cases}\tag{8.4.19}$$

式中，M为继电器的输出幅值，$\varphi_1=\arcsin\dfrac{h}{A},\varphi_2=\pi-\arcsin\dfrac{h}{A}$。

由于具有死区与滞环的继电特性为多值奇对称函数，故$A_0=0$。

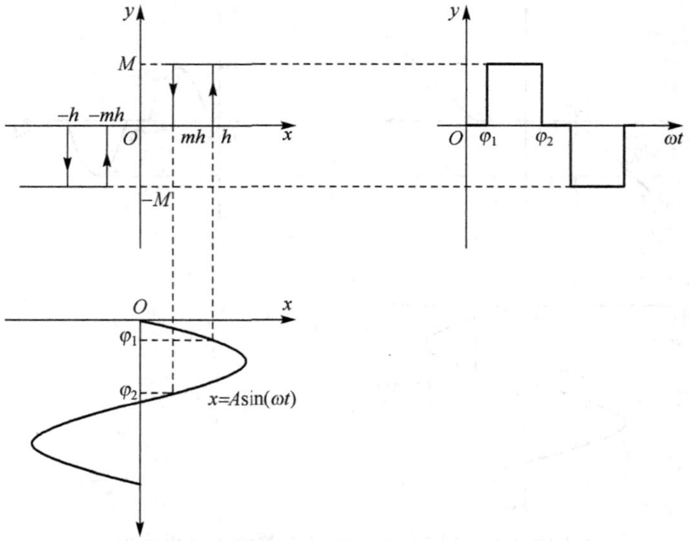

图 8.4.6　具有死区与滞环的继电特性及其输入输出波形

计算 A_1、B_1 得

$$A_1=\frac{1}{\pi}\int_0^{2\pi}y(t)\cos(\omega t)\mathrm{d}(\omega t)=\frac{2}{\pi}\int_0^{\pi}y(t)\cos(\omega t)\mathrm{d}(\omega t)$$
$$=\frac{2}{\pi}\int_{\varphi_1}^{\varphi_2}M\cos(\omega t)\mathrm{d}(\omega t)=\frac{2Mh}{\pi A}(m-1) \tag{8.4.20}$$

$$B_1=\frac{1}{\pi}\int_0^{2\pi}y(t)\sin(\omega t)\mathrm{d}(\omega t)=\frac{2}{\pi}\int_0^{\pi}y(t)\sin(\omega t)\mathrm{d}(\omega t)$$
$$=\frac{2}{\pi}\int_{\varphi_1}^{\varphi_2}M\sin(\omega t)\mathrm{d}(\omega t)=\frac{2M}{\pi}\left[\sqrt{1-\left(\frac{mh}{A}\right)^2}+\sqrt{1-\left(\frac{h}{A}\right)^2}\right] \tag{8.4.21}$$

于是得具有死区与滞环的描述函数为

$$N(A)=\frac{2M}{\pi A}\left[\sqrt{1-\left(\frac{mh}{A}\right)^2}+\sqrt{1-\left(\frac{h}{A}\right)^2}\right]+\mathrm{j}\frac{2Mh}{\pi A^2}(m-1)\quad(A\geqslant h) \tag{8.4.22}$$

当 $h=0$ 时，得理想继电特性描述函数为

$$N(A)=\frac{4M}{\pi A} \tag{8.4.23}$$

当 $m=1$ 时，得带死区的继电特性描述函数为

$$N(A)=\frac{4M}{\pi A}\sqrt{1-\left(\frac{h}{A}\right)^2} \tag{8.4.24}$$

当 $m=-1$ 时，得带滞环的继电特性描述函数为

$$N(A)=\frac{4M}{\pi A}\sqrt{1-\left(\frac{h}{A}\right)^2}-\mathrm{j}\frac{4Mh}{\pi A^2} \tag{8.4.25}$$

表 8.4.1 列出了一些常见的非线性特性及其描述函数 $N(A)$。

表 8.4.1　典型非线性特性及其描述函数

非线性类型	输入输出特性	描述函数 $N(A)$
理想继电特性，库伦摩擦特性	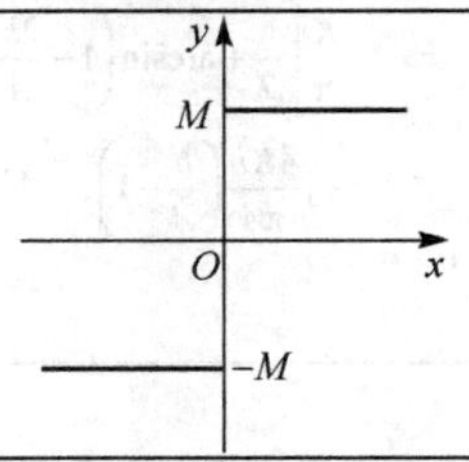	$\frac{4M}{\pi A}$
有死区的继电特性	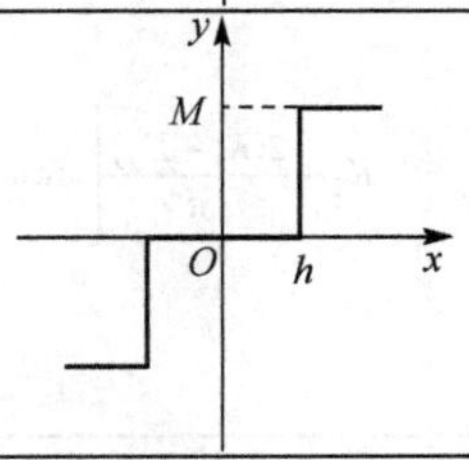	$\frac{4M}{\pi A}\sqrt{1-\left(\frac{h}{A}\right)^2},\quad A\geqslant h$
有滞环的继电特性	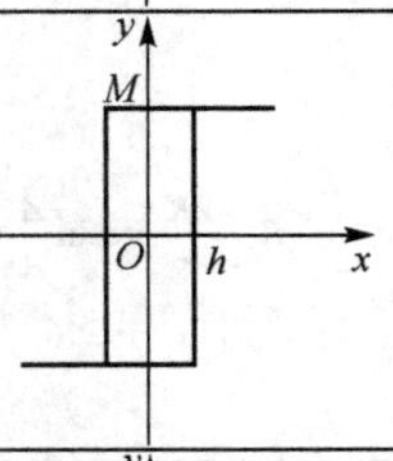	$\frac{4M}{\pi A}\sqrt{1-\left(\frac{h}{A}\right)^2}-\mathrm{j}\frac{4Mh}{\pi A^2},\quad A\geqslant h$
有死区与滞环的继电特性	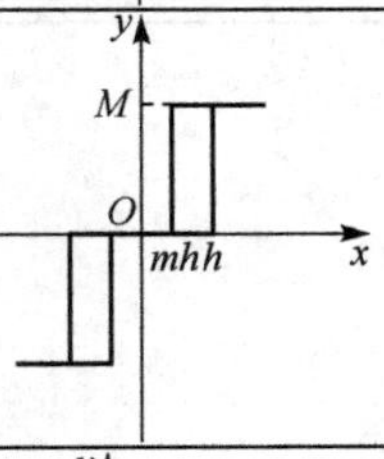	$\frac{2M}{\pi A}\left[\sqrt{1-\left(\frac{mh}{A}\right)^2}+\sqrt{1-\left(\frac{h}{A}\right)^2}\right]+\mathrm{j}\frac{2Mh}{\pi A^2}(m-1),\quad A\geqslant h$
饱和特性	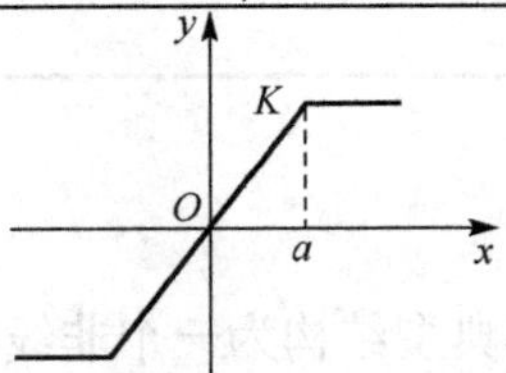	$\frac{2K}{\pi}\left[\arcsin\frac{a}{A}+\frac{a}{A}\sqrt{1-\left(\frac{a}{A}\right)^2}\right],\quad A\geqslant a$
有死区的饱和特性	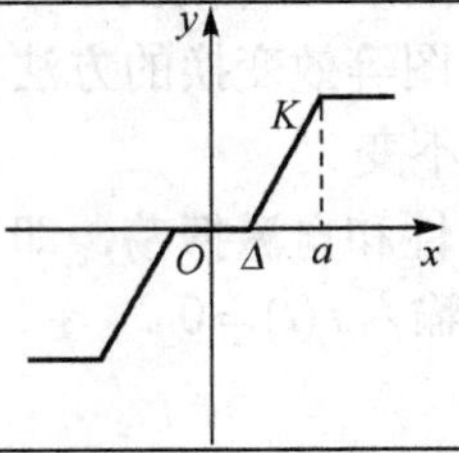	$\frac{2K}{\pi}\left[\arcsin\frac{a}{A}-\arcsin\frac{\varDelta}{A}+\frac{a}{A}\sqrt{1-\left(\frac{a}{A}\right)^2}-\frac{\varDelta}{A}\sqrt{1-\left(\frac{\varDelta}{A}\right)^2}\right],\quad A\geqslant a$
死区特性	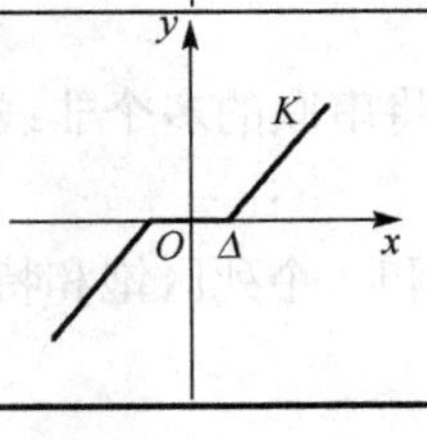	$\frac{2K}{\pi}\left[\frac{\pi}{2}-\arcsin\frac{\varDelta}{A}-\frac{\varDelta}{A}\sqrt{1-\left(\frac{\varDelta}{A}\right)^2}\right],\quad A\geqslant \varDelta$

续表

非线性类型	输入输出特性	描述函数 $N(A)$
间隙特性	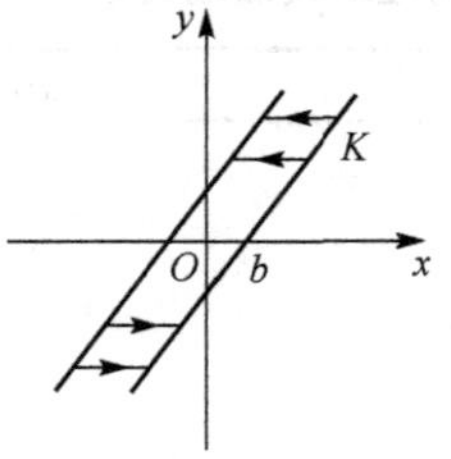	$\frac{K}{\pi}\left[\frac{\pi}{2}+\arcsin\left(1-\frac{2b}{A}\right)+2\left(1-\frac{2b}{A}\right)\sqrt{\frac{b}{A}\left(1-\frac{b}{A}\right)}\right]+\mathrm{j}\frac{4Kb}{\pi A}\left(\frac{b}{A}-1\right),\quad A\geqslant b$
变增益特性	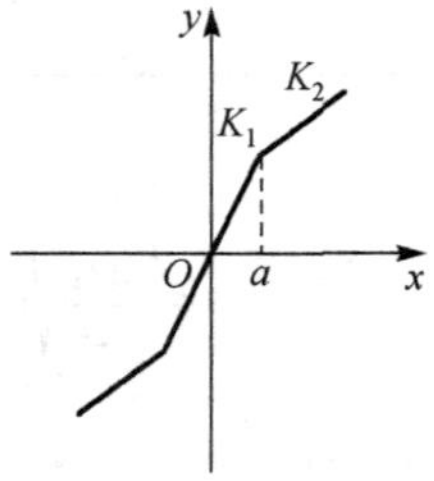	$K_2+\frac{2(K_1-K_2)}{\pi}\left[\arcsin\frac{a}{A}+\frac{a}{A}\sqrt{1-\left(\frac{a}{A}\right)^2}\right],\quad A\geqslant a$
有死区的线性特性	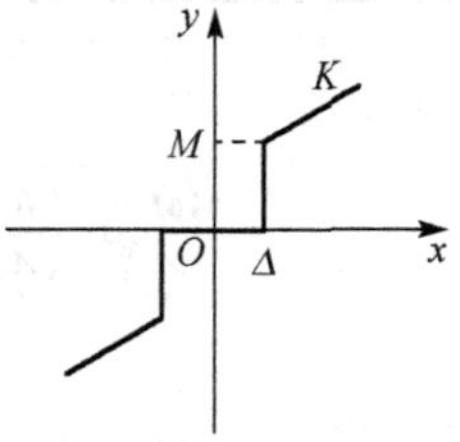	$K-\frac{2K}{\pi}\arcsin\frac{\Delta}{A}+\frac{4M-2K\Delta}{\pi A}\sqrt{1-\left(\frac{\Delta}{A}\right)^2},\quad A\geqslant\Delta$
库伦摩擦+黏性摩擦特性	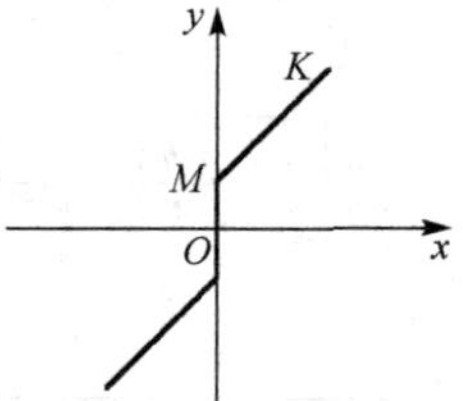	$K+\frac{4M}{\pi A}$

8.4.3 非线性系统的简化

应用描述函数法分析非线性系统时，假设其典型结构为一个非线性环节 N 和一个线性部分 $G(s)$ 的串联形式，但实际非线性系统并非完全符合这样的要求。当存在多个非线性环节和多个线性部分组合而成的形式时，必须通过结构图等效变换的方法将系统化为典型结构，等效变换的原则是保证非线性环节的输入输出关系不变。

描述函数法一般用于研究非线性系统的稳定性和自激振荡，即系统的内部运动，并不考虑外作用，所以在进行结构图的等效变换时可令输入 $r(t)=0$ 。

1. 非线性环节的串联

当存在多个非线性环节串联的时候，可以先将串联的多个非线性环节等效为一个非线性环节，然后再求取描述函数。

例 8.4.1 图 8.4.7 所示系统为一个死区特性和一个死区饱和特性的串联，试将其等效为一个非线性环节，并求其描述函数 $N(A)$ 。

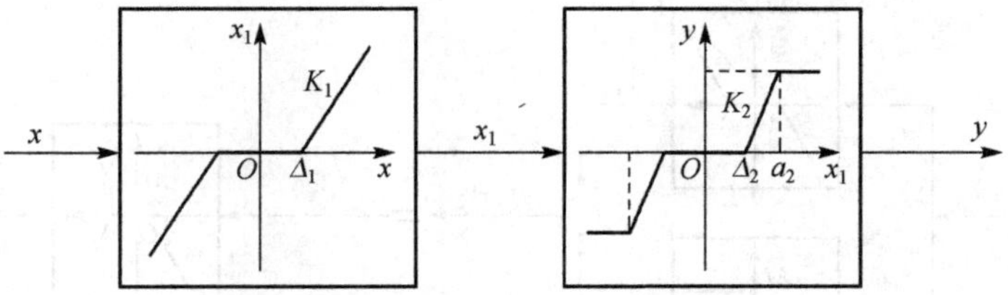

图 8.4.7　两个非线性环节串联

解　首先将两个非线性环节按图 8.4.8(a)、(b)形式放置，得到等效非线性环节如图 8.4.8(c)所示，其中 $\Delta=\Delta_1+\dfrac{\Delta_2}{K_1}$，$a=\Delta_1+\dfrac{a_2}{K_1}$，$K=K_1K_2$。由图中可以看出，当 $|x|\leqslant\Delta$ 时，$y(x)=0$；当 $\Delta<|x|<a$ 时，由于 $x_1(x)$ 和 $y(x_1)$ 都位于线性区，所以 $y(x)$ 也位于线性区；当 $|x|\geqslant a$ 时，$y(x)$ 进入饱和区，最后由图 8.4.8(c)查表 8.4.1 可得等效的非线性特性描述函数为

$$N(A)=\frac{2K}{\pi}\left[\arcsin\frac{a}{A}-\arcsin\frac{\Delta}{A}+\frac{a}{A}\sqrt{1-\left(\frac{a}{A}\right)^2}-\frac{\Delta}{A}\sqrt{1-\left(\frac{\Delta}{A}\right)^2}\right],\quad A\geqslant a \tag{8.4.26}$$

需要指出的是，两个非线性环节串联的等效非线性环节与两个环节的前后顺序有关，如果改变前后顺序，则等效非线性环节亦不同，需要重新求出新的等效非线性环节再求其描述函数。

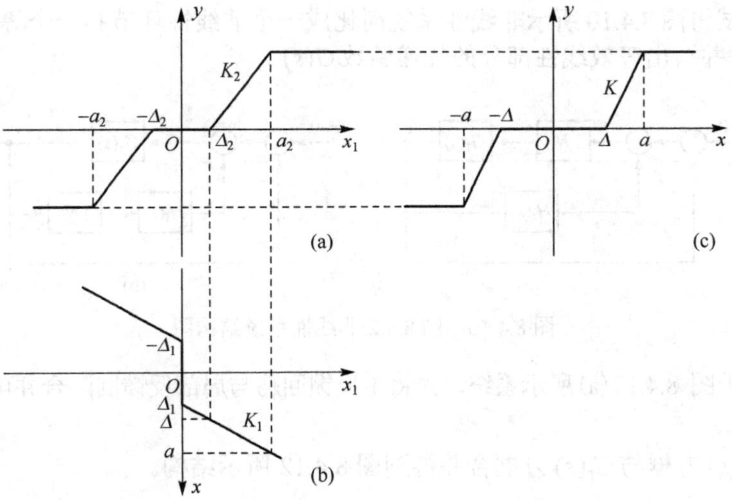

图 8.4.8　非线性环节串联简化的图解方法

2. 非线性环节的并联

图 8.4.9(a)所示为死区特性和死区继电特性并联的情况，可先将两个非线性特性进行叠加，如图 8.4.9(b)所示，然后再对叠加后的非线性特性求描述函数 $N(A)$。也可分别求出各非线性特性的描述函数，然后叠加得到总的描述函数 $N(A)$，即

$$N(A)=N_1(A)+N_2(A) \tag{8.4.27}$$

图 8.4.9(a)所示的非线性环节描述函数为

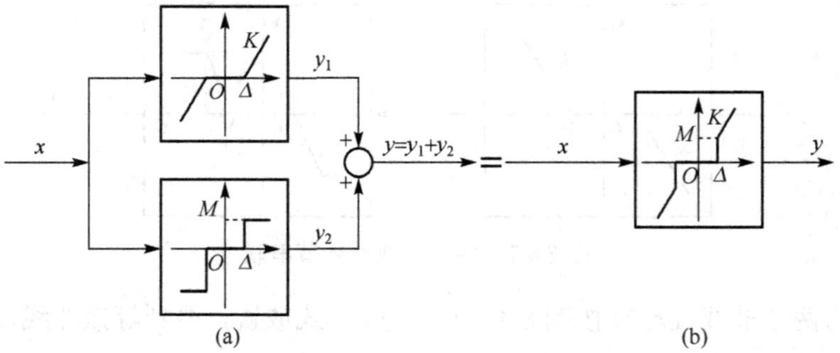

图 8.4.9　非线性环节并联连接的等效变换

$$N(A)=N_1(A)+N_2(A)=\frac{2K}{\pi}\left[\frac{\pi}{2}-\arcsin\frac{\Delta}{A}-\frac{\Delta}{A}\sqrt{1-\left(\frac{\Delta}{A}\right)^2}\right]+\frac{4M}{\pi A}\sqrt{1-\left(\frac{\Delta}{A}\right)^2}$$
$$=K-\frac{2K}{\pi}\arcsin\frac{\Delta}{A}+\frac{4M-2K\Delta}{\pi A}\sqrt{1-\left(\frac{\Delta}{A}\right)^2}\quad (A\geqslant\Delta) \tag{8.4.28}$$

3. 线性部分的等效变换

当非线性系统中存在多个线性环节时，可将多个线性环节合并为一个等效线性环节，等效变换的原则是保证非线性环节的输入输出不变。

例 8.4.2　试将图 8.4.10 所示非线性系统简化成一个非线性环节和一个等效线性部分相串联的典型结构，并写出等效线性部分的传递函数 $G(s)$。

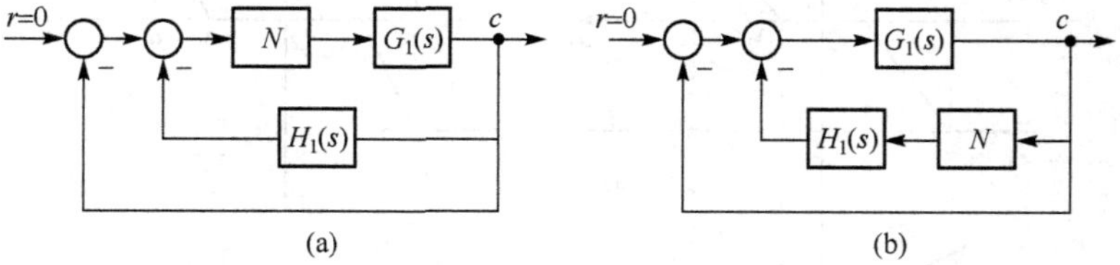

图 8.4.10　例 8.4.2 非线性系统结构图

解　(1) 对于图 8.4.10(a) 所示系统，先将主反馈回路与局部反馈回路合并可简化成图 8.4.11 所示结构。

再将 $1+H_1(s)$ 方框与 $G_1(s)$ 方框合并得到图 8.4.12 所示结构。

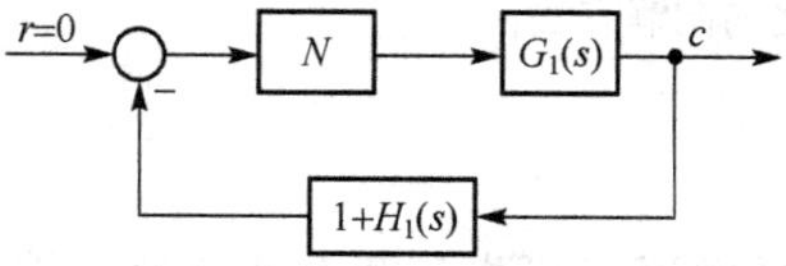

图 8.4.11　图 8.4.10(a)等效结构

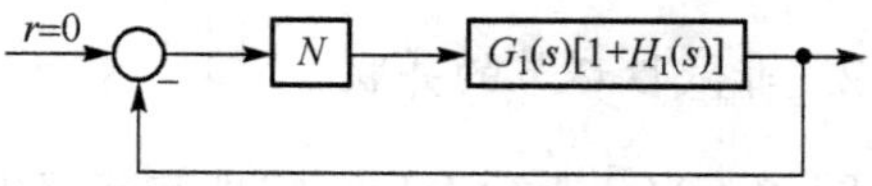

图 8.4.12　图 8.4.11 等效结构

则等效线性部分的传递函数为

$$G(s)=G_1(s)[1+H_1(s)] \tag{8.4.29}$$

(2) 对于图 8.4.10(b) 所示系统可简化成图 8.4.13 所示结构。

在图 8.4.13 中 $G_1(s)$ 对应单位反馈，可化为图 8.4.14 所示结构。

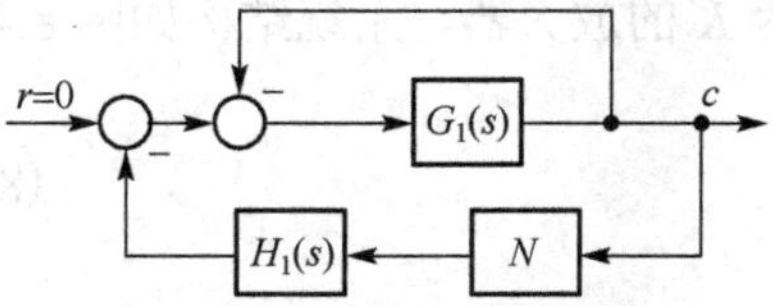

图 8.4.13 图 8.4.10 (b) 简化结构

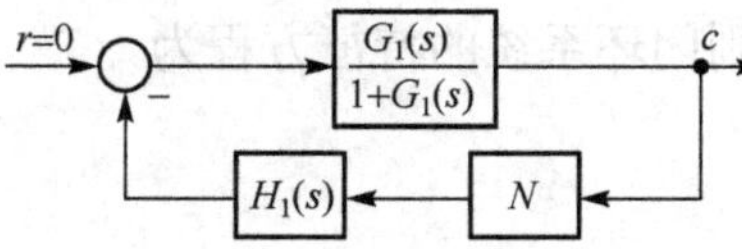

图 8.4.14 图 8.4.13 简化结构

再将图 8.4.14 中 $\dfrac{G_1(s)}{1+G_1(s)}$ 方框与 $H_1(s)$ 方框合并得到图 8.4.15 所示结构。则等效线性部分的传递函数为

$$G(s)=\frac{G_1(s)H_1(s)}{1+G_1(s)} \tag{8.4.30}$$

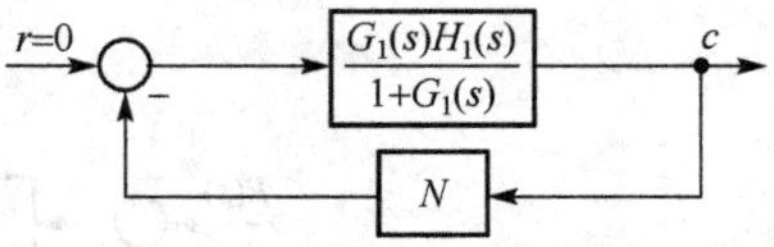

图 8.4.15 图 8.4.14 简化结构

8.4.4 描述函数法进行非线性系统分析

若非线性系统的结构如图 8.4.16 所示，$N(A)$ 为非线性环节的描述函数，$G(s)$ 为线性部分的传递函数。由于非线性环节可以看成一个具有复数放大系数的放大器，所以整个系统就相当于一个等效的线性系统，可用线性系统的频域响应法来判断系统的稳定性，并分析产生自激振荡的条件等。

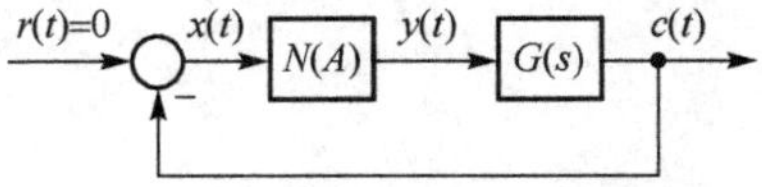

图 8.4.16 非线性系统等效为线性系统

该闭环系统的特征方程为

$$1+N(A)G(s)=0 \tag{8.4.31}$$

用频率特性表示为

$$1+N(A)G(\mathrm{j}\omega)=0 \tag{8.4.32}$$

下面分两种情况进行讨论。首先分析当 $N(A)=1$，即非线性环节不存在时线性系统的稳定性。

1. 线性系统的稳定性分析

当 $N(A)=1$ 时，线性系统结构如图 8.4.17 所示，设 $G(s)$ 为最小相位系统，系统的频率特性可以表示为

$$1+G(\mathrm{j}\omega)=0 \tag{8.4.33}$$

或

$$G(\mathrm{j}\omega)=-1 \tag{8.4.34}$$

由奈氏判据可知，当开环幅相曲线 $G(\mathrm{j}\omega)$ 曲线不包围 $(-1,\mathrm{j}0)$ 点时，如图 8.4.18 的曲线 1 所示，系统稳定；当 $G(\mathrm{j}\omega)$ 曲线包围 $(-1,\mathrm{j}0)$ 点时，如图 8.4.18 的曲线 3 所示，系统不稳定；当 $G(\mathrm{j}\omega)$ 曲线穿过 $(-1,\mathrm{j}0)$ 点时，如图 8.4.18 的曲线 2 所示，系统临界稳定。

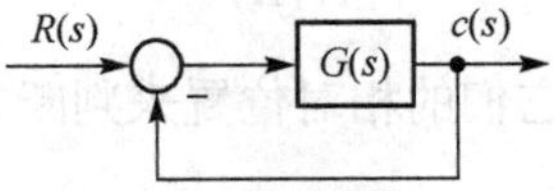

图 8.4.17 线性系统结构图

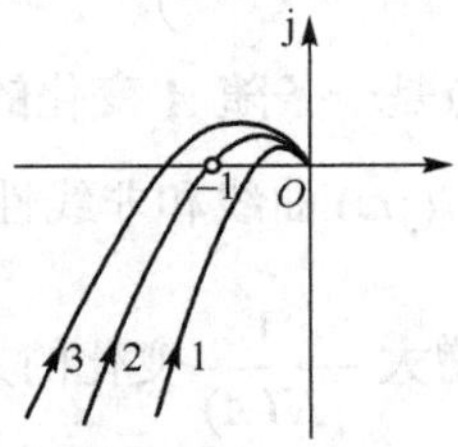

图 8.4.18 线性系统稳定性分析

若在上述线性系统的基础上，增加一个放大系数为 K 的放大器，系统结构如图 8.4.19(a)所示，则闭环系统的特征方程为

$$1+KG(\mathrm{j}\omega)=0 \tag{8.4.35}$$

或

$$G(\mathrm{j}\omega)=-\frac{1}{K} \tag{8.4.36}$$

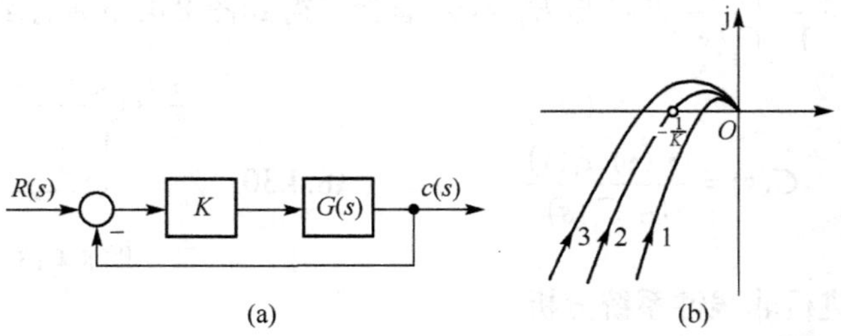

图 8.4.19　线性系统结构图

由奈氏判据可知，当开环幅相曲线 $G(\mathrm{j}\omega)$ 曲线不包围 $\left(-\frac{1}{K},\mathrm{j}0\right)$ 点时，系统稳定；当开环幅相曲线 $G(\mathrm{j}\omega)$ 曲线包围 $\left(-\frac{1}{K},\mathrm{j}0\right)$ 点时，系统不稳定；当 $G(\mathrm{j}\omega)$ 曲线穿过 $\left(-\frac{1}{K},\mathrm{j}0\right)$ 点时，系统临界稳定。

下面讨论当 $N(A)\neq 1$ 时非线性系统的稳定性。

2. 非线性系统的稳定性分析

当 $N(A)\neq 1$ 时，闭环系统特征方程为

$$1+N(A)G(\mathrm{j}\omega)=0$$

或

$$G(\mathrm{j}\omega)=-\frac{1}{N(A)} \tag{8.4.37}$$

式中，$-\frac{1}{N(A)}$ 称为非线性特性的负倒描述函数，对比式(8.4.37)和式(8.4.36)可知，负倒描述函数相当于线性系统的临界点 $\left(-\frac{1}{K},\mathrm{j}0\right)$。

对于线性系统，产生等幅振荡的临界点 $\left(-\frac{1}{K},\mathrm{j}0\right)$ 是一个固定的点，奈氏判据是根据 $G(\mathrm{j}\omega)$ 曲线与临界点 $\left(-\frac{1}{K},\mathrm{j}0\right)$ 的相对位置来判断闭环系统稳定性。而对于非线性系统，产生等幅振荡的临界点是一条随 A 变化的负倒描述函数曲线，我们可以在复平面上同时作出线性部分的频率特性 $G(\mathrm{j}\omega)$ 曲线和非线性部分的负倒描述函数 $-\frac{1}{N(A)}$ 曲线，并在 $-\frac{1}{N(A)}$ 曲线上用箭头表示随 A 增大 $-\frac{1}{N(A)}$ 变化的方向，然后可由它们的相对位置来判断非线性系统的稳定性，这就是奈氏判据在非线性系统中的推广应用。

设线性部分 $G(s)$ 为最小相位系统，判断非线性系统稳定性的方法如下。

(1) 若 $G(\mathrm{j}\omega)$ 曲线不包围 $-\dfrac{1}{N(A)}$ 曲线，如图 8.4.20 (a) 所示，则非线性系统稳定。

(2) 若 $G(\mathrm{j}\omega)$ 曲线包围 $-\dfrac{1}{N(A)}$ 曲线，如图 8.4.20 (b) 所示，则非线性系统不稳定。

(3) 若 $G(\mathrm{j}\omega)$ 曲线与 $-\dfrac{1}{N(A)}$ 曲线相交，如图 8.4.20 (c) 所示，则非线性系统产生周期运动。若该周期运动是稳定的，则系统出现自激振荡，且该周期运动的频率和振幅可用交点处 $G(\mathrm{j}\omega)$ 曲线上对应的 ω 和 $-\dfrac{1}{N(A)}$ 曲线上相应的 A 值来表示。

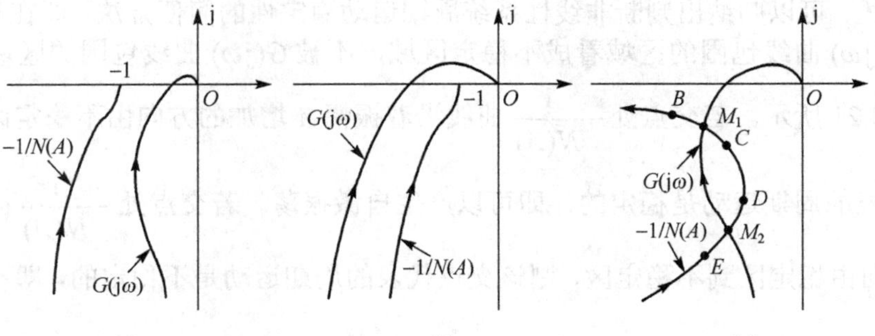

图 8.4.20 非线性系统稳定性分析

3. *周期运动的稳定性分析*

当 $G(\mathrm{j}\omega)$ 曲线与 $-\dfrac{1}{N(A)}$ 曲线相交，每个交点对应一个周期运动。但并非每个周期运动都是稳定存在的，只有稳定的周期运动才是非线性系统的自激振荡，并能够观察到。

所谓稳定的周期运动是指系统在受到外界小扰动作用下偏离原来的周期运动，当该扰动消失后，系统的运动仍然能恢复到原来的周期运动。

不稳定的周期运动是指系统在受到外界小扰动作用下不能重新回到原来的周期运动。

如图 8.4.20 (c) 所示系统，$G(\mathrm{j}\omega)$ 曲线与 $-\dfrac{1}{N(A)}$ 曲线有两个交点 M_1 和 M_2，对应两个不同振幅和频率的周期运动，这两个周期运动是否稳定下面来具体分析。

(1) 分析 M_1 点的情况。设 M_1 点处的周期运动振幅为 A_1、频率为 ω_1，即 M_1 点处周期运动为 $A_1\sin(\omega_1 t)$。假设此时系统受到外界干扰，使振幅 A_1 略有增大，工作点将沿 $-\dfrac{1}{N(A)}$ 移到 B 点，由于此时 $G(\mathrm{j}\omega)$ 曲线不被 B 点包围，系统稳定，振荡过程收敛，使振幅 A_1 减小，工作点将沿 $-\dfrac{1}{N(A)}$ 由 B 点回到 M_1 点。反之，假设干扰使振幅 A_1 减小，工作点将沿 $-\dfrac{1}{N(A)}$ 移到 C 点，此时由于 $G(\mathrm{j}\omega)$ 曲线包围 C 点，系统不稳定，振荡过程发散，使振幅 A_1 变大，工作点又将沿 $-\dfrac{1}{N(A)}$ 由 C 点回到 M_1 点。这说明 M_1 点的周期运动 $A_1\sin(\omega_1 t)$ 不管受到振幅增大或减小的扰动都能维持，所以 M_1 点对应的周期运动稳定。

(2) 研究 M_2 点的情况。设 M_2 点对应的周期运动为 $A_2\sin(\omega_2 t)$，若外界干扰使振幅 A_2 略有增大，工作点将沿 $-\dfrac{1}{N(A)}$ 移到 D 点，此时 $G(\mathrm{j}\omega)$ 曲线包围 D 点，系统不稳定，振荡过程发散，振幅 A_2 继续增大，工作点将沿 $-\dfrac{1}{N(A)}$ 远离 M_2 点。反之，若干扰使振幅 A_2 减小，工作点将沿 $-\dfrac{1}{N(A)}$ 移到 E 点，此时 $G(\mathrm{j}\omega)$ 曲线不包围 E 点，系统稳定，振荡过程衰减，使振幅 A_2 减小，工作点将沿 $-\dfrac{1}{N(A)}$ 远离 M_2。这说明 M_2 点对应的周期运动 $A_2\sin(\omega_2 t)$ 只要受到干扰使振幅有少量增大或减小，都不能回到 M_2 点，所以 M_2 点对应的周期运动是不稳定的。

综上所述，可以归纳出判断非线性系统周期运动稳定性的简便方法，即在复平面上，将线性部分 $G(\mathrm{j}\omega)$ 曲线包围的区域看成不稳定区域，不被 $G(\mathrm{j}\omega)$ 曲线包围的区域看成稳定区域，如图 8.4.21 所示。若交点处 $-\dfrac{1}{N(A)}$ 曲线沿着振幅 A 增加的方向由不稳定区到稳定区，则该交点代表的周期运动是稳定的，即可以产生自激振荡。若交点处 $-\dfrac{1}{N(A)}$ 曲线沿着振幅 A 增加的方向由稳定区到不稳定区，则该交点代表的周期运动是不稳定的，即不能产生自激振荡。

如果非线性系统产生自激振荡，则振荡的振幅和角频率可以采用图解法得到，即振荡的角频率由 $G(\mathrm{j}\omega)$ 在交点处的频率确定，振荡的振幅由 $-\dfrac{1}{N(A)}$ 在交点处的 A 值确定。也可采用解析法，即

$$\begin{cases}|N(A)G(\mathrm{j}\omega)|=1\\ \angle N(A)G(\mathrm{j}\omega)=-\pi\end{cases} \tag{8.4.38}$$

例 8.4.3 已知某非线性系统结构如图 8.4.22 所示，试用描述函数法分析 $K(K>0)$ 值对系统稳定性的影响。

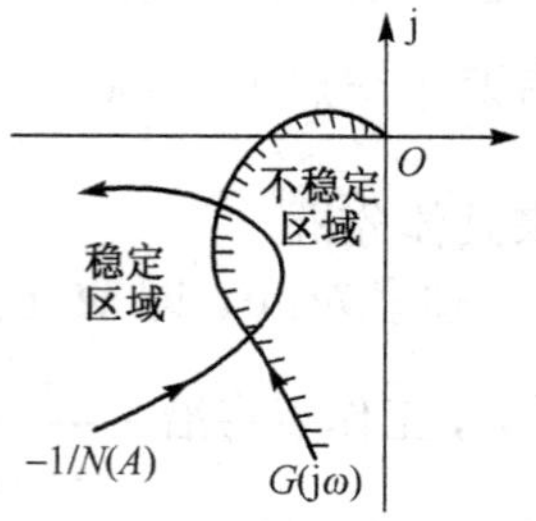

图 8.4.21 周期运动的稳定性判断

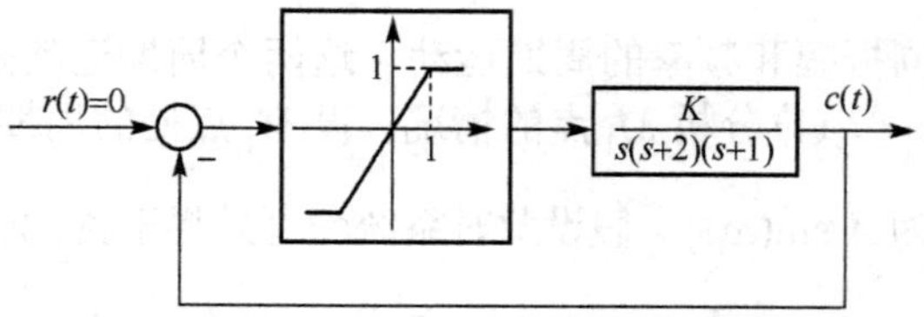

图 8.4.22 例 8.4.3 非线性系统结构图

解 该饱和特性的描述函数为

$$N(A)=\frac{2}{\pi}\left[\arcsin\frac{1}{A}+\frac{1}{A}\sqrt{1-\left(\frac{1}{A}\right)^2}\right]$$

负倒描述函数为

$$-\frac{1}{N(A)}=-\frac{\pi}{2\left[\arcsin\frac{1}{A}+\frac{1}{A}\sqrt{1-\left(\frac{1}{A}\right)^2}\right]}$$

当$A=1$时，$-\frac{1}{N(A)}$；当$A\to+\infty$时，$-\frac{1}{N(\infty)}\to-\infty$，因此$-\frac{1}{N(A)}$位于负实轴上的$-1\sim-\infty$区段。

线性部分频率特性为

$$G(\mathrm{j}\omega)=\left.\frac{K}{s(s+1)(s+2)}\right|_{s=\mathrm{j}\omega}=\frac{K}{\mathrm{j}\omega(\mathrm{j}\omega+1)(\mathrm{j}\omega+2)}$$

令$\operatorname{Im}G(\mathrm{j}\omega)=0$，得$G(\mathrm{j}\omega)$与负实轴交点的频率为$\omega_x=\sqrt{2}$，且$G(\mathrm{j}\omega_x)=-\frac{K}{6}$。

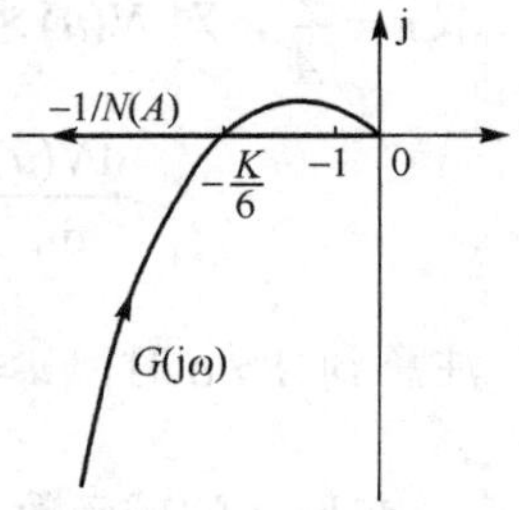

图 8.4.23　$G(\mathrm{j}\omega)$和$-\frac{1}{N(A)}$曲线

在复平面上绘制$G(\mathrm{j}\omega)$曲线以及$-\frac{1}{N(A)}$曲线，如图 8.4.23 所示。由该图可见，当$\frac{K}{6}<1$时，即$0<K<6$系统稳定；当$\frac{K}{6}>1$时，即$K>6$系统产生自振，自振频率$\omega=\sqrt{2}$，振幅A由$\left|N(A)G(j\omega)\right|_{\omega=\sqrt{2}}=1$求得。

8.5　非线性控制系统仿真实例

大容量汽轮机调节系统由于中间再热机组很多，系统调节部套和油管道复杂，故存在着大量的非线性因素，易于出现自激振荡，从而对系统产生不利影响。某国产 200MW 汽轮机调节系统简化框图如图 8.5.1 所示，其中$a=1$，$K=1$，系统等效开环传递函数$G(s)=\frac{K}{s(T^2s^2+2\zeta Ts+1)}$。当油动机错油门油口宽度$b_h$=5mm（正常情况）和$b_h$=2.5mm（遇到不利的工作条件如滑阀卡涩、油口堵塞等）时，$G(s)$的各项系数如表 8.5.1 所示。

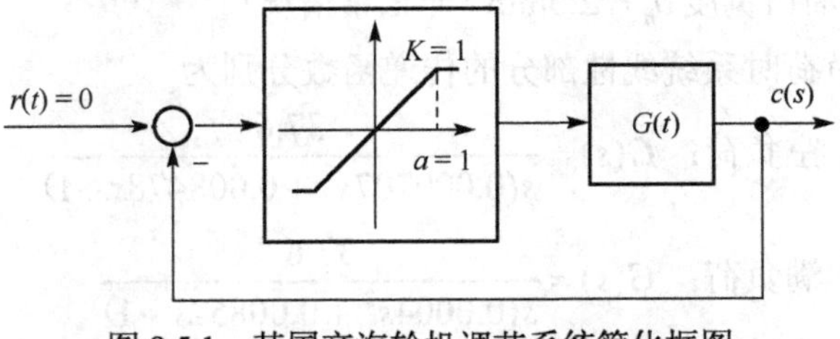

图 8.5.1　某国产汽轮机调节系统简化框图

表 8.5.1　$G(s)$的各项系数

	$b_h=5\mathrm{mm}$			$b_h=2.5\mathrm{mm}$		
	T	ζ	K	T	ζ	K
空负荷	1.886×10^{-2}	0.221	18.8	2.666×10^{-2}	0.159	37.6
满负荷	1.414×10^{-2}	0.300	18.8	2.000×10^{-2}	0.213	37.6

试用描述函数法分析以上两种情况下系统的运动。若产生自振，求出自振频率及振幅，要求通过 Matlab 编程绘图。

解 饱和特性的描述函数为

$$N(A)=\frac{2K}{\pi}\left[\arcsin\frac{a}{A}+\frac{a}{A}\sqrt{1-\left(\frac{a}{A}\right)^2}\right],\quad A\geqslant a \tag{8.5.1}$$

取 $u=\dfrac{a}{A}$，对 $N(u)$ 求导得

$$\frac{\mathrm{d}N(u)}{\mathrm{d}u}=\frac{2K}{\pi}\left(\frac{1}{\sqrt{1-u^2}}+\sqrt{1-u^2}-\frac{u^2}{\sqrt{1-u^2}}\right)=\frac{4K}{\pi}\sqrt{1-u^2} \tag{8.5.2}$$

注意到 $A>a$ 时，$u=\dfrac{a}{A}<1$，故 $\dfrac{\mathrm{d}N(u)}{\mathrm{d}u}>0$，$N(u)$ 为 u 的增函数，$N(A)$ 为 A 的减函数，$-\dfrac{1}{N(A)}$ 亦为 A 的减函数，代入给定参数 a=1，K=1，得 $-\dfrac{1}{N(a)}=-1$，$-\dfrac{1}{N(\infty)}=-\infty$。

作 $-\dfrac{1}{N(A)}$ 曲线如图 8.5.2 所示。

(1) 油动机错油门油口宽度 $b_h=5\text{mm}$ (正常情况)。

代入表 8.5.1 中参数得空负荷和满负荷时系统线性部分的传递函数分别为

$$\text{空负荷：}\ G(s)=\frac{18.8}{s(0.0003557s^2+0.008336s+1)}$$

$$\text{满负荷：}\ G(s)=\frac{18.8}{s(0.0001988s^2+0.008484s+1)}$$

由 $\mathrm{Im}[G(\mathrm{j}\omega_x)]=0$，得上述两种情况下穿越频率 ω_x 分别为 53.02 和 70.9。空负荷时，$G(s)$ 的幅相曲线 $\varGamma_G$ 与负实轴的交点为 $G(\mathrm{j}\omega_x)\big|_{\omega_x=53.02}=-0.8$；满负荷时，$G(\mathrm{j}\omega_x)\big|_{\omega_x=70.9}=-0.44$。

分别作出线性部分 G(s) 的 $\varGamma_G$ 曲线和非线性环节 $-\dfrac{1}{N(A)}$ 曲线如图 8.5.2(a) 所示。由图中可知 $\varGamma_G$ 曲线不包围 $-\dfrac{1}{N(A)}$ 曲线，此时系统稳定。

(2) 油动机错油门油口宽度 $b_h=2.5\text{mm}$ (非正常情况)。

此时空负荷和满负荷时系统线性部分的传递函数分别为

$$\text{空负荷：}\ G(s)=\frac{37.6}{s(0.000707s^2+0.008478s+1)}$$

$$\text{满负荷：}\ G(s)=\frac{37.6}{s(0.0004s^2+0.00852s+1)}$$

作出 $\varGamma_G$ 曲线和 $-\dfrac{1}{N(A)}$ 曲线如图 8.5.2(b) 所示。由图中可见，该系统 $G(\mathrm{j}\omega)$ 和 $-\dfrac{1}{N(A)}$ 有一交点，出现自激振荡。由 $\mathrm{Im}[G(\mathrm{j}\omega_x)]=0$ 得空负荷和满负荷时穿越频率分别为 $\omega_x=37.6$ 和 $\omega_x=50$，$\varGamma_G$ 曲线与负实轴的交点为 $G(\mathrm{j}\omega_x)=-3.145$ 和 $G(\mathrm{j}\omega_x)=-1.765$。同时由 $G(\mathrm{j}\omega_x)=-\dfrac{1}{N(A)}$ 得振幅分别为 $A=4$ 和 $A=2.2$。

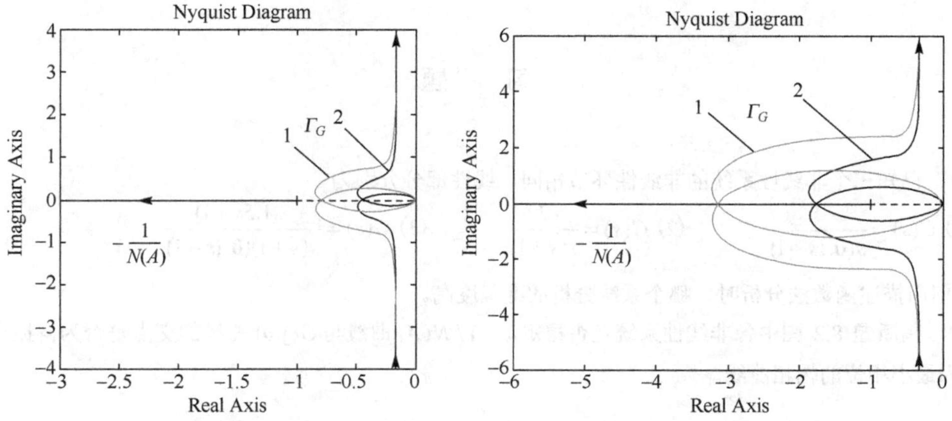

(a) 正常情况　　(b) 非正常情况

图 8.5.2　系统的 Γ_G 和 $-\dfrac{1}{N(A)}$ 曲线

1-空负荷，2-满负荷

上述分析表明，当油动机错油门油口宽度正常时，汽轮机调节系统是稳定的；但当其宽度变小会导致系统产生自激振荡。为了防止自振的产生，在进行系统设计过程中，应尽可能保证系统有足够的稳定裕度，尽量缩短管道长度，降低非线性程度(如减小过封度、提高传动机构刚度、缩小间隙和改善润滑)，且在安装和调试时，应检查各部套的尺寸及动作关系，严格按规定进行操作。

绘制系统的 Γ_G 和 $-\dfrac{1}{N(A)}$ 曲线的 Matlab 程序如下：

```
clc; clear;
%正常情况
G1=tf([18.8],[0.0003557 0.008336 1 0]);        %建立系统的 TF 模型(空负荷)
G2=tf([18.8],[0.0001988 0.008484 1 0]);        %建立系统的 TF 模型(满负荷)
A=1.0001:0.001:1000;                           %构造饱和特性的负倒描述函数
x=real(-1./((2*(asin(1./A)+(1./A).*sqrt(1-(1./A).^2)))/pi+j*0));
y=imag(-1./((2*(asin(1./A)+(1./A).*sqrt(1-(1./A).^2)))/pi+j*0));
figure(1);
nyquist(G1);hold on;                           %绘制系统 G1 的奈奎斯特图
nyquist(G2);hold on;                           %绘制系统 G2 的奈奎斯特图
plot(x,y);hold off;                            %画负倒描述函数曲线
axis([-3 0 -4 4]);                             %设定坐标值范围
%非正常情况
G3=tf([37.6],[0.000707 0.008478 1 0]);         %建立系统的 TF 模型(空负荷)
G4=tf([37.6],[0.0004 0.00852 1 0]);            %建立系统的 TF 模型(满负荷)
figure(2)
nyquist(G3);hold on;                           %绘制系统 G3 的奈奎斯特图
nyquist(G4);hold on;                           %绘制系统 G4 的奈奎斯特图
plot(x,y);hold off;                            %画负倒描述函数图
axis([-6 0 -6 6]);                             %设定坐标值范围
```

习　题

8.1　已知三个非线性系统的非线性环节相同，线性部分分别为

(1) $G(s)=\dfrac{1}{s(0.1s+1)}$　　(2) $G(s)=\dfrac{2}{s(s+1)}$　　(3) $G(s)=\dfrac{2(1.5s+1)}{s(s+1)(0.1s+1)}$

试问用描述函数法分析时，哪个系统分析的准确度高。

8.2　判断题 8.2 图中各非线性系统是否稳定，$-1/N(A)$ 曲线与 $G(\mathrm{j}\omega)$ 曲线的交点是否为自振点，图中 $G(\mathrm{j}\omega)$ 为最小相位的幅相曲线。

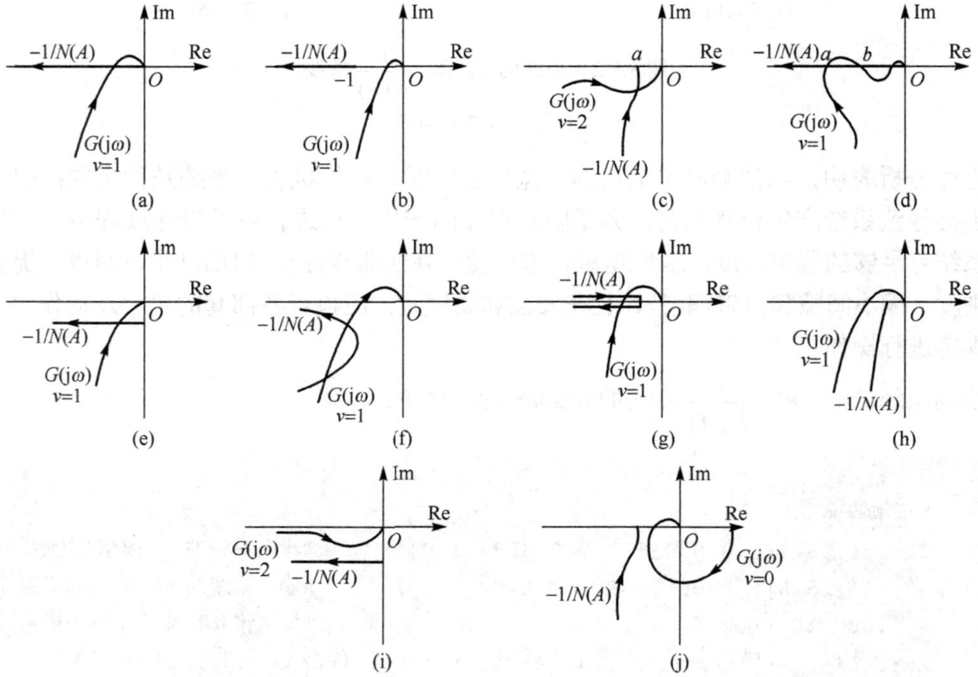

题 8.2 图

8.3　试将题 8.3 图所示非线性系统简化成一个非线性环节和一个等效线性部分相串联的典型结构，并写出等效线性部分的传递函数 $G(s)$。

8.4　已知某系统结构图如题 8.4 图所示，非线性环节描述函数为 $N(A)=\dfrac{A+6}{A+2}(A>0)$，试用描述函数法确定：

(1) 使该非线性系统稳定、不稳定以及产生周期运动时，线性部分的 K 值范围；

(2) 判断周期运动的稳定性，并计算稳定周期运动的振幅 A 和频率 ω。

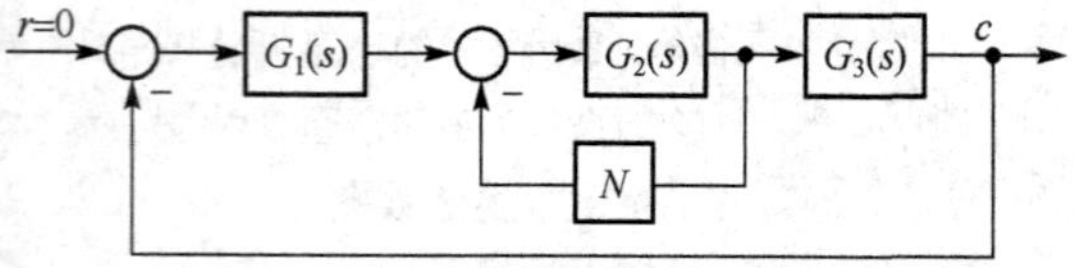

题 8.3 图

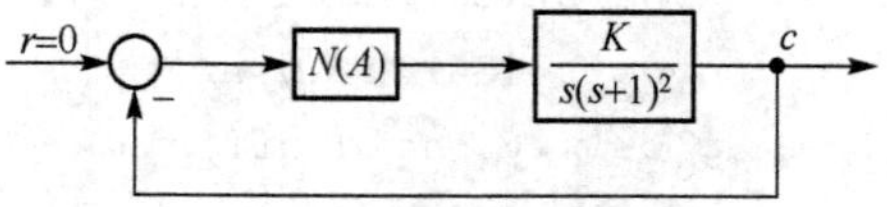

题 8.4 图

8.5 某单位负反馈系统如题 8.5 图所示，非线性环节的描述函数为 $N(A)=\frac{1}{A}e^{-j\frac{\pi}{3}}$，线性部分的传递函数如题 8.5 图所示。试分析：

(1) 系统是否存在自振；

(2) 若产生自振，计算自振频率及振幅，并讨论极限环稳定性。

8.6 将题 8.6 图所示非线性系统简化成环节串联的典型结构图形式，并写出等效线性部分的传递函数 $G(s)$。

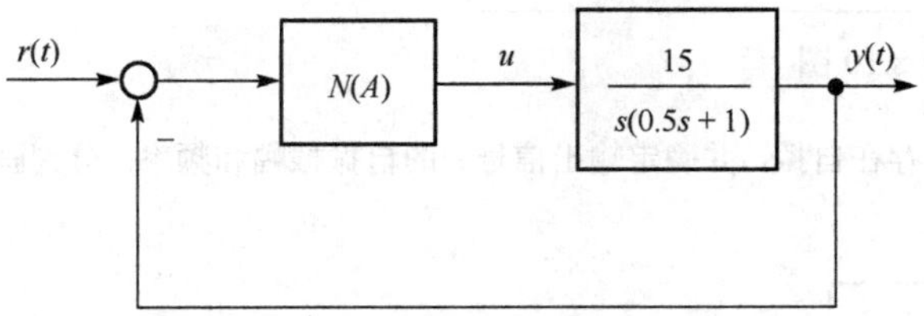

题 8.5 图

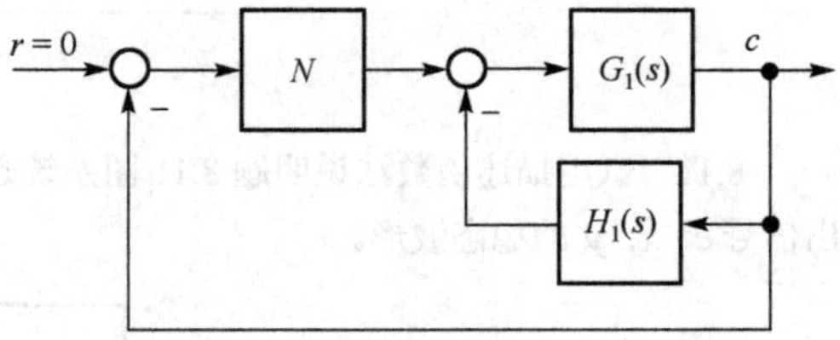

题 8.6 图

8.7 已知某非线性系统如题 8.7 图所示，其中 $G(s)=\frac{20}{s(s+2)(s+3)}$，要求：

(1) 试用描述函数法分析系统是否存在自激振荡；

(2) 若 K 可变，试求系统临界稳定时的 K 值。

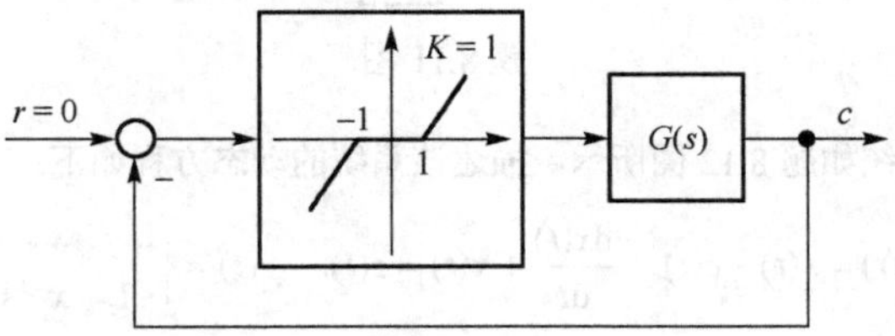

题 8.7 图

8.8 若要求如题 8.8 图所示非线性系统输出量 c 的自振振幅 $A=0.1$，频率 $\omega=10$，试确定参数 T 及 K 的值(T、K 均大于零)。

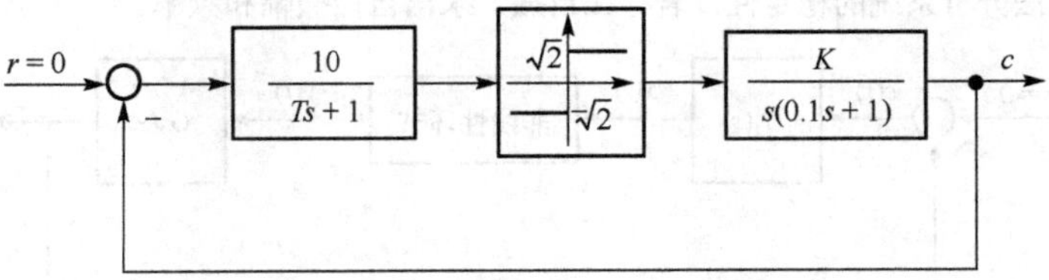

题 8.8 图

8.9 已知某非线性系统如题 8.9 图所示，试用描述函数法分析周期运动的稳定性，并确定系统输出信号振荡的振幅和频率。

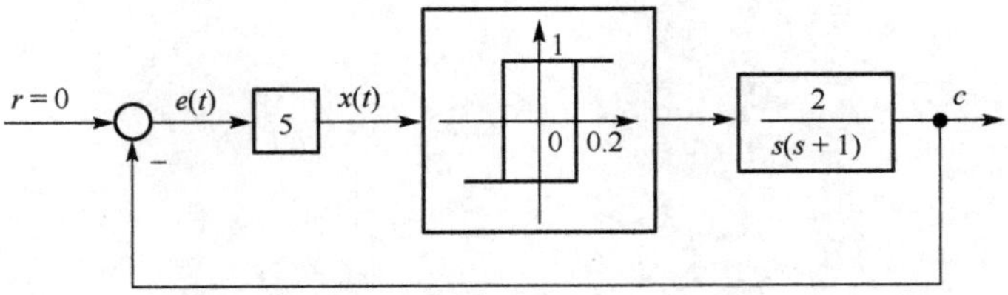

题 8.9 图

8.10　已知某非线性系统如题 8.10 图所示，非线性元件的描述函数 $N(A)=\frac{4M}{\pi A}+K$，其中 $M=1$，$K=0.5$。试分析系统周期运动的稳定性，并求出稳定周期运动的振幅 A 和频率 ω 以及输出 $c(t)$ 的表达式。

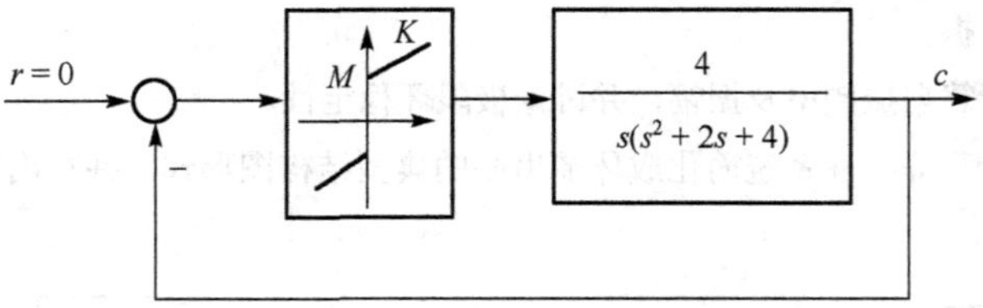

题 8.10 图

8.11　试用描述函数法说明题 8.11 图系统必然存在自振，并确定输出信号 c 的自振振幅和频率，分别画出信号 c、x、y 的稳态波形。

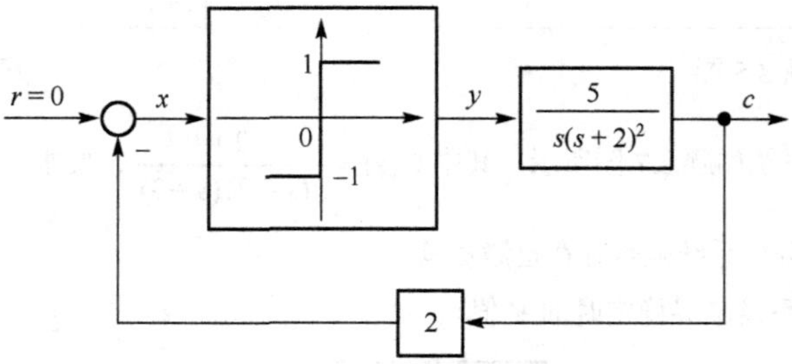

题 8.11 图

8.12　已知某非线性系统如题 8.12 图所示，描述该系统的动态方程如下：

$$e(t)=r(t)-c(t),\quad \frac{\mathrm{d}x(t)}{\mathrm{d}t}+x(t)=e(t),\quad y(t)=\begin{cases}1, & x>0\\ -1, & x<0\end{cases}$$

$$\frac{\mathrm{d}^2c(t)}{\mathrm{d}t^2}+4\frac{\mathrm{d}c(t)}{\mathrm{d}t}=ky(t)\quad (k>0)$$

(1) 试求 $G_1(s)$ 和 $G_2(s)$，画出非线性环节的输入输出特性关系曲线；

(2) 用描述函数法分析系统的稳定性，若存在自振，求出自振振幅和频率。

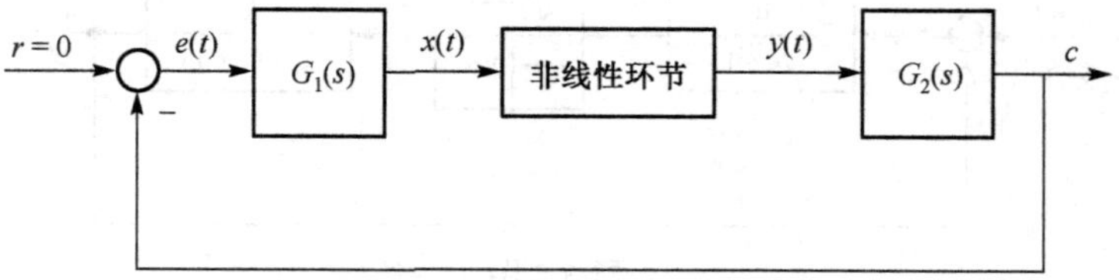

题 8.12 图

第 9 章　现代控制系统案例分析

9.1　磁悬浮球控制系统

9.1.1　磁悬浮球系统的结构和工作机理

本系统是一个单自由度系统，主要由被悬浮物体(钢球)、涡流传感器、控制器、功率放大器和电磁铁组成。其工作原理图与实物图如图 9.1.1 所示。

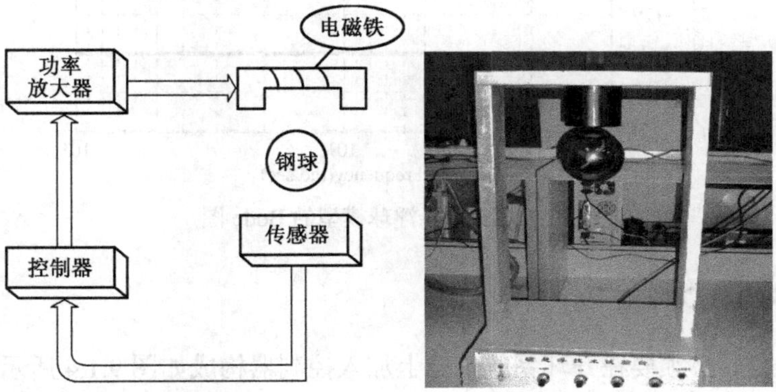

(a) 系统原理图　　(b) 系统实物图

图 9.1.1　磁悬浮球工作原理图与实物图

作用在钢球上的电磁力由电磁铁产生的可控磁场提供。当磁场力的大小与钢球的重力相平衡时，钢球处于悬浮位置。当钢球受到扰动后偏离平衡位置，此时传感器检测出钢球的偏离位移，将其输入到控制器，产生控制信号，通过功率放大器输出控制电流，使磁场力相应变化，从而控制钢球又恢复到平衡位置。

9.1.2　磁悬浮球的数学模型

图 9.1.2 为球磁悬浮球建模示意图，x_0 为磁悬浮球在平衡位置的间隙，x 为钢球在 Y 方向上偏离平衡位置的位移，i_0 和 i 分别为电磁铁线圈的偏置电流和控制电流，F 为电磁铁对钢球所产生的电磁力。

电磁力 F 与 $\left(\dfrac{i}{x}\right)^2$ 成正比(i 为激磁电流，x 为电磁铁气隙)，要使钢球稳定悬浮在平衡位置上，须满足 $f = F - mg = 0$ 。

根据物理定理可推导出系统的非线性数学模型，然后进行线性化，可得到磁悬浮球系统的数学模型：

$$G(s) = \frac{34.55}{0.9s^2 - 3488.8}$$

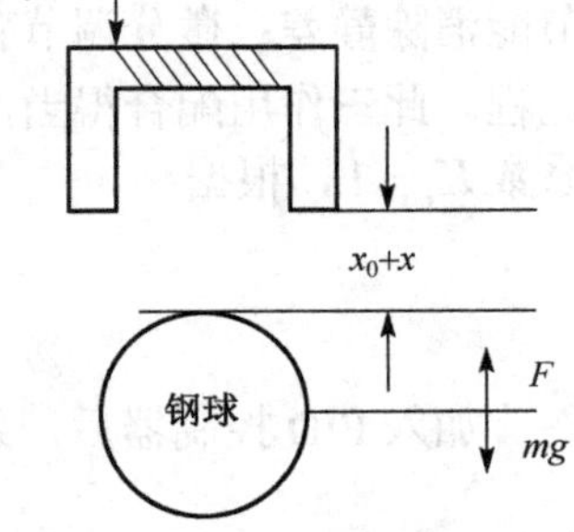

图 9.1.2　磁悬浮球建模示意图

开环系统的特征方程为

$$0.9s^2 - 3488.8 = 0$$

特征根：

$$s = \pm 61.95$$

系统有一个极点在复平面的右半平面，可知单自由度磁悬浮球系统是不稳定的，其 Bode 图如图 9.1.3 所示。

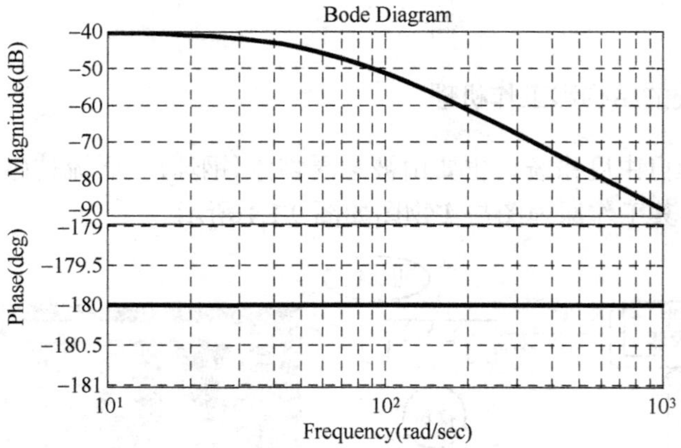

图 9.1.3　磁悬浮球模型的 Bode 图

9.1.3　磁悬浮球的 PID 控制

要使系统稳定，必须要在开环系统基础上加入控制器构成如图 9.1.4 所示的闭环系统，系统的输出为球的位置。

控制器的结构有多种，此处采用 PID 控制，PID 控制器数学表达式：

$$u(t) = K_p e(t) + K_i \int_0^t e(t)\mathrm{d}(t) + K_d \frac{\mathrm{d}e(t)}{\mathrm{d}t} \tag{9.1.1}$$

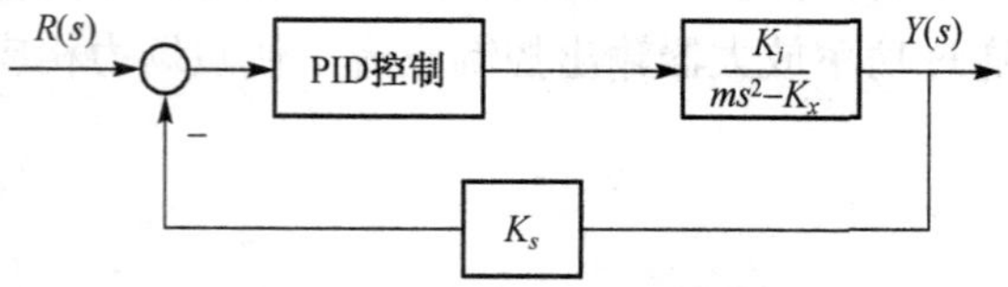

图 9.1.4　闭环控制系统结构图

式中，$u(t)$ 为 PID 控制器输出；$e(t)$ 为控制器输入的系统偏差量；K_p 为比例系数；K_i 为积分系数；K_d 为微分系数；传递函数为

$$\frac{U(s)}{E(s)} = K_p + K_i \frac{1}{s} + K_d s \tag{9.1.2}$$

PID 控制器也称作三作用调节，其中比例作用起纠正偏差的作用，其反应迅速；积分调节能消除静差；微分调节有利于减少超调，克服振荡，提高系统的稳定性，加速系统的过渡过程。此三作用配合得当，可使调节过程快速、平稳、准确，收到较好的效果。假设传感器系数 $K_s = 1$，根据

$$G(s) = \frac{34.5}{0.9s^2 - 3488.8} = \frac{38}{s^2 - 3876} \tag{9.1.3}$$

加入 PID 控制器后，系统闭环极点特征方程为

$$s^3 + 38K_d s^2 + (38K_p - 3876)s + 38K_i = 0$$

根据劳斯稳定判据，要求特征方程各项系数为正，且满足：

$$K_d > 0$$

$$38K_p - 3876 > 0$$

$$K_i > 0$$

$$K_d(38K_p - 3876) - K_i > 0$$

解上面的不等式组

$$K_p > 102, \quad K_i > 0, \quad K_d > 0$$

$$K_d(38K_p - 3876) - K_i > 0$$

选择 $K_p = 103$，$K_i = 35$，$K_d = 2$，得到磁悬浮球系统的单位阶跃响应曲线以及 Simulink 模型如图 9.1.5 所示。明显看出系统是稳定的，且稳态误差 $e_{ss} = 0$。但超调量大，动态性能不好。

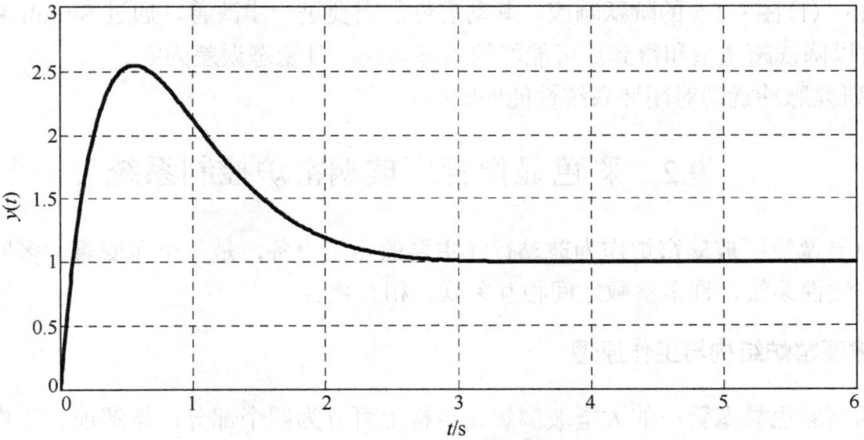

(a) 闭环系统的单位阶跃响应

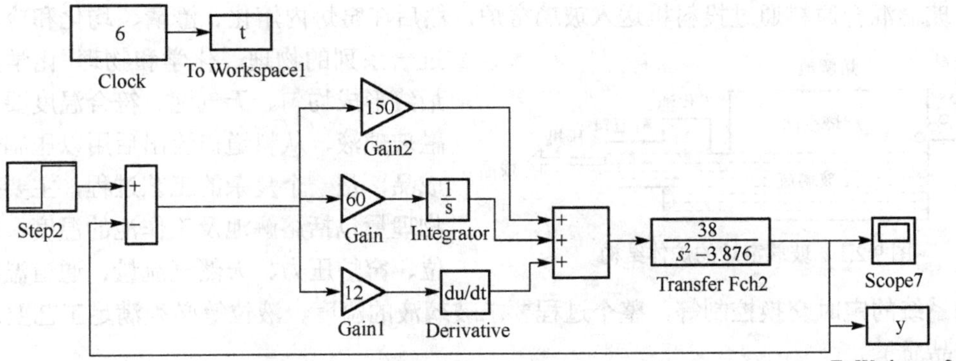

(b) 闭环系统的Simulink模型

图 9.1.5 闭环系统的单位阶跃响应以及 Simulink 模型

若采用计算机控制，则磁悬浮球计算机控制系统如图 9.1.6 所示。

本实验用的计算机控制是通过 Matlab 提供了一个实时开发环境(real-time workshop)来进行的。用户只需安装相关软件、编译器和 I/O 设备板，就可将通用计算机转变为一个实时操作系统来控制外部系统，具体资料可查阅 Matlab 的有关资料。

考虑到磁悬浮系统是单自由度系统，控制算法比较简单，所以采用 Matlab 中实时视窗目标(real-time windows target)来实现实时控制，如图 9.1.7 所示。

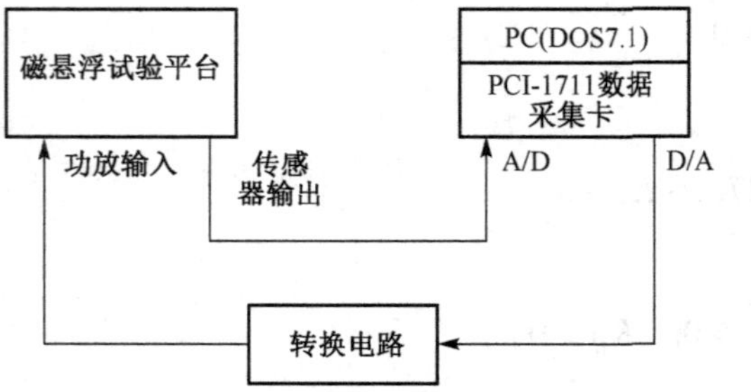

图 9.1.6　磁悬浮计算机控制系统

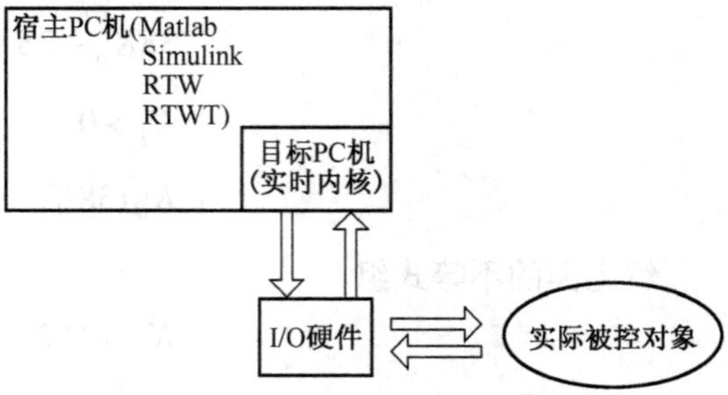

图 9.1.7　RTW 实时控制原理图

思考：为什么有时通过仿真验证的一组很好的 PID 参数，用到实际系统时往往出现不稳定？

作业：(1)图 9.1.5 的阶跃响应，其动态性能需要进一步改善，通过 Simulink 仿真，选择 PID 参数以降低超调量和得到尽可能好的动态响应，且稳态误差为零。

(2)研究脉冲扰动对闭环系统性能的影响。

9.2　彩色显像管厂玻璃窑炉控制系统

彩色显像管厂玻璃窑炉作为玻璃行业主要的热工设备，是一个多变量、多回路、高阶、时变的非线性系统，许多参数之间相互关联、相互耦合。

9.2.1　玻璃窑炉结构与工作原理

陕西某彩色显像管厂的大型玻璃炉在结构上可分为四个部分：熔解池、工作池、蓄热室和投料机，其高度有两层楼高，仅熔解池面积就有 75m^2，炉体结构如图 9.2.1 所示。工艺过程为，玻璃混合原料通过投料机送入玻璃窑炉，然后在窑炉内熔化、澄清、均化和冷却，经过一系列的物理、化学和物理-化学反应，最终形成均匀、无气泡、符合温度要求的熔融玻璃液，从料道口流出后用以压制成玻璃成品，是一个复杂的工艺过程，主要控制的物理量包括熔解池及工作池的温度、玻璃液位、窑炉压力、天然气流量、通道温度，以及燃烧系统的定时交换控制等，整个过程要求玻璃液的温度、液位等必须满足工艺要求，以保证产品质量。

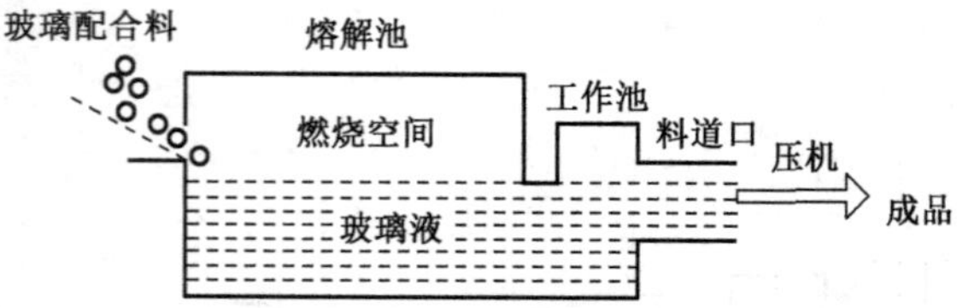

图 9.2.1　玻璃窑炉的炉体结构

1. 窑炉温度控制

窑炉温度控制是熔解池温度控制、工作池温度控制和通道温度控制的统称，其控制效果的好坏直接关系成品玻璃液质量的优劣，因此说窑炉温度的稳定极为重要。

2. 玻璃液位控制

因为经投料机投入的玻璃原料在熔解池内要经过充分的熔解、反应等过程才进入工作池，这个过程需要很长时间，加之通道末端每次提供给压机的料滴是定量的，并不随投料量的多少及玻璃液位的高低而改变，所以说玻璃液位系统具有大惯性、滞后以及无自平衡能力等特点，可以利用常规 PID 调节算法或其他的改进型 PID 调节算法。

本章所介绍的玻璃窑炉系统用于生产彩色显像管的后部锥体，对热工过程的稳定性要求较高。其俯视图见图 9.2.2，在进料口，两台“毯式”投料机把包括 20 多种成分的混合原料交替投入熔解池进行高温熔解，熔化后的玻璃液经流液洞流入工作池，再通过料道口进入压机，压制成玻壳制品。熔解池两边分设两个蓄热室，每个蓄热室都有三个喷火口与熔解池相连，将预热后的重油和空气的混合物喷入熔解池。与此同时又有一定量的空气(称为二次空气)从喷火口吹入，以保证重油充分燃烧。按照工艺要求，熔解池内的温度应保持恒定，炉压和玻璃液位也应保持恒定。控制玻璃液位是通过控制投料机的投料间隔来实现的。而投料间隔是由装在工作池上面的活动探针发出液面高低信号来控制的。

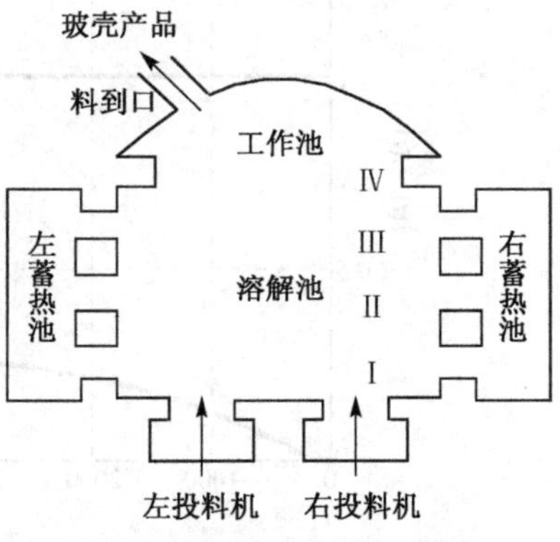

图 9.2.2　玻璃窑炉结构图

控制指标：在正常情况下，窑炉温度被控制在(1500±3) ℃以内，玻璃液位波动被控制在±0.2mm 以内，炉压波动控制在±0.1mm H_2O 以内。

本书仅以温度子系统为例研究其 PID 控制算法。

9.2.2　玻璃窑炉的温度控制

溶解池的温度人为地分为四个区：Ⅰ区和Ⅱ区的温度恒值分别控制在 1350℃和 1460℃，其功能分别是熔化、排泡，Ⅲ区和Ⅳ区的温度恒值分别控制在 1340℃和 1300℃。四个区炉内温度分布图如图 9.2.3 所示。

其中一个区的温升曲线(即给定温度)如图 9.2.4 实线所示。尽管稳态时的期望温度是 1300℃，但不能直接设置为 1300℃，而是按照斜坡—阶跃—斜坡—阶跃—斜坡—1300℃的给定曲线进行升温，以免炉壁(耐火材料)损失太大。

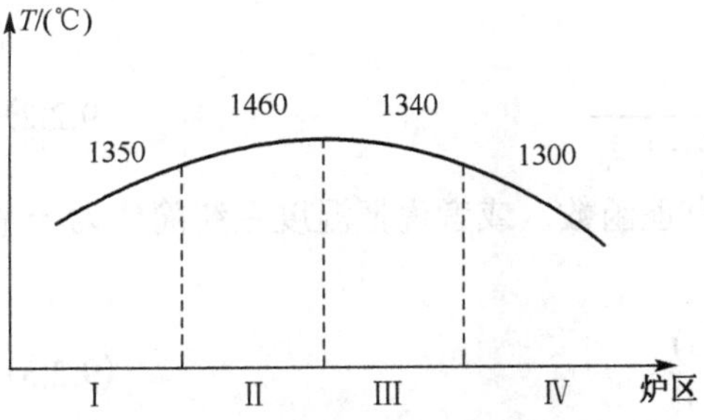

图 9.2.3　玻璃窑炉各区的温度分布图

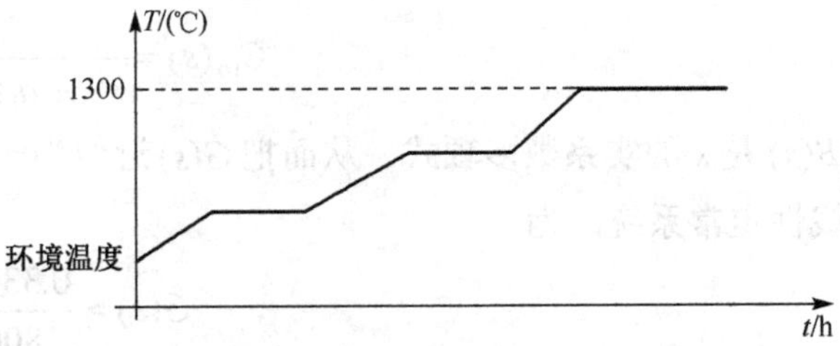

图 9.2.4　温度给定值或者温升曲线

已知被控对象窑炉温度 T 与对应的燃烧喷嘴的喷油量 M 之间的传递函数为具有纯滞后的一阶惯性环节：

$$G(s)=\frac{T(s)}{M(s)}=\frac{0.33}{1800s+1}e^{-180s} \tag{9.2.1}$$

系统的时间常数为 1800s，纯滞后时间为 180s，是个大惯性系统。为了研究方便，输入为单位阶跃函数，其输出响应如图 9.2.5 所示，调节时间大约 6000s。

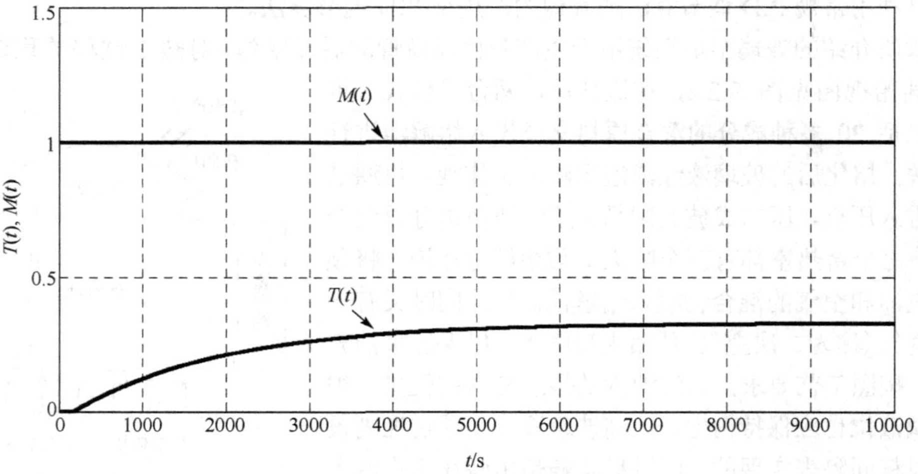

图 9.2.5　窑炉开环系统的单位阶跃响应

为了对不可避免的环境变化引起的干扰，确保温度的控制精度，需要实现闭环控制，本系统采用 PID 控制，结构如图 9.2.6 所示。

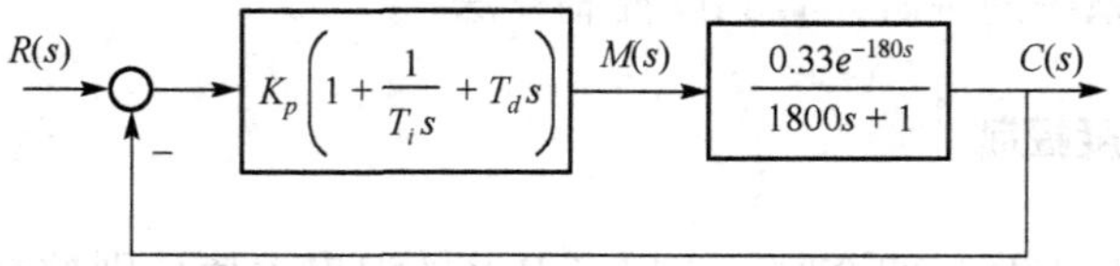

图 9.2.6　闭环温度控制系统(含有滞后环节的系统)

下面先研究 PID 控制对系统在恒值输入下的控制效果，再研究在图 9.2.4 给定的温升曲线的控制效果。

设计过程如下所示。

首先要把 $G(s)=\dfrac{T(s)}{M(s)}=\dfrac{0.33}{1800s+1}\mathrm{e}^{-180s}$ 中的延迟环节 e^{-180s} 用 pade 方法近似为 10 阶线性时不变环节：

$$G_{10}(s)=\frac{B(s)}{s^{10}+a_1 s^9+\cdots+a_0} \tag{9.2.2}$$

$B(s)$ 是 s 的实系数多项式。从而把 $G(s)$ 近似为一个有理函数，或者说把温度系统简化为一个线性定常系统，为

$$G(s)\approx\frac{0.33G_{10}(s)}{1800s+1} \tag{9.2.3}$$

简化后的温度控制系统框图如图 9.2.7 所示。

在图 9.2.7 的基础上，采用第 3 章介绍的临界比例度法确定 PID 参数 K_p 、T_i 和 T_d 的值，具体做法：在图 9.2.7 中，令 $T_i=\infty$ ，$T_d=0$ ，利用劳斯判据得到临界稳定状态或等幅振荡时的比例系数 $K_m=49.5$ 以及振荡周期 $P_m=694$ ，然后计算得到 $K_p=0.6K_m=29.7$ ，$T_i=0.5P_m=347$ ，以及 $T_d=0.125P_m=86.75$ 。将 K_p 、T_i 和 T_d 的值用于图 9.2.6 原系统的闭环系统上进行仿真，

得到仿真结果如图9.2.8所示。由图9.2.8(a)可大概确定系统的超调量为$\sigma\% = \dfrac{1.49-1}{1}\times 100\% = 49\%$，峰值时间$t_p = 351\text{s}$，调节时间$t_s = 1773\text{s}$，闭环控制后改善了系统的快速性。

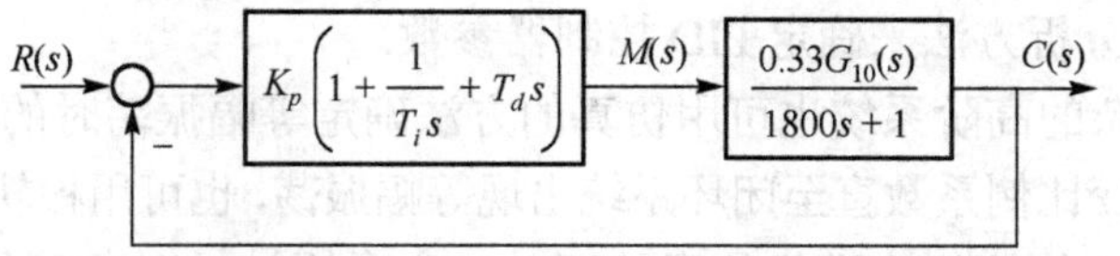

图 9.2.7　简化后的闭环温度控制系统(线性定常系统)

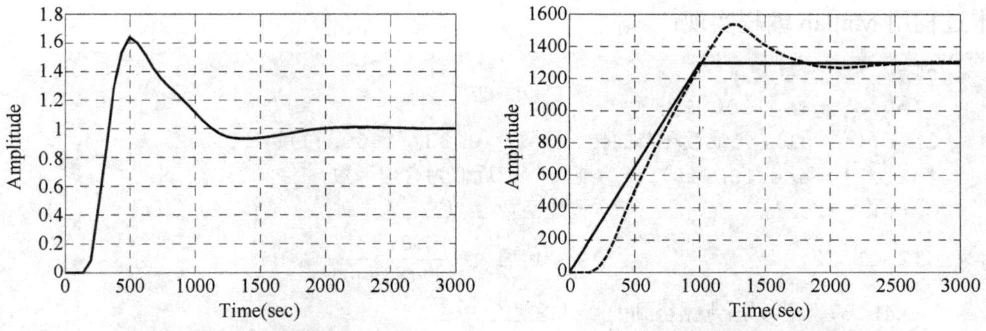

(a) 原系统的单位阶跃响应　　(b) 原系统的斜坡-阶跃响应

图 9.2.8　原系统的输出响应

图 9.2.8(b)为斜坡-阶跃情况下的输出响应，其 Simulink 模型如图 9.2.9 所示。

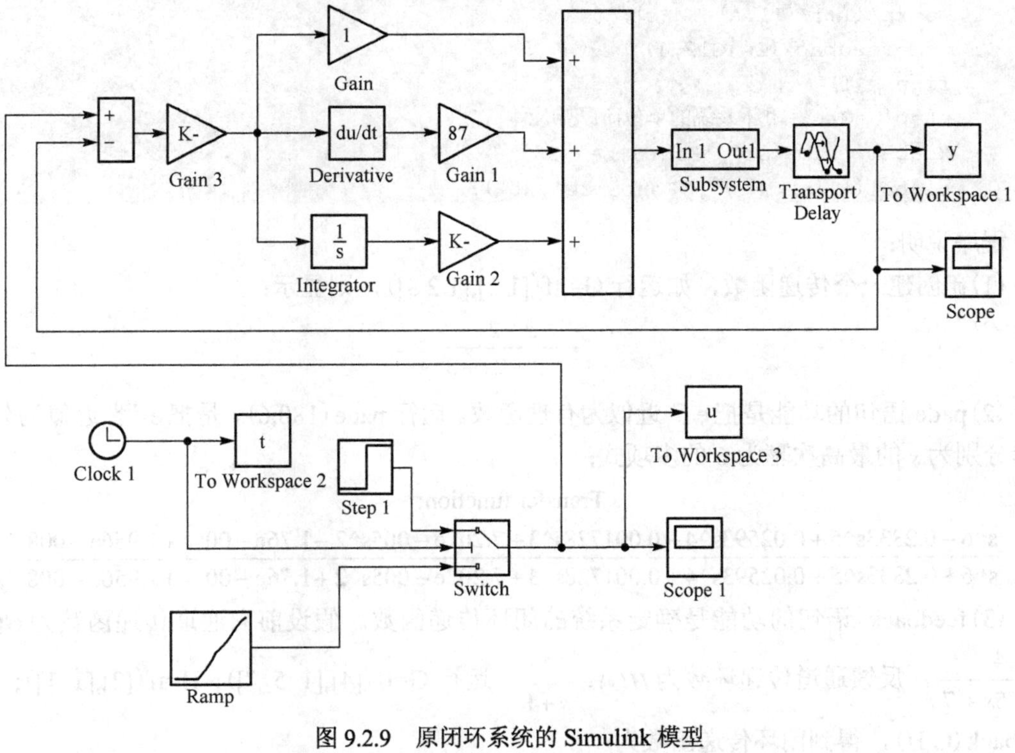

图 9.2.9　原闭环系统的 Simulink 模型

影响炉温的因素除燃油、空气流量外，主要的还有炉压、投料量和环境温度等。炉压在正常情况下经调节保持为恒定，而投料量和环境温度可视为可测干扰，对之进行前馈补偿。此外，各区温度间的耦合也通过前馈补偿进行解耦，控制算法采用 PID 算法，本书不做介绍。

说明 1 之所以要把含有纯滞后环节的传递函数(9.2.1)近似为传递函数(9.2.3)，目的是利用线性定常系统的分析方法来确定 PID 控制器参数。

说明 2 对于复杂的高阶系统也可用仿真的方法确定等幅振荡时的比例系数 K_m 以及振荡周期 P_m，通过不断改变比例系数直至闭环系统出现等幅振荡，也可用根轨迹方法确定 K_m 与 P_m。

说明 3 在对设计的控制律进行仿真验证时一定要用被控对象简化前的模型，使得仿真结果取得的性能更接近实际系统。

本过程用 Matlab 编程实现：

```
clc
n1=0.33;d1=[1800 1];
G1=tf(n1,d1); %惯性环节的传递函数   0.33/(1800s+1)
[n2 d2]=pade(180,10);    %把 e^(-180s) 近似为有理函数
G2=tf(n2,d2);               %传递函数 G10(s)
G12=G1*G2;                  %得到传递函数 0.33/(1800s + 1) G10(s)
km=49.5; %由劳斯判据得到的临界稳定的 K 值
Tm=694;
kp=0.6*km;
Ti=0.5*Tm;
Td=0.125*Tm;
Ge=kp*(1+1/(Ti*s)+Td*s);
GeG=feedback(Ge*G12,1)
figure(1)
step(GeG) % 闭环系统的单位阶跃响应
xlabel('time(s)','FontSize',20);
ylabel('T(t),M(t)','FontSize',20 );
```

程序说明：

(1) tf 创建一个传递函数，如运行 G= tf([1 2],[1 2 3])，则显示：

$$\frac{s+2}{s\,\hat{}\,2+2s+3}$$

(2) pade 语句的功能是把 $e^{-\tau s}$ 近似为有理函数。运行 pade(180,6)，是把 e^{-180s} 近似为分子、分母分别为 s 的最高次幂为 6 的多项式：

Transfer function:

$$\frac{s\hat{}6-0.2333s\hat{}5+0.02593s\hat{}4-0.001728s\hat{}3+7.202e-005s\hat{}2-1.76e-006s+1.956e-008}{s\hat{}6+0.2333s\hat{}5+0.02593s\hat{}4+0.001728s\hat{}3+7.202e-005s\hat{}2+1.76e-006s+1.956e-008}$$

(3) feedback 语句的功能是确定系统的闭环传递函数。假设前向通道传递函数为 $G(s)=\dfrac{4}{s^2+5s+7}$，反馈通道传递环数为 $H(s)=\dfrac{2}{s+1}$，运行 G=tf([4],[1 5 7])；H=tf([2],[1 1])；sys=feedback(G,H)，得到闭环传递函数为

$$\frac{4s+4}{s\,\hat{}\,3+6s\,\hat{}\,2+12s+15}$$

9.3 炼油厂蒸馏塔加热炉纯滞后温度控制系统

想知道地下原油(或石油)如何加工为成品油的吗？本案例初步给出简单的回答，并详细介绍具有纯滞后环节的炼油厂加热炉温度子系统的建模与控制问题。

9.3.1 石油分馏加工流程简介

一般对炼油厂的概念是从通过远处看到的许多大型炼油装置得到的，如图 9.3.1 所示，其中蒸馏塔是炼油厂最重要的生产装置，用于石油的分离、加工以及成品油的输出。其加工流程示意图如图 9.3.2 所示，地下原油通过抽油机抽到地面上后经过加热炉加热至 300～500℃，使其变成蒸汽输进分馏塔。整个加工过程的控制主要包括加热炉温度控制、塔顶温度控制、液位控制、流量控制以及其他子系统控制。从蒸馏塔产出的主要产品是汽油、煤油、柴油等。

图 9.3.1 大型炼油装置

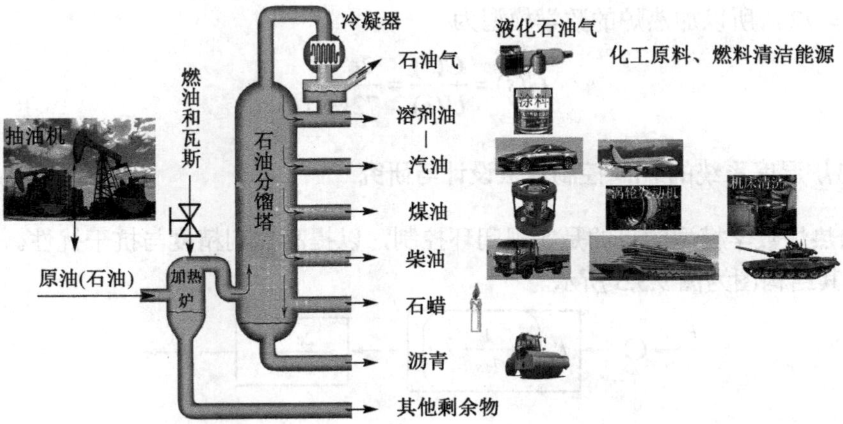

图 9.3.2 石油分馏加工示意图

从图 9.3.2 的加工流程可知，蒸馏塔的进料是将原油经过加热炉加热到一定温度后从塔底打入蒸馏塔的，加热炉出口温度近似等于塔底进料温度，加热炉出口温度的波动将会对蒸馏塔的平稳操作产生很大的影响。当加热炉出口温度发生较大的波动时，反映塔平稳状况的塔顶压力和塔板温度也随之波动，从而影响产品的质量。因此，加热炉出口温度是卡在蒸馏塔前的一个关口，解决了加热炉出口温度的控制问题将大大减轻塔内的控制难度。

9.3.2　加热炉数学模型的建立

加热炉内的温度是通过调节进入炉内的燃油和瓦斯来实现的。加热炉的控制量用 $u(t)$ 表示，代表阀门的位置；加热炉的输出量用 $c(t)$ 表示，代表出口温度。

要解决炉内温度控制问题，首先要建立加热炉的数学模型。本例中，建模方式不是采用解析法，而是用实验法，因为在生产过程中加热炉的输入输出数据是容易得到的。

假设加热炉的输入输出曲线如图 9.3.3 所示。

从系统的响应曲线分析可知，被控对象可以用一个具有纯滞后的惯性环节来近似，即可用图 9.3.4 表示。

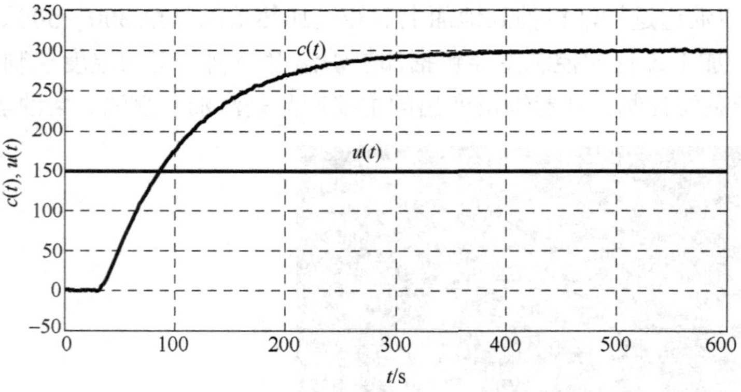

图 9.3.3　加热炉的输入输出曲线或开环响应

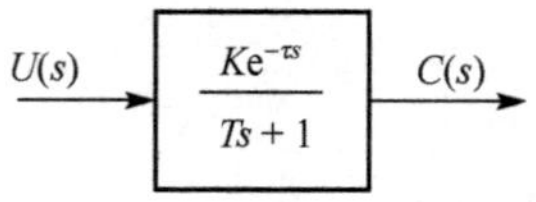

图 9.3.4　加热炉的数学模型

从图 9.3.3 明显看出 $\tau = 30\text{s}$ ，$K = \dfrac{c(\infty)}{u(t)} = \dfrac{300}{150} = 2$ ，接下来确定系统的时间常数 T。

为了尽可能得到准确的模型，确定 T 时，同时参考 $c(T) = 0.632c(\infty)$ 以及 $c(3T) = 0.95c(\infty)$ ，近似得到 $T = 72$ ，所以加热炉的数学模型为

$$G(s) = \frac{C(s)}{U(s)} = \frac{2\mathrm{e}^{-30s}}{72s+1} \tag{9.3.1}$$

9.3.3　加热炉温度系统的 PID 控制算法设计与研究

建立加热炉数学模型的目的是实现闭环控制，以提高控制精度与抗干扰性。本系统采用 PID 控制，其结构图为图 9.3.5 所示。

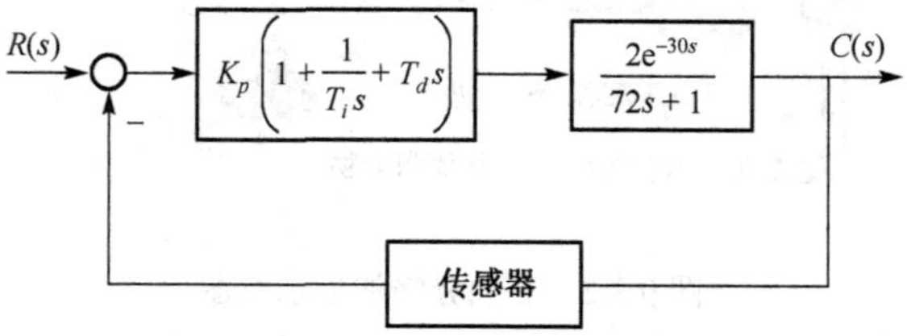

图 9.3.5　温度闭环控制系统

假设传感器的惯性可以忽略，即认为传感器的数学模型是一常数，则图 9.3.5 可以简化为图 9.3.6。在图 9.3.6 的基础上设计 PID 控制器更为方便(注意：图 9.3.5 系统的给定输入 $R(s)$ 不相同于图 9.3.6 中的给定输入 $R(s)$，它们的量纲不同)。

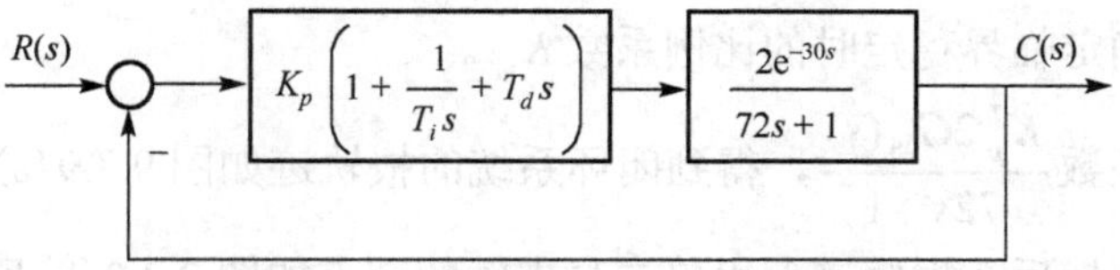

图 9.3.6　等效闭环控制系统

目前，PID 参数 K_p, T_i, T_d 的选择有较成熟的整定方法，即临界比例度法。确定三个参数之前，把纯滞后环节 e^{-30s} 用 pade 法化简为有理分式，语句是

$$\text{pade}(\tau, n)$$

τ 是纯滞后时间，n 是将 $e^{-\tau s}$ 简化后的阶数，本例 $\tau = 30$，取 n=6，在 Matlab 环境下运行：

$$\text{pade}(30,6)$$

则将 e^{-30s} 简化为六阶有理分式函数：

$$G_{06}(s) = \frac{s^6 - 1.4s^5 + 0.9333s^4 - 0.3733s^3 + 0.0933s^2 - 0.0137s + 0.0009}{s^6 + 1.4s^5 + 0.9333s^4 + 0.3733s^3 + 0.0933s^2 + 0.0137s + 0.0009}$$

所以

$$G(s) \approx \frac{2G_{06}(s)}{72s+1} \tag{9.3.2}$$

为了了解简化后的模型 $\frac{2G_{06}(s)}{72s+1}$ 对原加热炉的模型 $\frac{2e^{-30s}}{72s+1}$ 的逼近程度，分别对两个模型进行了仿真，两种情况下的输出曲线如图 9.3.7 所示。由图可看出，简化前后模型的两条输出曲线几乎全部重合，难以区分说明简化后加热炉模型能很好地逼近具有滞后环节的加热炉模型，故在设计 PID 参数时用 $\frac{2G_{06}(s)}{72s+1}$ 作为加热炉数学模型，其闭环控制系统结构如图 9.3.8 所示。

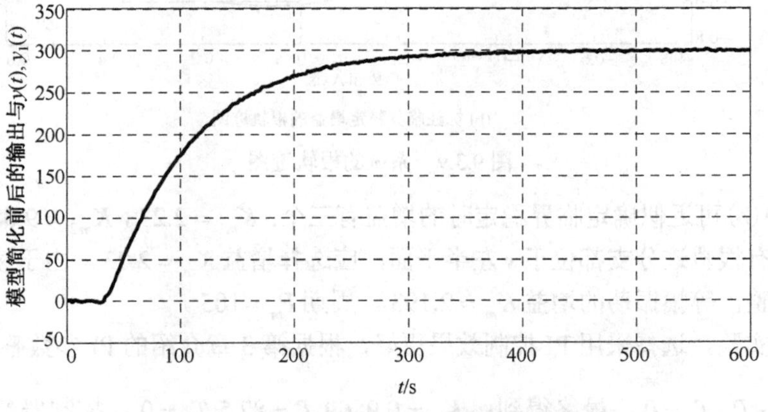

图 9.3.7　模型简化前后两种情况下的输出曲线

首先确定临界稳定时的比例系数 K_m、振荡周期 P_m，依次再确定 K_p, T_i, T_d。

令 $T_i = \infty, T_d = 0$，一般方法采用劳斯判据来确定临界稳定时的比例系数 K_m 与振荡周期 P_m，但是对于如图 9.3.8 的七阶闭环系统，用劳斯判据确定临界稳定时的增益与频率有些复杂。

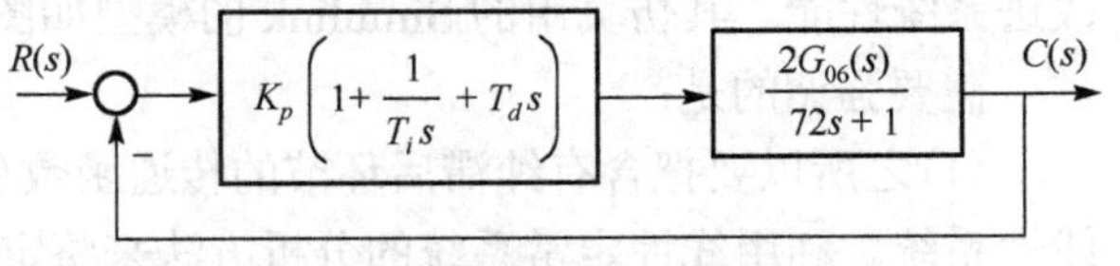

图 9.3.8　加热炉的线性定常模型

本例利用 Matlab 功能强大又方便的特

点，绘制根轨迹来确定临界稳定时的比例系数 K_m 。

根据开环传递函数 $\dfrac{K_p^* 2G_{06}(s)}{72s+1}$，得到闭环系统的根轨迹如图 9.3.9(a)所示，从图中看出，轨迹三次穿过虚轴。然后在根轨迹上用单击与虚轴的交点如图 9.3.9(b)所示。

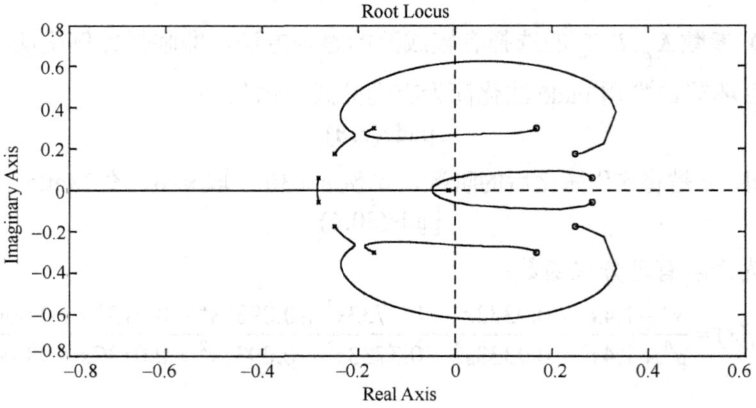

(a) 系统的根轨迹图

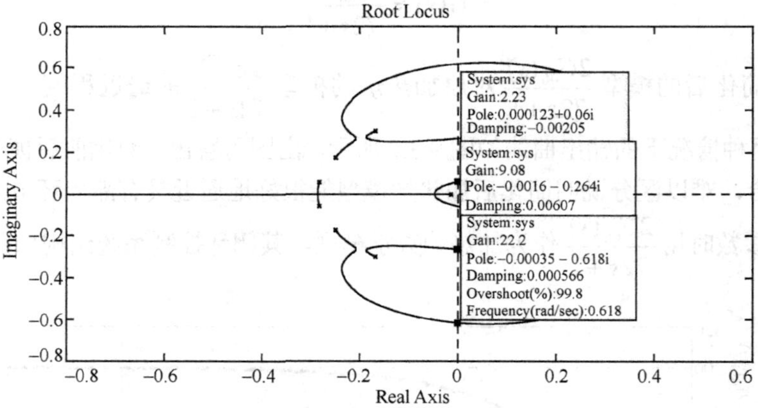

(b) 标注临界稳定增益的根轨迹图

图 9.3.9　系统的根轨迹图

从图 9.3.9(b)可近似确定临界稳定时的增益有三个：$K_{m1}=2.23$，$K_{m2}=9.08$，$K_{m3}=22.2$，要同时满足所有根轨迹分支都位于 s 左半平面，应选择增益 $K_m=2.23$。由于读数会有误差，经仿真再次调整，等幅振荡的增益 $K_m=2.193$，周期 $P_m=105$。

通过仿真实验，选择采用 PI 控制效果更好，根据第 3 章介绍的 PI 参数整定方法：$K_p=0.45K_m, T_i=\dfrac{1}{1.2}P_m, T_d=0$，最终得到：$K_p=0.9869, T_i=87.5, T_d=0$。控制器参数确定后，进行闭环控制系统的仿真，输出曲线如图 9.3.10 所示，控制效果比较理想，振荡次数为 1，即振荡一个周期后就进入了稳态，但超调量较大，可以再进行 K_p, T_i 的调整，或加上微分控制，以改进系统性能。其仿真用的 Simulink 的模型如图 9.3.11 所示。

需要强调的是：

(1)之所以要把含有纯滞后环节的传递函数(9.3.1)近似为传递函数(9.3.2)，目的是简化为线性系统，利用线性定常系统的分析方法来整定 PID 控制器参数。

(2) 对于复杂的高阶系统，也可用仿真的方法来确定等幅振荡时的比例系数 K_m 以及振荡周期 P_m，通过不断改变比例系数直至闭环系统出现等幅振荡，也可用根轨迹方法确定 K_m 与 P_m。

(3) 在对设计的控制律进行仿真时一定要用简化前的被控对象模型，使得仿真结果取得的性能更接近实际系统。

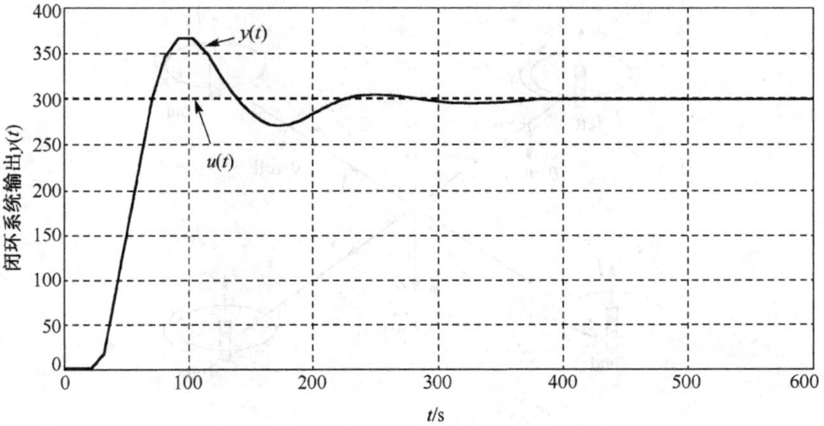

图 9.3.10　闭环系统的输入输出相应

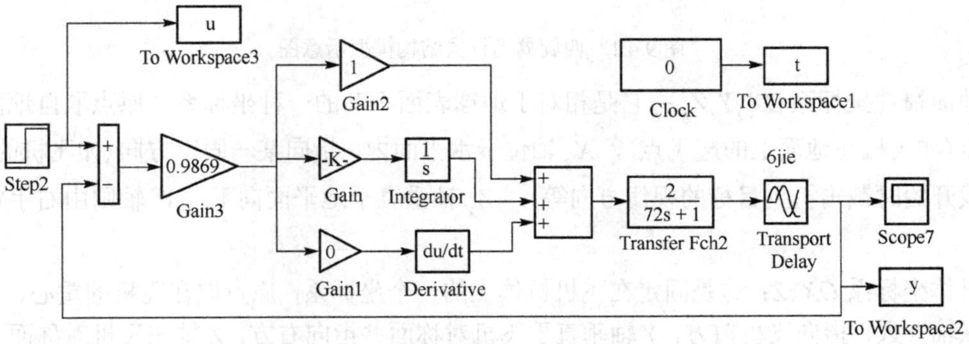

图 9.3.11　闭环系统的 Simulink 模型

作业：(1) 对于图 9.3.11 系统，若要求超调量不超过 $\sigma=15\%$，试确定 PID 参数，并给出仿真结果。

(2) 研究脉冲扰动信号对闭环系统性能的影响。

附程序：

```
[n,d]=pade(16,6); %得到 G06(s)
nn=2*n; dd=conv([72 1],d); %分别得到开环系统零点与极点的多项式系数
rlocus(nn,dd); %绘制系统的根轨迹，确定临界稳定的增益 Km
```

9.4　四旋翼飞行器视觉跟踪控制系统

9.4.1　四旋翼飞行器的结构和飞行原理

对于一架固定翼飞行器可以通过对飞行器的副翼、升降舵、方向舵以及襟翼等作动装置的操纵，从而控制飞行器的俯仰、滚转和偏航等动作。而四旋翼飞行器作为旋翼机的一种，

既没有副翼、升降舵，又没有方向舵，那其凭借哪种原理使其完成同样的飞行动作，本节实例将介绍四旋翼飞行器基本的飞行原理。

四旋翼飞行器的结构如图 9.4.1 所示。为了能够确切地描述四旋翼飞行器的运动状态，需要选定适当的坐标系，即地面惯性坐标系 $OX_gY_gZ_g$ 和机体坐标系 $OXYZ$。

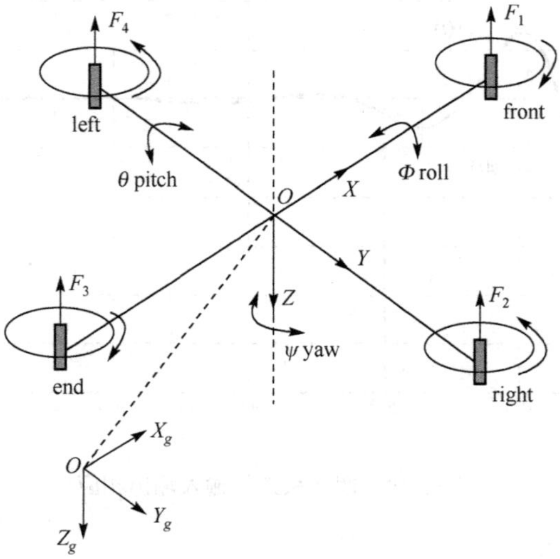

图 9.4.1　四旋翼飞行器结构模型示意图

地面惯性坐标系 $OX_gY_gZ_g$：它是相对于地球表面不动的一种坐标系，原点取自地面上的某一点(如飞机在地面上的起飞点)，X_g 轴位于水平面内，指向某一固定方向(如飞机的航线，或空战开始时截击机到目标的视线方向等)，Z_g 轴垂直于地平面向下，Y_g 轴则由右手定则来确定。

机体坐标系 $OXYZ$：这是固定在飞机机体上的一个坐标系，原点取在飞机的重心，X 轴与飞机纵轴一致，指向飞机前方，Y 轴垂直于飞机对称面并指向右方，Z 轴在飞机对称面内并且垂直于纵轴，指向下方。

地面惯性坐标系与机体坐标系之间的夹角就是四旋翼飞行器的姿态角，对应三种角运动，即俯仰(pitch)、滚转(roll)和偏航(yaw)。

四旋翼飞行器具有六个自由度，即可以完成三种角运动(俯仰、滚转、偏航)和三种线运动(X,Y,Z 方向的线运动)，这六种运动可视作为系统的六个输出。但四旋翼飞行器只具有四个电机，并以四个旋翼转速的变化量作为系统的输入。因此，四旋翼飞行器控制系统是一个欠输入控制系统，即控制量少于输出量。

不同于传统的直升机，四旋翼飞行器配备有四组旋翼、电调和电机，且对称分布在机架的四个顶点，以此作为飞行器的动力源。四旋翼飞行器通过改变四个旋翼的转速实现姿态和位置的控制，且不同的旋翼转速搭配对应不同的飞行动作，如图 9.4.2 所示，其中旋线中 3 种粗细不同的线型代表旋翼转速的大小，最细线代表转速最小。

其中，电机 1，3 顺时针旋转，电机 2，4 逆时针旋转。当四个旋翼转速相同时，因旋翼高速旋转而产生的对机身的反扭矩(沿与旋翼旋转方向相反的切线方向)恰好相互抵消，飞行器保持悬停，如图 9.4.2(a)所示。当四个旋翼的转速减小时，则四旋翼飞行器由悬停转换为垂直下降如图 9.4.2(b)；当四个旋翼的转速增大时，则四旋翼飞行器垂直上升如图 9.4.2(c)。偏航运动正是由于产生的反扭矩不平衡而造成机体沿反扭矩较强的一侧旋转，如图 9.4.2(f)所示。俯仰运动和滚转运动类似，即保持一组同轴电机的转速相同，另一组同轴电机的转速一高一低，由于旋翼产生的升力和旋翼转速的平方成正比，因而同轴两端存在升力差，受力分析如图 9.4.3 所示，电机 1 产生的升力 f_1 大于电机 3 产生的升力 f_3，产生如图 9.4.3 所示的机体倾斜，将两个旋翼产生的升力共同作用在四旋翼飞行器的质心位置，即力 F。假设四旋翼飞行器的初始为悬停状态，重力 Mg 与升力 F 相等。在飞行器总升力不变的情况下，机体发生倾斜，升力 F 在水平方向上的分力 F_c 就会使得飞行器作俯仰运动，同时升力 F 在竖直方向的分力不足以抵消重力的作用，因此，俯仰运动的同时也伴随着飞行高度的下降。

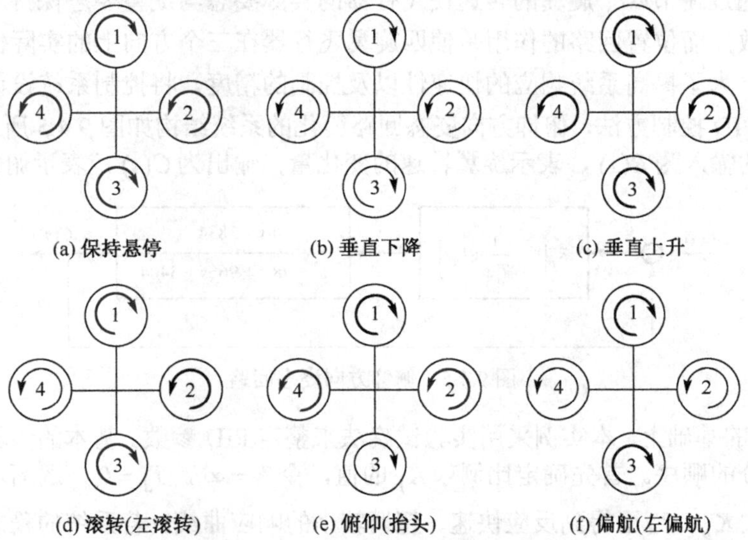

图 9.4.2　四旋翼飞行器不同的飞行动作

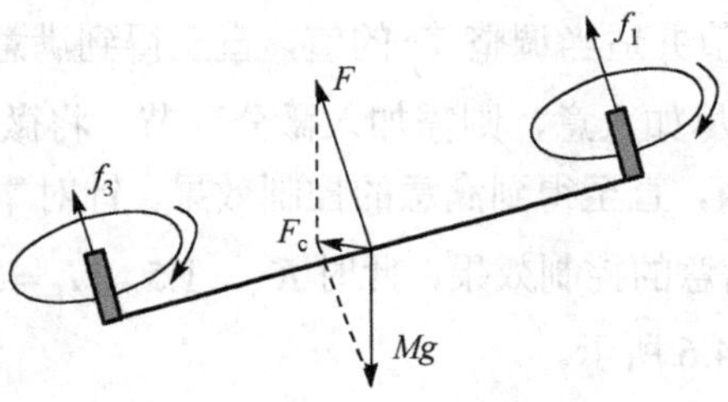

图 9.4.3　俯仰运动受力分析示意图

9.4.2　四旋翼俯仰方向飞行器模型的建立和 PID 控制

四旋翼飞行器的控制系统具有内环和外环：内环为姿态回路，外环为位置回路，x_d 是位置给定信号，控制器 2 的输出信号作为内环回路的给定信号，如图 9.4.4 所示。

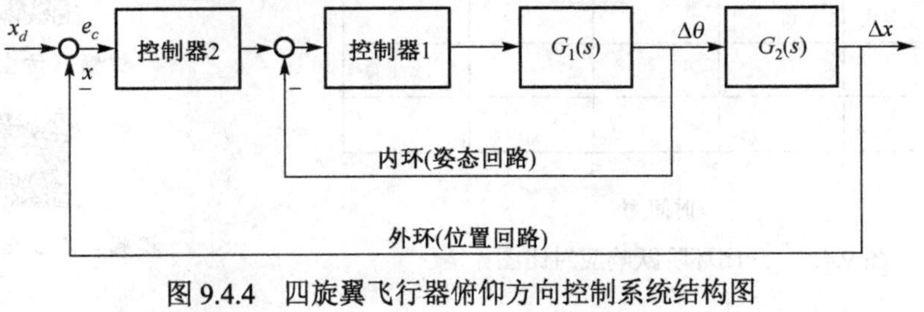

图 9.4.4　四旋翼飞行器俯仰方向控制系统结构图

根据牛顿第二定律和飞行器动力学方程可以推导出系统的非线性数学模型，然后利用小扰动法进行线性化，再将四旋翼飞行器的各项参数导入，可以得到四旋翼飞行器各个通道的传递函数，其中，俯仰方向上的姿态回路和位置回路的传递函数分别为：

$$G_1(s)=\frac{58s+3834}{s^3+98s^2+966s+3404} \tag{9.4.1}$$

$$G_2(s)=\frac{-3.3s+9.8}{s(s+66)} \tag{9.4.2}$$

姿态回路通过调节四个旋翼的转速使飞行器的实际姿态与期望姿态保持一致，即三个角运动与期望一致。而位置回路的作用是使四旋翼飞行器在三个方向上的实际位移量与期望位移量保持一致。为了提高系统响应的快速性以及控制的精度，将控制系统设计为闭环结构，且采用经典的 PID 控制方法，俯仰方向姿态回路简化的系统结构如图 9.4.5 所示。其中，俯仰方向姿态回路的输入为$R(s)$，表示旋翼转速的变化量；输出为$C(s)$，表示俯仰角的变化量。

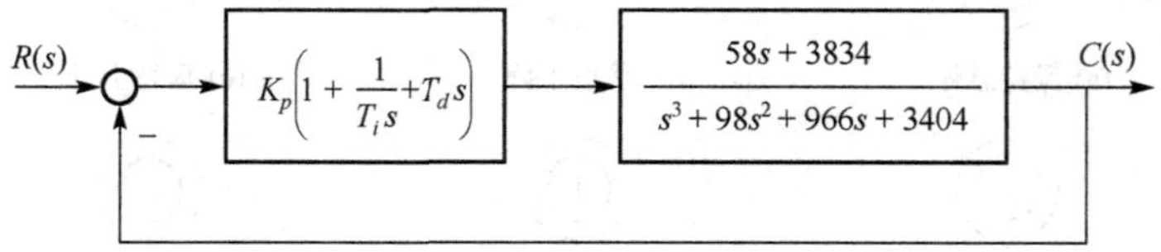

图 9.4.5　俯仰方向姿态回路

在图 9.4.5 的基础上，本实例采用实验试凑法来整定 PID 参数。基本的步骤是按照先比例再积分最后微分的顺序。首先确定比例项K_p的值，令$T_i=\infty$，$T_d=0$，逐渐增大比例控制器的作用，即增大K_p，直至得到反应快速、超调较小的响应曲线。若系统的稳态误差不能满足要求，则需要加入积分环节，需先将K_p的值减小为原来的一半或60%，将积分项T_i设置为一较大的值，再逐渐减小T_i的值并适当调整K_p的值，直至得到满意的响应曲线。若在调参过程中，系统的动态响应始终不尽如人意，则需加入微分环节，将微分项T_d的值从零逐渐增大，同时需适当调整K_p和T_i的值，直至得到满意的控制效果。针对本实例的姿态回路闭环控制系统，采用 PI 控制即可得到满意的控制效果，此时$K_p=1.5$，$T_i=3.8$。得到的仿真结果与开环单位阶跃响应的对比如图 9.4.6 所示。

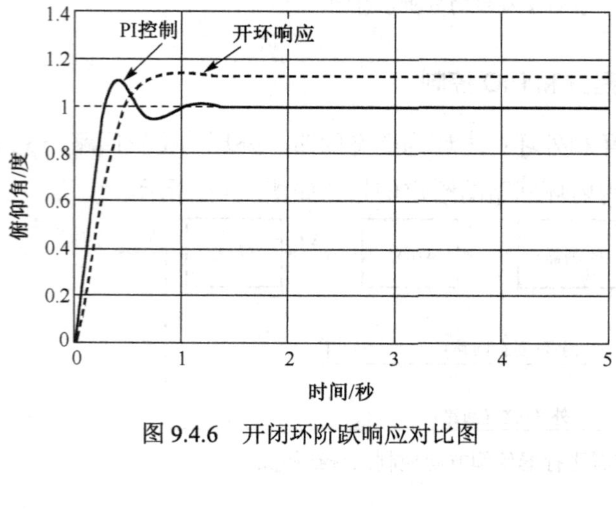

图 9.4.6　开闭环阶跃响应对比图

阅读：例说自适应控制

视频：仿生机器人

视频：人工智能机器人

附录　中英文术语对照

保持器	holder
比例-微分-积分控制(PID 控制)	proportional-integral-derivative control
并联	parallel
采样开关	sampling switch
采样周期	sampling period
超调量	overshoot
传递函数	transfer function
串联	series
带宽	bandwidth
单输入-单输出	single input-single output，siso
迭代法	iteration method
叠加原理	superposition principle
对数频率特性	logarithmic frequency characteristic
多输入-多输出	multiple input-multiple output，mimo
法则	rule
方框	block
分离点	separation point
峰值时间	peak time
幅频特性	magnitude-frequency characteristic
幅值	magnitude
幅值裕量	gain margin
复数域	complex filed
给定输入	given input
根轨迹	root locus
根轨迹法	root locus method
共轭复数	conjugate complex number
后向差分方程	backward difference equation
积分器	integrator
极点	pole
极坐标图	polar diagram
渐近线	asymptotic line
角频率	angular frequency
阶跃响应	step response
节点	node
结构图	structure diagram

截止频率	cut-off frequency
框图	block diagram
劳斯判据	Routh criterion
离散系统	discrete system
零初始条件	zero initial condition
零点	zero
脉冲序列	pulse sequence
Nyquist 稳定判据	Nyquist stability criterion
偏差	deviation
频率特性	frequency characteristic
频率响应	frequency response
频域	frequency domain
平衡点	equilibrium point
起点	the starting point
前向差分方程	forward difference equation
区间	interval
扰动输入	disturbance input
上升时间	rise time
时间常数	time constant
时间域	time domain
实数	real number
实轴	real axis
输出响应	output response
数学模型	mathematical model
瞬态响应	transient response
特征多项式	characteristic polynomial
特征方程	characteristic equation
调节时间	settling time
微分方程	differential equation
微分器	differentiator
稳定系统	stable system
稳定性	stability
稳态误差	steady-state error
无阻尼振荡频率	undamped natural frequency
系统辨识	system identification
线性化	linearization
相角裕量	phase margin
相频特性	phase-frequency characteristic
谐振频率	resonant frequency
信号复现	signal reproducing

信号流图	signal-flow graph
性能指标	performance index
虚根	imaginary root
虚轴	imaginary axis
运动方程	motion equation
增益	gain
支路	branch
终点	the end point
重根	multiple root
主导极点	dominant roots
转折频率	corner frequency
状态变量	state variable
状态方程	state equation
状态空间	state space
状态向量	state vector
阻尼比	damping ratio
最小相位	minimum phase
z 变换法	z transformation method

参 考 文 献

戴先中, 赵光宙, 2011. 自动化学科概论. 北京: 高等教育出版社.

胡寿松, 2007. 自动控制原理. 5 版. 北京: 科学出版社.

马宏斌, 张星红, 周浩, 2016. 例说自适应控制: 从倒立摆谈起. 系统与控制纵横, (1).

孟宪蕾, 1993. 控制系统工程. 北京: 国防工业出版社.

田玉平, 蒋珉, 李世华, 2006. 自动控制原理. 北京: 科学出版社.

万百五, 2015. 话说指南针及其所应用的不变性原理. 系统与控制纵横, (1): 44-56.

万百五, 韩崇昭, 蔡远利, 2009. 控制论——概念、方法与应用. 北京: 清华大学出版社.

郑大钟, 2014. 控制论: 一门深入人类物质生活和精神生活的学科. 系统与控制纵横, (1): 62-73.

DORF R C, 2002. 现代控制系统(影印版). 9 版. 北京: 科学出版社.

DRIELS M, 2000. Linear control systems engineering(影印版). 北京: 清华大学出版社.

FRANKLIN G F, POWELL J D, NAEINI A E, 2007. 自动控制原理与设计. 5 版. 李中华, 张雨浓, 译. 北京: 人民邮电出版社.

OGATA K, 2003. 现代控制工程. 4 版. 北京: 电子工业出版社.